高职高专土建专业“互联网+”创新规划教材

高职示范院校建设成果

高职教育教学改革教材

第二版

# 工程建设监理案例分析教程

编　著◎刘志麟　孙　刚　毛风华

董克齐　杨　斌　谷莹莹

主　审◎郑惠虹　陈克森

## 内 容 简 介

本书为国家示范性高等职业院校建设成果之一，依据我国现行工程建设管理的法律法规和建设监理制度，在已有的监理理论成果、工程实践和工学结合教学改革的基础上，对典型工程如广州新白云国际机场、上海金茂大厦、南京奥林匹克体育中心主体工程、黄河小浪底水利枢纽工程等案例进行分析，生动地阐述了工程监理的方法和手段，重点介绍了工程施工阶段监理能力的培养与现场监理工作通用业务指导。全书包括工程监理入门、基础工程监理、主体工程监理、装饰工程监理、设备安装工程监理 5 个学习情境，并附有对应的学习任务。

本书可作为高职高专建筑工程、工程管理、工程造价、工程监理等土建类相关专业的教学指导用书，还可用作全国监理工程师执业资格考试的培训和参考书，也可供相关专业技术人员学习和参考。

**图书在版编目(CIP)数据**

工程建设监理案例分析教程/刘志麟等编著. —2 版. —北京：北京大学出版社，2017.1
（高职高专土建专业“互联网+”创新规划教材）
ISBN 978-7-301-27864-2

Ⅰ. ①工… Ⅱ. ①刘… Ⅲ. ①建筑工程—施工监理—案例—分析—高等职业教育—教材 Ⅳ. ①TU712

中国版本图书馆 CIP 数据核字（2016）第 298679 号

| | |
|---|---|
| **书　　名** | 工程建设监理案例分析教程（第二版）<br>GONGCHENG JIANSHE JIANLI ANLI FENXI JIAOCHENG |
| **著作责任者** | 刘志麟　孙　刚　毛风华　董克齐　杨　斌　谷莹莹　编著 |
| **策划编辑** | 杨星璐　贾新越 |
| **责任编辑** | 刘　翯 |
| **数字编辑** | 孟　雅 |
| **标准书号** | ISBN 978-7-301-27864-2 |
| **出版发行** | 北京大学出版社 |
| **地　　址** | 北京市海淀区成府路 205 号　100871 |
| **网　　址** | http://www.pup.cn　新浪微博：@北京大学出版社 |
| **电子信箱** | pup_6@163.com |
| **电　　话** | 邮购部 62752015　发行部 62750672　编辑部 62750667 |
| **印 刷 者** | 北京鑫海金澳胶印有限公司 |
| **经 销 者** | 新华书店 |
| | 787 毫米×1092 毫米　16 开本　22.75 印张　543 千字 |
| | 2011 年 7 月第 1 版 |
| | 2017 年 1 月第 2 版　　2017 年 1 月第 1 次印刷 |
| **定　　价** | 50.00 元 |

本书以国内典型工程：广州新白云国际机场、上海金茂大厦、南京奥林匹克体育中心、黄河小浪底水利枢纽工程等案例，引领读者熟悉工程监理的工作内容、工作依据、工作程序；编写中还融合了大量小型工程案例分析，进一步诠释了建设工程监理规范。第一版发行以来，受到了使用者的好评。

随着新规范的颁布实施，以及相应建设标准的内容更新，修订势在必行。为方便读者，书中以二维码标识出相关建设标准的内容，手机扫描即可识读详细内容。

第二版保留了第一版的特色，即基于工作过程的“项目导向、任务驱动”的职业教育改革成果，培养未来监理工程师的岗位能力和可持续发展能力。此次修订，首先更新了建设工程监理规范相关内容；其次增添了能力评价的自我评价测试题，进一步帮助读者消化工程监理工作中质量控制、进度控制等理论知识，配合书中能力拓展要求的实践检验，帮助读者尽快形成实际工程监理能力。

本书既吸收了教育战线(“翻转课堂”等)和建设领域(新标准)的大量理论和实践成果，又紧密围绕监理师工程岗位开展能力培养，使工学之间有机融合。

参与本书编写工作的有：日照职业技术学院刘志麟(学习情境 3)、孙刚(学习情境 6)、毛风华(学习情境 5)，德州职业技术学院董克齐(学习情境 4)，济南工程职业技术学院谷莹莹(学习情境 2)，山东省工程建设监理公司杨斌(学习情境 1)；刘志麟负责统稿；全书由常州工程职业技术学院郑惠虹教授和山东水利职业技术学院陈克森教授共同审阅。

编　者

2016 年 2 月

【资源索引】

# 目录

## 学习情境3　主体工程监理



## 学习情境4　装饰工程监理

## 学习情境 5 设备安装工程监理

# 学 习 导 航

## 一、课程定位

工程监理案例分析是工程监理专业的核心能力课程，也是工程管理类专业的必修课程，同时是土建施工类专业的选修课程。前续课程房屋建筑学、建筑材料与检验、建筑工程测量、工程监理概论等为工程监理案例分析提供了一定的专业基础知识，同时工程监理案例分析又与后续的建筑工程项目管理、建筑工程施工技术、工程事故分析与处理、建筑结构、建筑工程预算与报价等课程紧密联系。

## 二、课程培养的目标

### 1. 职业技能目标

(1) 能编制工程监理规划大纲和工程监理实施细则。

(2) 会填写工程监理通用业务表格。

(3) 能进行关键工序质量、进度、投资控制。

(4) 能处理合同管理中的工程变更、合同分包及索赔事宜。

(5) 在工程监理过程中能将信息管理贯穿始终，较好地发挥组织协调作用。

(6) 在工程监理中融合风险管理、环保管理、安全管理。

### 2. 专业知识目标

(1) 熟悉监理工作的职责、制度、监理依据。

(2) 掌握监理工作程序、方法、措施。

(3) 熟悉监理大纲、监理规划、监理实施细则、监理日志等监理资料的编写和填写要求。

### 3. 职业情感目标

(1) 在模拟工程监理任务中体验服务性、公正性、独立性和科学性。

(2) 在学习任务训练中培养知法守法意识。

(3) 在课内外训练中培养团队合作能力、信息处理能力、数字应用能力。

(4) 通过课外拓展训练更好地培养自我学习能力和创造性解决问题的能力。

## 三、课程内容与时间分配

工程监理案例分析以案例引入，营造工程监理学习情境，在每个学习情境中设计了课内学习任务和课外拓展训练任务，并对学习效果进行评价。

基本组织单元是分项工程监理活动要素，即按职业活动的过程形成“学习领域”，在一个“学习领域”中可能涉及多个知识系统。学习情境设计中不追求该知识的系统描述，只选取必需的知识点，以“够用为度”为原则组织学习任务。

每个学习任务都以监理能力点或能力点的集合作为基本学习单位。

能力的训练采用科学的方法，即通过职业化的程序达到真实有效的结果，所以在每个学习任务中都采用了“案例引入—经验分享—学习要求—能力拓展—能力评价”的编写模式。

(1) 引入的案例既有大型公共项目，也有小型工程中的分项工程监理实施细则。案例的引入使学习者作为监理工作人员如身临其境，易产生认真工作的热情和责任感。

(2) 经验分享针对质量控制、进度控制、投资控制、安全控制、环保控制，以及合同管理、风险管理、信息管理、组织协调这些监理工作，学习者可以参照这些经验，策划自己的职业行动方案。

(3) 学习要求是对学习者作为准职业人的要求，即对岗位技能、专业知识和职业道德要求做出具体解释和说明；使学习者明确学习内容，确认学习行动的目的，从而开展相应的学习活动；既掌握必需的基本知识及能力形成的基本方法、程序，又亲自模拟实训，锻炼岗位技能，形成职业综合能力。职业综合能力又称职业核心能力。它是指人们职业生涯中除岗位专业能力之外的基本能力，适用于各种职业，适应不同岗位的变换，是伴随人终身的可持续发展能力。

(4) 职业方法能力是指主要基于个人开展工作的能力，一般有具体和明确的方式、手段的能力。这主要是指独立学习、获取新知识技能、处理信息的能力。职业方法能力是劳动者的基本发展能力，是在职业生涯中不断获取新的知识、信息、技能和掌握新方法的重要手段。职业方法能力包括“自我学习”“信息处理”“数字应用”等能力。

(5) 职业社会能力是指与他人交往、合作、共同生活和工作的能力。职业社会能力既是基本生存能力，又是基本发展能力，它是劳动者在职业活动中，特别是在一个开放的社会生活中必须具备的基本素质。职业社会能力包括“与人交流”“与人合作”“解决问题”“改革创新”“外语应用”等能力。

(6) 能力拓展要求学习者跟随实际工程进展，将基本理论要求转化为实际工作能力。事实上这个过程是以工作任务为载体，是系统地训练学习者工程监理能力的重要环节。

(7) 能力评价的设计重点是引导学习者自我评价和小组评价，及时了解学习的成果，做好自我学习监控，有效提高从业能力。

### 1. 课程学习内容与时间分配

课程学习进度计划见表 1。

表 1　课程学习进度计划

| 教学周次 | 学习情境 | 学习任务 |
|---|---|---|
| 1～2 | 工程监理入门 | 监理人员的职责与任务、监理程序、监理工程师的责任风险 |
| 3～4 | 基础工程监理 | 环保控制、安全控制、合同管理 |
| 5～7 | 主体工程监理 | 进度控制、质量控制、投资控制 |
| 8～9 | 装饰工程监理 | 质量控制、环保控制 |
| 10～12 | 设备安装工程监理 | 组织协调、安全控制、信息管理 |
| 13～16 | 单位工程监理 | 合同管理、风险管理、现场监理工作、通用作业方法、编制监理规划 |

### 2．工程监理知识领域与行为领域

工程监理知识领域与行为领域的对照见表 2。

表 2　工程监理知识领域与行为领域的对照表

| 知识领域 | | 行为领域 | |
|---|---|---|---|
| 1．监理目标 | 1．施工技术 | 1．监理旁站 | 1．检查、检验进场材料的质量 |
| 2．监理任务 | 2．质量检查要点 | 2．填写监理日记 | 2．验收隐蔽工程 |
| 3．监理机构 | 3．质量事故分析 | 3．编写监理月报 | 3．参与工程质量事故调查 |
| 4．监理人员及职责 | 4．工程项目管理 | 4．监理工作联系单 | 4．调解业主与承包商的合同争议 |
| 5．监理规划大纲 | 5．建筑经济知识 | 5．处理工程变更 | 5．审批工程延期 |
| 6．监理实施细则 | 6．建筑法律知识 | 6．处理索赔事宜 | 6．签发各种指令 |
| 7．监理工作程序 | 7．信息管理知识 | 7．核实工程量 | 7．审核签证工程竣工结算 |
| 8．监理工作方法 | 8．合同管理知识 | 8．参与工程质量验收 | 8．编制监理规划和监理实施细则 |

## 四、学习资源的选用

(1) 以身边的建筑工程项目为载体，将知识、技能、态度融入学习任务中，工地考察记录见表 3。

(2) 本书及其他相应的结合工作、教学、科研成果而编写的教材。

(3) 学习任务单。

(4) 学习网站。

(5) 与工程管理相关的书籍、图纸等资料。

**表 3　工地考察表**

工程名称：　　　　　　　　　　　　　　　　　　　　　　　考察人姓名：

<table>
<tr><td>调研时间</td><td colspan="2">年　　月　　日　　时　　分至　　日　　时　　分</td></tr>
<tr><td>采访人员</td><td colspan="2">姓名：(签字)　　　　　岗位：　　　　　工种：</td></tr>
<tr><td>采访问题</td><td colspan="2"></td></tr>
<tr><td>观察部位</td><td colspan="2">工序：　　　　　部位：　　　　　工种：</td></tr>
<tr><td>观察现状</td><td colspan="2"></td></tr>
<tr><td rowspan="3">探讨的问题<br>或现象</td><td>职业道德</td><td></td></tr>
<tr><td>岗位技能</td><td></td></tr>
<tr><td>专业知识</td><td></td></tr>
<tr><td>备注</td><td colspan="2"></td></tr>
</table>

## 五、考核方式与标准

为全面考核学生的学习情况，建议以过程考核为主，考核项目覆盖工程监理的全方位。

### 1．监理工作能力评价设计

监理工作能力评价参考表见表 4。

表 4　监理工作能力评价参考表

<table>
<tr><th>序号</th><th>评价项目及权重</th><th>监 理 入 门</th><th>监理不入门</th><th>备　注</th></tr>
<tr><td>1</td><td>质量控制(10%)</td><td rowspan="10">1．明确监理方法、程序、措施；<br>2．明确关键工序的旁站；<br>3．明确巡视、平行检验等；<br>4．能实施全方位、全过程的监理</td><td rowspan="10">1．工作内容不明确；<br>2．工作方法不得当；<br>3．工作态度不公正等出现一项为监理不入门</td><td rowspan="10">考核方式：<br>1．自评与小组评价及教师评价结合；<br>2．得分为 60 分以上为监理入门(含 60 分)；<br>3．评价项目单项出现失误，该项目不得分；<br>4．各个评价项目具体评价指标另行设计</td></tr>
<tr><td>2</td><td>进度控制(10%)</td></tr>
<tr><td>3</td><td>投资控制(10%)</td></tr>
<tr><td>4</td><td>环保控制(10%)</td></tr>
<tr><td>5</td><td>合同管理(10%)</td></tr>
<tr><td>6</td><td>信息管理(10%)</td></tr>
<tr><td>7</td><td>风险管理(10%)</td></tr>
<tr><td>8</td><td>监理规划编写(10%)</td></tr>
<tr><td>9</td><td>组织协调(10%)</td></tr>
<tr><td>10</td><td>监理实施细则编写(10%)</td></tr>
</table>

### 2．学习工程监理自我评价设计

学习工程监理自我评价对照表见表 5。

表 5　学习工程监理自我评价对照表

<table>
<tr><th>分类</th><th>应　　知</th><th>应　　会</th><th>职 业 素 养</th></tr>
<tr><td>进度控制</td><td>1．风险分析；<br>2．进度目标分解；<br>3．计划进度横道图；<br>4．单代号网络图；<br>5．双代号网络图；<br>6．监理规划；<br>7．监理细则</td><td>1．进度记录/统计分析；<br>2．进度变化预测信息；<br>3．工程款支付情况；<br>4．实际进度与计划进度的对比分析</td><td rowspan="2">1．责任心强：用个人行动维护职业的尊严和名誉；在维护社会公众利益的前提下为客户提供服务；按时、按质地完成预定工作，并对工作成果负责；<br>2．遵守纪律、法规，严格依照相关的技术标准和委托监理合同开展工作；<br>3．协调管理能力强；<br>4．廉洁奉公、为人正直、办事公道的高尚情操；在提供职业咨询、评审或决策时不偏不倚；通知委托人在行使其委托权时可能引起的任何潜在的利益冲突；不接受可以导致判断不公的报酬；<br>5．精通业务：实际动手能力强；丰富的工程实践经验(计算机应用+外语)；</td></tr>
<tr><td>质量控制</td><td>1．混凝土工程质量检验标准；<br>2．钢筋工程质量检验标准；<br>3．模板质量检验标准；<br>4．钢结构加工；<br>5．钢结构安装质量要求；<br>6．控制程序；<br>7．质量标准、质量法规、质量管理体系、工程项目建设标准；<br>8．合同质量；<br>9．质量控制措施；<br>10．工程事故处理程序</td><td>1．旁站；<br>2．巡视；<br>3．平行检验；<br>4．审查相应材质证明；<br>5．审查施工方案；<br>6．审查机械设备合格证明；<br>7．现场处理工程质量事故；<br>8．参与单项工程和隐蔽工程验收</td></tr>
</table>

续表

| 分类 | 应　知 | 应　会 | 职业素养 |
|---|---|---|---|
| 投资控制 | 1. 工程量计算规则；<br>2. 投资估算；<br>3. 设计概算；<br>4. 合同价；<br>5. 工程造价 | 1. 支付证明；<br>2. 工程变更费用；<br>3. 违约金；<br>4. 工程索赔费用；<br>5. 工程款计算 | 6. 知识面宽：经济、管理、金融、法规、工程建设、项目融资、设备采购、招标咨询、施工技术、工程设计、公共关系、心理学、社会学、行为学等知识 |
| 安全控制 | 1. 安全法规、条例、制度；<br>2. 安全生产管理体系；<br>3. 安全生产保证措施；<br>4. 安全设施、用品；<br>5. 安全教育、培训 | 1. 安全检查；<br>2. 巡视记录；<br>3. 安全隐患记录分析；<br>4. 安全事故处理；<br>5. 安全教育 | |
| 环保控制 | 1. 环保控制目标；<br>2. 环保工作制度；<br>3. 环保组织机构；<br>4. 环保控制措施 | 1. 施工现场环保标识；<br>2. 噪声污染控制；<br>3. 光污染控制；<br>4. 水污染控制 | |
| 合同管理 | 1. 法律、法规、规程、标准；<br>2. 工程建设承包合同；<br>3. 监理合同 | 1. 工程变更程序；<br>2. 工程索赔程序；<br>3. 违约事项处理 | |
| 信息管理 | 1. 信息形式；<br>2. 信息特征；<br>3. 信息分类；<br>4. 信息作用；<br>5. 信息手段 | 1. 收集现场记录、会议记录、计量与支付记录、实验记录；<br>2. 加工、分类、筛选、压缩、排序、计算、分析、比较；<br>3. 使用现场监理日报表、周报表、监理工程师月报表 | |
| 风险管理 | 1. 风险种类；<br>2. 风险自留；<br>3. 工程保险；<br>4. 监理师职业风险；<br>5. 监理师职业责任保险 | 1. 风险识别；<br>2. 风险衡量；<br>3. 制定风险管理对策；<br>4. 风险控制；<br>5. 风险转移 | |
| 组织协调 | 1. 组织协调层次；<br>2. 组织协调方法；<br>3. 组织协调程序 | 1. 工地例会、书面沟通；<br>2. 专题会议、电话沟通；<br>3. 安全、文明施工的监理与应急预案 | |

### 3. 学习工程监理小组评价设计

小组评价参考表见表6。

表 6　小组评价参考表

<table>
<tr><th>成员姓名</th><th>工地考察表</th><th>考察照片或图样</th><th>小组交流</th><th>监理工作资料</th><th>备　注</th></tr>
<tr><td></td><td></td><td></td><td></td><td></td><td rowspan="7">以每位成员都参与探讨为合格，主要交流实际工作体验，重点培养团队协作能力</td></tr>
<tr><td></td><td></td><td></td><td></td><td></td></tr>
<tr><td></td><td></td><td></td><td></td><td></td></tr>
<tr><td></td><td></td><td></td><td></td><td></td></tr>
<tr><td></td><td></td><td></td><td></td><td></td></tr>
<tr><td></td><td></td><td></td><td></td><td></td></tr>
<tr><td></td><td></td><td></td><td></td><td></td></tr>
</table>

### 4．学习过程考核设计

学习过程考核参考表见表 7。

表 7　学习过程考核参考表

| 教学周次 | 学习情境 | 学习任务 | 考核权重 |
|---|---|---|---|
| 1 | 工程监理入门 | 监理人员职责与任务 | 10 |
| 2 | 工程监理入门 | 监理程序、监理工程师责任风险 | 5 |
| 3 | 基础工程监理 | 质量控制 | 5 |
| 4 | 基础工程监理 | 环保控制、安全控制、合同管理 | 5 |
| 5 | 主体工程监理 | 进度控制 | 5 |
| 6 | 主体工程监理 | 质量控制 | 5 |
| 7 | 主体工程监理 | 投资控制 | 5 |
| 8 | 装饰工程监理 | 质量控制 | 5 |
| 9 | 装饰工程监理 | 环保控制 | 5 |
| 10 | 设备安装工程监理 | 组织协调 | 5 |
| 11 | 设备安装工程监理 | 安全控制 | 5 |
| 12 | 设备安装工程监理 | 信息管理 | 5 |
| 13 | 单位工程监理 | 合同管理、风险管理 | 5 |
| 14 | 单位工程监理 | 现场监理工作通用作业方法 | 5 |
| 15 | 单位工程监理 | 编制监理规划 | 5 |
| 16 | 单位工程监理 | 编制监理实施细则 | 20 |
| 备注 | 课业成绩占 80%+敬业精神(负责、诚信、认真)占 20% | | |

## 六、工程监理要求

### 1．监理任务量

建设工程生命周期监理任务量如图 1 所示。

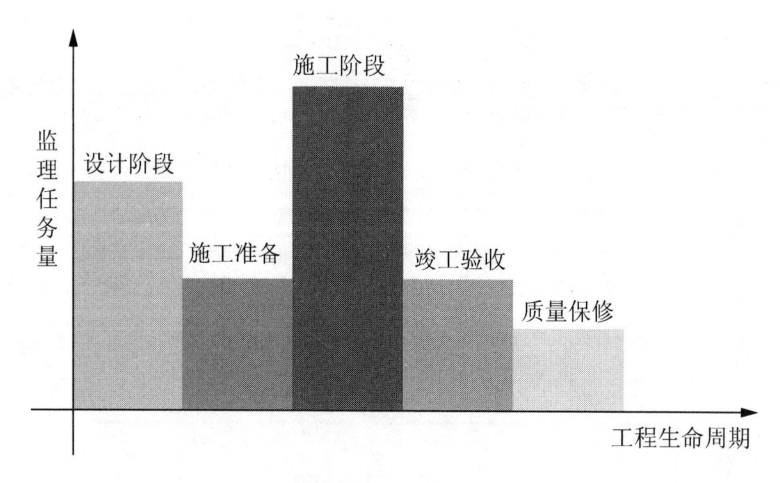


图 1　监理任务量形象图

**2．工程监理内容与学习工程监理方法**

工程监理内容与学习工程监理方法如图 2 所示。

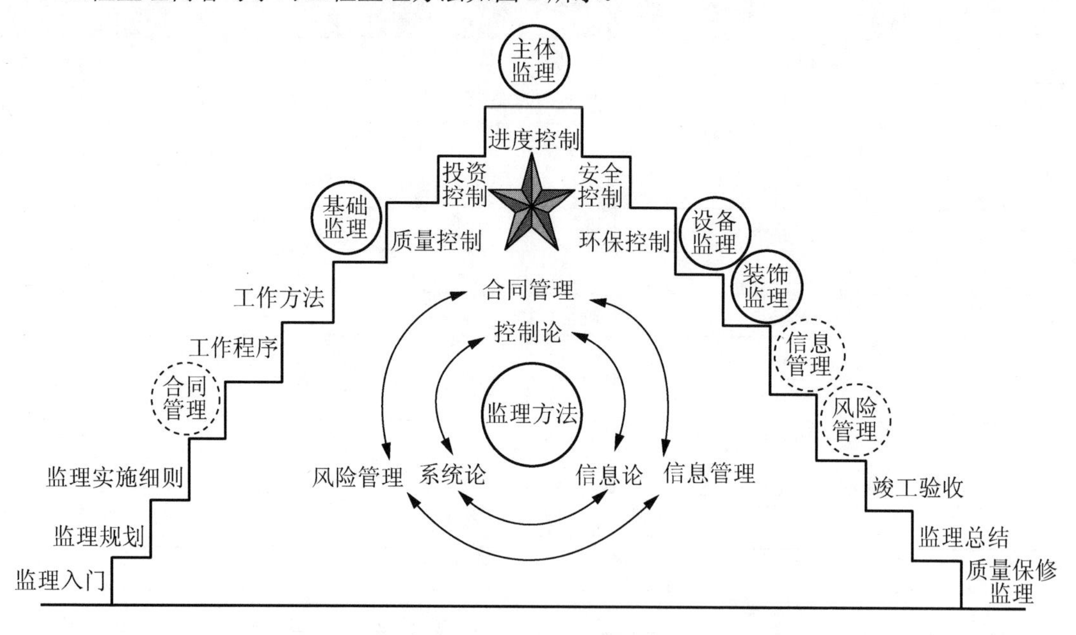


图 2　工程监理内容与学习工程监理方法示意图

# 工程监理入门

# 学习任务 1 工程监理入门

## 学习要求

| 岗位技能 | 专业知识 | 职业道德 |
| --- | --- | --- |
| 1．分析监理工作程序，找出核心工序<br>2．改写组织协调系统图，并尝试将其用于日常学习过程中<br>3．设计自我监理能力锻炼的质量程序图 | 1．了解监理工作目标<br>2．了解监理工作依据<br>3．了解监理工作程序<br>4．了解监理工作的职业责任风险<br>5．了解国外咨询业的发展现状 | 1．认同监理行为的服务性、公正性、独立性、科学性<br>2．乐于跟踪国际咨询业的发展动态并及时吸收有用信息<br>3．接受监理职业责任风险转移 |

## 能力拓展

1．分别访谈从业年限在1年、2年、3年、5年以上的监理人员，了解从事工程监理服务所需的核心工作能力。

【参考图文】

2．收集附近建筑工程的监理规划和监理实施细则，以备进一步学习公共建筑物监理。

3．查阅有关工程监理的法律、法规和条例。

4．学习相应标准，增强工程监理工作能力。

([1] GB 50319—2013《建设工程监理规范》)

# 1.1 专业术语

### 1．监理

在中国的古代汉语中，“监”作为名词使用时，含义是可以照出人和物形象的镜子，作为动词使用时，含义是对镜审视察看。“理”作为名词使用时，是有条理、规定、准则的意思，作为动词使用时，有修正、雕琢、纠偏的意思。因此，把“监”“理”二字综合起来，就有以一定的准则为镜子，对特定的行为进行审视、查看，便于发现问题，从而对不规范行为进行修正、纠偏，使其符合行为规范的含义。另外，“理”字还有中介、媒介及执行者的意思，所以监理还有执行监督、管理的第三方执行者的含义。

在现代词汇中，“监理”是“监”和“理”的组合词，“监”是对某种预定的行为从旁观察或进行检查，使其不得逾越行为准则，也就是监督的意思；“理”是对一些相互协作和相互交错的行为进行协调，以理顺人们的行为和权益的关系。

所以，“监理”一词可以解释为：有关执行者根据一定的行为准则，对某些行为进行监督管理，使这些行为符合准则要求，并协助行为主体实现其行为目的。

### 2. 工程建设监理

工程建设监理是指针对工程项目建设，社会化、专业化的工程建设监理单位接受项目法人的委托和授权，根据国家批准的工程建设文件，有关工程建设的法律、法规，工程建设委托监理合同及其他工程建设合同所进行的旨在实现项目投资目的的微观监督管理活动。

### 3. 目标规划

目标规划是指以实现目标控制为目的的规划和计划，它是围绕工程项目造价、进度和质量目标进行的研究确定、分解综合、安排计划、风险管理、制定措施等工作的集合。

### 4. 动态控制

动态控制是指在完成工程项目的过程当中，通过对过程、目标和活动的跟踪，全面、及时、准确地掌握工程建设信息，定期将实际目标值与计划目标值进行对比，便于及时发现预测目标与计划目标的偏差而及时给予纠正，最终实现计划总目标。

### 5. 组织协调

在实现工程项目的过程中，监理单位和监理工程师要不断进行组织协调，它是实现项目目标不可缺少的方法和手段。

组织协调首先包括监理组织内部人与人、机构与机构之间的协调。其次，组织协调还存在于项目监理组织与外部环境组织之间，其中包括“近外层”协调和“远外层”协调。“近外层”协调即监理组织与建设单位、设计单位、施工单位、材料和设备供应单位的协调；“远外层”协调即监理组织与政府有关部门、社会团体、咨询单位、科学研究、工程毗邻等单位之间的协调。组织协调就是在它们的结合部位上做好调和、联合和连接的工作，使所有与项目有关联的部门及人员都能同心协力地为实现工程项目总目标而奋斗。

### 6. 信息管理

信息管理是指监理组织在实施监理的过程中，监理人员对所需要的信息进行的收集、整理、处理、存储、传递、应用等一系列工作的总称。

### 7. 合同管理

合同管理是指监理单位在监理过程中根据监理合同的要求，对工程建设合同的签订、履行、变更和解除进行监督、检查，对合同双方的各种争议进行调解和处理，以保证合同的依法签订和全面履行。

### 8. 风险管理

风险管理就是一个识别、确定和度量风险并制定、选择和实施风险处理方案的过程。风险管理应是一个系统的、完整的过程，一般也是一个循环过程。风险管理过程包括风险识别、风险评价、风险对策决策、实施决策和检查五方面内容。

### 9. 注册监理工程师

取得国务院建设主管部门颁发的《中华人民共和国监理工程师执业资格证书》和执业印章，从事建设工程监理与相关服务等活动的人员。

### 10. 监理大纲

监理大纲又称监理方案，它是监理单位在业主开始委托监理的过程中，特别是在业主进行监理招标的过程中，为承揽到监理业务而编写的监理方案性文件。

监理大纲的内容应当根据业主所发布的监理招标文件的要求而制订，包括如下主要内容。

(1) 拟派往项目监理机构的监理人员情况介绍。

(2) 拟采用的监理方案。

(3) 将提供给业主的监理阶段性文件。

### 11. 监理规划

监理规划的全称为工程建设项目监理规划，是对工程建设项目实施监理的工作计划。它是在监理单位接受业主委托并签订委托监理合同后，在项目总监理工程师的主持下，根据委托监理合同，在监理大纲的基础上，结合工程的实际情况，在广泛收集工程信息和资料的情况下制定，经监理单位技术负责人批准，用来指导项目监理机构全面开展监理工作的指导性文件。

从内容范围上讲，监理大纲与监理规划都是围绕着整个项目监理机构所开展的监理工作来编写的，但监理规划的编写要比监理大纲更翔实、更全面。

### 12. 监理实施细则

监理实施细则又简称监理细则，其与监理规划的关系可以比作施工图设计与初步设计的关系。监理细则是在项目监理机构已建立、各专业监理工程师已就位、监理规划已制定的基础上，由项目监理机构的专业监理工程师针对建设工程中的某一专业或某一方面的监理工作编写，并经总监理工程师批准实施的、具有可操作性的业务性文件。

监理大纲、监理规划、监理实施细则的主要区别见表 1-1。

表 1-1　监理大纲、监理规划、监理实施细则的主要区别

| 文件名称 | 编制对象 | 编制人 | 编制时间、目的、作用 | 编制主要内容 | | |
|---|---|---|---|---|---|---|
| | | | | 为什么做 | 做什么 | 如何做 |
| 监理大纲 | 整个项目 | 技术部门 | 时间：项目监理招投标阶段；<br>目的：供业主审查监理能力；<br>作用：增强监理中标的可能性 | ● | ○ | |
| 监理规划 | 整个项目 | 项目总监 | 时间：监理委托合同签订后；<br>目的：项目监理的工作纲领；<br>作用：指导监理工作业务 | ○ | ● | ● |
| 监　理<br>实施细则 | 分部(项)<br>工程 | 专业监理<br>工程师 | 时间：项目监理组织建立，责任明确后；<br>目的：具体指导实施各专业监理工作；<br>作用：规定专业监理程序、方法、标准 | | ○ | ● |

注：1. ● 代表编制的重点内容。

2. ○ 代表编制的非重点内容。

# 1.2 工程监理的行为特点

建设工程监理是一项特殊的工程建设活动，它是工程建设活动日益复杂并进一步分工的结果，它与其他的工程建设行为有明显的区别。建设工程监理具有“服务性、公正性、独立性、科学性”的特点。

## 1.2.1 服务性

建设工程监理是在工程项目建设过程中，监理单位利用自身在工程建设方面的知识、技能和经验为客户提供高智能的建设管理与监督服务，以满足项目业主对项目管理的需要。监理所获得的报酬也是技术服务性的报酬，是脑力劳动的报酬。它的活动不同于承建商的直接生产活动，也不同于业主的直接投资行为。需要明确指出的是，建设工程监理是监理单位接受项目业主的委托而开展的技术服务性活动，因此，它的直接服务对象是客户，是委托方，也就是项目业主。这种服务性的活动是按建设工程监理合同来进行的，是受法律约束和保护的。

监理合同明确地对各种服务工作进行了分类和界定，哪些是“正常服务(工作)”，哪些是“附加服务(工作)”，哪些是“额外服务(工作)”，都可以在合同中约定，因此监理单位没有任何合同责任和义务为被监理方提供直接的服务。但是，在实现项目总目标上，参与项目建设的三方是一致的，他们要协同完成工程项目。因此，有许多工作需要监理工程师进行协调、指导、纠正，以便使工程能够顺利进行。

建设工程监理的服务性使它与政府对建设工程行政性的监督管理活动区别开来，也使它与承包商在工程项目建设中的活动区别开来。

## 1.2.2 公正性

在工程项目建设中，监理单位和监理工程师应当担任什么角色和如何担任这些角色是从事工程建设监理工作的人们应当认真对待的重要问题。监理单位和监理工程师在工程建设过程中，一方面应当能够严格履行监理合同各项义务，成为能够竭诚地为客户服务的“服务方”；另一方面，应当成为“公正的第三方”，也就是在提供监理服务的过程中，监理单位和监理工程师应当排除各种干扰，以公正的态度对待委托方和被监理方，特别是当委托方和被监理方发生利益冲突或矛盾时能够以事实为依据，以有关法律、法规和双方所签订的工程建设合同为准绳，站在第三方立场上公正地加以解决和处理，做到“公正地证明、决定或行使自己的处理权”。在维护建设单位合法权益的同时，也不得损害承建单位的合法权益。

对建设工程监理和监理单位公正性的要求，首先是建设监理制对建设工程监理进行约束的条件。因为，实施建设监理制的基本宗旨是建立适合社会主义市场经济的工程建设新秩序，为开展工程建设创造可靠、协调的环境，为投资者和承包商提供公平竞争的条件。

建设监理制的实施，使监理单位和监理工程师在工程项目建设中具有重要地位。

一方面，建设工程监理使项目业主或法人可以摆脱具体项目管理的困扰；另一方面，由于得到专业化的监理公司的有力支持，业主与承包商在业务能力上达到一种平衡。为了保持这种状态，首先要对监理单位及其监理工程师制定约束条件，其中公正性要求就是重要的约束条件之一。

公正性还是建设工程监理正常和顺利开展的基本条件。监理工程师进行目标规划、动态控制、组织协调、合同管理、信息管理等工作都是为力争在预定目标内实现工程项目建设任务这个总目标服务的。但是，仅仅依靠监理单位而没有设计、施工、材料和设备供应单位的配合，也是不能完成任务的。监理成败的关键在很大程度上取决于能否与承包商及项目业主良好合作、相互支持、互相配合，而这一切都需要以监理的公正性为基础。

建设工程监理的公正性是承包商的共同要求。由于建设监理制赋予监理单位在项目建设中具有一定的监督管理的权力，被监理方必须接受监理方的监督管理。所以，它们迫切要求监理单位能够办事公道，公正地开展工程建设监理活动。

公正性是监理行业的必然要求，它是社会公认的职业准则，也是监理单位和监理工程师的基本职业道德准则。

### 1.2.3 独立性

从事建设工程监理活动的监理单位是直接参与工程项目建设的“三方当事人”之一。监理单位与项目业主、承包商之间的关系是平等的、横向的。在工程项目建设中，监理单位是独立的一方。我国相关法律、法规明确指出，监理单位应按照“独立、自主”的原则开展建设工程监理工作。国际咨询工程师联合会(国际上通用的为法文缩写 FIDIC)在它的出版物《业主与咨询工程师标准服务协议书条件》中明确指出，监理单位是“作为一个独立的专业公司受聘于业主去履行服务的一方”，应当“根据合同进行工作”，它的监理工程师应当“作为一名独立的专业人员进行工作”。同时，国际咨询工程师联合会要求其会员“相对于承包商、制造商、供应商，必须保持其行为的绝对独立性，不得从他们那里接受任何形式的好处，而使他的决定的公正性受到影响或不利于他行使委托人赋予他的职责”，“不得与任何可能妨碍他作为一个独立的咨询工程师工作的商业活动有关”，“咨询工程师仅为委托人的合法利益行使其职责，他必须以绝对的忠诚履行自己的义务并且忠诚地服务于社会的最高利益以及维护职业荣誉和名望”。因此，监理单位在履行监理合同义务和开展监理活动的过程中，要建立自己的组织，要确定自己的工作准则，“要运用自己掌握的方法和手段，根据自己的判断，独立地开展工作”。监理单位既要认真、勤奋、竭诚地为委托方服务，协助业主实现预定目标，也要按照公平、独立、自主的原则开展监理工作。

建设工程监理的这种独立性是建设监理制的要求，是由监理单位在工程项目建设中的第三方地位所决定的，是由它所承担的工程建设监理的基本任务所决定的。因此，独立性是监理单位开展工程建设监理工作的重要原则。

### 1.2.4 科学性

我国《工程建设监理规定》指出：工程建设监理是一种高智能的技术服务；要求从事

建设工程监理活动应当遵循科学的准则。

建设工程监理的科学性是由被监理单位的社会化、专业化特点决定的。承担设计、施工、材料和设备供应的都是社会化、专业化的单位，它们在技术管理方面已经达到了一定水平，这就要求监理单位和监理工程师应当具有更高的素质和水平。只有如此，他们才能实施有效的监督管理。所以，监理单位应当按照高智能、智力密集型原则进行组建。

建设工程监理的科学性是由它的技术服务性质决定的，它是专门通过对科学知识的应用来实现其价值的。因此，要求监理单位和监理工程师在开展监理服务时能够提供科学含量高的服务，以创造更大的价值。

建设工程监理的科学性是由工程项目所处的外部环境特点决定的。工程项目总是处于动态的外部环境包围之中，每时每刻都有被干扰的可能。因此，建设工程监理要适应千变万化的项目外部环境，要抵御来自它的干扰，这就要求监理工程师既要富有工程经验，又要具有应变能力，要进行创造性的工作。

建设工程监理的科学性是由它的维护社会公共利益和国家利益的特殊使命决定的。在开展监理活动的过程中，监理工程师要把维护社会最高利益当作自己的天职。这是因为工程项目建设牵涉国计民生，维系着人民的生命和财产的安全，涉及公众利益。因此，监理单位和监理工程师需要以科学的态度、用科学的方法来完成这项工作。按照建设工程监理科学性要求，监理单位应当有足够数量的、业务素质合格的监理工程师，要有一套科学的管理制度，要配备计算机辅助监理的软件和硬件，要掌握先进的监理理论、方法，积累足够的技术、经济资料和数据，要拥有现代化的监理手段。

每个监理人员都应该牢记监理单位所处的地位，时刻把握监理工作的“度”，谨慎而勤奋地开展工作。

监理人员始终要牢记，“监理人员应该为了业主的利益谨慎而勤奋地工作”，并提供合同约定的高智能的工程管理服务，令业主满意。这也是监理行业不断发展壮大的基础。

## 1.3 工程监理的目标和监理工作依据

### 1.3.1 工程监理的目标

工程监理的目标从宏观上讲，是按《建设工程委托监理合同》《建设工程施工合同》中的有关要求内容进行监控，达到合同目标，并使建设单位满意。

实施监理要努力实现以下三大目标：一是确保工程“三控”合同指标；二是为建设单位提供规范、良好的监理服务；三是通过对工程的监理，推进品牌工程战略，树立良好的企业形象和信誉。

具体目标有以下几个。

(1) 质量目标——保证工程一次交验合格率达 100%。

(2) 工期目标——确保实现合同工期，克服完而不竣、竣而不交的通病。

(3) 造价控制——以设计概算为主控目标，施工预算为预控目标，力争工程总造价不突破工程计划总投资额，使建设单位满意。

(4) 监理承诺——在保证工程进入保修期后，接受建设单位委托，协助建设单位解决使用前后工程方面的实际困难，树立监理深化特色服务的典范。

(5) 监理过程中，贯彻执行 ISO 9002 标准系列，认真贯彻执行 GB 50319—2013《建设工程监理规范》，通过规范化、程序化、制度化、标准化管理，实现模式化管理，严格监理人员行为标准，外塑企业形象，提高公司知名度。

### 1.3.2 监理工作依据

监理工作依据主要有以下几种。

(1) 法律法规及建设工程相关标准。

(2) 建设工程勘察设计文件。

(3) 建设工程监理合同及其他合同文件。

## 1.4 工程监理人员的岗位职责

### 1.4.1 总监理工程师的岗位职责

总监理工程师履行的职责有 15 项，分别如下。

(1) 确定项目监理机构人员及其岗位职责。

(2) 组织编制监理规划，审批监理实施细则。

(3) 根据工程进展及监理工作情况调配监理人员，检查监理人员工作。

(4) 组织召开监理例会。

(5) 组织审核分包单位资格。

(6) 组织审查施工组织设计、(专项)施工方案。

(7) 审查工程开工报审表，签发工程开工令、暂停令和复工令。

(8) 组织检查施工单位现场质量、安全生产管理体系的建立及运行情况。

(9) 组织审核施工单位的付款申请，签发工程款支付证书，组织审核竣工结算。

(10) 组织审查和处理工程变更。

(11) 调解建设单位与施工单位的合同争议，处理工程索赔。

(12) 组织验收分部工程，组织审查单位工程质量检验资料。

(13) 审查施工单位的竣工申请，组织工程竣工预验收，组织编写工程质量评估报告，参与工程竣工验收。

(14) 参与或配合工程质量安全事故的调查和处理。

(15) 组织编写监理月报、监理工作总结，组织整理监理文件资料。

## 1.4.2 总监理工程师代表的岗位职责

总监理工程师代表履行的职责有：负责总监理工程师指定或交办的监理工作；按照总监理工程师的授权，行使总监理工程师的部分职责和权利。

以下工作不能委托总监理工程师代表来做。

(1) 主持编写项目监理规划、审批项目监理实施细则。

(2) 签发工程开工/复工报审表、工程暂停令、工程款支付证书、工程竣工报验单。

(3) 审核签认竣工结算。

(4) 调解建设单位与承包单位的合同争议、处理索赔、审批工程延期。

(5) 根据工程项目的进展情况进行监理人员的调配，调换不称职的监理人员。

## 1.4.3 专业监理工程师的岗位职责

监理工程师的岗位职责有以下几方面。

(1) 负责编制本专业的监理实施细则。

(2) 负责本专业监理工作的具体实施。

(3) 组织、指导、检查和监督本专业监理员的工作，当人员需要调整时，向总监理工程师提出建议。

(4) 审查承包单位提交的涉及本专业的计划、方案、申请、变更，并向总监理工程师提交报告。

(5) 负责本专业分项工程验收及隐蔽工程验收。

(6) 定期向总监理工程师提交本专业监理工作实施情况报告，对重大问题及时向总监理工程师汇报和请示。

(7) 根据本专业监理工作实施情况做好监理日记。

(8) 负责本专业监理资料的收集、汇总及整理，参与编写监理月报。

(9) 核查进场材料、设备、构配件的原始凭证、检测报告等质量证明文件及其质量情况，根据实际情况认为有必要时对进场材料、设备、构配件进行平行检验，合格时予以签字确认。

(10) 负责本专业的工程计量工作，审核工程计量的数据和原始凭证。

## 1.4.4 监理员的岗位职责

监理员的岗位职责有以下几方面。

(1) 在专业监理工程师的指导下开展现场监理工作。

(2) 检查承包单位投入工程项目的人力、材料、主要设备及其使用、运行状况，并做好检查记录。

(3) 复核或进入施工现场直接获取工程计量的有关数据并签署原始凭证。

(4) 按设计图及有关标准，对承包单位的工艺过程或施工工序进行检查和记录，对加工制作及工序施工质量检查结果进行记录。

(5) 担任旁站工作，发现问题及时指出并向专业监理工程师报告。

(6) 做好监理日记和有关的监理记录。

# 1.5 监理工作程序

监理工作程序又称为监理工作流程，基本监理工作程序如图 1.1～图 1.9 所示。详细的监理程序一般不在监理规划中出现，而是编入监理实施细则之中。

## 1.5.1 监理工作总程序

监理工作总程序如图 1.1 所示。

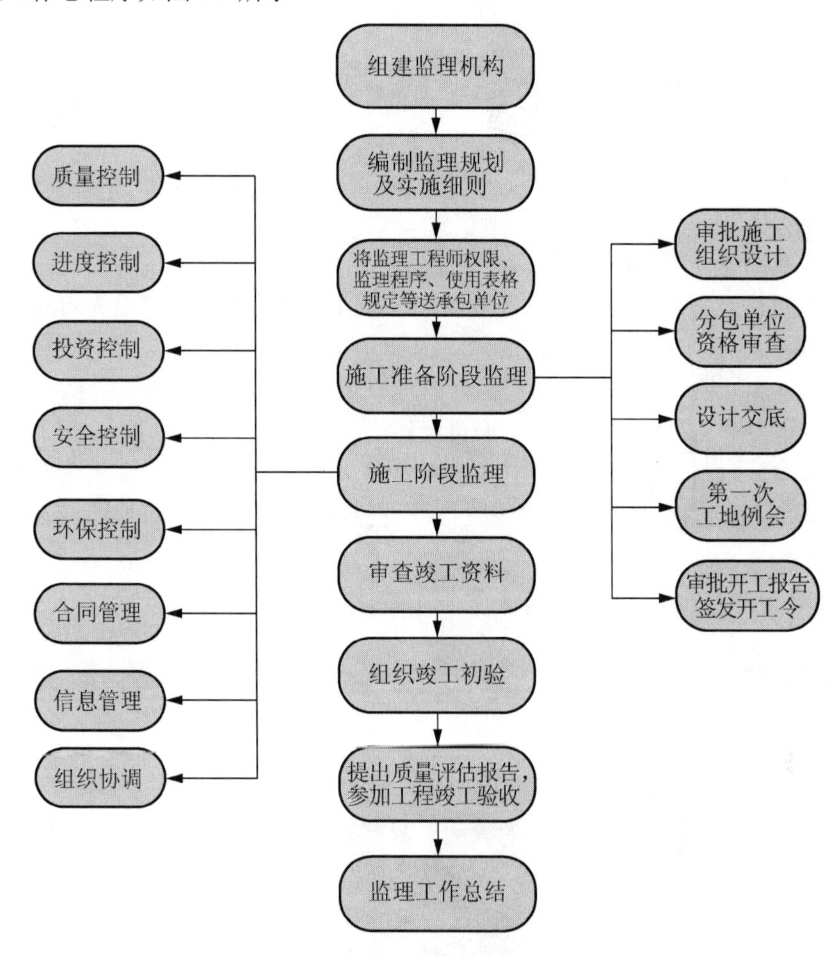


图 1.1 监理工作总程序

## 1.5.2 工程质量控制程序

工程质量控制程序如图 1.2 所示。

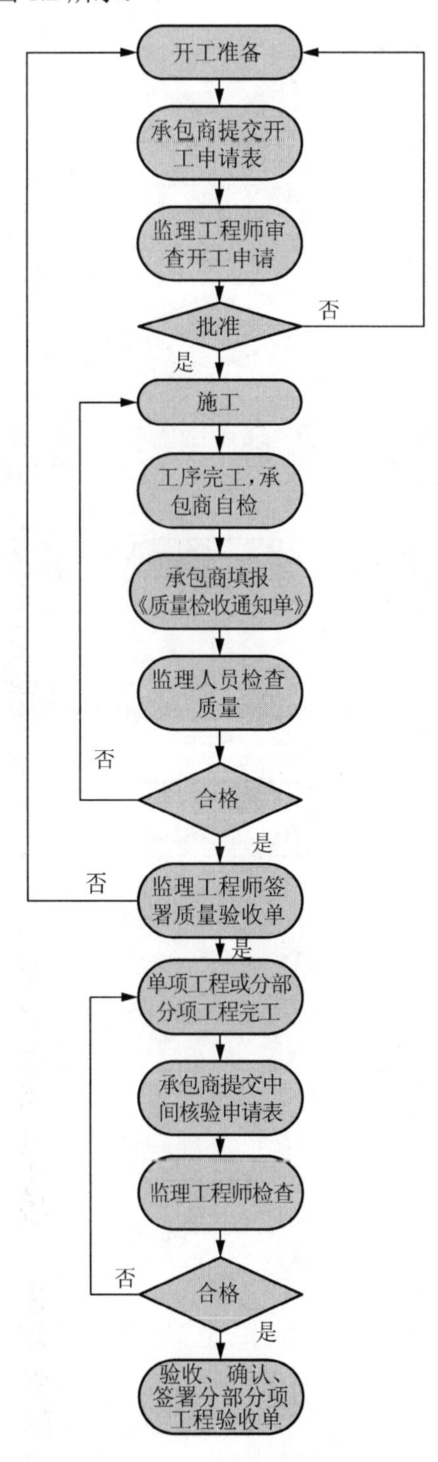


图 1.2　工程质量控制程序

## 1.5.3 工程进度控制程序

工程进度控制程序如图 1.3 所示。

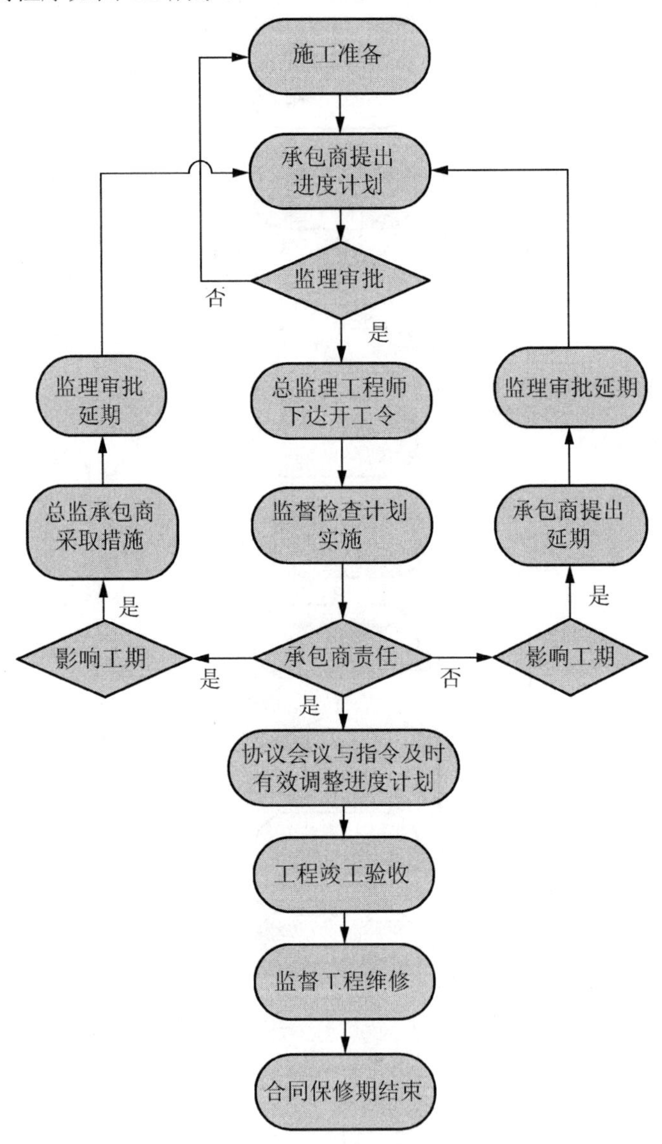


图 1.3 工程进度控制程序

## 1.5.4 工程造价控制程序

工程造价控制程序如图 1.4 所示。

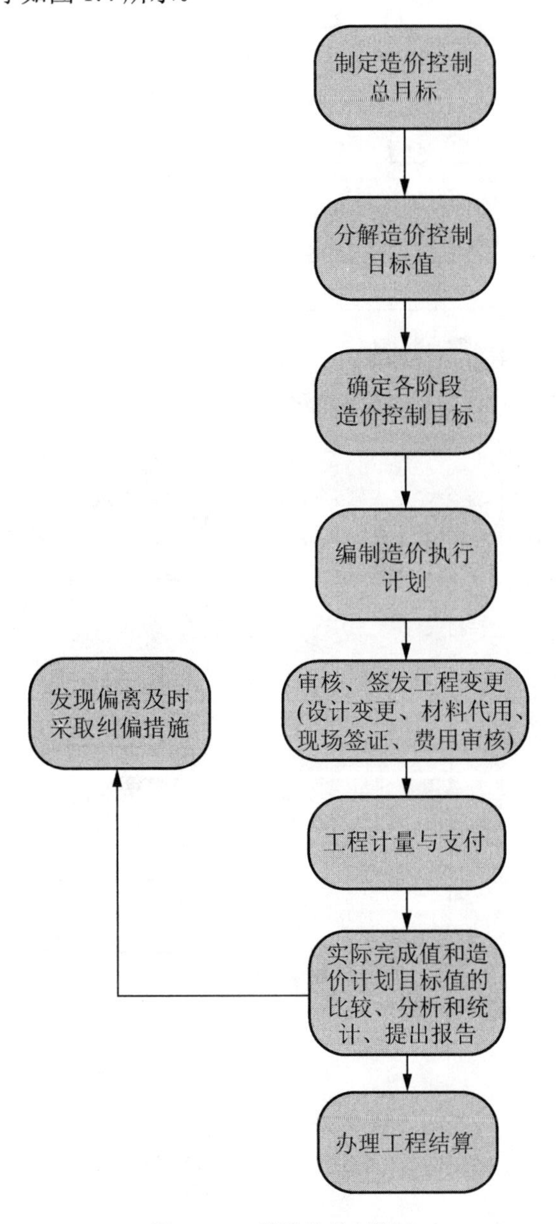


图 1.4 工程造价控制程序

## 1.5.5 安全控制程序

安全控制程序如图 1.5 所示。

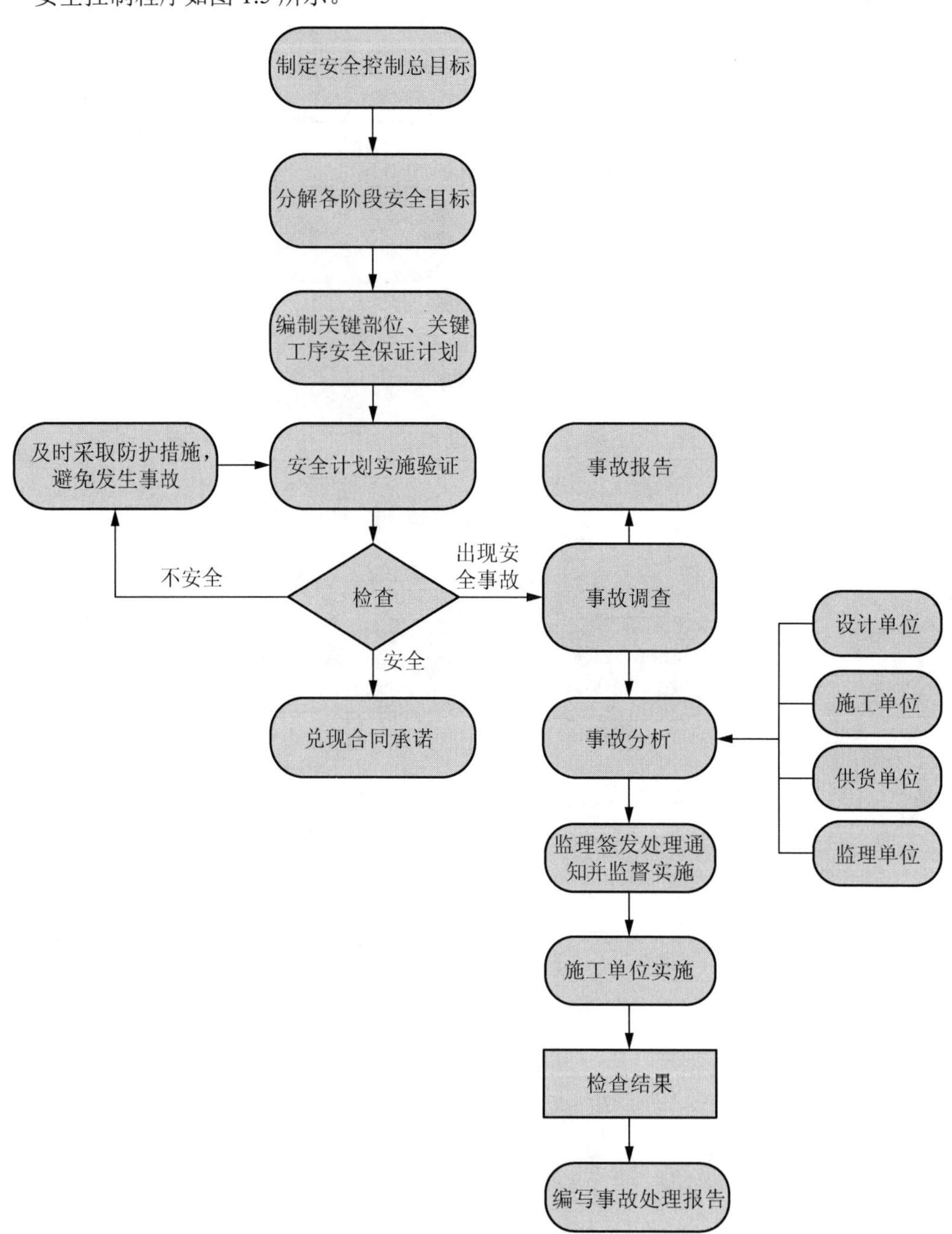


图 1.5　安全控制程序

## 1.5.6 环保控制程序

环保控制程序如图 1.6 所示。

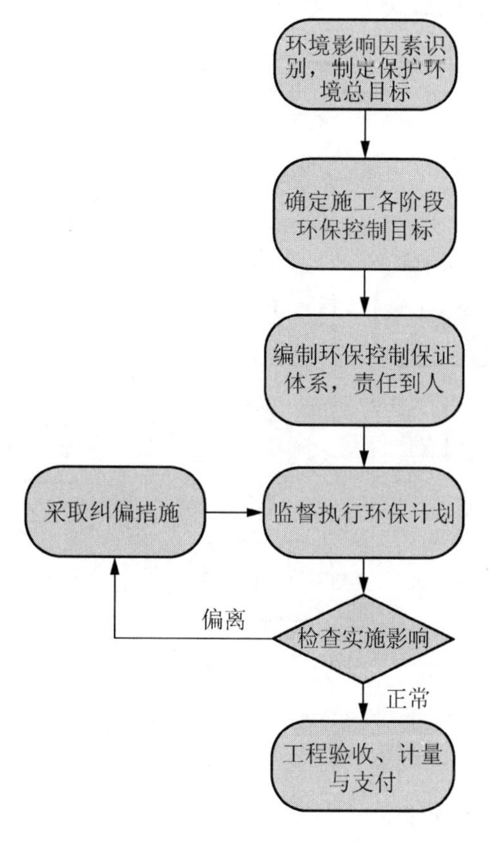


图 1.6　环保控制程序

## 1.5.7 合同管理程序

合同管理程序如图 1.7 所示。

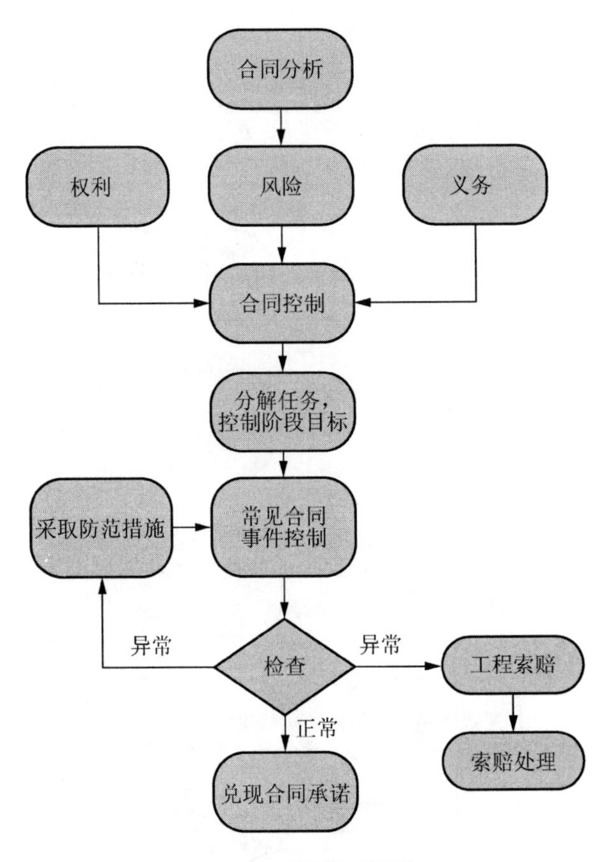


图 1.7　合同管理程序

## 1.5.8 信息管理程序

信息管理程序如图 1.8 所示。

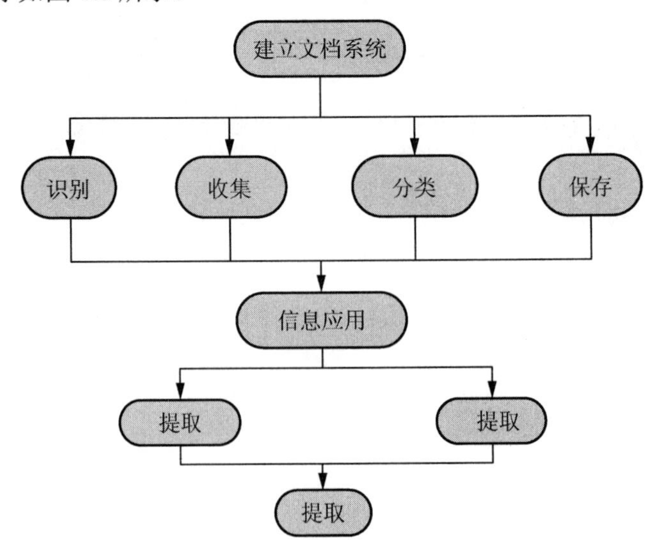


图 1.8　信息管理程序

## 1.5.9 风险管理程序

风险管理程序如图 1.9 所示。

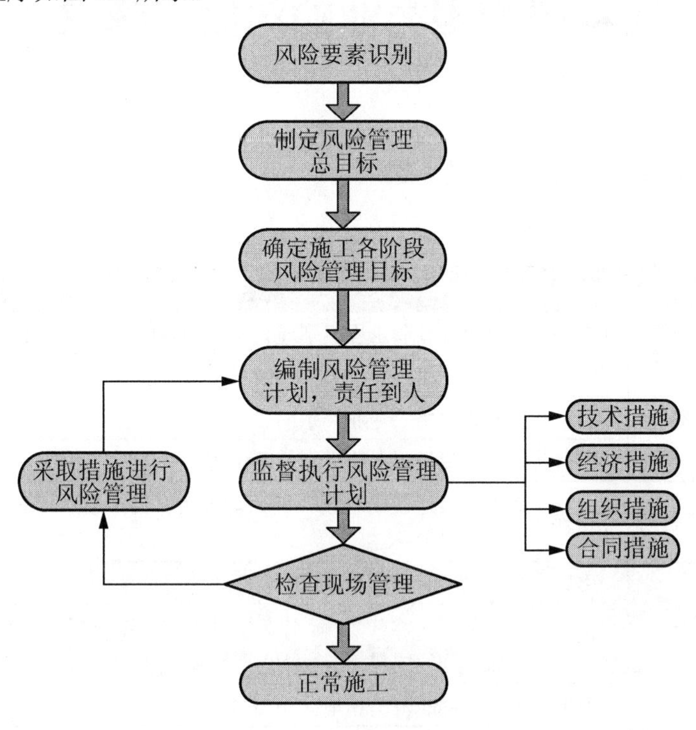


图 1.9 风险管理程序

## 1.5.10 组织协调系统

组织协调系统如图 1.10 所示。

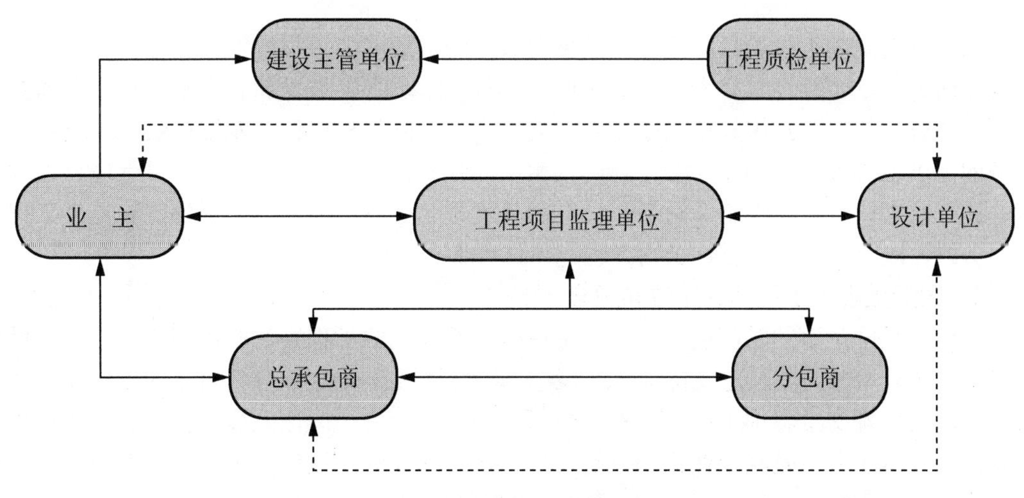


图 1.10 组织协调系统图

# 1.6 工程咨询服务业的对比和建议

国内工程咨询单位资质管理见表 1-2。

表 1-2 工程咨询单位资质管理一览表

| 企业类别 | 资质分类 | 等级 | 承担业务范围 |
| --- | --- | --- | --- |
| 工程监理 | 综合资质 | 不分级 | 承担所有专业工程类别建设工程项目的工程监理业务 |
| | 专业资质 | 甲级 | 可以监理相应专业类别的所有工程 |
| | | 乙级 | 只能监理相应专业类别的二、三级工程 |
| | | 丙级 | 只能监理相应专业类别的三级工程 |
| | 事务所资质 | 不分级 | 承担三级建设工程项目的监理业务，但国家规定必须实行监理的工程除外 |
| 工程招标代理机构 | 不分类 | 甲级 | 承担工程的范围和地区不受限制 |
| | | 乙级 | 只能承担工程投资额(不含征地费、大市政配套费与拆迁补偿费)3000万元以下的工程招标代理业务，地区不受限制 |
| 工程造价咨询机构 | 不分类 | 甲级 | 承担工程的范围和地区不受限制 |
| | | 乙级 | 在本省、自治区、直辖市所辖行政区域范围内承接中小型建设项目的工程造价咨询业务 |

## 1.6.1 国外工程咨询服务业的基本理念和启示

工程咨询是为工程项目的建设提供咨询服务的。国际上工程咨询业已有上百年历史，在发达国家，这个行业具有专业服务领域广、从业人员多、技术和管理水平高、市场竞争激烈、各公司积极开拓国外市场等特点。近年来，国际工程咨询业发展很快，市场对咨询服务的需求范围很广，涵盖了与工程建设相关的政策建议、机构改革、项目管理、工程采购、施工监理、融资、保险、财务、社会和环境研究等各个方面。在国外能够提供工程咨询服务的，既有各种工程咨询公司，也有个体咨询工程师。

**1. 国际上咨询工程师的定位和理念**

咨询工程师从事的是高层次、智力密集型、职业化的工程咨询服务。随着近年来世界建筑业以 3%～5%的增长速度持续发展，各类业主(包括政府)大部分将自己的投资和整个项目的管理工作都交给咨询工程师负责，因而咨询工程师这个岗位愈显重要。业主选择咨询工程师的基本出发点是其专业化的技能、项目管理的经验和诚信。选择高水平的咨询工程师将会为业主带来巨大的、长远的、多方面的效益，因而在国外这一行业是具有很高地位的服务性行业。

国际上，在工程实施阶段，咨询工程师的作用和定位一般不使用“监理”这一措辞，下面引用两段国际上相关权威性文本的论述。

FIDIC 2001 年出版的《客户——咨询工程师协议书(白皮书)指南》中有这样一段论述：在有关咨询工程师管理合同的职责方面，使用“监理”(Supervision)这一措辞时可能会产生严重的误解，因而这种用法需要避免。FIDIC“红皮书”“黄皮书”、现行的“新红皮书”和“橘皮书”中都避免使用在早先的版本中能够看到的“监察和监理工程”(Watch Over and Supervise the Works)，而现在使用“合同中规定的职责”(Duties Specified in the Contract)或“合同中委托给他的职责”(Duties Assigned to Him in the Contract)这一措辞。如果需要简洁地描述这类职责，可使用“管理合同和检查工程”(Administer the Contract and Inspect the Works)。

在美国 AIA 系列合同范本中，过去的版本规定建筑师应“监理”(Supervision)承包商的工作，“监理”的含义可能包括建筑师有责任管理(Manage)、指导(Direct)和控制(Control)施工作业。由于该用词引发了一些由于安全事故向建筑师起诉的案件，因而 AIA 早在 1961 年修订合同条款时，在描述建筑师在施工阶段服务的内容时，用“观察”(Observation)一词取代了“监理”(Supervision)一词。

由此可见，建筑师/工程师的职责是按照业主和承包商所签订的合同，对承包商的施工工作，包括对所应达到的进度、所应满足的工程质量进行巡视、检查和督促，而不是具体干预，更不应具体管理承包商的施工方案、施工技术甚至安全等问题。

在国外的各类合同条件范本中，几乎都有如 FIDIC“新红皮书”中第 3.1 款的一段话：“工程师的任何批准、校核、证明、同意、检查、检验、指示、通知、建议、要求、试验或类似行动(包括未表示不批准)，不应解除合同规定的承包商的任何职责，包括对错误、遗漏、误差和未遵办的职责。”这说明承包商对工程师已经批准的工作仍需承担责任。业主聘用工程师来管理工程只是保证工程合格的一个手段，因为承包商是承诺向业主最终提供合格工程的一方，工程师只是工程建造过程中的监督和检查者，他的批准、校核、检验等只是允许承包商进行下一道工序或临时认可完成的工程量，他的指示、建议等也只是保证工程建造过程符合合同规定的方式和良好的惯例而已，完全不能减免承包商的合同责任。

**2．国外工程咨询服务业相关理念的启示**

上述咨询工程师的定位和一些相关的理念是国际上权威性、高水平的行业组织对国际上工程建设行业近百年来经验教训的总结，是符合建设行业管理的客观规律的。但我国业内至今对这些国际惯例的学习、思考和研究还是很不够的。我们应该从上到下认真学习、研究和大力宣传有关工程咨询服务业和项目管理的一些重要理念，使咨询、监理和承包商都有一个明确的定位。

(1) 工程咨询业是一种高层次、智力密集型的专业化的服务行业，是根据业主多层次、多方面的需求，提供技术服务和项目管理服务的行业。咨询服务具有“顾问”性质，是对业主方提供意见、方案和措施的建议，由业主决策，在授权范围内，咨询工程师可以协助实施某些工作。

(2) 监理工作的核心是合同管理。建设监理在业主方项目管理中的职责主要是巡视、检查和督促。必要时做出批准和指示，但工程师的任何批准、校核等，均不应解除合同规定的承包商的任何职责。

监理工程师不应该干预承包商的施工方案、施工技术、施工措施、施工计划和安全措施。因为对于承包商来说，这既是他们的专长，同时也完全有权采取他们认为合理的、符合价值工程理念的各项举措。监理可以对承包商的工作提出建议，但无权干预，也不应干涉。

(3) 承包商是建设工程项目的进度、质量、安全、环保等事项的第一责任人，因为承包商接受了业主的支付，应该为业主按时保质地提供一个合格的工程。当然，如果设计图纸有问题，影响了质量、安全、环保，咨询设计方应承担相应的责任。

## 1.6.2 积极发展我国的设计—管理型咨询企业

### 1. 工程咨询服务可以提供项目管理全过程的各类服务

由上面介绍的国际上通用的和新发展的项目管理模式可以看出，工程咨询服务是为一个建设项目全过程服务的，一个设计咨询单位，特别是大型设计院，应该提供的不仅是技术方面的服务，也应包括管理方面的服务，以保证各项经济、技术指标的实现。从项目管理的角度来看，工程咨询业也有着广阔的天地，可以承担管理型 CM 方式、派出项目经理、进行设计—管理或管理承包、设计—建造总承包或 EPC/交钥匙总承包。如果是 PFI/PPP 项目，则可为当地政府进行初步可行性研究和编制特许权协议书并协助进行项目的招标。工程咨询业还可以提供许多专题性的服务，如风险管理、工程索赔、造价管理、项目融资等。在美国市场，设计公司发展的新趋势就是服务的多样化，不仅更多地参与设计—建造，也参与设计—工程管理类项目。有的公司已考虑将服务延伸到运营和维护方面。另外，咨询公司也可以接受承包商的聘用为其服务(一般不应同时为同一项目的业主和承包商服务，使用 NC 模式的项目除外)。因而工程咨询单位不仅要有很高的技术水平，同时也应该具备很强的项目管理能力。

### 2. 国际上提供专业化项目管理服务的机构

在国际工程建设行业，提供专业化项目管理服务的仍然是传统的工程设计咨询和承包商行业。最主要的三大机构是：建筑师事务所、工程设计咨询公司(Engineering Consultant)和工料测量师行，另外还有一部分知名的大型国际承包商。在担任项目管理职能的机构中，无论是建筑师、工程师还是工料测量师，都是项目参与方的组成部分之一，在项目中承担着除项目管理以外的其他专业工作，如建筑设计、结构设计、机电设计或造价管理，相互协调和制约；他们的经济利益、社会信誉和行业地位，与所提供的服务和项目管理成果紧密相关；他们从管理和技术能力两个方面，确保项目业主能够得到最优质的服务。

因此，在国际上依托上述机构雄厚的专业技术实力和可靠的专业信誉保障，对重大和复杂的建设项目实施专业化的项目管理，是国际建设业的通常做法。

国外的工程咨询公司都十分重视项目管理，在公司组织形式上采用由专业部门和项目组组成的矩阵式管理，在接受咨询设计任务后，从专业部门抽调人员组成精干的项目组，由项目经理全权领导，对项目负责到底。

### 3. 我国的勘察设计单位应向设计—管理型企业发展

国务院于 1999 年发布了原建设部等六部委《关于工程勘察设计单位体制改革的若干意见》，要求设计院建立社会主义市场机制的、为固定资产投资活动全过程提供技术性、管理型服务的咨询设计服务体系。我国的设计院是技术人才密集、智力密集的单位，在技术方面有很多专长。现在我国勘察设计院的工作范围和内容，实际上涵盖了国外的建筑师事务所、工程设计咨询公司的业务，以及工料测量师行的部分业务内容(如概算、预算等)。但与上述国外的有关单位相比，最主要的差距在于项目管理的能力和水平。大型设计院应该努力向设计—管理型企业发展，只有这样才能使经营生产方式更好地与国际接轨，跨上一个新的台阶。也只有向设计—管理型的目标发展才有可能应对加入 WTO 之后的各种挑战，巩固国内市场，开拓国际市场，并且在与国外企业进行合作时更为主动。

## 1.6.3 咨询工程师的选聘

### 1．专业服务采购的原则

专业服务(Professional Services)采购适用的原则与选择施工企业的原则有很大差异。各类专业服务人员提供高度专业化的知识和技能，并根据项目的规模、服务范围或服务时间长短收取费用。正是由于咨询工程师在国外是高水平的、职业化的、“顾问”身份的角色，因而在国外，对咨询专家和咨询公司的选聘方法与对施工企业的选择方法有着极大的不同。

一般情况下，业主在选择施工企业时首先考虑的是价格因素，而选择“工程师”的标准则不宜以价格为主。业主选聘“工程师”的目的是为其投资的“工程”把关，因而着眼点必然是“工程师”的资历、经验、能力、管理项目的水平和职业信誉。设计、咨询和项目管理对整个工程项目的质量、工期和成本起着决定性的作用，而其费用仅占工程总成本的很少一部分。因此，FIDIC 反复强调：选择工程师时，首先不应考虑省钱，工程师的技术水平与能力才应该是要考虑的决定性因素。

### 2．专业服务采购的方法——基于质量的选择

国际上，包括世界银行、亚洲开发银行，招聘(咨询)“工程师”(包括施工时的“监理”)绝大多数是采用发“任务大纲”，先选“长名单”，再选“短名单”，再评审、谈判的方式，是“基于质量的选择”(Quality Based Selection，QBS)。QBS 最早起源于美国，经过多年的发展，已经成为美国各级政府投资项目选择咨询单位的基本方法。在国际上，“基于质量的选择”也有广泛的影响。FIDIC 在其对设计咨询的招标文件中也推荐使用“基于质量的选择”。

世界银行则向所有借贷方推荐使用一种与“基于质量的选择”类似的方法，称为“基于质量和价格的评审方法”(Quality and Cost Based Selection，QCBS)。世界银行试图通过这种方法在方案评审过程中兼顾质量与价格因素。

此外，根据项目具体情况，世界银行还有“固定预算下的选择(FBS)”“基于咨询顾问资历的评审方法(SCQ)”“最低费用的评审方法(LCS)”和“单一来源的评审方法(SSS)”等。

### 3．学习国际惯例，改进我国专业服务采购的方法

深入学习和研究国际上工程项目咨询服务的采购方法，对于我国建筑行业十分重要。更好地了解国际惯例，一方面有助于国内企业适应入世要求，打入国际市场，参与国际竞争；另一方面，有利于我国制定适合国情的、科学的咨询服务采购方法，包括对可行性研究、设计、监理、项目管理服务的采购方法。改变我国现阶段在咨询服务招标过程中常常以低价中标的局面；修改和健全相关法律法规，规范咨询服务招标市场，尤其对于评选程

序、标准予以严格控制。总结、宣传、推广我国的“基于质量的选择”的经验。例如，我国“西气东输”工程对“总监理工程师”进行国际招标，在评标时，报价权重只占20%。最后选中的是经验最丰富、人力配备最强，但报价最高的美国“环球工程咨询公司”。事实表明，该公司在“西气东输”工程的监理工作中发挥了巨大的作用，这充分证明了在咨询采购中以质量为主来选择咨询工程师这一原则的正确性。

### 1.6.4 积极开拓国际工程咨询市场

**1．国际工程咨询市场中外营业额对比**

表1-3为美国“工程新闻记录”(ENR)杂志统计的国际上历年营业额最高的200家设计咨询公司(以下简称“200家公司”)在本国以外的总营业额与进入200家公司的我国设计咨询公司(以下简称“中国公司”)国外总营业额的对比。

**表1-3　200家公司与中国公司的国外总营业额对比**　　单位：亿美元

| 时　间 | 1996 | 1997 | 1998 | 1999 | 2000 | 2001 | 2002 | 2003 | 2004 | 2005 |
|---|---|---|---|---|---|---|---|---|---|---|
| 200家公司总营业额 | 145 | 160.35 | 169.7 | 172.1 | 161.04 | 176.5 | 188.64 | 210 | 241.6 | 263.1 |
| 中国公司总营业额 | 2.46 | 2.17 | 1.4 | 2.3 | 2.33 | 0.84 | 0.85 | 1.7 | 3.5 | 3.57 |

由1-3表中可以看出：国际上的大设计咨询公司在重视国内市场的同时，十分注意开发国际市场。国外营业额总体上是呈增长的趋势，10年间增长了81.4%。服务领域遍及房屋建筑、工业、制造业、石油化工、水利、交通、电力等多个行业。中国公司在200家公司的排行榜中排名靠后，营业额也比较低。

**2．开拓国际工程咨询市场的建议**

1) 培育国际工程咨询企业家

我国的国际工程承包企业在“十五”期间每年以大约25%的速度递增，2006年工程承包合同额有大幅度的增长，但工程咨询设计业走向国际的步伐一直较慢，其原因是多方面的、复杂的，但是其中很重要的一个原因就是缺乏国际工程咨询企业家。很多咨询设计企业的负责人不能深刻地理解“走出去”开辟两个市场和利用两种资源的重大战略意义。由于不熟悉国际市场和国外的相关规范等技术要求，对国际市场陌生，缺乏开拓、创新和拼搏精神，仅满足于国内市场的营业额。因此，要想加快这个行业走向国际的步伐，首先各个企业的领导人应该更新观念，培养大批我国的国际工程咨询企业家。

2) 大力培养国际工程管理人才

对工程咨询设计企业来说，专业技术人才济济，国际工程管理人才却很匮乏。而开拓国际工程咨询市场，管好国际工程项目，都离不开国际工程管理人才。

国际工程管理人才应该是复合型、外向型、开拓型、创新型的人才。工程咨询设计企业应下大力气培养这方面的人才，使一批技术骨干同时具有管理国际工程项目的能力，这将为企业开拓新的业务领域打下良好的基础。

3) 多种途径开发国际工程咨询市场

(1) 独立承揽大型总承包项目。我国有一批有经验的工程咨询设计企业已经具备这方面的经验和条件，有的在自己的专业领域也建立了一定的声誉。这些企业应该继续主动开拓市场，承揽大型的 D/B 或 EPC/交钥匙项目。在投标报价阶段，特别是在国际工程项目投标和实施过程中，应寻找技术和管理水平都比较高，而且信誉可靠的施工企业作为联营体伙伴或分包商，以保证项目的成功实施。

(2) 借船出海。近年来，我国的中央级大企业集团在海外承揽了许多大型项目，其中不乏总承包项目。加强与自己企业所属的大企业集团或其他大企业集团的联系，借船出海，在实践中锻炼增长从事国际工程咨询的能力，积累经验，可以为公司日后独自走向国际市场打下基础。

借船出海的另一个途径即积极参与我国政府的援外和对外投资项目，这类项目信息比较容易获取，咨询设计企业既可独自总承包，也可与施工企业组成联营体承包。

(3) 与国外公司合作。有许多国外的大型工程公司在拿到国际工程项目后，往往将部分甚至全部子项目外包，设计工作也不例外。中国的许多咨询设计公司技术力量强，有设计经验而且价格相对较低，因此注意掌握市场动态，及时与一些国外的国际工程公司联系，参与有关项目的投标与实施，这样也可以积累从事国际工程咨询的经验。在这里要提醒的是：如果有可能，尽可能以中外联营体一员的身份参与，这样不但可以参与项目全过程的管理，而且企业的“资历”也会因此而提升，世界银行、亚洲开发银行在资格预审时不承认分包商的资历，但承认联营体成员的。

国际工程市场是一个广阔的长盛不衰的市场。我国的工程咨询企业一定要下决心“走出去”，这不仅是国家的需要，也是我国大中型工程咨询企业的必由之路。

## 1.7 监理工程师的责任风险与保险

监理工程师的工作对象是投资额巨大、与社会公众切身利益关系密切的建设工程项目，监理工程师所面临的责任风险十分复杂和巨大，非常有必要转移和分担监理工程师所承担的责任风险，购买职业责任保险则是一种国际上通行的有效分担和转移责任风险的机制。

### 1.7.1 监理工程师责任风险的由来

监理工程师的责任风险是多方面的，经常地、随机地发生在监理工程师的日常工作之中。与其他自然灾害等风险一样，监理工程师的责任风险不以人们的意志为转移，具有存在的客观性、发生的偶然性等特征。其原因体现在以下几个方面。

**1. 法律法规对监理工程师的要求日益严格**

近年来不断出现的重大质量安全事故，促使人们对质量安全责任进行思考，我国的法律法规也随着形势的发展日益健全，对监理工程师法律责任也有了较为明确的规定。从国外情况看，法庭的判决往往倾向于受害人，强调专业人员在运用专业知识技能进行服务的过程中，必须发挥最高标准的专业能力。

2．监理工程师所掌握的技术、资源不可能尽善尽美

即使监理工程师在工作中无任何行为上的过错，仍然有可能承受由于技术、资源问题而带来的工作方面的风险，有些工作内容往往需要技术和资源的支持。

3．监理工程师的知识、经验有局限性

任何专业人士的知识和经验都是有局限的，工程监理是基于专业技能的技术服务。因此，尽管监理工程师履行了监理合同中业主委托的工作职责，但由于监理工程师知识和经验的局限性，并不能保证取得应有的效果。

4．社会对工程监理的要求提高

近年来，工程监理得到了前所未有的重视，社会公众对工程监理寄予了极大的期望。与此同时，人们对工程监理的认识也产生了某些偏差和误解，这在社会环境方面增加了监理工程师的责任风险。

## 1.7.2 监理工程师责任风险的分类

基于上述原因，结合监理工程师的工作特征，监理工程师所承担的责任风险可归纳为以下几个方面。

1．行为责任风险

监理工程师未能正确地履行监理合同中规定的监理职责，在工作中发生失职行为。例如，监理工程师在工作中，明知其行为的后果，对于该实行检查的项目不做检查或不按照规定进行检查，并因此使工程留下隐患或造成损失，监理工程师就必须为此行为承担失职的责任。或者监理工程师在工作中发生疏忽，由于主观上的无意行为未能严格履行自身的职责并因此而造成工程损失。由于疏忽大意，对某些该实行检查或监督的项目未进行相应的检查或监督，或者虽然进行了检查、监督，却未能发现工程的隐患，并因此造成工程损失的，监理工程师同样要对损失承担相应的责任。

2．工作技能风险

监理工作是基于专业技能的技术服务，尽管监理工程师履行了监理合同中业主委托的工作职责，但由于监理工程师本身专业技能的限制，不一定能取得应有的效果。例如，由于监理工程师在某些方面的工作技能不足，对于某些需要专门进行检查、验收的关键环节或部位，监理工程师按规定进行了相应检查，检查的程序和方法也符合规定的要求，但并未发现本应该发现的问题或隐患。究其原因，可能是监理工程师本身掌握的理论知识有限，也可能是相关的实践经验不足。监理工程师的主观愿望并不希望发生这样的过错，但由于当今的工程技术日新月异，新材料、新工艺层出不穷，并不是每一位监理工程师都能及时、准确、全面地掌握所有相关的知识和技能，因此，无法完全避免工作技能方面的风险。

3．技术资源风险

监理工程师即使在工作中无任何行为上的过错，仍有可能承受由技术和资源带来的工作上的风险。例如，在混凝土工程施工过程中，监理工程师按照正常的程序和方法对工程进行了检查和监督，并未发现任何问题，但施工过程中有可能仍然留有隐患，如某些部位

振捣不够，留有蜂窝、孔洞等缺陷，这些问题可能在施工过程中无法及时发现，甚至在完工后的相当长一段时间内也无法发现。众所周知，某些工程质量隐患的暴露需要一定的时间和诱因，利用现有的技术手段和方法，并不可能保证所有的问题都能够及时被发现。另外，由于人力、财力和技术资源的限制，监理工程师无法、也没有必要对施工过程中的所有部位、所有环节都进行细致、全面的检查。因此，监理工程师就需要面对技术、资源方面的风险。

### 4．管理风险

明确的管理目标、合理的组织机构、细致的职责分工、有效的约束机制是工程监理的基本保证。尽管有高素质的人才资源，但如果管理机制不健全，监理工程师仍然可能面对较大的风险。这种管理上的风险主要来自以下两个方面。

(1) 监理单位与项目监理机构之间的管理约束机制。实践表明，总监理工程师负责制对于落实管理责任制、提高监理工作水平起到了很好的作用。但由于监理工作的特殊性，项目监理机构往往远离监理单位本部，在日常的监理工作中，代表监理单位与工程有关方面打交道的是总监理工程师，总监理工程师的工作行为对监理单位的声誉和形象起着决定性作用。一方面，监理单位必须让总监理工程师有职有权，放手工作，这样才能获得总监理工程师负责制应有的效果。另一方面，监理单位对总监理工程师的工作行为进行必要的监督和管理是非常重要的。也就是说，监理单位与总监理工程师之间应该建立完善、有效的约束机制。

(2) 项目监理机构的内部管理机制。项目监理机构中各个层次人员的职责分工必须明确，沟通渠道必须有效，如果总监理工程师不能在项目监理机构内部实行有效的管理，其风险依然是无法避免的。

### 5．职业道德风险

监理工程师是高素质的专业技术人才，接受过良好的教育并具有丰富的实践经验，社会公众对监理工程师的专业技术服务存在较多的依赖。监理工程师在运用其自身的专业知识和技能时，必须十分谨慎、小心，表达自身意见必须明确，处理问题必须客观、公正。同时，监理工程师必须廉洁自律，洁身自爱，勇于承担对社会、对职业的责任，在工程利益和社会公众利益相冲突时，优先服从于社会公众利益。在监理工程师自身的利益和工程利益不一致时，必须以工程利益为重。如果监理工程师不能遵守职业道德的约束，自私自利、敷衍了事、回避问题，甚至为谋求私利而损害工程利益，必然会因此而面对相应的风险。

### 6．社会环境风险

需要指出的是，近年来，工程监理得到了前所未有的重视，社会对监理工程师寄予了极大的期望。这种期望无疑会变成动力，对我国建设工程监理行业的发展产生积极的推动作用。但同时也应清醒地认识到，人们对工程监理的认识也产生了某些偏差和误解，有可能形成一种对工程监理的健康发展不利的社会环境。

综上所述，监理工程师所面临的责任风险是十分复杂和巨大的。监理工程师有必要将所承担的责任风险进行转移和分担，而购买职业责任保险就是一种国际上通行的分担和转移责任风险的机制。

## 1.7.3 监理工程师的职业责任

工程监理是一种专业技术服务，监理工程师属于专业技术人员，具有丰富的实践经验，社会公众对监理工程师的专业技术服务存在较多的依赖，运用合理的技能，谨慎而勤勉地工作是监理工程师应尽的义务。

监理工程师的职业责任是指监理工程师在监理合同授权范围内，由于自身的疏忽或过失未履行或未适当履行监理合同所规定的义务，造成委托人(即业主)或第三方的人身伤害或财产损失，依法应由其承担的赔偿责任。需要指出的是，在我国现行工程监理制度下，监理工程师是代表监理单位履行监理职责的，监理工程师的监理行为是职务行为。因此，监理工程师所承担的赔偿责任实际上是由监理工程师所代表的监理单位来承担的。

根据我国法律法规和监理合同示范文本，监理工程师的疏忽或失职行为主要可归纳为以下几类。

(1) 监理工程师应向业主、承包商或通过业主向设计单位及其他有关各方提出自己的专业建议。如果监理工程师在上述方面没有履行应尽的职责，没能按照合同的约定在必要时为业主提供符合其专业水准的咨询意见，给业主造成了损失的。

(2) 监理工程师对该检查验收的不检查验收或不按照规定检查验收；该要求承包商返工的未要求返工，或者将不合格的工程按合格进行验收，或者该及时进行检查验收而未及时进行检查验收，影响了承包商的正常施工，从而造成业主不应有的损失的。

(3) 该审批的不审批或盲目审批；对进度款支付申请、签证、价格调整等定夺不准，从而造成业主损失的。

(4) 该巡视的未巡视，该旁站的未进行旁站；对本应该发现的问题未能及时发现，从而造成业主损失的。

(5) 不按规定签发指令和签发错误的指令，如不按规定签发开工、停工、复工、变更等有关指令，从而造成业主损失的。

不难发现，监理工程师的职业责任来自两个方面，即法律规定的职业责任和合同约定的职业责任，这是监理工程师职业责任保险与一般责任保险的重要区别。一般情况下的职业责任保险只考虑合同责任；但是，我国的建设工程监理有其自身的特殊性，需要承担的社会责任较大。《中华人民共和国建筑法》《建设工程质量管理条例》《建设工程安全生产管理条例》等将监理工程师需要承担的合同责任的部分内容上升到了法律法规的高度，因此，监理工程师的职业责任保险需要将相关的法定责任也纳入考虑的范畴。

## 1.7.4 监理工程师职业责任保险及内容

监理工程师职业责任保险是指监理单位或监理工程师对自身所需承担的职业责任进行投保，一旦由于监理执业疏忽或过失造成业主或第三方损失的，其赔偿将由保险公司来承担，赔偿的处理过程也由保险公司来负责。其实质是将监理单位或监理工程师需要承担的部分责任风险转移给保险公司。监理工程师职业责任保险目前在我国还属于待发展的保险产品。监理工程师职业责任保险的投保主体既可是工程监理单位，也可是监理工程师自己。

综上所述，监理工程师的责任是多方面的，但职业责任保险所针对的仅仅是职业责任。监理工程师的职业责任保险的内容，主要考虑以下几个方面。

(1) 保险只针对监理工程师在提供监理服务时由于疏忽或过失而造成业主或依赖于这种服务的第三方的损失，这种行为是无意的，且仅限于监理专业范围内的疏忽行为，而不负责与专业范围无关的疏忽行为而造成的损失。

(2) 与其他责任保险一样，保险公司对监理工程师责任保险承担的赔偿责任包括两个方面：一方面是上述损失额的赔偿金；另一方面是法律诉讼费用，这笔费用一般都在损失赔偿金之外。当然，如果赔款总额超出赔偿限额，法律诉讼费用也可按比例由投保人与保险公司分担。

(3) 工程监理服务是一种集体行为，其职业责任保险既可以监理工程师所在的工程监理单位名义购买，也可以注册监理工程师自身的名义购买。从国际流行趋势看，多数是以个人名义购买职业责任保险。这是因为国外的监理咨询单位多为合伙制或个人所有制，通常不具备法人资格；而且以个人名义购买职业责任保险，可以增强职业人士的责任感，提高职业人士的执业信誉。我国的建设工程监理制度实行总监理工程师负责制，项目总监理工程师担负有相当重要的责任。从理论上讲，以项目总监理工程师的名义购买职业责任保险较为合适。但是从我国实际情况出发，监理工程师的职业责任保险以工程监理单位的名义购买较为合适，其原因体现在以下几个方面。

① 我国现行的法律不允许注册监理工程师以个人的名义执业，监理工程师必须受聘于一个工程监理单位才可以从事监理服务。

② 工程监理单位是监理合同的当事人，当事人是民事责任的承担主体，责任主体当然应该成为责任保险的被保险人。

③ 我国的法律法规对总监理工程师负责制的相关规定还不够健全，在绝大多数情况下，还未实行真正意义上的总监理工程师负责制。总监理工程师对项目监理机构的责、权、利还未得到充分体现，总监理工程师还未能成为民事赔偿责任的责任主体。

④ 我国的绝大多数工程监理单位是以法人身份出现在工程监理市场上的，监理工程师在工程现场的专业行为事实上都是代表其所属工程监理单位的职务行为，而项目监理机构的人员组成复杂，以工程监理单位的名义购买职业责任保险更有利于对当事人双方利益的保护，不论项目监理机构中的任何人员发生失职行为，都应该视为工程监理单位的失职行为。

### 1.7.5 监理工程师职业责任保险的承保方式

借鉴国际通行做法，监理工程师职业责任保险的承保方式可以考虑以下三种形式。

**1．以损失为基础的承保方式**

以损失为基础的承保方式又可称为期内发生式。即在保单有效期内，以损失发生为基础，不论业主或受损失的第三方提出索赔的时间是否在保单有效期内，只要是在保单有效期内发生由监理工程师的职业责任而造成的损失，保险公司都需承担责任。这种以损失为基础的承保方式，使保险公司的责任期延长到了保险合同有效期之后。为了防止责任期太长而使保险人承担过大的风险，通常都会规定一个宽限期。由于监理工程师职业责任风险的发生可能需要一个较长的时间和诱因，但这种诱因并不是在任何时候都会出现。因此，责任的宽限期太短，对保险公司的风险不大，监理工程师的责任风险得不到保障，会挫伤监理工程师投保的积极性；如果宽限期太长，则保险公司的风险太大。从国际通行的做法看，采用这种承保方式的责任保险保单，其宽限期限一般不超过 10 年。

**2. 以索赔为基础的承保方式**

以索赔为基础的承保方式又可称为期内索赔式。即只要索赔是在保单的有效期内提出，对过去的疏忽或过失造成的损失就由保险公司承担赔偿责任，而不管导致索赔的事件发生在什么时候。这种承保方式实际上使保险的有效期提前到保险合同的有效期之前，考虑到工程事故发生的滞后性，引起索赔的事件往往是在保单有效期之前，为了减少保险公司的承保风险，通常都对这种索赔设置一个追溯期。在工程监理单位第一次投保时，追溯期可设置为零，其后相应延长，但追溯期最长不宜超过 10 年。这种承保方式比较适用连续投保，任何时候都必须保证保单是有效的。首先，提供监理服务和实际提出索赔之间可能有相当大的时间滞后。其次，对监理工程师提出的大多数职业责任索赔，不仅是在提供监理服务之后，而且可能是在项目竣工移交业主之后。因此，如果提出索赔时，保险单无效，那么对该索赔就没有了保险。

可见，这种以索赔为基础的承保方式能较好地适应职业责任风险的这种特点，由于必须保持保单有效，工程监理单位需要连续投保，有利于保险公司稳定客户，也有利于降低保险费用，因此，可以考虑将其作为主要的承保方式。

**3. 项目责任保险**

对某些情况而言，上述两种方式的承保都不是最佳方式。从灵活方便的角度出发，可以针对具体的项目来购买监理工程师职业责任保险，保险单内的资金仅限用于投保的项目，而不得用于工程监理单位由于其他项目引起的索赔或赔偿。这种保险方式不必像上述保单一样连续投保，其保险的有效期通常是从投保开始至业主接收该工程时止，其后设置一个宽限期，一般为 10 年。这个 10 年的期限，一般是指从业主接收该工程后的 10 年，而不是指从购买保险日开始的随后 10 年，10 年的责任期限结束后，对于职业人士来说是绝对免责的。

## 1.8 工程管理人员职业道德准则

### 1.8.1 FIDIC 职业道德准则

国际咨询工程师联合会(International Federation of Consulting Engineers，FIDIC)成立于 1913 年。最初的成员是欧洲境内的法国、比利时等 3 个独立的咨询工程师协会。1949 年，英国土木工程师协会成为正式代表，并于次年以东道主身份在伦敦主办 FIDIC 代表会议。

1959 年，美国、南非、澳大利亚和加拿大也加入了联合会，FIDIC 从此打破了地域的划分，成为一个真正的国际组织。

FIDIC 有 50 多个成员国，分属于 4 个地区性组织，即 ASPAC——亚洲及太平洋地区成员协会、CEDIC——欧共体成员协会、CAMA——非洲成员协会集团、RINORD——北欧成员协会集团。目前，FIDIC 在全球范围内已拥有 67 个成员协会，代表了约 400000 位独立从事咨询工作的工程师。

鉴于腐败问题目前已成为一个全球性“瘟疫”，国际咨询工程师联合会作为国际工程咨询业的领导组织，在 1995 年伊斯坦布尔年会上正式对此进行了讨论，1996 年发布了反腐败问题政策声明。1998 年起成立廉洁管理工作组，提出开发一套业务廉洁管理体系的建议。1999 年在世界银行等的支持下，成立了廉洁联合工作组，着手起草了《工程咨询业务廉洁管理指南》，该指南包括以下 6 个附录：

A．定义；

B．FIDIC 道德准则；

C．FIDIC 关于业务廉洁的政策声明；

D．工程咨询企业行为准则范本；

E．业务廉洁管理核查清单；

F．参阅文献。

其中，附录 E“业务廉洁管理核查清单”列举了 50 项工程咨询企业各项经营和业务活动中要核查的问题，具有较强的实践意义，值得借鉴。

FIDIC 所编制的道德准则要求咨询工程师具有正直、公平、诚信、服务等的工作态度和敬业精神，充分体现了 FIDIC 对咨询工程师要求的精髓，主要内容如下。

**1．对社会和咨询业的责任**

(1) 承担咨询业对社会所负有的责任。

(2) 寻求符合可持续发展原则的解决方案。

(3) 在任何情况下，始终维护咨询业的尊严、地位和荣誉。

**2．能力**

(1) 保持其知识和技能水平与技术、法律和管理的发展相一致的水平，在为委托人提供服务时应采用相应的技能，并尽心尽力。

(2) 只承担能够胜任的任务。

**3．廉洁和正直性**

在任何时候均为委托人的合法权益行使其职责，始终维护委托人的合法利益，并廉洁、正直和忠诚地进行职业服务。

**4．公正性**

(1) 在提供职业咨询、评审或决策时不偏不倚，公正地提供专业建议、判断或决定。

(2) 通知委托人在行使其委托权时可能引起的任何潜在的利益冲突。

(3) 不接受任何可能影响其独立判断的报酬。

**5．对他人公正**

(1) 推动“基于能力选择咨询服务”的理念。

(2) 不得故意或无意地做出损害他人名誉或事务的事情。

(3) 不得直接或间接取代某一特定工作中已经任命的其他咨询工程师的位置。

(4) 在通知该咨询工程师之前，并在未接到委托人终止其工作的书面指令之前，不得接管该咨询工程师的工作。

(5) 如被邀请评审其他咨询工程师的工作，应以恰当的行为和善意的态度进行。

**6. 反腐败**

(1) 既不提供也不收受任何形式的酬劳，若这种酬劳意在试图或实际：①设法影响对咨询工程师选聘过程或对其的补偿和(或)影响其委托人；②设法影响咨询工程师的公正判断。

(2) 当任何合法组成的机构对服务或建设工程合同管理进行调查时，咨询工程师应充分予以合作。

### 1.8.2 RICS 职业道德信念和行为规范

英国皇家特许测量师学会(Royal Institution of Chartered Surveyors，RICS)是国际性的专业学会，成立于 1868 年，11 余万名专业会员分布于全球 120 多个国家，每年出版 500 余份研究报告及政策报告。其专业领域涵盖文物及艺术精品、建筑测量、商业物业、建造、争议解决、环境保护、设施管理、测绘、管理咨询、矿物及废物管理、规划和开发、厂房和机械、项目管理、住宅物业、农村物业和估价 16 个不同的行业。

RICS 有 140 年左右的发展历史，得到了全球的普遍认同，并获得持续的发展。究其原因，除 RICS 倡导每位会员必须具备包括管理能力、领导能力、协调能力、创新能力等在内的专业胜任能力之外，更重要的是要求每位会员必须坚守职业道德信念和行为规范。申请入会的每位会员，在专业胜任能力评核(APC)的最后面试时，职业道德将作为强制性能力考核内容。职业道德作为一名合格的 RICS 会员的底线，任何人在任何情况下都必须遵守。正因为这种职业道德的信念和胜任能力的理念，使得 RICS 学会具有全球性的公信力，使得每位会员具有良好的社会信誉，得到社会的普遍认同。

RICS 职业道德信念包括 9 个核心原则，具体内容如下。

**1. 正直不阿**

永远不要将自身利益置于委托人利益之上，或者高于其履行职业职责的对象的利益之上；恪守委托人的秘密；考虑公众和社会更广泛的利益，为委托人和社会创造价值。

**2. 诚实可靠**

做任何事情都应让人信任，始终诚实；要比委托人掌握更全面和准确的信息，不要误导委托人，不要歪曲事实。

**3. 透明公开**

行为坦率、透明；与委托人分享完整、充分、准确、及时和可理解的信息和事实。

**4. 承担责任**

对自己的全部行为负责任；永远不要承诺超出自己所能给予的；如事情没有做好，不要归咎客观，勇于承担错误和责任，不要歪曲事实证明自己的结论。

**5. 贵乎自知**

知道自己专业能力的限度，不要企图超越这个能力限度行事，不要试图从事超出自身能力范围的工作。

**6. 客观持平**

始终保持客观性，向委托人提出客观、公正、中性的建议，不要让自己的感觉、兴趣和偏好左右自己的判断，影响委托人的决策。

**7. 尊重他人**

决不对他人有偏见和歧视；无论委托人大小、项目优劣，应该以相同的执业标准和规范来履行自己的职责、权利和义务。在执业过程中，不可持有政治、宗教、国籍、种族、性别、年龄、肤色、残疾、婚姻、经验状况、信仰偏见；公平对待项目团队成员、同行和同事。

**8. 树立榜样**

树立好的榜样，充分考虑到自己的公众和私人行为都可能直接或间接影响到自己、学会和其他会员的信誉；在私生活中应持有高的道德标准。

**9. 敢言道正**

有勇气坚持自己的立场，只与那些遵守职业道德的人合作；如果怀疑其他会员有玩忽职守、假公济私等任何危害他人的不法行为，敢于采取应有的行动。

这些核心原则要求会员必须以一种道德的、负责任的方式执业。RICS 对执业过程中可能遇到的情况制定了相应的行为规范，包括正确地处理好礼品/款待(贿赂/诱惑)、健康和安全、平等机会和歧视、骚扰、利益冲突、非法或不当行为、内线交易和洗钱、保密义务、反不正当竞争、酗酒和滥用毒品、劝诫与激发、版权和所有权、广告标准、环境保护、地方社会关系、政治和社会行为 16 个方面的问题，告诉会员哪些是禁止行为，哪些是必须行为，以及如何做等。行为规范提供了一个会员与其委托人关系的行为准则，也包括了旨在维护公众利益的职业自身的社会义务。

### 1.8.3 CIOB 职业道德标准

英国皇家特许建造师学会(Chartered Institute of Building，CIOB)成立于 1834 年，是一个主要由从事建筑管理的专业人员组织起来的涉及工程建设全过程管理的专业学会，在国际上具有较高声望。1993 年，CIOB 理事会在《皇家特许令和附则》的授权下制定了《会员专业能力与行为的准则和规范》(*Rules and Regulations of Professional Competence and Conduct*)。该文件由准则和规范两部分组成，准则部分界定建造师的一般行为标准及职业和道德追求，规范部分则对英文头衔缩写以及会员级别描述的使用、徽标、咨询服务、广告 4 方面内容进行了详细界定。准则部分共包括 16 条，主要内容如下。

(1) 会员应该在履行其承诺的职责和义务的同时，尊重公众利益。

(2) 会员应该证明自身的能力水平与其会员级别保持一致。

(3) 会员应该时刻保证其行为的诚实，以此来维护和提升学会的威望、地位和声誉。

(4) 在国外工作的会员，也应该遵守本准则和规范以及其他适用的准则和规范。

(5) 会员应该完全忠诚和正直地履行义务，特别是在保密、不损害雇主利益、公平、公正、守法、拒绝贿赂等方面。

(6) 如果会员知道自身缺乏足够的专业或技术能力，或者缺乏足够的资源来完成某项工作，那么会员不得承担该项工作。

(7) 如果会员没有能力承担某项咨询服务的全部或者部分，应该拒绝提供建议，或者获取适当的符合要求的协助。

(8) 英文头衔缩写及其适当的描述应符合《皇家特许令和附则》的规定。

(9) 只有资深会员和正式会员才被允许在提供咨询等相关服务时，使用理事会批准的徽标。

(10) 提供咨询服务的会员应该获取专业的补偿保险，负担支付提供咨询服务时所要求承担的全责。

(11) 从事其他建筑相关业务的会员应该购买适当的保险，并以此保证业主能够抵御由于工作所引起的关于工人、第三方及邻近物业的风险。

(12) 会员不能蓄意或者由于粗心(无论是直接还是间接)而损害或者试图损害他人的专业名誉、前途或者业务。

(13) 会员应该不断补充与自己的职责类型和级别相符的最新思想和发展信息。

(14) 会员应该严格按照《专业行为规范》的规定对提供的服务登广告。

(15) 会员应该随时全面了解并遵守国家关于健康、安全和福利方面的法律法规，因为这将影响建设过程中的每一个环节，从设计、施工、维护到拆除。会员也有责任确保同事以及建设过程的其他参与人员知道并理解这些法律法规所规定的各自的职责。

(16) 会员不应该有性别、种族、性取向、婚姻状况、宗教、国籍、残疾和年龄方面的歧视，并且应努力消除他人的上述歧视，以促成平等。

CIOB 将职业道德标准列入会员的知识体系，并在会员面试过程中进行考察。

### 1.8.4 PMI 项目管理专业人士行为守则

美国项目管理学会(Project Management Institute，PMI)成立于 1969 年，是世界上服务于项目管理职业的最大的专业协会。在全球 160 多个国家和地区拥有 24 万多名会员，PMI 的项目管理专业人士认证在项目管理专业中受到普遍认可。PMI 的专业人员分布在各个主要行业，包括航空、汽车、商业管理、建筑、工程、金融服务、信息技术、制药、医疗和电信。PMI 制定了《项目管理专业人员行为守则》(*Project Management Professional Code of Professional Conduct*)，内容包括两大部分，即对职业的责任，以及对客户和公众的责任。

**1．对职业的责任**

(1) 遵守所有组织规则和政策，如提供准确和真实陈述的责任、与 PMI 合作处理违反职业道德和收集有关信息的责任等。

(2) 候选人/证书持有人的职业惯例，如提供有关服务资格、经验和表现的准确、真实的通知和陈述的责任等。

(3) 职的提高，如承认和尊重别人获得或拥有的知识产权或者准确、诚实和全面地办事的责任等。

**2．对客户和公众的责任**

(1) 专业服务的资格、经验和表现，如向公众提供准确和真实陈述的责任等。

(2) 利益冲突情况和其他被禁止的职业行为，如确保利益冲突不损害顾客或客户合法利益或影响/妨碍职业判断的责任等。

## 1.8.5 监理工程师职业道德规范

监理工程师的职业道德是与其执业活动紧密联系的，符合行业特点所要求的道德准则、道德情操、道德品质和行为规范的总和。监理工程师职业道德不仅是监理工程师在执业活动中的行为标准和要求，更体现了监理工程师的社会责任与执业追求，是对社会所承担的道德责任和义务。监理工程师职业道德规范的主要意义和作用如下。

**1．职业道德规范是监理执业特性的充分体现**

监理工程师的职业道德和行为规范是通过监理工程师的执业行为具体体现出来的，是一个动态的、过程性行为。由于工程项目的单件性和建设过程的复杂性，决定了工程建设中的许多实际问题需要监理工程师依据经验、主观判断和分析进行定性、公正和科学的评价，从而向业主提供可靠并使承包单位信服的服务。在这个过程中，监理工程师必须树立良好的职业道德观，忠实地体现为业主服务的思想和在工作中遵循法律法规和规范标准，对问题和矛盾进行认真细致的分析，找出解决问题的路径，协调好相互关系，确保监理工作的质量，维护业主与承包单位的合法权益。在此过程中，需要监理工程师对工程监理的内涵有深刻的理解和认识，具备一定水平的职业素养，建立良好的职业威信，使监理工程师的职业道德行为在监理的具体工作中得到充分的体现。

**2．职业道德规范是培育高素质工程监理队伍的需要**

国家法律法规赋予监理人员对工程实施监控，这既是一种权利也是一种义务。权利和义务是对等的，权利的实施和义务的承担需要具备一定素质的工程监理人员去完成，这是最基本的要求和必备的条件。为此，要认真解决好以下问题。

(1) 从源头上抓好监理工程师队伍素质，确保德才兼备的人员进入监理工程师的队伍。

(2) 重视监理工程师的技能培训和强化职业道德的正面教育。监理工程师既要熟悉和掌握工程监理的基本理论知识和具体工作业务操作，更要懂得监理工程师职业道德的起码要求，有才无德、有德无才都不是一个合格的监理工程师。

(3) 建立监理工程师的自律诚信档案。强化监理工程师自我约束机制，建立监理工程师的个人品牌，推进监理工程师诚信体系建设，提升监理工程师的综合素质。

建设高素质工程监理队伍，强化监理工程师的职业道德和行为规范，对于创建工程监理行业良好市场秩序、提升监理行业的社会信誉、树立监理行业的社会公信力、获得监理工程师的职业尊重具有十分重要的意义。

**3．职业道德规范是监理行业和职业生存的立足之本**

工程监理属于工程咨询服务行业。监理行业由体现监理行业服务特点的各工程监理

企业组成，工程监理企业又是以监理工程师为主导组成的。因此，监理工程师的执业能力和道德素养是决定企业生存和体现企业竞争力的必要条件，是决定行业是否被社会承认和接受的必要条件。没有一大批德才兼备的监理工程师，监理企业就无法为社会提供优质的监理服务，更谈不上行业的生存和发展；没有良好的职业道德作为监理行业的执业支撑，行业必将会萎缩、被社会抛弃，监理从业人员也就没有生存的空间和基础。

**4．职业道德规范是监理企业发展的源泉**

在激烈的市场竞争中，物竞天择，适者生存。企业要在市场竞争中做到持续发展，品牌意识是不能不引起重视的，而品牌的建立首先要靠企业建立起良好的社会信誉，要被社会和同行所认同；企业要被社会和同行所认同，企业的服务社会能力和服务素质是关键，服务的素质首先是从业人员的职业道德素养。如果一家工程监理企业拥有一批良好职业道德素养的监理工程师，企业被社会和同行认可就有了扎实的基础，就有条件成为品牌监理企业。反之，企业建立了品牌，企业内的监理工程师也就有了更广泛、更长远的生存空间和发展基础，也就有了发展的真正动力。因此，精心培育监理工程师爱岗敬业的团队精神、培育监理工程师良好的职业道德是工程监理企业的财富和发展源泉，是推动企业良性发展的精神力量。

**5．职业道德规范是构筑工程监理企业文化的平台的基础**

监理工程师职业道德的丰富内涵决定了工程监理企业的文化建设离不开监理工程师职业道德的培育，监理工程师爱岗敬业、诚信服务的思想意识和团队协作精神都是企业文化的具体体现。因此，工程监理企业的职业道德建设是工程监理企业文化建设的重要保证，是构建工程监理企业文化平台的基础。

### 1.8.6 监理工程师职业道德规范标准

监理工程师职业道德规范可以概括为职业道德准则和职业行为规范两个方面。

**1．监理工程师职业道德准则**

(1) 维护国家的荣誉和利益，按照“守法、诚信、公正、科学”的准则执业。

(2) 执行有关工程建设的法律、法规、标准、规范、规程和制度，履行建设工程监理合同规定的义务和职责。

(3) 努力学习专业技术和建设工程监理理论和方法，不断提高业务能力和监理水平。

(4) 不以个人名义承揽监理业务。

(5) 不同时在两个或两个以上的工程监理企业注册和从事监理活动，不在政府部门和施工、材料设备的生产供应等单位兼职。

(6) 不为所监理工程指定承包商、建筑构配件、设备、材料生产厂家和施工方法。

(7) 不收受被监理单位的任何礼金。

(8) 不泄露所监理工程参建各方认为需要保密的事项。

(9) 坚持独立自主地开展工作。

**2．监理工程师职业道德行为规范**

根据《注册监理工程师管理规定》和《建设工程监理行业自律公约》，将监理工程师职业道德行为规范概括如下。

(1) 遵纪守法，自觉履行职业道德准则、行为规范，尽职尽责，坚持工作的服务性、公正性、科学性，维护国家和行业的荣誉和利益，爱岗敬业、忠于职守，严格按建设工程监理合同约定提供工程监理服务，不损害其他工程监理企业和监理人员的声誉。

(2) 在规定的执业范围和聘用单位业务范围内从事执业活动。

(3) 坚持公正的立场，合理处理有关各方的争议，独立自主地开展工作。

(4) 保证执业活动成果的质量，并承担相应责任。

(5) 严格履行岗位职责。不得与委托方或承包单位、设备材料供应单位串通，弄虚作假，降低工程质量；不得将不合格的建设工程、建筑材料、建筑构配件和设备按照合格签字。

(6) 坚持廉洁执业，自觉抵制腐败行为，不利用职务之便谋求私利，不收受被监理单位的任何礼金，不占用被监理单位的通信、交通工具，不在被监理单位报销个人费用。

(7) 不以个人名义承揽监理业务，不为所监理工程指定承包单位、分包单位，以及建筑材料、建筑构配件和设备供应商。

(8) 在申请监理工程师注册时按规定提供真实的相关材料，不隐瞒有关情况或者提供虚假材料申请注册。

(9) 不出卖、出租、转让、涂改、倒卖或者以其他形式非法转让注册证书或者执业印章。

(10) 不同时在两个或者两个以上单位受聘、注册或者执业。

(11) 保守在执业中知悉的国家秘密和他人的商业、技术秘密。

(12) 接受继续教育和职业道德教育，不断更新专业技术和工程监理知识，努力提高业务能力和监理工作水平。

### 1.8.7 监理工程师职业道德规范的履行要求性

我国监理工程师职业道德规范要求监理工程师应按照“守法、诚信、公正、科学”的准则执业，并规范其执业过程中的行为，也体现了我国监理工程师职业道德的精髓。履行过程中的要求如下。

**1. 守法勤勉执业和承担社会责任**

根据现行法律法规对工程监理的强制性要求和监理本身的社会化服务特性，监理工程师在执业过程中一方面应严格遵守国家的法律法规和规范标准，自觉维护社会的公共道德和公众利益，承担应尽的社会义务，促进社会的进步和发展；另一方面应依据建设工程监理合同监督和管理项目的整个实施过程，以勤勉认真、热情服务、敬岗爱业的态度尽职开展各项监理工作，将忠诚地为业主提供优质服务作为监理工作追求的目标。因此，监理工程师职业的强制性和社会化服务特性决定了其职业道德的履行必须兼顾监理职业的社会责任和市场服务责任，才能自觉维护职业的尊严、地位和荣誉。

**2. 能力**

一方面，由于监理工作是提供工程管理服务，涉及技术、经济、法律和管理等多个领域的知识，要求监理工程师具有较高的思想素质、扎实的专业知识、丰富的工程实践和工程管理的经验，能协调各方、化解矛盾，为委托人提供优质服务，并在执业过程中保持与技术、法规和管理水平相应的学识和技能，充分发挥应有的技能；另一方面，监理工程师应在其能力范围内胜任工作。作为一名监理工程师，在其职业能力范围内没有尽职工作或超出其能力范围的职业行为均是违反其职业道德的。

**3．诚信和正直**

监理工程师在执业过程中，其言行应做到诚实和守信用，坚持诚信为本原则，始终为项目业主的合法利益而正直、精心地工作，通过工作的实效，取得项目参与各方和社会的认可，从而建立自身的职业信誉。在日常监理工作中，应坚持原则，秉公办事，实事求是，坚持以独立、客观、科学的态度处理委托事务；不发生欺诈、伪造、作假等行为，不以损害某一方利益而偏袒另一方，不唯业主的指示行事。这既是由建设工程实施强制监理的法律地位所决定的，也是由监理服务的市场化地位所决定的。

**4．公正和公平**

监理工程师在执业过程中，一方面应为业主的合法权益行使其职责，始终维护业主的合法利益，尽心尽责地提供监理服务；另一方面应依据法律法规、标准规范、设计文件和合同约定，公正处理监理实施中发生的一切问题，独立自主开展工作，公平处理项目参与各方的权益和冲突，协调处理好实施过程中可能产生的一切潜在的利益冲突。监理工程师不得采用不正当的手段执业，不得损害他人和同行的合法权益，不扰乱行业市场秩序，而应积极、主动、自觉地维护监理工程师职业的总体利益。

**5．科学执业**

监理工程师在执业过程中应努力发挥自身的能力，注重提高自身业务素质，坚持良好的职业道德，提供规范、科学、优质的服务确保监理工作质量，杜绝各类重大失误和事故。同时，应遵循建设工程的客观规律，认真处理监理过程中遇到的问题和矛盾；凡事应以事实证据和正确数据为依据，而不仅凭想象、推断、经验和感观来处理。

**6．廉洁自律**

监理工程师应廉洁执业，自觉抵制腐败行为，不行贿、受贿，不接受业主所支付的酬金外的任何报酬以及任何回扣、提成、津贴或其他间接报酬，不接受可能导致判断不公的报酬。

**7．行为自律**

监理工程师的行为自律对于维护监理工程师声誉和避免监理工作失误起到重要的作用。因此，自觉遵守职业道德规范是监理工程师履行职责、约束自身行为、树立良好职业形象的有力保证。

总之，由于建设工程监理属于工程建设领域的服务性行业，其良好的社会声誉是监理行业生存和发展的基础。监理工程师职业道德规范是提高监理行业良好社会信誉的根本保证。

## 能 力 评 价

自 我 评 价

| 指　　标 | 应　　知 | 应　　会 |
|---|---|---|
| 1. 监理工作的特点、性质<br>2. 监理人员的职责<br>3. 监理机构<br>4. 监理责任风险<br>5. 监理职业保险<br>6. 监理人员职业道德 | | |

### 单项选择题(答案供自评)

1. 建设工程监理规划包括(　　)项内容。
   A. 10　　B. 11　　C. 12　　D. 13
2. 监理规划是在建设工程监理合同(　　)制定的指导监理工作开展的纲领性文件。
   A. 洽谈中　　B. 签订前　　C. 签订后　　D. 履行中
3. 主持编制监理大纲的是(　　)。
   A. 总监理工程师　　B. 专业监理工程师　　C. 业主　　D. 监理单位
4. 监理细则的作用是(　　)。
   A. 为监理单位承揽监理业务
   B. 指导整个工程项目的监理工作
   C. 指导项目监理组织全面开展监理工作
   D. 指导项目监理组织的有关部门开展监理实务工作
5. 监理规划的作用是(　　)。
   A. 为监理单位取得监理业务
   B. 指导项目监理机构如何做和做哪些监理工作
   C. 明确各监理人员的岗位职责具体指导监理实施
   D. 为拟订和签署《建设工程委托监理合同》做准备
6. 所谓建设工程监理是指具有相应资质的监理单位，接受(　　)的委托，对工程建设实施的社会化、专业化监督管理。
   A. 政府部门　　B. 主管部门　　C. 建设单位　　D. 承包单位
7. 监理单位与承包商的关系是平等关系，即(　　)关系。
   A. 分工合作　　B. 合同　　C. 监理与被监理　　D. 矛盾统一
8. 监理人实施建设工程监理的前提是(　　)。
   A. 工程建设文件　　B. 获得项目法人的委托和授权

C．有关的建设工程合同　　　　　　　　D．工程监理企业的专业化

9．在监理实施过程中，由于监理工程师的工作过失，导致承包单位经济损失，承包单位应直接向(　　)提出索赔要求。

A．监理单位　　　B．监理机构　　　　C．监理工程师　　　D．项目法人

10．《工程建设监理合同》示范文本规定业主(　　)要求监理单位更换不称职的监理人员。

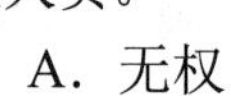

A．无权　　　　　　　　　　　　　　B．有权

C．经与监理单位协商后方可　　　　　D．经主管部门批准后

【参考答案】

## 小组评价

每组4人或4人以上组成监理团队，模拟总监理工程师、总监理工程师代表、监理工程师、监理员来进行角色扮演，以明确工作职责，练习相应工作方法；然后角色互换，继续训练。直到每人都熟悉对应职责，并做出工作备忘录，共同探讨监理入门和监理工作标准，以列出工作标准参考表为小组评价合格(至少涵盖岗位技能、职业道德、专业知识三方面)。

小组评价参考表

| 成员姓名 | 工地考察表 | 考察照片或图样 | 小组交流 | 监理工作资料 | 备　注 |
|---|---|---|---|---|---|
| | | | | | 以每位成员都参与探讨为合格，主要交流实际工作体验，重点培养团队协作能力 |
| | | | | | |
| | | | | | |
| | | | | | |
| | | | | | |
| | | | | | |

# 基础工程监理

# 学习任务 2 基础工程监理

## 学习要求

| 岗位技能 | 专业知识 | 职业道德 |
| --- | --- | --- |
| 1. 会在基础工程施工过程中进行关键工序钢筋工程质量控制，并做好记录<br>2. 会进行安全控制和环保控制<br>3. 能够编制基础工程监理实施细则<br>4. 能够进行土方工程的监理并记录 | 1. 熟悉基础工程相关知识<br>2. 熟悉土方工程监理知识<br>3. 基础工程文明施工<br>4. 熟悉相关安全生产知识<br>5. 了解合同管理知识 | 1. 在基础工程监理中要精益求精；保证基础这个环节要全程监理；提升责任心<br>2. 施工过程中时刻不忘安全这根弦 |

## 能力拓展

【参考图文】

由教师或指导教师指定某实际施工工地，在其基础工程施工中进行拓展训练，完成以下任务。

1. 旁站监理过程中填写相应表格。
2. 观察施工现场安全控制标志，写出主要的监理措施。
3. 观察施工现场土方工程后的废弃物如何处理。
4. 学习相应标准，增强工程监理工作能力。

([25] GB 50330—2013《建筑边坡工程技术规范》

[26] JGJ 94—2008《建筑桩基技术规范》

[27] JGJ 180—2009《建筑施工土石方工程安全技术规范》

[2] GB 50202—2002《建筑地基基础工程施工质量验收规范》

[5] GB 50208—2011《地下防水工程质量验收规范》)

# 2.1 基础工程实例

### 案例引入

## 2.1.1 监理过程陈述

独立基础施工图局部如图 2.1 所示。

【参考视频】

图 2.1　独立基础施工图局部

某日监理员王工到工地办公室上班，经过正在进行基础钢筋工程施工的框架结构 20 号楼工程，发现施工现场运进了一批长度大约为 9m 的$\phi$25 的钢筋，钢筋工正在制作安装；本工程两天前由于业主提出改变使用功能，要求柱距增大，梁的断面不变，经监理同意和设计确认，将梁 DJL-6 的钢筋$\phi$18 全部改为$\phi$25，其他不变按原图施工；监理员王工走近观察钢筋实物，发现外观粗糙、标识不清，且有部分锈斑；监理员王工意识到这批钢筋可能有问题，便立刻到工地办公室查看 20 号楼的钢筋原材料报验情况，结果没有找到这批$\phi$25 钢筋出厂质量证明资料；他马上打电话向监理工程师吴工说明$\phi$25 钢筋情况。不久监理工程师吴工到达工地并对现场的情况进行了核实，施工现场没有技术管理人员在场，正好材料员老周向这儿走来，向监理工程师吴工说明情况。原来的图纸中没有$\phi$25 的钢筋，现在突然改用$\phi$25 的钢筋，目前在本县城采购不到，由于工期紧张，昨天下午运进 20 号楼的这批$\phi$25 的钢筋是他本人负责采购的，出厂质量证明资料是齐全的，经监理见证取样复验也是合格的，并拍着自己的胸口向监理工程师吴工保证这批$\phi$25 的钢筋绝对没有问题。监理员王工补充说他以前在 20 号楼监理，这批钢筋是某大厂的，出厂资料齐全，经复验也是合格的。

## 2.1.2 监理经验分享

回到监理办公室，监理工程师吴工提出了 3 种处理意见并与监理员王工进行了沟通，选择其中一种方法进行处理：①根据了解的情况，这批$\phi$25 的钢筋是合格的，但要求施工单位除锈后才能使用，就不用见证取样复验了；②让施工单位上报出厂质量证明资料，让监理员王工核查$\phi$25 钢筋出厂质量证明文件，对该批$\phi$25 的钢筋进行见证取样复验；③施工单位未经申报擅自使用$\phi$25 的钢筋，为了保证工程质量，也避免使施工单位造成更大的材料损失，由监理工程师吴工签发工程局部停工令。

## 2.1.3 针对性分析

### 1．现场监理方法分析

监理员王工在监理工作和方法上没有不妥的地方，他具有一定的专业技能，履

行了监理员的工作职责，能在监理现场检查发现问题，并及时向监理工程师报告。监理工程师吴工提出的处理钢筋的3种方法均存在不妥。

材料质量检验及处理见表2-1。

**表2-1 材料质量检验及处理**

| 序号 | 原因说明 |
| --- | --- |
| 1 | $\phi$25的钢筋是框架结构工程的重要原材料，无论何种原因，在本工程使用前，都应该在复验合格后才能使用，工程资料也才能完整闭合 |
| 2 | 核查进场材料、设备、构配件的原始凭证、检测报告等质量证明文件及其质量情况，根据实际情况对进场材料、设备、构配件进行平行检验，应该是监理工程师吴工的工作，不应由监理员王工去完成 |
| 3 | 上述情况没有必要签发工程局部停工令，因为没有危及工程质量，造成工程质量隐患，不具备签发停工令的条件。要重视监理指令的严肃性。如果一定要签发工程停工令，也应由总监理工程师来完成此项工作，签发监理工程师通知单要求在补报质量证明资料前，不得将该批$\phi$25的钢筋用于本工程 |

### 2. 材料质量监理程序

监理工程师按以下方法和程序进行处理比较合理。

(1) 施工单位未经申报运进施工现场的$\phi$25钢筋是本工程的重要原材料，监理工程师发现外观不良、标识不清，且无出厂质量证明资料进场，监理工程师应用监理工程师通知单要求施工单位不得将该批$\phi$25的钢筋用于本工程，并要求对钢筋做好标识，及时补报有关资料，并将通知单送业主备案。

(2) 监理工程师要求施工单位及时回复监理工程师通知，并附$\phi$25钢筋的出厂质量证明资料，监理工程师应对$\phi$25钢筋的出厂质量证明资料进行书面审查。

(3) 如果施工单位能够提供完整的钢筋出厂质量证明文件，并经监理工程师审查符合要求，则施工单位应按有关规定对$\phi$25钢筋进行有监理人员的见证取样复验，如果经有资质的检测单位证明钢筋质量符合验收规范、设计图纸及工程承包合同要求，则监理工程师应及时对材料报审表进行签证，并通知施工单位同意用于拟定部位。

(4) 如果施工单位不能提供第(2)条所述的钢筋出厂质量证明资料，或虽提供了上述资料，但经抽样检测后质量不符合验收规范、设计图纸或承包合同三者任何之一的要求，则监理工程师应用监理工程师通知单说明该批$\phi$25的钢筋为不合格材料，做好不合格标识，要求施工单位限时运出施工现场，将处理情况用监理工程师通知回复单报监理工程师。

(5) 监理工程师应将处理结果及有关资料抄送业主；$\phi$25钢筋发生的试验费、材料进出场费等相关费用全部由施工单位自己承担。

(6) 监理工程师在处理前应征询总监理工程师的意见，事后分析发生这种情况的原因，针对具体情况主持一次监理工作例会，避免这种情况再发生。

# 2.2 胶东半岛某金融大厦基础工程

## 2.2.1 工程简介

山东省胶东半岛某金融大厦(图 2.2)建设项目，工程总建筑面积为 9 万 $m^2$，与良友广场、商贸大厦相邻，是一座以办公为主，集餐饮、购物、娱乐为一体的大型综合性建筑。金融中心大厦分为地下 3 层，局部有夹层，地上 29 层，建筑物总高度 110m，地下层主要用于地下车库及各种设备机房，地上部分主要用于办公、购物及餐饮。大厦为全现浇结构，建筑物东西方向长约 86m，南北方向长约 75m。地下机房主要设在地下层，地下三层设制冷机房、空调机房，地下二层设变配电主、热交换机房，空调机房，地下一层设发电机、电话总机房、空调机房等。

图 2.2 山东省胶东半岛某金融大厦

## 2.2.2 监理经验分享

建设单位委托监理单位承担施工阶段的监理任务，并通过公开招标方式选定甲施工单位作为施工总承包单位。在工程实施过程中发生了以下事件。

事件 1：桩基工程开始后，专业监理工程师发现，甲施工单位未经建设单位同意，将桩基工程分包给乙施工单位，为此，项目监理机构要求暂停桩基施工。就工程分包一事征得建设单位同意后，甲施工单位将乙施工单位的相关材料报项目监理机构审查，经审查乙施工单位的资质条件符合要求，可进行桩基施工。

事件 2：桩基施工过程中，出现断桩事故。经调查分析，此次断桩事故是因为乙施工单位抢进度，擅自改变施工方案而引起的。对此，原设计单位提供的事故处理方案为断桩清除，原位重新施工。乙施工单位按处理方案实施。

## 2.2.3 针对性分析

**1．资质审查**

项目监理机构对乙施工单位应该进行资质审查，主要审查程序是：审查甲施工单位报送的分包单位资格报审表，符合有关规定后，由总监理工程师予以签认。

主要的审查内容如下。

(1) 营业执照、企业资质等级证书。

(2) 公司业绩。

(3) 乙施工单位承担的桩基工程范围。

(4) 专职管理人员和特种作业人员的资格证、上岗证。

**2．断桩事件处理**

施工环节中出现了断桩事件，断桩一般都发生在地面以下软硬土层的交接处，并多数发生在黏性土中，砂土及松土中则很少出现。产生断桩的主要原因是桩距过小，受邻桩施打时挤压的影响；桩身混凝土终凝不久就受到振动和外力；软硬土层间传递水平力大小不同，对桩产生剪应力；等等。处理方法是经检查有断桩后，将断桩段拔去，略增大桩的截面面积或加箍筋后，再重新浇筑混凝土。或者在施工过程中采取预防措施，如施工中控制桩中心距不小于 3.5 倍桩径，采用跳打法或控制时间间隔的方法，使邻桩混凝土达设计强度等级的 50%后，再施打中间桩等。

对于桩基础施工除了有断桩问题，还存在着瓶颈桩、吊脚桩、桩尖进水进泥等问题。其产生原因及处理方法见表 2-2。

项目监理机构处理断桩事故的程序如下。

(1) 及时下达《工程暂停令》。

(2) 责令甲施工单位报送断桩事故调查报告。

(3) 审查甲施工单位报送断桩处理方案、措施。

(4) 审查同意后签发《工程复工令》。

(5) 对事故的处理和处理结果进行跟踪检查和验收。

(6) 及时向建设单位提交有关事故的书面报告，并应将完整的质量事故处理记录整理归档。

表 2-2　桩基础施工中常见事故分析与处理

| 质量事故类型 | 现　象 | 产 生 原 因 | 处 理 方 法 |
|---|---|---|---|
| 瓶颈桩 | 指桩的某处直径缩小形似“瓶颈”，其截面面积不符合设计要求 | 在含水率较大的软弱土层中沉管时，土受挤压产生很高的孔隙水压，拔管后便挤向新灌的混凝土，造成缩颈。拔管速度过快、混凝土量少、和易性差、混凝土出管扩散性差也会造成缩颈现象 | 施工中应保持管内混凝土略高于地面，使之有足够的扩散压力，拔管时采用复打或反插办法，并严格控制拔管速度 |

续表

| 质量事故类型 | 现　象 | 产生原因 | 处理方法 |
|---|---|---|---|
| 吊脚桩 | 指桩的底部混凝土隔空或混进泥沙而形成松散层部分的桩 | 预制钢筋混凝土桩尖承载力或钢活瓣桩尖刚度不够，沉管时被破坏或变形，因而水或泥沙进入桩管；拔管时桩靴未脱出或活瓣未张开，混凝土未及时从管内流出；等等 | 应拔出桩管，填砂后重打；或者可采取密振动慢拔、开始拔管时先反插几次再正常拔管等预防措施 |
| 桩尖进水进泥 | 常发生在地下水位高或含水量大的淤泥和粉泥土土层中 | 钢筋混凝土桩尖与桩管接合处或钢活瓣桩尖闭合不紧密；钢筋混凝土桩尖被打破或钢活瓣桩尖变形；等等 | 将桩管拔出，清除管内泥沙，修整桩尖钢活瓣变形缝隙，用黄砂回填桩孔后再重打；若地下水位较高，待沉管至地下水位时，先在桩管内灌入0.5m厚的水泥砂浆作封底，再灌入1m高的混凝土增压，然后再继续下沉桩管 |

## 2.3　桩基础监理

基础是建筑物埋在地面以下的承重构件。它承受上部建筑物传递下来的全部荷载，并将这些荷载连同自重传给下面的土层，是建筑物的重要组成部分。基础应具有足够的强度，才能稳定地把荷载传给地基，如果基础在承受荷载后受到破坏，整个建筑物的安全就无法保证。基础是埋在地下的隐蔽工程，由于它在土中经常受潮，而且建成后检查、维修、加固很困难，所以在选择基础材料和构造形式时应与上部建筑物的使用年限相适应。基础工程的造价占建筑物总造价的10%～40%，基础方案的确定要在坚固耐久、技术合理的前提下，尽量就地取材，减少运输，以降低整个工程的造价。

基础埋置深度是指室外设计地坪到基础地面的距离。地基土层构造、建筑物自身构造、地下水位、冻结深度、相邻基础的埋深等因素影响着基础的埋置深度。

基础的类型很多，分类方法也不尽相同。根据所用材料的不同分为砖基础、毛石基础、灰土基础、混凝土基础、钢筋混凝土基础等；根据构造形式的不同分为独立基础、条形基础、筏形基础、箱形基础、桩基础；根据使用材料的受力特点分为刚性基础和柔性基础。

本工程采用的是桩基础。当建筑物荷载较大、地基的软弱土层厚度在5m以上、基础不能埋在软弱土层内，或对软弱土层进行人工处理困难和不经济时，常采用桩基础。桩基础的种类较多，最常用的是钢筋混凝土桩，根据施工方法不同，钢筋混凝土桩可分为打入桩、压入桩、振入桩及灌入桩等，根据受力性能不同，又可以分为端承桩和摩擦桩等。

桩基工程局部图如图2.3所示。

图 2.3　桩基工程局部图

## 2.3.1 桩基检测

成桩的质量检验有两种基本方法：一种是静载试验法(或称破损试验)；另一种是动载试验法(或称无破损试验)。

静载试验法与动载试验法见表 2-3。

表 2-3　静载试验法与动载试验法

| 分　类 | 静载试验法 | 动载试验法 |
| --- | --- | --- |
| 试验目的或特点 | 静载试验的目的是在接近于桩的实际工作条件下，通过静载加压，确定单桩的极限承载力，将其作为设计依据，或对工程桩的承载力进行抽样检验和评价 | 动测法又称动力无损检测法，是检测桩基承载力及桩身质量的一项新技术，可作为静载试验的补充 |
| 试验方法 | 静载试验是根据模拟实际荷载情况，通过静载加压，得出一系列关系曲线，综合评定确定其允许承载力的一种试验方法。它能较好地反映单桩的实际承载力。荷载试验有多种，通常采用的是单桩竖向抗压静载试验、单桩竖向抗拔静载试验和单桩水平静载试验 | 动测法是相对静载试验法而言的，它是对桩土体系进行适当的简化处理，建立起数学-力学模型，借助于现代电子技术与量测设备采集桩-土体系在给定的动荷载作用下所产生的振动参数，结合实际桩土条件进行计算，所得结果与相应的静载试验结果进行对比，在积累一定数量的动静试验对比结果的基础上，找出两者之间的某种相关关系，并以此作为标准来确定桩基承载力。单桩承载力的动测方法种类较多，国内代表性的方法有动力参数法、锤击贯入法、水电效应法、共振法、机械阻抗法、波动方程法等 |

续表

| 分　类 | 静载试验法 | 动载试验法 |
| --- | --- | --- |
| 试验要求或桩身质量检验要求 | 沉桩到试桩的间歇时间：预制桩在桩身强度达到设计要求的前提下，对于砂类土，不应少于10d;对于粉土和黏性土,不应少于15d;对于淤泥或淤泥质土，不应少于25d，待桩身与土体的结合基本趋于稳定后，才能进行试验。就地灌注桩和爆扩桩应在桩身混凝土强度达到设计等级的前提下，对于砂类土不少于10d；对于一般黏性土不少于20d；对于淤泥或淤泥质土不少于30d，才能进行试验。对于地基基础设计等级为甲级或地质条件复杂、成桩质量可靠性低的灌注桩，应采用静载荷试验的方法进行检验，检验桩数不应少于总数的1%，且不应少于3根；当总桩数少于50根时，不应少于2根，其桩身质量检验时，抽检数量不应少于总数的30%，且不应少于20根；其他桩基工程的抽检数量不应少于总数的20%，且不应少于10根；对于混凝土预制桩及地下水位以上且终孔后经过核验的灌注桩，检验数量不应少于总桩数的10%，且不得少于10根。每根柱子承台下不得少于1根 | 一般静载试验装置较复杂笨重，装卸操作费工费时，成本高，测试数量有限，并且易破坏桩基。而动测法的试验仪器轻便灵活，检测快速，单桩试验时间仅为静载试验的1/50左右，可大大缩短试验时间，数量多，不破坏桩基，相对也较准确，可进行普查，费用低，单桩测试费约为静载试验的1/30，可节省静载试验锚桩、堆载、设备运输、吊装焊接等大量人力、物力。在桩基动态无损检测中，国内外广泛使用的方法是应力波反射法，又称低(小)应变法。其原理是根据一维杆件弹性反射理论(波动理论)，采用锤击振动力法检测桩体的完整性，即以波在不同阻抗和不同约束条件下的传播特性来判别桩身质量 |

## 2.3.2 桩基验收

**1．桩基验收规定**

(1) 当桩顶设计标高与施工场地标高相同时，或桩基施工结束后，有可能对桩位进行检查时，桩基工程的验收应在施工结束后进行。

(2) 当桩顶设计标高低于施工场地标高，送桩后无法对桩位进行检查时，对打入桩可在每根桩桩顶沉至场地标高时进行中间验收，待全部桩施工结束，承台或底板开挖到设计标高后，再做最终验收；对灌注桩可对护筒位置做中间验收。

**2．桩基验收资料**

(1) 工程地质勘察报告、桩基施工图、图纸会审纪要、设计变更及材料代用通知单等。

(2) 经审定的施工组织设计、施工方案及执行中的变更情况。

(3) 桩位测量放线图，包括工程桩位复核签证单。

(4) 制作桩的材料试验记录、成桩质量检查报告。

(5) 单桩承载力检测报告。

(6) 基坑挖至涉及标高的基桩竣工平面图及桩顶表高图。

3．桩基允许偏差

1) 预制桩

打(压)入桩(预制混凝土方桩、先张法预应力管桩、钢桩)的桩位偏差，必须符合相应规定，预制桩(钢桩)桩位的允许偏差见表 2-4。斜桩倾斜度的偏差不得大于倾斜角正切值的 15%(倾斜角是桩的纵向中心线与铅垂线间的夹角)。

表 2-4 预制桩(钢桩)桩位的允许偏差

| 序 号 | 项 目 | 允许偏差 |
|---|---|---|
| 1 | 盖有基础梁的桩。<br>(1) 垂直基础梁的中心线。<br>(2) 沿基础梁的中心线 | 100mm+0.01$H$<br>150mm+0.01$H$ |
| 2 | 桩数为 1～3 根桩基中的桩 | 100mm |
| 3 | 桩数为 4～16 根桩基中的桩 | 1/2 桩径或边长 |
| 4 | 桩数大于 16 根桩基中的桩。<br>(1) 最外侧的桩。<br>(2) 中间桩 | 1/3 桩径或边长<br>1/2 桩径或边长 |

2) 灌注桩

灌注桩的桩位偏差也必须符合相应规定，灌注桩的平面位置和垂直度的允许偏差见表 2-5。桩顶标高至少要比设计标高高出 0.5m，桩底清孔质量按不同的成桩工艺有不同的要求，应按规范要求执行。每浇筑 50m$^3$ 必须有一组试件，小于 50m$^3$ 的桩，每根桩必须有一组试件。

表 2-5 灌注桩的平面位置和垂直度的允许偏差

<table>
<tr><th rowspan="2">序号</th><th rowspan="2" colspan="2">成孔方法</th><th rowspan="2">桩径允许偏差/mm</th><th rowspan="2">垂直度允许偏差/(%)</th><th colspan="2">桩位允许偏差</th></tr>
<tr><th>1～3 根、单排桩基垂直于中心线方向和群桩基础的边桩</th><th>条形桩基沿中心线方向和群桩基础的中间桩</th></tr>
<tr><td rowspan="2">1</td><td rowspan="2">泥浆护壁钻孔桩</td><td>$D$≤1 000mm</td><td>±50</td><td rowspan="2"><1</td><td>$D$/6，且≤100mm</td><td>$D$/4，且≤150mm</td></tr>
<tr><td>$D$>1 000mm</td><td>±50</td><td>100mm+0.01$H$</td><td>150mm+0.01$H$</td></tr>
<tr><td rowspan="2">2</td><td rowspan="2">套管成孔灌注桩</td><td>$D$≤500mm</td><td rowspan="2">−20</td><td rowspan="2"><1</td><td>70mm</td><td>150mm</td></tr>
<tr><td>$D$>500mm</td><td>100mm</td><td>150mm</td></tr>
<tr><td>3</td><td colspan="2">千成孔灌注桩</td><td>−20</td><td><1</td><td>70mm</td><td>150mm</td></tr>
<tr><td rowspan="2">4</td><td rowspan="2">人工挖孔桩</td><td>混凝土护壁</td><td>+50</td><td><0.5</td><td>50mm</td><td>150mm</td></tr>
<tr><td>钢套管护壁</td><td>+50</td><td><1</td><td>100mm</td><td>200mm</td></tr>
</table>

## 2.3.3 桩基工程安全技术措施

(1) 机具进场要注意危桥、陡坡、陷地和防止碰撞电杆、房屋等，以免造成事故。

(2) 施工前应全面检查机械，发现问题要及时解决，严禁带病作业。

(3) 在打桩过程中遇有地坪隆起或下陷时，应随时对机架及路轨调整垫平。

(4) 机械司机在施工操作时要思想集中，服从指挥信号，不得随便离开岗位，并经常注意机械运转情况，发现异常情况要及时纠正。

(5) 悬挂振动桩锤的起重机，其吊钩上必须有防松脱的保护装置。振动桩锤悬挂钢架的耳环上应加装保险钢丝绳。

(6) 钻孔灌注桩在已钻成的孔尚未浇筑混凝土前，必须用盖板封严；钢管桩打桩后必须及时加盖临时桩帽；预制混凝土桩送桩入土后的桩孔必须及时用砂子或其他材料填灌，以免发生人身事故。

(7) 冲抓锥或冲孔锤操作时不允许任何人进入落锤区施工范围内，以防砸伤。

(8) 成孔钻机操作时，注意钻机安定平稳，以防止钻架突然倾倒或钻具突然下落而发生事故。

(9) 压桩时，非工作人员应离机 10m 以外。起重机的起重臂下严禁站人。

(10) 夯锤下落时，在吊钩尚未降至夯锤吊环附近前，操作人员不得提前下坑挂钩。从坑中提锤时，严禁挂钩人员站在锤上随锤提升。

## 2.3.4 灌注桩监理实施细则

### 1. 准备工作阶段

(1) 熟悉桩基平面图、桩大样、承台大样图及工程地质钻探报告等技术资料。参加图纸会审，对图纸中的质量或使用功能等问题提出质疑，并要求有关部门做出修改。

(2) 桩基础如需分包，施工单位应在签订分包合同前 7d 将分包合同交总监理工程师审查。审查桩施工组织设计，注意桩基施工方法。

(3) 提前 20d 准备好桩施工所需要的砂、石、水泥、钢筋等材料，检查出厂合格证及试验报告，必要时应做复查试验。

(4) 审查混凝土混合比。

(5) 检查桩孔定位放线。

(6) 检查打桩机是否经检定合格，否则不得施工。

### 2. 施工阶段

【参考视频】

(1) 检查钢筋笼制作。按照设计要求的型号、直径、间距、长度等制作，钢筋笼尺寸偏差应在规范允许范围内，其钢筋的焊接形式、焊条型号及质量应符合设计要求和施工规范。

(2) 检查桩管直径与长度、锤重等，根据设计桩长，确定控制位置，事先核定并在施工中检查钢筋笼的放置位置。

(3) 正式施工前督促各有关单位到现场进行试打，并根据试打情况和结果指导施工。

(4) 桩基施工应按照设计要求进行控制(包括桩长、落锤高度、每米锤数、贯入度等)，在施工过程中要注意拔管速度与反插(在淤泥层中不得反插)，避免出现断桩或缩颈现象；若在施工中遇见异常情况，如桩长或贯入度达不到设计要求，应暂停施工，要求施工单位及时通知设计单位处理后才能继续施工。

(5) 监督检查施工单位做好桩基施工记录(包括桩垂直度、落锤高度、每米锤数、贯入度、偏位等记录)。

(6) 对桩基施工进行总结及评价，对需要处理的问题应及时监督检查，通知有关单位做出处理。

(7) 浇筑混凝土。检查称量系统是否完善，严格按配合比进行施工；控制混凝土坍落度，要求成孔后立即浇筑，不宜停留；未达到设计深度不得灌注混凝土；混凝土应连续浇筑。灌注中，需按规定制作混凝土试块，并记录每根桩的混凝土总灌入量。

**3．质量评定**

监督检查单桩静荷载试验，根据有关质量验评标准评定质量等。

# 2.4 沿海城市基础工程实例

## 案例引入

### 2.4.1 工程简介

某沿海城市商贸中心工程，钢筋混凝土结构，地下2层，地上18层，基础为整体底板，混凝土工程量为840m$^3$，整体底板的底面标高为－6m，钢门窗框，木门，采用几种空调设备。施工组织设计确定，土方采用大开挖放坡施工方案，开挖土方工期20d，浇筑底板混凝土24h连续施工，需要4d。施工单位在合同协议条款约定的开工日期前6d提交了一份请求报告，报告请求延期10d开工，主要理由如下。

(1) 电力部门通知，施工用电变压器在开工4d后才能安装完毕。

(2) 由铁路部门运输的5台属于施工单位自有的施工主要机械在开工后8d才能运到施工现场。

(3) 工程开工所必需的辅助施工设施在开工后10d才能投入使用。

### 2.4.2 监理经验分享

当基坑开挖进行了18d时，发现－6m处的深地基仍为软土地基，与地质报告不符。监理工程师及时进行了以下工作。

(1) 通知施工单位配合勘察单位利用2d的时间查明地基情况。

(2) 通知业主与设计单位洽商修改基础设计，设计时间为5d交图。确定局部基础深度加深到－7.5m，混凝土工程量增加70m$^3$。

(3) 通知施工单位修改土方施工方案，加深开挖，增大放坡，开挖土方需要4d。

## 2.4.3 针对性分析

监理工程师接到施工单位的请求报告后应同意延期4d开工。电力部门通知说施工用电变压器在开工4d后才能安装完毕，外网电力供应应由业主负责。由铁路部门运输的5台属于施工单位自有的施工主要机械在开工后8d才能运到施工现场，这属于施工单位自有机械延误，应由施工单位负责。工程开工所必需的辅助施工设施在开工后10d才能投入使用，由于准备辅助施工设施属于施工单位施工准备工作的一部分，应该由施工单位负责。

施工准备阶段的监理工作主要如下。

(1) 在设计交底前，总监理工程师应组织监理人员熟悉设计文件，并对图纸中存在的问题通过建设单位向设计单位提出书面意见和建议。

(2) 项目监理人员应参加由建设单位组织的设计技术交底会，总监理工程师应对设计技术交底会议纪要进行签认。

(3) 工程项目开工前，总监理工程师应组织专业监理工程师审查承包单位报送的施工组织设计(方案)报审表，提出审查意见，并经监理工程师审核，签认后报建设单位。

## 2.4.4 土方工程监理工作

土方工程包括土方的挖、运、填、平整、碾压、边坡修整等工程内容。土方工程相对其他土建工程来说，算不上是复杂工程，但就其本身工程量之大、工作面之广、工程造价之高，要做好土方工程监理工作并不是一件容易之事，土方工程的质量好坏、进度的快慢，直接影响到建设工程总目标的实现，可见，做好土方工程监理工作具有十分重要的作用。土方工程施工现场如图2.4所示。

【参考视频】

图 2.4　土方工程施工现场

1. 主要工作方法

主要工作方法有见证法、旁站法、巡视法和平行检验法。

2. 挖土质量标准及监理要点

人工挖土质量标准及监理要点见表 2-6。

表 2-6　人工挖土质量标准及监理要点

| 类　型 | 人工挖土 | 机械挖土 |
|---|---|---|
| 基底超挖 | 开挖基坑(槽)或管沟不得超过基底标高，如个别地方超挖时，其处理方法应取得设计单位的同意 | 开挖基坑(槽)、管沟不得超过基底标高，如个别地方超挖时，其处理方法应取得设计单位的同意 |
| 基底未保护 | 基坑(槽)开挖后，应尽量减少对基土的扰动。如基础不能及时施工时，可在基底标高以上留 0.3m 厚土层，待做基础时再挖 | 基坑(槽)开挖后应尽量减少对基土的扰动。如果基础不能及时施工时，可在基底标高以上预留 0.3m 土层不挖，待做基础时再挖 |
| 开挖尺寸不足 | 基坑(槽)或管沟底部的开挖宽度，除结构宽度外，应根据施工需要增加工作面宽度，如排水设施、支撑结构所需宽度 | 基坑(槽)或管沟底部的开挖宽度和坡度，除应考虑结构尺寸要求外，还应根据施工需要增加工作面宽度，如排水设施、支撑结构等所要求的宽度 |
| 施工顺序不合理 | 土方开挖宜先从低处开始，分层分段依次进行，形成一定坡度，以利排水 | 应严格按施工方案规定的施工顺序进行开挖土方，应注意宜先从低处开挖，分层分段依次进行，形成一定坡度，以利排水 |
| 边界不直不平 | 应加强检查，随挖随修，并要认真验收 | — |
| 施工机械下沉 | — | 施工时必须了解土质和地下水位情况。推土机、铲土机一般需要在高于地下水位 0.5m 以上推、铲土；挖土机一般需在高于地下水位 0.8m 以上挖土，以防机械自身下沉。正铲挖土机挖方的台阶高度，不得超过最大挖掘高度的 1.2 倍 |
| 软土地区 | 在密集群桩上开挖基坑时，应在打桩完成后间隔一段时间，再对称挖土。在密集桩附近开挖基坑(槽)时，应采取措施防止桩基位移 | — |
| 保证项目 | 桩基、基坑、基槽和管沟基底的土质必须符合设计要求，并严禁扰动 | 桩基、基坑、基槽和管沟基底的土质必须符合设计要求，并严禁扰动 |

3. 挖方监理工作主要措施

(1) 审核施工组织设计(方案)土方工程施工方法，选用设备性能，技术安全措施或要求编制专项施工组织设计方案的内容与现场实际条件、环境、水文、地质等资料的适用性，并提出意见。

(2) 检查地下水位的降水效果情况，如水位降低深度尚未达到基坑底面以下 500mm，不允许开工动土。分层挖土，其地下水位必须满足挖土层底面以下 500mm。

(3) 检验基坑(槽)挖土建筑物定位轴线控制的设置和保护措施以及挖槽土的放白线标识尺寸范围，满足图纸和放坡规定要求。

(4) 检查和控制挖土过程中的放坡坡度必须符合方案规定的要求，严禁缩小坡度，并依具体情况实施坡度面的修整工作。

(5) 有支护的基坑挖方和需有专项设计方案的基坑土方开挖，必须遵循“开槽支撑，先撑后挖，分层开挖，严禁超挖”的原则，且其支撑强度满足要求。监理按制定的旁站方案严格监控，确保安全顺利施工。

① 检查开挖方案和工艺与批准的设计组织方案是否相符。严禁随意改变工艺，若经发现，立即制止纠正，直至书面通知和下达停工令。

② 检查落实开挖过程中对支护结构、支撑、杆件等性能保护完好措施的实施。发现挖方操作的碰撞等扰动现象，应及时采取必要措施避免。

③ 随时查看止水帷幕的止水效果以及流砂、涌泉、渗漏情况的程度，及时研究处置方法、措施，杜绝酿成不良后果。

④ 定时和不定时地加强对挡土支护结构以及周边临近物和地面等的变形、裂缝情况查测并记录，以及经常研究分析其发展变化情况，一旦其数据接近或超过设计限值或还有突变及发展变化趋势不正常等险境情况时，立即停止施工。及时组织通报相关方，迅速研究采取稳定措施。待险情险境排除并在增加可靠安全措施实施完成，待检查符合要求后，方可再行恢复作业。

**4．填土质量标准及监理要点**

保证项目：①基底处理必须符合设计要求和施工规范的规定；②回填的土料必须符合设计要求和施工规范的规定；③回填土必须按规定分层夯密实。取样测定夯(压)实后土的干土质量密度，其合格率不应小于 90%；不合格干土质量密度的最低值与设计值的差不应大于 $0.08g/cm^3$，且不应集中，环刀法取样的方法及数量应符合规定。

(1) 未按要求测定土的干土质量密度：回填土每层都应测定夯实后的干土质量密度，检验其密实度，符合设计要求才能铺摊上层土。试验报告要注明土料种类、要求干土质量密度、试验日期、试验结论及试验人员签字。未达到设计要求的部位应有处理方法和复验结果。

(2) 回填土下沉：因虚铺土超过规定厚度或冬期施工时有较大冻土块，或由夯实不够遍数，甚至漏夯，坑(槽)底杂物或落土清理不干净，以及冬期做散水，施工用水渗入垫层中，受冻膨胀等造成。这些问题均应在施工中认真执行规范规定，发现后及时纠正。

(3) 管道下部夯填不实：管道下部应按要求填夯回填土，如果漏夯或夯不实会造成管道下方空虚，造成管道折断而渗漏。

(4) 回填土夯压不密实：应在夯压前对干土适当洒水加以润湿；回填土太湿，同样夯压不密实，呈“橡皮土”现象，这时应挖出，换土重填。

**5．填方监理工作主要措施**

(1) 监理检查填方工作条件合格后，方可进行入土。对填方作业面因上道工序所遗留的砖、模板、钢筋、其他块状体以及废弃物、杂物等要求清理干净，以免影响填土质量。

(2) 对填土方作业区域分层虚铺填土厚度的标高(标识)、控制线(点)进行检查，其第二层以后的各层控制线(点)应扣除每步土夯实后的压缩量(一般 80mm 左右)，无控制每步铺土厚度标识，不得进行作业。

(3) 对基础房心回填土，监理在旁站过程中，严格控制进土车辆或堆土机、铲车类配合机械直接进入房心卸土、堆土、平土作业，以免导致基础墙的扰动和损坏。调解劝阻无效者，监理汇报相关方，并下达监理通知要求纠正违规行为，直至下达停工令。

# 2.5 文明施工及环保控制

## 2.5.1 文明施工及环保管理方针目标

(1) 噪声排放达标：桩基施工＜75dB。

(2) 现场扬尘排放达标：现场施工扬尘排放达到××省及××市粉尘排放标准规定的要求。

(3) 运输遗撒达标：确保运输无遗撒。

(4) 生活及生产污水达标排放：生活污水中的 COD 达标(COD＝300mg/L)。

(5) 施工现场夜间无光污染：施工现场夜间照明不影响周围地区。

(6) 最大程度防止施工现场火灾、爆炸的发生。

(7) 固体废弃物实现分类管理，提高回收利用量。

(8) 项目经理部最大程度节约水电能源消耗。

(9) 节约纸张消耗，保护森林资源。

## 2.5.2 环境保护组织机构及工作制度

### 1. 环境保护组织机构

(1) 项目经理部环境管理体系运行的总负责人为项目经理。

(2) 环境管理方案的负责人为项目总工程师。

(3) 施工现场环保管理具体实施领导者为项目场经理。

(4) 现场环保管理体系运行的主管部门为项目安全部及行政部。

(5) 施工现场环保措施的执行单位为项目经理部各有关部门和各专业施工单位。

(6) 工程施工现场严格按照公司环保手册和现场管理规定进行管理，项目经理部成立 3 人左右的场容清洁队，每天负责场内外的清理、保洁、洒水降尘等工作。

### 2. 环境保护工作制度

每周召开一次“环境保护”工作例会，总结前一阶段环境保护管理情况，布置下一阶段的环境保护管理工作，监理人员到会进行监督。

建立并执行施工现场保护管理检查制度。每周组织一次由各专业施工单位的环境保护管理负责人参加的联合检查，对检查中所发现的问题，应根据具体情况，定时间、定人、定措施予以解决，项目经理和有关部门应监督落实问题的解决情况。

## 2.5.3 现场布置、污染和废弃物管理措施

**1．现场布置**

(1) 根据施工现场情况，布置1个出入口。大门双开，6m宽，双面铁板做面，红色打底面油漆，焊接坚固、耐用，门头设公司标志。

(2) 对围墙进行统一涂刷(征得业主同意前提下)，做到牢固、美观、封闭完整、美化环境。

(3) 在大门口两边分别设置“一图、二牌、三板”。

**2．现场出入管理措施**

(1) 对进出现场的人员进行严格管理，出入现场必须佩戴工作证。

(2) 现场车辆统一制作出入证，凭证出入。杜绝出现现场车辆乱停乱放阻碍施工的现象。

(3) 来客凭有效证件登记进入现场。

**3．污染管理措施**

1) 防止对大气污染措施

(1) 施工阶段，所有人车通行道路、材料加工场、堆场均予以硬化处理，并定时对道路进行淋水降尘，以控制粉尘污染。

(2) 建筑结构内的施工垃圾清运，采用搭封闭式临时专用垃圾道运输或采用容器吊运或袋装，严禁随意凌空抛撒，施工垃圾应及时清运，并适量洒水，减少粉尘对空气的污染。

(3) 水泥和其他易飞扬物、细颗粒散体材料，安排在库内存放或严密遮盖，运输时要防止遗撒、飞扬，卸运时采取码放措施，减少污染。

(4) 食堂和开水房使用汽化油做燃料，避免烟尘污染。

2) 防止对水污染措施

(1) 确保雨水管网与污水管网分开使用，严禁将非雨水类的其他水体排进市政雨水管网。施工现场设工人厕所，定期抽便和清洗。

(2) 现场交通道路和材料堆放场地统一规划排水沟，控制污水流向，设置沉淀池，污水经沉淀后再排入市政污水管线，严防施工污水直接排入市政污水管线或流出施工区域污染环境。

(3) 加强对现场存放油品和化学品的管理，对存放油品和化学口的库房进行防渗漏处理，采取有效措施，在储存和使用中，防止存料跑、冒、滴、漏，污染水体。

(4) 临时食堂必须符合“食品卫生法”的要求，取得“卫生许可证”，做好防鼠、防蝇工作，清洗设施齐全、整洁卫生，民工宿舍实行统一管理。有组织地排放生活污水和生产污水，保持现场整洁。

3) 防止施工噪声污染措施

在施工过程中严格遵照《建筑施工场界环境噪声排放标准》(GB 12523—2011)要求制订以下降噪措施。

(1) 将现场可能排泄强噪声的临建或设备分别进行半围护和全围护处理。

(2) 根据噪声防治需要设置降噪围挡，以减少噪声的排泄。

(3) 根据环保噪声标准(分贝)日夜要求的不同，合理协调安排分项施工的作业时间。

(4) 所有车辆进入现场后禁止鸣笛，以减少噪声。

4) 限制光污染措施

灯尽量选择既能满足照明要求又不刺眼的新型灯具或采取措施，使夜间照明只照射工区而不影响地区。

5) 防止废弃物污染措施

(1) 设立专门的废弃物临时储存场地，废弃物分类存放，对有可能造成二次污染的废弃物必须单独储存、设置安全防范措施且有醒目标识。

(2) 废弃物的运输确保不遗撒、不混放，送到政府指定的单位或场所进行处理、消纳，对可回收的废弃物做到回收利用。

6) 材料设备的管理

(1) 对现场堆场进行统一规划，对不同的进场材料设备进行分类合理堆放和储存，并挂牌标明标示，重要设备材料利用专门的围栏和库房储存，并设专人管理。

(2) 在施工过程中，严格按照材料管理办法，进行限额领料。

(3) 对废料、旧料做到每日清理回收。

(4) 使用计算机数据库技术对现场设备材料进行统一编码和管理。

(5) 现场设医疗室。

作为工地上的监理工作人员有义务对文明施工及环境保护进行监督管理。

## 2.6 基础工程合同管理

### 2.6.1 基础工程案例引入

某工程项目采用的是预制钢筋混凝土管桩基础。业主委托某监理单位承担该工程项目施工招标及施工阶段的监理任务。因该工程涉及土建施工、沉桩施工和管桩预制工作，业主对工程发包提出了两种方案：一种是采用平行发包模式，即土建、沉桩、管桩制作分别进行发包；另一种是采用总分包模式，即由土建施工单位总承包，沉桩施工及管桩制作列入总承包范围再进行分包。

### 2.6.2 监理经验分享

在平行发包模式下，对管桩运抵施工现场，沉桩施工单位可视为“甲供构件”。因为沉桩单位与管桩生产企业无合同关系，应由监理工程师组织，沉桩单位参加，共同检查管桩质量、数量是否符合合同要求。

如果现场检查出管桩不合格或管桩生产企业延期供货，对正常施工进度造成影响，那么在两种发包模式下可能出现的索赔如下。

**1．平行发包模式索赔**

(1) 沉桩单位向业主索赔。

(2) 土建施工单位向业主索赔。

(3) 业主向管桩生产企业索赔。

**2．总分包模式索赔**

(1) 业主向土建施工(或总包)单位索赔。

(2) 土建施工(或总包)单位向管桩生产企业索赔。

(3) 沉桩单位向土建施工(或总包)单位索赔。

## 2.6.3 案例分析

**1．施工招标阶段监理工作**

(1) 协助业主编制施工招标文件。

(2) 协助业主编制标底。

(3) 发布招标通知。

(4) 对投标人的资格进行预审。

(5) 组织标前会议。

(6) 现场考察。

(7) 组织开标、评标、定标。

(8) 协助业主签约。

**2．总分包模式监理工作**

若采取施工总分包模式，监理工程师对分包单位的管理的主要内容如下。

(1) 审查分包人资格。

(2) 要求分包人参加相关施工会议。

(3) 检查分包人的施工设备和人员。

(4) 检查分包人的工程施工材料、作业质量。

监理工程师对分包单位采取的主要管理手段如下。

(1) 对分包人违反合同、规范要求的行为，可指令总承包人停止分包人施工。

(2) 对质量不合格的工程拒签与之有关的支付。

(3) 建议总承包单位人撤换分包单位。

**3．平行发包模式监理工作**

如果采用平行发包模式，对管桩生产企业的资质考核应在招标阶段组织考核；如果采用总分包，应在分包合同签订前考核。

考核的主要内容有：①人员素质；②资质等级；③技术装备；④业绩；⑤信誉；⑥有无生产许可证；⑦质保体系；⑧生产能力。

## 能力评价

**自我评价**

| 指　　标 | 应　　知 | 应　　会 |
|---|---|---|
| 1. 常见基础类型<br>2. 身边建筑工程采用的基础类型，国内外5个以上著名建筑基础<br>3. 基础工程质量监理要点<br>4. 基础工程安全监理要点<br>5. 基础工程环保监理要点 | | |

## 单项选择题(答案供自评)

1. 质量体系认证是(　　)向建设单位证明其具有保证工程质量能力的有力证据。
   A. 监理工程师　　B. 承包方　　C. 认证机构　　D. 质量监督部门
2. 对水泥的质量控制，就是要检验水泥(　　)。
   A. 强度是否符合要求　　B. 体积安定性是否良好
   C. 是否符合质量标准　　C. 凝结时间是否符合要求
3. 设计阶段，质量控制的目的是处理好(　　)。
   A. 投资和进度的关系　　B. 投资和质量的关系
   C. 质量和进度的关系　　D. 各设计单位之间相互协调的关系
4. 在施工过程的质量控制中，施工质量预控是指(　　)。
   A. 在工程施工前，预先检出轴线、标高、预埋件、预留孔的位置，以防出现偏差
   B. 在工程施工前，监理工程师制定工序控制流程，以防止工程质量失去控制
   C. 针对所设置的质量控制点，事先分析在施工中可能发生的隐患，提出相应对策
   D. 在工程施工前，对影响质量的五大因素的控制
5. 监理工程师在对基槽开挖质量验收时，主要是对开挖边坡的稳定性、荷载等级、地质条件和(　　)检查确认。
   A. 基础类型　　B. 相邻建筑间距　　C. 主体结构类型　　D. 涉及地基承载力
6. 建设工程监理的行为主体是(　　)。
   A. 建设单位　　B. 建设局　　C. 工程监理企业　　D. 质监站
7. 监理单位在(　　)的基础上，制定监理规划并确定监理深度。
   A. 确定施工承包单位
   B. 协助施工承包单位建立质量审查体系
   C. 审查施工承包单位的质量控制计划
   D. 了解施工承包单位的管理水平及控制能力

8．根据《建设工程施工监理规范》，承包单位报送的分部工程质量检验评定资料由(　　)负责签认。

A．总监理工程师　　B．专业监理工程师

C．监理员　　D．总监理工程师代表

9．按照《建设工程安全生产管理条例》的规定，施工单位应在施工组织设计中，针对深基坑的支护与降水工程、地下暗挖工程和(　　)编制专项施工方案，并需经过专家论证审查后方可施工。

A．装饰装修工程　　B．钢结构工程

C．高大模板工程　　D．设备安装工程

10．根据《建设工程绿色施工管理规范》，环境保护包括涉及光污染、噪声污染、扬尘控制，还涉及污水排放、建筑垃圾再利用和(　　)。

A．建筑物和地下管线保护　　B．发包人合同

C．承包人合同　　D．发包人与承包人共同协议

【参考答案】

## 小组评价

小组成员分别调研身边建筑基础施工过程，了解监理工作要点。特别注重安全监理、环保监理、质量监理方法、措施的收集。然后组织小组成员共同探讨，以每位成员都能流畅地表达调研结果，写出相应的监理实施细则为合格。

**小组评价参考表**

| 成员姓名 | 工地考察表 | 考察照片或图样 | 小组交流 | 监理工作资料 | 备　注 |
|---|---|---|---|---|---|
| | | | | | 以每位成员都参与探讨为合格，主要交流实际工作体验，重点培养团队协作能力 |
| | | | | | |
| | | | | | |
| | | | | | |
| | | | | | |
| | | | | | |

# 主体工程监理

# 学习任务3 进度控制

# (广州新白云国际机场工程)



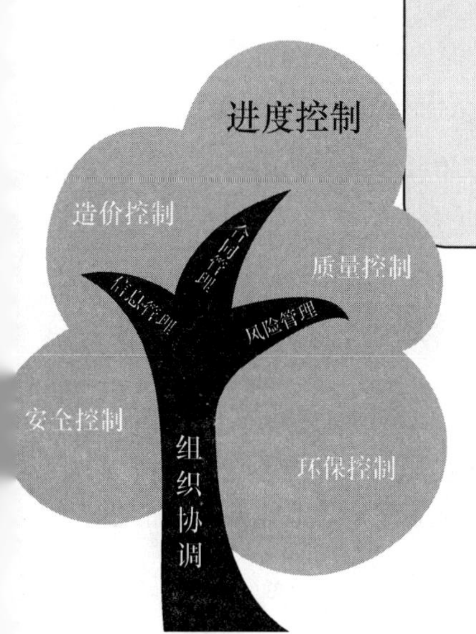

**学习要求**

| 岗位技能 | 专业知识 | 职业道德 |
|---|---|---|
| 1．准确检查和记录实际进度完成情况<br>2．对比分析实际进度与计划进度的差异，找到解决问题的方法<br>3．统计进度记录结构，预测进度变化趋势<br>4．能够制定进度计划控制方案<br>5．能够审核施工进度计划<br>6．能够处理工期赔偿事件 | 1．熟悉进度控制程序<br>2．明确施工进度计划的设计和内容<br>3．明确进度控制的关键点<br>4．了解影响进度的风险因素<br>5．熟悉进度计划横道图、单代号、网络图、双代号网络图<br>6．明确进度控制的措施 | 1．及时、准确地设计和批复进度计划<br>2．适时向建设单位和承包商提供合理化建议，预防索赔事件发生<br>3．加强沟通协调，促进进度目标的实现 |

**能力拓展**

【参考图文】

1．跟踪实际工程，收集进度信息，对比实际进度与计划进度的差距，了解进度控制的措施。

2．认识实际工程中的进度控制关键点发生在哪些工序或部位。

3．了解进度控制中风险因素有哪些，分析这些风险因素出现的概率。

4．了解进度计划调整的措施及由此带来的负面影响。

5．了解进度控制中，机械、人员、技术、原材料、工作环境这五大因素的相关性，画图示意这些因素在进度控制中的比重。

6．了解进度控制中索赔的处理程序及索赔依据。

7．学习相应标准，增强工程监理工作能力。

([29] GF—2013—0201《建筑工程施工合同(示范文本)》)

# 3.1 工程项目概况

**案例引入**

## 3.1.1 迁建工程

广州白云国际机场迁建工程(广州新白云国际机场工程，图 3.1)是国家“十五”期间重点工程项目之一，是我国第一个导入中枢机场理念而设计的机场，也是我国第一个同期建设两条跑道的机场。建成后成为独具特色的工程建筑，完备先进的服务设施、优雅舒适的候机环境和安全高效的保障能力，跻身现代化国际一流航空港的行列，进一步完善了我国民用机场布局，极大地推进了广州城市化进程，带动地方基础设施和社会经济的发展。

新机场位于广州北部白云区人和镇与花都区新华镇的交界处，与老机场直线距离 17km，距广州市中心 28km。新机场遵循“统一规划、一次征地、分期建设、滚动发展”的指导思想，分两期进行建设。第一期工程建设目标年为 2010 年，总投资 196 亿元，征地 21840 亩，其中场内用地 21510 亩，约为原白云机场的 4.6 倍。航站楼一期面积 35.2 万 $m^2$，可满足年旅客吞吐量 2500 万人次，货物吞吐量 100 万 t，飞机起降 18.6 万架次，典型高峰小时飞机起降 90～100 架次、旅客吞吐量 9300 人的要求。停机坪面积为 86 万 $m^2$，拥有登机桥 46 个、远机位 12 个、货机位 5 个、过夜停机位 6 个，此外还有专机位 2 个。飞行区等级指标为 4F，其中东跑道长 3800m、宽 60m，西跑道长 3600m、宽 45m，可满足超大型飞机起降要求，远期规划 3 条跑道，年飞机起降 36 万架次，终端旅客吞吐量 8000 万人次。

图 3.1　广州新白云国际机场俯视图

【参考视频】

广州新白云国际机场二期工程见表 3-1。

表 3-1　广州新白云国际机场二期工程

| 序号 | 项目名称 | 面　积 | 投资估算 | 二期工程完成情况 | 备　注 |
|---|---|---|---|---|---|
| 1 | 新增 31 个停机位 | | 15.5 亿元 | 2007 年下半年完成 | 二期工程还包括停车楼、道路、水电、捷运系统、绿化等附属工程 |
| 2 | 机场中性货站和货机坪 | 货站 40000$m^2$、货机坪 8800$m^2$、3 个机位 | 4.3 亿元 | 2006 年年底投产 | |
| 3 | 二号航站楼 | 320000$m^2$，登机桥位 35 个 | 54.3 亿元 | 2006 年下半年开工、2010 年上半年投入使用 | |

广州新白云国际机场一期工程概况见表 3-2。

表 3-2　广州新白云国际机场一期工程概况

| 单位工程 | 工程规模概述 | 备注 |
|---|---|---|
| 航站楼 | 一期面积 352000m$^2$，可满足年旅客吞吐量 2500 万人次，货物吞吐量 100 万 t，飞机起降 18.6 万架次，典型高峰小时飞机起降 90～100 架次、旅客吞吐量 9300 人 | |
| 停机坪 | 面积 860000m$^2$，登机桥 46 个，远机位 12 个，货机位 5 个，过夜停机位 6 个，专机位 2 个 | |
| 飞行区 | 等级指标为 4F，东跑道长 3800m、宽 60m，西跑道长 3600m、宽 45m；远期规划 3 条跑道，年飞机起降 36 万架次，终端旅客吞吐量 8000 万人次 | |
| 工程特点概述 | 国内跨度最大的钢结构屋顶；亚洲最大的单体桁架钢结构机库；全球面积最大的点式玻璃幕墙；全球最为先进的多级行李安检系统；国内民用机场中最高的管制塔台；国内民航界规模最大的飞行区；最“聪明”的灯光计算机监控系统 | |

## 3.1.2 航站楼工程

航站楼工程包括主楼、东楼连接楼(含东连接桥)、西楼连接楼(含西连接桥)、东一指廊、东二指廊、西一指廊、西二指廊、东西独立设备机房、南北出港高架桥共 9 个子单位工程，总建筑面积 352000 万 m$^2$。

广州新白云国际机场航站楼子单位工程概况见表 3-3。

表 3-3　广州新白云国际机场航站楼子单位工程概况

<table>
<tr><th rowspan="2">工 程 名 称</th><th colspan="5">参　数</th></tr>
<tr><th>平面尺寸</th><th>层　数</th><th>结构类型</th><th>围护结构</th><th>监理单位</th></tr>
<tr><td>主楼</td><td>302m×212m</td><td>地下 1 层，地上 3 层，局部 4 层</td><td rowspan="4">主楼分为南北两部分；主楼、连接桥、指廊均采用嵌岩冲孔灌注桩和预应力静压管桩基础；上下土建结构类型均为钢筋混凝土框架结构；屋盖系统均采用钢结构桁架体系；屋面均采取铝镁合金板金属屋面系统(局部为玻璃纤维张拉膜采光带和玻璃天窗)</td><td rowspan="4">均为点支式玻璃幕墙和铝板幕墙。航站楼幕墙采用轻钢结构与玻璃结合的“全通透点支式”玻璃幕墙，最高 47m</td><td>上海市建科联合项目监理机构</td></tr>
<tr><td>东西连接楼</td><td>450m×54m</td><td>地上 3 层，局部 5 层</td><td>中航工程监理有限责任公司</td></tr>
<tr><td>东一西一指廊</td><td>360m×34m</td><td rowspan="2">地上 3 层</td><td>中航工程监理有限责任公司</td></tr>
<tr><td>东二西二指廊</td><td>252m×34m</td><td>中航工程监理有限责任公司</td></tr>
<tr><td>南北出港高架桥</td><td colspan="5">对称分布于航站楼主楼南北两侧，南桥全长 662m，北桥全长 672.4m，桥面最宽 42.45m；南北高架桥采用嵌岩冲孔灌注桩桩基础，地上为钢筋混凝土箱梁结构</td></tr>
</table>

续表

| 工程名称 | 参数 | | | | |
|---|---|---|---|---|---|
| | 平面尺寸 | 层数 | 结构类型 | 围护结构 | 监理单位 |
| 东西独立设备机房 | 位于主楼北侧，面积 $4200m^2$ | 单层 | 采用嵌岩冲孔灌注桩和预应力静压管桩桩基础，钢筋混凝土框架-剪力墙结构 | | 广东海外建设监理有限公司联合体 |
| 备注 | | | | | |

工程于 2000 年 8 月 28 日正式开工，历经将近 4 年五大“战役”的建设，即±0.000m 以下基础工程、±0.000m 以上结构工程、玻璃幕墙及机电安装工程、精装修及弱电工程、航站楼整体联动调试，于 2004 年 6 月 10 日工程通过国家初验，7 月 9 日通过国家发展和改革委员会组织的正式验收，8 月 2 日落成，8 月 5 日正式通航。

## 3.1.3 工程特点

广州新白云国际机场(以下简称“新白云机场”)是我国民航机场中有史以来建设规模最大、技术最先进、设计最复杂的机场。作为整个机场核心的航站楼工程，不仅是一座功能性建筑，而且融技术、艺术为一体，达到了 21 世纪先进水平，它用最现代的科技展现出当代中国建筑的崭新风貌，并充分体现了广州作为南方改革开放窗口的时代特色和雄伟气势。

航站楼工程是中国目前在岩溶地区兴建的规模最大的民用公共建筑。该区域工程地质情况异常复杂，基岩表面缝隙纵横、高差悬殊，土洞、溶洞多而重叠，砂层厚度大，从而给基础工程造成极大困难：冲孔桩全岩面判定困难、预制管桩终桩标准难以统一、大体积混凝土浇筑与裂缝控制难度大、大面积地下室防水施工及雨天施工时间长等。

上部土建结构工程结构跨度大，主梁为宽扁梁且截面尺寸大，配筋非常复杂，楼板厚度薄故干缩裂缝较难控制，幕墙和钢结构的大量预埋件位置及标高要求精度很高，预应力钢筋数量巨大，且定位困难。

整个航站楼工程采用了大量的国内外先进设备及新材料、新技术、新工艺，规模大，工期紧张，专业施工单位多，五大“战役”相互交叉进行，协调工作量大，管理困难。

**1．安检系统**

该系统是当时世界最为先进的多级行李安全检查系统。新机场将采用包括值机、分拣、输送机等 7 个子系统在内，涵盖机场出发、中转、到达三大操作区域的行李分拣系统。

**2．钢结构屋顶**

新白云机场机库的屋盖长 250m、宽 80m、面积约 $20000m^2$，总重量约 4500t。该钢结构屋顶覆盖的面积为全国之最，总重量仅次于总重 6000t 的上海大剧院屋盖。

钢结构工程结构复杂、用钢量大、科技含量高，施工(钢结构制作及吊装)难度在国内外均属少见。航站楼钢结构是中国目前规模最大的相贯焊接空心管结构工程，其中 16～37m 高的三角形变截面人字形柱和 12m 及 14m 跨度的屋面箱形压型钢板是首次在中国应用。

航站楼屋面工程包括金属屋面和索膜结构屋面，其索膜结构屋面(采光带及采光窗)是目前为止国内建成的最大膜结构项目，张拉膜雨篷也列为国内单体 PTFE 膜结构面积之冠。

3．玻璃幕墙

采用全通透开敞的点式玻璃幕墙，由于玻璃幕墙面积有 10 万多平方米，是目前世界上面积最大的点式玻璃幕墙。航站楼高层顶盖使用了张拉膜材料，达 6 万 $m^2$，是目前国内建筑使用新型张拉膜的最大面积。航站楼幕墙工程主要采用当今世界流行的轻钢结构与玻璃完美结合的“全通透点支式”玻璃幕墙，最高 47m。其中主楼玻璃幕墙工程是迄今为止世界上单体工程面积最大的预应力自平衡索桁架点支式玻璃幕墙工程。

4．双跑道独立运行程序

新白云机场拥有我国首个双跑道独立运行程序，可满足飞机双跑道同时起飞着陆的最复杂的运行要求，并能同时满足世界上各类大型飞机的起降要求。

5．候机楼灯光

用璀璨夺目、晶莹剔透来形容夜间的候机楼一点也不过分。新机场整个灯光系统造价 1.6 亿美元，由 6 万盏华灯搭配透明玻璃幕墙，构筑出水晶宫般的梦幻效果。

6．航管塔台

航管塔台高达 106m，位居全国之首。新机场航管楼集导航监控和通信气象等服务设施于一体，与先进的雷达监视系统、仪表着陆系统和中南地区交通管制中心组成高效的航管服务体系。

7．机库

新机库是目前亚洲最大的单体桁架钢结构机库，可同时容纳 2 架宽体客机、9 架窄体客机在内进行大修。此外，新机场供油系统和货运站场面积也是国内首屈一指的。

## 3.1.4 航站楼的主要设计和施工单位及工作范围

(1) 航站楼的主要设计单位和工作范围见表 3-4。

表 3-4　航站楼的主要设计单位和工作范围

| 序号 | 单 位 名 称 | 工 作 范 围 |
|---|---|---|
| 1 | 美国 PARSONS 公司 | 航站区设计(水电、市政) |
| 2 | 美国 URSOGREINER 公司 | 航站区设计(建筑结构) |
| 3 | 广东省建筑设计研究院 | 航站楼施工图设计 |
| 4 | 深圳三鑫特种玻璃技术股份有限公司 | 航站楼幕墙设计 |
| 5 | 深圳市洪涛装饰工程公司 | 贵宾区标段装修方案设计工程 |
| 6 | 广州珠江装修工程公司 | 头等舱标段装修方案设计工程 |

(2) 航站楼的主要施工单位和工作范围见表 3-5。

表 3-5　航站楼的主要施工单位和工作范围

| 序号 | 单 位 名 称 | 工 作 范 围 |
|---|---|---|
| 1 | 中国建筑工程总公司 | 旅客航站楼总承包管理，以及主楼和南、北出港高架桥上部土建工程 |
| 2 | 中国建筑第八工程局 | 旅客航站楼东、西高架连廊和连接楼及指廊上部土建工程 |
| 3 | 中国建筑第八工程局、上海市安装工程有限公司 | 旅客航站楼安装工程 |
| 4 | 深圳三鑫特种玻璃技术股份有限公司 | 旅客航站楼主楼幕墙制作与安装工程 |
| 5 | 中山市盛兴幕墙有限公司 | 旅客航站楼东西连接楼幕墙制作与安装工程 |
| 6 | 陕西艺林实业有限责任公司 | 旅客航站楼东西指廊幕墙制作与安装工程 |
| 7 | 中国海外建筑有限公司 | 旅客航站楼公共区、办公区装修工程(标段一) |
| 8 | 深圳华丽装修家私企业公司和深圳市深装总装饰工程工业有限公司 | 旅客航站楼公共区、办公区装修工程(标段二) |
| 9 | 广东省建筑装饰工程公司 | 旅客航站楼公共区、办公区装修工程(标段三) |
| 10 | 中国建筑第三工程局、江南造船(集团)有限公司、上海中远川崎重工钢结构有限公司联合体 | 旅客航站楼钢结构工程 |
| 11 | 广州市建筑集团有限公司、上海市机械施工公司、浙江东南网架集团有限公司联合体 | 旅客航站楼钢结构工程 |
| 12 | 广州市电力工程公司 | 航站楼 10kV 变电站安装工程 |
| 13 | 广州市杰赛科技发展有限公司 | 航站楼控制中心与弱电机房工程 |
| 14 | 广州工程总承包集团有限公司和杭州大地网制造有限公司联合体 | 登机桥固定廊道工程 |
| 15 | 企荣公司、霍高文公司和中国建筑第二工程局联合体 | 金属屋面工程 |
| 16 | SKYSPAN(欧洲)公司 | 索膜结构屋面体系 |
| 17 | CRISPI、ANT 公司 | 行李自动分析系统 |
| 18 | 芬兰通力公司、日立公司、奥的斯公司 | 垂直电梯、自动扶梯、自动人行道 |

## 3.1.5 航站楼监理单位和工作范围

整个航站楼监理单位共有 6 家，各单位的具体工作内容详见表 3-6。

表 3-6　新白云机场航站楼监理单位及工作范围

| 序号 | 单 位 名 称 | 工 作 范 围 |
|---|---|---|
| 1 | 上海市建科院监理部、广东海外建设监理有限公司联合体 | 航站楼及高架路的土钢结构、装修、机电设备安装等工程 |
| 2 | 北京希达建设监理有限责任公司 | 航站楼内综合布线、系统集成，以及与民航系统有关的各弱电系统 |

续表

| 序号 | 单位名称 | 工作范围 |
| --- | --- | --- |
| 3 | 广东天安工程监理有限公司 | 航站区内 10kV 变电站及电力监控系统的安装、试验、调试的监理工作 |
| 4 | 中航工程监理有限责任公司 | 4 个指廊、56 个登机桥活动端、44 台飞机专用空调及 44 台 400Hz 电源安装 |
| 5 | 上海市建设工程监理有限公司 | 总进度策划，以及登机桥固定端、办票岛、标识系统、行李分拣安检系统等 |

## 3.2 联合项目监理机构设置及实施

这里主要介绍上海市建科院监理部与广东海外建设监理有限公司联合体的监理工作。

### 3.2.1 总体设计及人员安排计划

新白云机场旅客航站楼工程是整个机场的核心建筑，其总建筑面积为 352000m$^2$，由伸缩缝自然分成主航站楼、连接楼、指廊和高架连廊。其监理工作由两家监理单位组成的联合项目监理机构共同承担。监理工作范围还包括南出港、北出港高架道路及东西设备机房。监理工作内容涉及施工全过程监理的造价控制、进度控制、质量控制、合同管理、信息管理和组织协调及安全文明施工管理工作。因此，在项目开始实施之前，就对联合项目监理机构进行规划设计，确定合适的组织机构形式，配备相应的人员，为完成监理工作提供基本保证。

**1．总体设计设置原则**

结合项目的规模、性质、区域、目标(造价、进度、质量)、控制要求及监理工作范围和内容，按照“满足监理工作需要、线条清晰、职能落实、人员精干、办事高效”的原则，联合项目监理机构采用“直线职能制”组织形式，即总监理工程师下设总监办公室、造价合同控制组、进度控制组、技术测量组 4 个职能部门，并按建筑功能、施工区域及专业系统性分设主航站楼(含高架连廊)、东连接楼(含东指楼)、西连接楼(含西指楼)、机电设备安装和高架道路 5 个项目监理组，组织结构如图 3.2 所示。

设置 5 个项目监理组主要是考虑到使用功能及结构形式的相对独立性(如主航站楼、高架道路两项目监理组的设立)，同时还考虑到项目可能采取的承发包模式、分项工程搭接施工的可行性，以及监理任务所在的地理位置相对集中等原则。如把东、西指廊分别划归东、西连接楼，设立东、西两个连接楼项目监理组，这是因为指挥部把东、西两个不同区域地理位置分别发包给两个分包施工单位，这样安排也考虑到连接楼与指廊的分项工程可搭接施工，能合理安排监理人员。如按结构类型相同的 2 个连接楼设置一个监理组，4 个指廊再设立另一个监理组，监理人员将面临四处奔波、工作效率低的尴尬局面。另外，将航站楼的机电设备安装工程设立 1 个监理组的理由是考虑整个航站楼机电工程的系统性和合理安排机电设备监理人员的工作。这一组织形式的设置解决了“直线制”组织形式“个人管理”的弊端，也解决了“职能制”组织形式“多头领导”的弊病。这种形式的主要优点是集中领导、职责清楚，有利于提高办事效率。

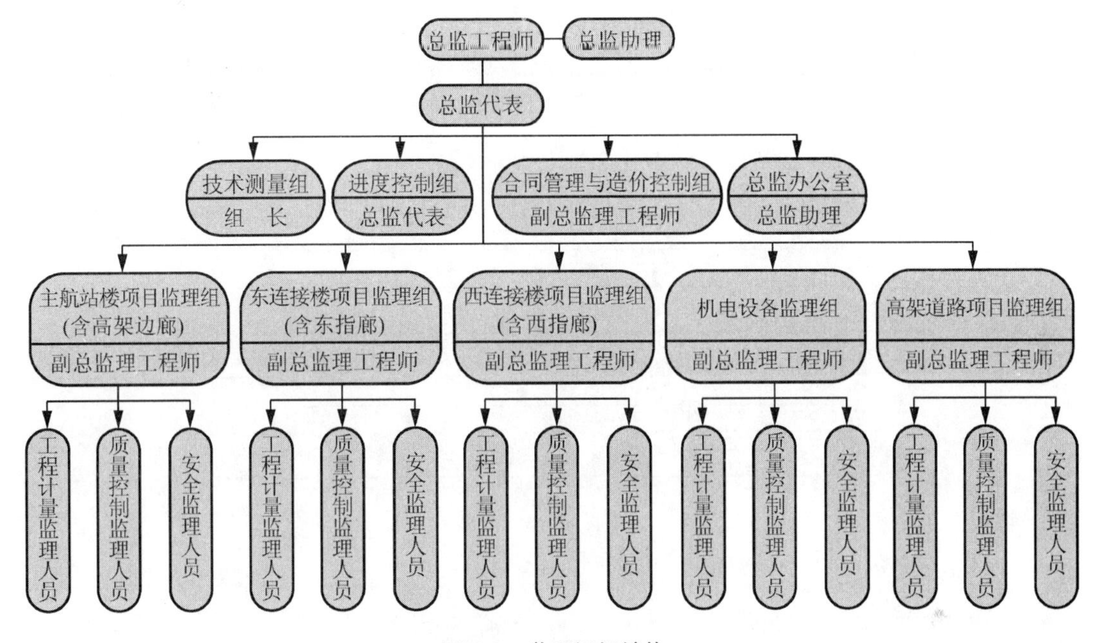


图 3.2　监理组织结构

### 2. 各职能部门及项目监理组的工作内容

为做好整个项目的进度控制工作，设立进度控制组，配备专人负责进度计划日常管理工作，由总监代表兼任该组组长，负责整个项目进度计划审核控制工作，并对主航站楼、东连接楼、西连接楼、机电设备安装、高架道路项目监理组的 5 名负责人兼进度控制组人员的进度控制工作进行统一管理。在实际进度落后于进度目标时，督促施工单位采取赶工措施，对施工单位提出的工期索赔进行审核。总监办由总监助理负责，下设信息资料组和行政后勤管理组。信息资料组专门负责整个项目的信息收集、整理、传递和资料管理、归档工作，并协调整个项目计算机辅助监理软件的应用。行政后勤组主要负责联合项目监理机构的行政管理工作和后勤服务工作，如安排监理人员的住宿及食堂管理工作等。

设置造价合同控制组，是考虑到本项目的工程建设监理合同的附加协议条款中对工程造价控制和合同管理的工作提出了详细的要求。由于其工作量大、难度高、责任重，因此，针对这两个有密切关联的工作，专门成立一个专职的职能工作组，并委派一名有注册监理工程师和注册造价工程师双证的人员担任该组组长。项目监理组中的工程计量监理人员在业务工作方面受合同管理及造价控制组管理，主要负责项目建设过程中的工程量计量复核工作，而每一份工程计量的签证及工程费用支付的签证均需经项目监理组负责人确认，并经合同管理及造价组组长的复核后才由总监理工程师签证，这样可有效地防止人为差错引起的工作失误，保证工作质量。设置技术测量组主要是为本项目在建设过程中的施工技术、各专业图纸上的接口及监理项目的技术文件进行统一的归档管理。在该组中配备了 2 名测量人员专门负责整个项目基准点(线)、标高控制点、测量控制网的测量复核及建筑物沉降、变形的测量管理工作，同时集中管理整个项目的大型测量设备。联合项目监理机构的 5 个项目监理组分别配备各项目监理组负责人，负责本项目或专业的质量、进度、工程计量及安全监理工作。

### 3．各职能部门工作关系及界面划分

各项目监理组直接受总监理工程师及总监代表的领导，负责相应项目的日常监理工作。而各职能部门的监理组在总监理工程师或总监代表的领导下，在相关的业务上对各项目监理组进行业务协管管理。其组织管理关系如图 3.3 所示。

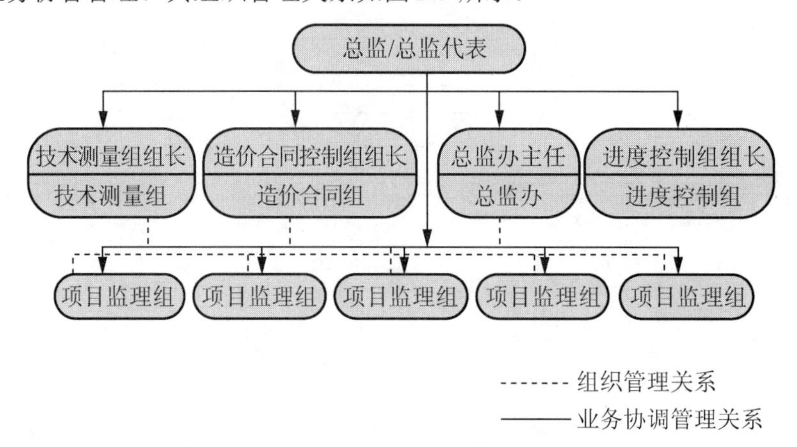


图 3.3　监理组织管理关系

以技术测量组为例，其作用主要负责航站楼土建、钢结构、幕墙、金属屋面、张拉膜、装饰及设备安装接口的技术管理和测量工作的统一管理与协调。作为总监的技术管理顾问型小组对各项目监理组及技术测量组的统一管理部门，其职能界面的划分详见表 3-7。

表 3-7　技术测量组与各项目监理组的职能及界面划分

| 序号 | 工作内容 | 总监/总监代表 | 技术测量组 | 各项目监理组 | 总监办 |
|---|---|---|---|---|---|
| 1 | 施工图管理、审查和会审(含设计变更管理和施工图审核) | 参与 | 负责施工图审查，参加图纸会审，负责设计变更管理并督促各项目组将变更及时绘入原图，组织审核竣工图 | 参加施工图会审，及时将设计变更汇入原图，参加审核竣工图 | 负责施工图的登记和收发，将设计变更、技术核定单及时送达技术组和项目组 |
| 2 | 施工组织设计和方案审查 | 审批 | 组织审查，汇总项目监理组的审查意见，并提出监理方审核意见 | 审查并提出具体审查意见 | 收到施工组织设计或方案，并将其及时分发给相应的分管项目监理组负责人 |
| 3 | 编写监理实施细则 | 组织审批 | 负责汇总和编写 | 参与编写 | 负责打印成文和分发 |

续表

| 序号 | 工作内容 | 总监/总监代表 | 技术测量组 | 各项目监理组 | 总监办 |
| --- | --- | --- | --- | --- | --- |
| 4 | 技术核定单审核 | 知会 | 负责审批和核定技术核定单，审批过程中直接与项目组联系，了解现场情况 | 参与技术核定的审查 | 收到技术核定单后直接送技术测量组组长 |
| 5 | 规范或设计未明确的质量检查验收标准制定 | 审批 | 组织制定、明确，不定期检查落实 | 参与制定，负责落实 | 负责打印成文和分发 |
| 6 | 质量评估报告 | 审批 | 负责审核 | 负责编写 | 负责打印成文和分发 |
| 7 | 施工现场质量检查 | 组织 | 首件和样板件(间)参加、其他不定期参与检查 | 负责检查 | 收集相关资料 |
| 8 | 隐蔽工程验收 | 组织 | 首件和样板件(间)参加、其他不定期参与检查 | 负责验收 | 收集相关资料 |
| 9 | 控制标高轴线及主要部位的标高轴线的检查验收 | 知会 | 负责检查验收 | 及时与技术测量组联系，配合检查验收 | 收集相关资料 |
| 10 | 声像资料收集管理 | 知会 | 负责 | 配合 | 协助收集相关资料 |

### 4．监理人员的配备及进场计划

根据招标文件规定，监理单位的服务期为36个月，为此，按照设置的组织机构，监理人员的配备及进场计划见表3-8。

表3-8　监理人员的配备及进场计划

| 部门 | 主要人员 | 人数/人 | 2000年 | | | | | | | 2001年 | | | | | | | | | | | | 2002年 | | | | | | | | | | | | 2003年 | | | | | |
| --- | --- | --- | --- | --- | --- | --- | --- | --- | --- | --- | --- | --- | --- | --- | --- | --- | --- | --- | --- | --- | --- | --- | --- | --- | --- | --- | --- | --- | --- | --- | --- | --- | --- | --- | --- | --- | --- | --- | --- |
| | | | 6 | 7 | 8 | 9 | 10 | 11 | 12 | 1 | 2 | 3 | 4 | 5 | 6 | 7 | 8 | 9 | 10 | 11 | 12 | 1 | 2 | 3 | 4 | 5 | 6 | 7 | 8 | 9 | 10 | 11 | 12 | 1 | 2 | 3 | 4 | 5 | 6 |
| 总监理室 | 总监、总监代表 | 5～9 | | | | | | | | | | | | | | | | | | | | | | | | | | | | | | | | | | | | | |
| 技术测量组 | 监理工程师、测量工程师 | 4～5 | | | | | | | | | | | | | | | | | | | | | | | | | | | | | | | | | | | | | |
| 进度控制组 | 监理工程师 | 1 | | | | | | | | | | | | | | | | | | | | | | | | | | | | | | | | | | | | | |
| 造价合同控制组 | 造价工程师 | 3～5 | | | | | | | | | | | | | | | | | | | | | | | | | | | | | | | | | | | | | |
| 总监办公室 | 资料员、后勤人员 | 2～3 | | | | | | | | | | | | | | | | | | | | | | | | | | | | | | | | | | | | | |

续表

| 部门 | 主要人员 | 人数/人 | 2000年 | | | | | | | 2001年 | | | | | | | | | | | | 2002年 | | | | | | | | | | | | 2003年 | | | | | |
|---|---|---|---|---|---|---|---|---|---|---|---|---|---|---|---|---|---|---|---|---|---|---|---|---|---|---|---|---|---|---|---|---|---|---|---|---|---|---|---|
| | | | 6 | 7 | 8 | 9 | 10 | 11 | 12 | 1 | 2 | 3 | 4 | 5 | 6 | 7 | 8 | 9 | 10 | 11 | 12 | 1 | 2 | 3 | 4 | 5 | 6 | 7 | 8 | 9 | 10 | 11 | 12 | 1 | 2 | 3 | 4 | 5 | 6 |
| 主航站楼项目监理组(含高架连廊) | 监理工程师、监理员 | 4～10 | | | | | | | | | | | | | | | | | | | | | | | | | | | | | | | | | | | | | |
| 东连接楼项目监理组(含东指廊) | 监理工程师、监理员 | 3～8 | | | | | | | | | | | | | | | | | | | | | | | | | | | | | | | | | | | | | |
| 西连接楼项目监理组(含西指廊) | 监理工程师、监理员 | 3～8 | | | | | | | | | | | | | | | | | | | | | | | | | | | | | | | | | | | | | |
| 机电设备监理组 | 监理工程师、监理员 | 2～8 | | | | | | | | | | | | | | | | | | | | | | | | | | | | | | | | | | | | | |
| 高架道路项目监理组 | 监理工程师、监理员 | 2～6 | | | | | | | | | | | | | | | | | | | | | | | | | | | | | | | | | | | | | |

## 3.2.2 项目实施中各阶段的组织机构

由于本项目是超大型公共建筑建设工程，每一阶段的施工内容及侧重点都不相同，为此，联合项目监理机构根据不同阶段的施工特点组建了各施工阶段的监理组织机构。

**1．基础阶段**

航站楼基础施工按主航站楼(含高架连廊)、东连接楼(含东指楼)、西连接楼(含西指廊)分成3个标段发包施工，根据工地所处不同区域及不同的施工单位，联合项目监理机构设置了由造价合同控制组、进度控制组、技术测量组、总监办4个职能部门和主楼、东翼、西翼3个项目式监理组组成的直线职能的组织机构形式，其组织机构如图3.4所示。

**2．主体阶段**

上部结构施工指挥部引入了施工总承包管理单位，并将主楼作为一个标段和东连廊、东指廊、西连廊、西指廊合并作为一标段发包给两家施工单位施工。为此，在组织机构设置中其各职能部门及主楼监理组保持不变。由于东、西两翼由一个施工单位负责施工，为有利于组织协调和质量标准及要求的统一，将东、西两翼设置成一个项目监理组，设一名负责人负责管理。随着主体结构施工的开始，机电安装工程预留、预埋施工随之开始，因此又设置了机电设备安装监理组，其组织机构如图3.5所示。

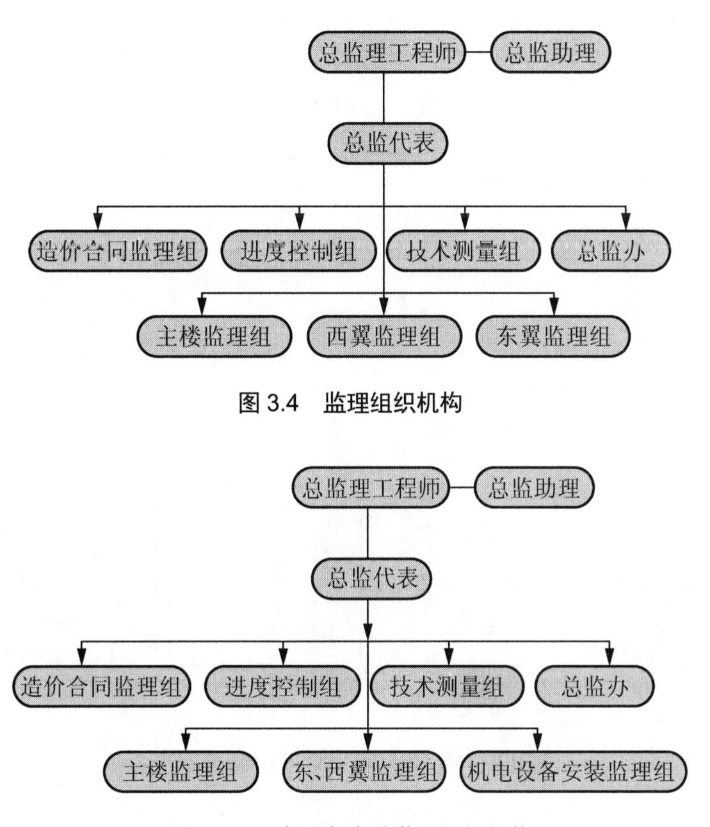


图 3.4　监理组织机构

图 3.5　机电设备安装监理组织机构

### 3．钢结构及幕墙施工

钢结构及幕墙施工阶段，其土建主体结构、钢结构及幕墙分部工程均搭接施工。在发包模式上，钢结构工程按主楼和东西两翼分别发包给两家联合体施工，幕墙则根据区域和幕墙形式按主楼，东、西连廊，东、西指廊分别发包给 3 家施工单位施工，整个航站楼的屋面工程按其不同材质的金属屋面和张拉膜发包给两家施工单位施工。根据上述发包模式和结合主体结构阶段组织结构形式，在这一阶段的监理组织结构保持了 4 个职能部门不变，并设置了主楼工程监理组，东、西翼工程监理组，机电设备安装工程监理组和屋面工程监理组。主楼和东、西翼监理组下设土建监理小组，负责主体混凝土结构的收尾及砌体工程等土建监理工作。而主楼和东西两翼的钢结构和幕墙均为搭接施工，其幕墙结构中又含有大量钢索结构，因此在主楼和东西两翼工程监理组下分别设了钢结构及幕墙监理组。由于整个航站楼的屋面工作均有金属屋面及张拉膜工程，故设了一个屋面及张拉膜监理组，下设金属屋面和张拉膜两个监理小组，负责整个屋面工程的监理工作，其组织机构如图 3.6 所示。

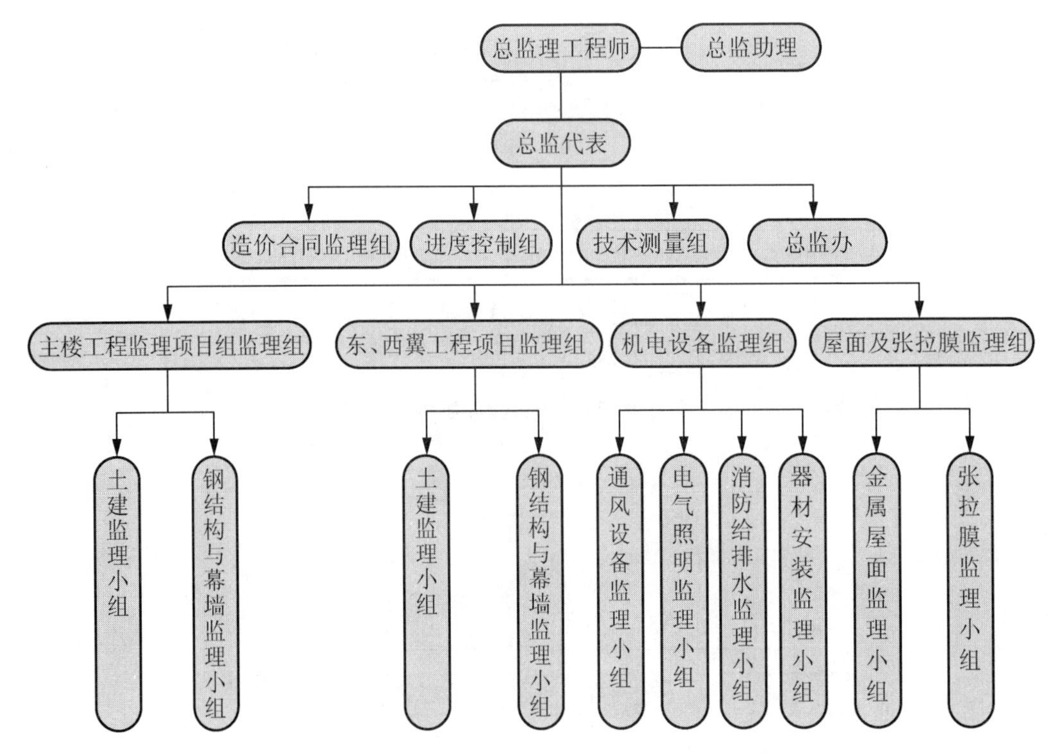


图 3.6　钢结构及幕墙施工监理组织机构

4．装饰安装

装饰及设备安装调试阶段，由于装饰工程按主楼、东连接楼(含东指廊)、西连接楼(含西指廊)3 个标段发包给 3 个施工单位。因此，除机电设备监理组不变外，在项目监理组织机构中设置了主楼、东翼、西翼 3 个监理组，负责 3 个装饰标段的装修工程，并根据南、北高架的施工设置了南、北高架(含总体)的监理组，其职能部门保持不变，组织机构如图 3.7 所示。

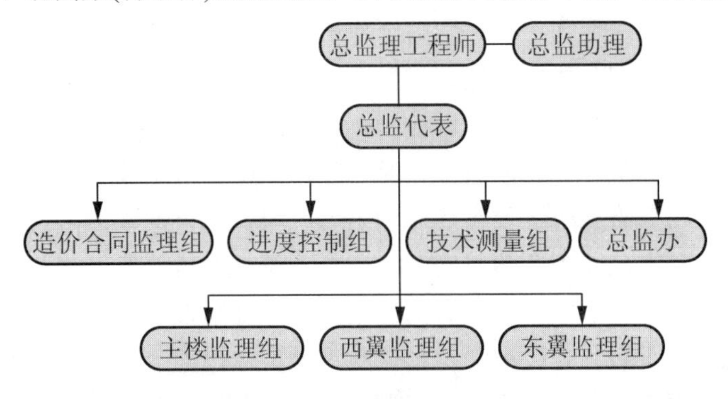


图 3.7　装饰安装监理组织机构

## 3.2.3 监理人员配备及进出场时间表

根据各阶段的组织结构及实际人员配备情况，表 3-9 汇总了各阶段实际监理人员配备的进出场时间。

表 3-9 实际监理人员配备及进场情况

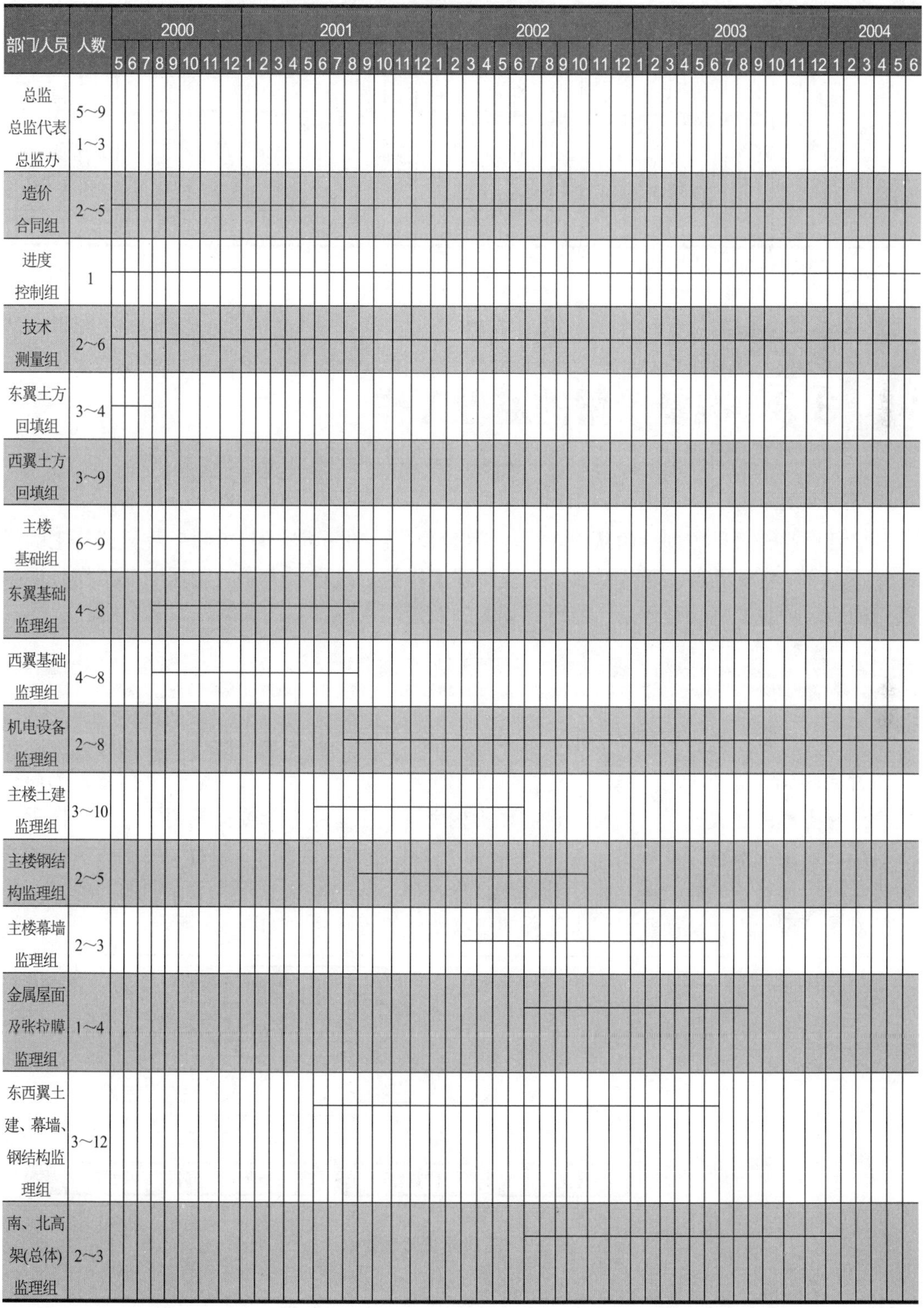

| 部门/人员 | 人数 | 2000 | | | | | | | | 2001 | | | | | | | | | | | | 2002 | | | | | | | | | | | | 2003 | | | | | | | | | | | | 2004 | | | | | |
|---|---|---|---|---|---|---|---|---|---|---|---|---|---|---|---|---|---|---|---|---|---|---|---|---|---|---|---|---|---|---|---|---|---|---|---|---|---|---|---|---|---|---|---|---|---|---|---|---|---|---|---|
| | | 5 | 6 | 7 | 8 | 9 | 10 | 11 | 12 | 1 | 2 | 3 | 4 | 5 | 6 | 7 | 8 | 9 | 10 | 11 | 12 | 1 | 2 | 3 | 4 | 5 | 6 | 7 | 8 | 9 | 10 | 11 | 12 | 1 | 2 | 3 | 4 | 5 | 6 | 7 | 8 | 9 | 10 | 11 | 12 | 1 | 2 | 3 | 4 | 5 | 6 |
| 总监<br>总监代表<br>总监办 | 5～9<br>1～3 | | | | | | | | | | | | | | | | | | | | | | | | | | | | | | | | | | | | | | | | | | | | | | | | | | |
| 造价合同组 | 2～5 | | | | | | | | | | | | | | | | | | | | | | | | | | | | | | | | | | | | | | | | | | | | | | | | | | |
| 进度控制组 | 1 | | | | | | | | | | | | | | | | | | | | | | | | | | | | | | | | | | | | | | | | | | | | | | | | | | |
| 技术测量组 | 2～6 | | | | | | | | | | | | | | | | | | | | | | | | | | | | | | | | | | | | | | | | | | | | | | | | | | |
| 东翼土方回填组 | 3～4 | | | | | | | | | | | | | | | | | | | | | | | | | | | | | | | | | | | | | | | | | | | | | | | | | | |
| 西翼土方回填组 | 3～9 | | | | | | | | | | | | | | | | | | | | | | | | | | | | | | | | | | | | | | | | | | | | | | | | | | |
| 主楼基础组 | 6～9 | | | | | | | | | | | | | | | | | | | | | | | | | | | | | | | | | | | | | | | | | | | | | | | | | | |
| 东翼基础监理组 | 4～8 | | | | | | | | | | | | | | | | | | | | | | | | | | | | | | | | | | | | | | | | | | | | | | | | | | |
| 西翼基础监理组 | 4～8 | | | | | | | | | | | | | | | | | | | | | | | | | | | | | | | | | | | | | | | | | | | | | | | | | | |
| 机电设备监理组 | 2～8 | | | | | | | | | | | | | | | | | | | | | | | | | | | | | | | | | | | | | | | | | | | | | | | | | | |
| 主楼土建监理组 | 3～10 | | | | | | | | | | | | | | | | | | | | | | | | | | | | | | | | | | | | | | | | | | | | | | | | | | |
| 主楼钢结构监理组 | 2～5 | | | | | | | | | | | | | | | | | | | | | | | | | | | | | | | | | | | | | | | | | | | | | | | | | | |
| 主楼幕墙监理组 | 2～3 | | | | | | | | | | | | | | | | | | | | | | | | | | | | | | | | | | | | | | | | | | | | | | | | | | |
| 金属屋面及张拉膜监理组 | 1～4 | | | | | | | | | | | | | | | | | | | | | | | | | | | | | | | | | | | | | | | | | | | | | | | | | | |
| 东西翼土建、幕墙、钢结构监理组 | 3～12 | | | | | | | | | | | | | | | | | | | | | | | | | | | | | | | | | | | | | | | | | | | | | | | | | | |
| 南、北高架(总体)监理组 | 2～3 | | | | | | | | | | | | | | | | | | | | | | | | | | | | | | | | | | | | | | | | | | | | | | | | | | |

续表

| 部门/人员 | 人数 | 2000 | | | | | | | | 2001 | | | | | | | | | | | | 2002 | | | | | | | | | | | | 2003 | | | | | | | | | | | | 2004 | | | | | |
|---|---|---|---|---|---|---|---|---|---|---|---|---|---|---|---|---|---|---|---|---|---|---|---|---|---|---|---|---|---|---|---|---|---|---|---|---|---|---|---|---|---|---|---|---|---|---|---|---|---|---|---|
| | | 5 | 6 | 7 | 8 | 9 | 10 | 11 | 12 | 1 | 2 | 3 | 4 | 5 | 6 | 7 | 8 | 9 | 10 | 11 | 12 | 1 | 2 | 3 | 4 | 5 | 6 | 7 | 8 | 9 | 10 | 11 | 12 | 1 | 2 | 3 | 4 | 5 | 6 | 7 | 8 | 9 | 10 | 11 | 12 | 1 | 2 | 3 | 4 | 5 | 6 |
| 主楼装饰监理组 | 3~5 | | | | | | | | | | | | | | | | | | | | | | | | | | | | | | | | | | | | | | | | | | | | | | | | | | |
| 东翼装饰监理组 | 3~4 | | | | | | | | | | | | | | | | | | | | | | | | | | | | | | | | | | | | | | | | | | | | | | | | | | |
| 西翼装饰监理组 | 3~4 | | | | | | | | | | | | | | | | | | | | | | | | | | | | | | | | | | | | | | | | | | | | | | | | | | |

注：监理服务期延长了13个月。

# 3.3 准备阶段的监理工作

航站楼联合项目监理机构从2000年6月组建，至2000年8月28日工程正式开工的近3个月里，除完成了东、西两翼填土工程监理工作外，进行了大量的监理准备工作。现就其中的确定项目质量管理体系、监理规划编制及监理实施细则的编制做如下介绍。

## 3.3.1 确定质量管理体系

新白云机场工程指挥部的人员大部分是从原白云机场各处抽调组成。大部分人员没有从事过如此大规模的工程，建设工程指挥部也没有一套完善的工程质量管理体系。为保证整个迁建工程的建设质量，联合项目监理机构受迁建工程指挥部委托编制了《广州白云国际机场迁建工程质量管理规定》。该规定阐明了本工程的质量方针、目标，明确各机构和参建各单位质量管理职能，确定了质量管理工作程序，规定了质量管理工作制度，界定了各方的质量管理专组，从而确定了本工程的三级质量管理体系，如图3.8所示。

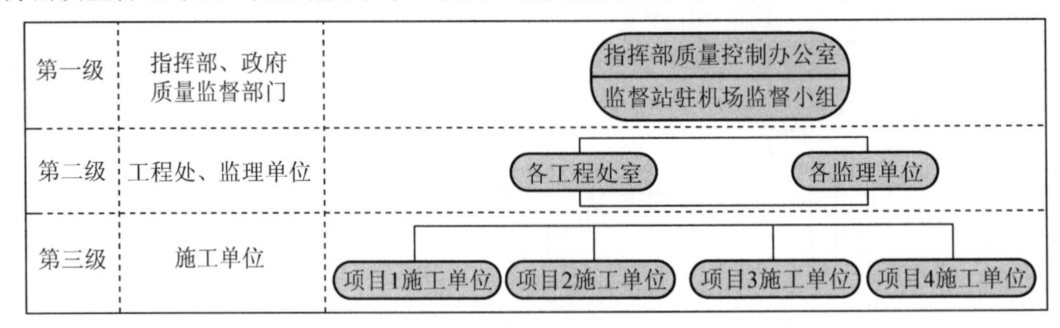


图3.8 三级质量管理体系

图3.8中的三级质量管理体系含义如下。

1. 第一级

指挥部的主要质量管理机构是质量监控办公室，受指挥部和总工程师的领导，对全场各项目的质量工作实行全方位、全过程的监督控制。这是整个机场迁建工程质量管理工作的最高一级管理部门，负责对下一级进行管理监控并及时接收质量工作的情况和信息；组织对较大质量问题进行研究和处理；制定质量管理的措施和制度；同广州市工程质量监督机构建立工作联系，宣传和转发国家质量管理规范和相关文件。

2. 第二级

各工程部门作为指挥部代表，主要是按工期进度的要求对施工单位的项目管理层进行督促和监控，对施工项目的质量工作进行监督控制。指挥部按照施工区域和专业特点成立了航站区工程处、飞行区工程处、综合工程处、机电动力处、弱电工程处等。

依据合同规定，监理单位在一定程度上代表指挥部，对施工单位的各项工作进行管理控制。受指挥部相关工程部门监督管理的同时，监理单位还受到指挥部质量管理办公室的领导，完全代表指挥部从专业技术角度对相关工程项目进行更为细化的、全面的管理工作。

3. 第三级

该级为施工单位的自检。施工单位根据工程指挥部与监理单位的要求建立内部质量保证体系、制定质量保证措施、建立实验室，严格控制所有的工序、工艺及原材料的质量，每道工序完成、准备进行下一步施工前要按规定向监理单位报验。对所施工的工程项目在报验前都要实行自检，项目部的实验室对所使用的原材料质量要进行检验，最后将结果报监理单位检验。

民航总局建设工程安全质量监督总站和广州地区建设工程安全质量监督站代表政府对航站区工程进行全方位的监督、指导、控制。其中，民航当地质监部门监控航站楼以弱电系统为主的民航专业系统。

## 3.3.2 监理规划的编制

监理规划是监理单位开展监理工作的纲领性文件，是作为联合项目监理机构进行监理工作的一个总的工作计划，监理规划必须具有针对性和可操作性。其针对性应充分体现项目的性质、规模、建设目标、建筑结构形式、工程的难点及特点，而可操作性应结合指挥部和当地政府部门的一切具体要求、承发包模式及联合项目监理机构本身的组织结构形式等具体情况进行编制。航站楼工程是一个边设计、边施工的建设项目，指挥部采用的发包模式是先发包填土工程和基础工程，再选择施工总承包管理单位。为此，该项目的监理规划也分成基础阶段和上部建筑结构施工阶段进行编制。具体的编制过程如下。

(1) 由总监理工程师组织各职能组组长及项目监理组负责人讨论、制定监理规划提纲，根据提纲进行分工，由相应的职能组组长及项目监理组负责人负责编制，并明确编制完成时间。

(2) 各职能组组长及项目监理组负责人通过熟悉施工图纸，了解施工工艺及分析在施工中可能出现的难点和质量控制要点，制定相应的监理工作方法和措施，提出监理人员旁站监理的项目清单，编制相应的工作计划和人员配备要求，并列出在监理过程中应编制的监理实施细则目录，在规定的时间内完成后交技术测量组汇总。

(3) 技术测量组结合职能组组长及项目监理组负责人编制的相关内容，编制相应的监理工作流程、监理工作方法和措施及监理工作制度，汇编成册后交由总监理工程师审核。

(4) 总监理工程师审核同意后交监理单位技术负责人审批同意后报指挥部，并下发到各职能组及各项目监理组，以此作为指导监理工作的依据。

## 3.3.3 明确监理工作流程

机场航站楼项目建设的特点是工程量大、专业交叉多、工期紧，而且本工程的施工单位面向全国招标，其中相当一部分设备和民航专用设施还面向全球招标，因此，参加本工程建设的施工单位来自全国各地，也有相当一部分的施工单位及设施供应商来自德国、美国、荷兰和意大利等国家。由于施工单位来自各地，每一地域的工作流程及报验程序不一致，境外企业更不了解国内的建设程序，为解决这一问题，联合项目监理机构以现行验收标准 GB 50300—2013《建筑工程施工质量验收统一标准》和 GB/T 50319—2013《建设工程监理规范》为基础，结合广东省、广州市建设行政主管部门及机场迁建指挥部的具体规定，制定了工程建设过程中的各监理工作流程，编制了统一的机场航站楼项目监理用表，明确了监理方的工作职责，并汇编成手册和相应的电子文件。每一施工单位进场后，联合项目监理机构组织进行交底，向各施工单位下发汇编成册的监理工作流程和统一用表，并提供相应的电子文件。通过这一方法，向各参建的施工单位明确了监理工作流程，使施工单位无论是在施工准备、方案报验、原材料报验，还是在隐蔽工程验收、分部工程验收等工作上都能按监理制定的工作流程开展工作，同时也明确了本工程的统一报审用表。

## 3.3.4 建立监理工作制度

在项目开工前，联合项目监理机构根据本项目的特点，建立了完善的监理工作制度，为以后开展监理工作提供了规范化的运作制度，其主要的工作制度如下。

**1. 文件审核审批**

本项目主要监理文件的编制审核审批制度见表 3-10。

表 3-10 监理文件的编制审核审批制度

| 序号 | 监理文件名称 | 编　写 | 审　核 | 审批/签发 |
|---|---|---|---|---|
| 1 | 监理规划 | 总监理工程师组织 | 总监理工程师 | 公司总工程师 |
| 2 | 监理实施细则 | 项目监理组负责人或专业监理工程师 | 技术测量组组长或项目监理组负责人 | 总监理工程师 |
| 3 | 质量评估报告 | 项目监理组负责人 | 技术测量组组长 | 总监理工程师 |
| 4 | 质量事故处理报告 | 项目监理组负责人 | 技术测量组组长 | 总监理工程师 |
| 5 | 监理通知单 | 总监、总监代表、项目监理组负责人、专业监理工程师 | 总监、总监代表、项目监理组负责人 | 总监、总监代表、项目监理组负责人 |

续表

| 序号 | 监理文件名称 | 编　写 | 审　核 | 审批/签发 |
| --- | --- | --- | --- | --- |
| 6 | 监理工作联系单 | 总监、总监代表、项目监理组负责人、职能组组长 |  | 总监、总监代表、项目监理组负责人 |
| 7 | 监理工作内部通知单 | 总监、总监代表 |  | 总监、总监代表 |
| 8 | 监理月报 | 职能组组长、项目监理组负责人 |  | 总监理工程师 |
| 9 | 监理工作总结 | 总监理工程师组织 |  | 总监理工程师 |

### 2．编写监理日记

(1) 本项目是特大型工程建设项目，整个项目将分成几个子单位工程，而且每个子单位工程中将有几个专业分部分项工程同时施工。为此，项目监理机构按施工进度设置项目监理组，每个项目监理组自成立后分别填写本项目监理组的监理日记。

(2) 监理日记统一按公司印制的监理日记本填写。各职能部门或项目监理组监理日记由专人记录，项目监理组负责人查阅签字，总监办监理日记由总监代表记录，总监理工程师查阅签字。

(3) 监理日记的内容有：①工程建设进度情况；②工程建设质量情况；③工程建设安全情况；④工程建设其他情况；⑤监理工作情况，包括材料、试块等见证取样复试情况，关键工序(部位)旁站情况，工程例会和专题会议情况，监理对外发文情况及其他情况。

### 3．编制监理月报

1) 监理月报编制程序

(1) 本项目监理月报的编制日期是上月 21 日至本月 20 日。

(2) 监理月报的编制程序为：项目监理组负责人或相关职能组组长在每月 30 日前完成相关的月报内容编制交总监办，总监办在下月 5 日前汇总完成上月监理月报，交总监理工程师签发。

2) 各项目监理组月报内容

(1) 本月本标段工程概况：主要包括本月本标段进行了哪些工程的施工检测和验收。

(2) 形象进度：各标段主要分项工程累计完成的形象进度如何，如已完成了哪一段什么部位的混凝土浇捣等。

(3) 工程进度：本月实际进度完成情况与计划进度比较，需对本标段主要的分项工程列表比较，见表 3-11。

**表 3-11　本标段主要的分项工程列表比较**

|  | 本月计划进度 | 本月实际完成情况 | 完成率 | 总计划 | 累计完成 |
| --- | --- | --- | --- | --- | --- |
| 标段 | 混凝土结构层(轴、轴) | 混凝土结构层(轴、轴) |  |  |  |
|  | 钢结构　榀 | 钢结构　榀 |  |  |  |
|  | 压型钢板　$m^2$ | 压型钢板　$m^2$ |  |  |  |

注：表中可能有计划中没有但实际已完成事项，将其列于实际完成的后面，总计划要包含已明确增加的工作量，并在该表注明。

(4) 对工程进度完成情况及采取措施效果分析：主要对超额完成和未完成的原因进行分析，超额完成的主要原因是什么、未完成的原因是什么等。采取措施效果的分析除反映施工单位采取的措施外，主要反映监理在进度控制中做了哪些工作，其效果如何。

(5) 工程质量：本月工程质量检查、验收中发现的问题及原因分析。

主要反映本月监理工作过程中发现的问题，如有可能，分析这些问题产生的原因，按①、②、③…逐条编写。

对工程质量问题采取的措施及效果：对上述问题监理采取了哪些措施，这些问题处理后的结果如何，还要反映上月发现但未处理，本月如何处理，编制时同样以①、②、③…逐条列出，对上月未处理、本月已处理的问题编在后面，并注明“上月未处理问题”。

(6) 安全生产、文明施工：本月安全生产、文明施工监督检查中发现的问题及采取的措施。

(7) 本月监理工作小结：应包含以下内容。

① 对本月进度、质量问题情况的综合分析。主要评价本月进度的完成情况是否符合月进度计划，对总工期的完成有何影响。评价本月的工程质量情况是否符合规范、设计要求，是否存在严重的质量缺陷。

② 本月监理工作情况。在质量与进度控制中具体做了哪些工作，包括针对不同的施工阶段和施工工艺采取哪些监理方法和措施。其他一些监理工作情况，如参加图纸会审、原材料见证取样、分包单位资质审查和考察、本标段发出的监理文件数量(通知单、联系单、通报各多少份)、本月本标段监理人员考勤表等。

③ 有关本工程的意见和建议。就监理过程中对整个项目的组织协调管理、工程进度控制、施工质量的检查与验收等提出意见和建议，包括提出合理预防由指挥部原因导致的质量问题、工程延期及相关费用索赔的建议。

④ 下月监理工作的重点。结合下月的工程实施计划，制定监理工作的进度、质量控制重点，以及这些项目实施前监理应做好哪些预控工作。

3) 工程造价控制和合同其他事项的处理内容

(1) 工程计量与工程款支付内容如下。

① 工程量审核情况。按每一标段列出的工程量审核，并与施工单位申报量及审核量对比，列表说明。

② 工程款审批及支付情况。按各标段列表汇报施工单位申报额、审批款调整率。按标段列表汇报支付情况，其中反映合同总的应扣款、借款扣还等。

(2) 合同其他事项的处理情况应包含以下内容。

① 工程变更。反映施工单位、设计单位或指挥部正式(书面)提出的工程变更。

② 工程延期。施工单位是否提出工程延期申请，监理的审批意见。

③ 费用索赔。本月有无费用索赔，如何处理。

(3) 本月监理工作小结应包含以下内容。

① 本月对工程造价及工程款支付方面情况的综合评价。

② 反映工程款支付与合同造价的综合比较评价。

③ 本月监理工作情况总结：反映工程造价及合同处理中监理做了哪些主要工作。

④ 有关本工程的意见和建议：主要就工程造价和合同管理方面提出意见和建议。

⑤ 下月监理工作重点：下月在造价控制和合同管理方面的工作重点。

4) 技术和测量组工作监理月报内容

(1) 技术和测量组监理工作发现的问题如下。

① 在图纸审查、方案审查及现场检查检验中发现的问题。

② 在测量复核和现场检查中发现的问题。

由技术和测量组组长分别说明对上述问题处理的方法和结果。

(2) 本月监理工作小结应包含以下内容。

① 对本月工程质量、测量工作质量情况的综合评价。主要对图纸质量、施工质量和测量质量提出综合评价。

② 本月监理工作情况。列出在本月所做的一些主要工作。

③ 下月监理工作重点。根据下月施工进展情况，重点列出图纸、施工方案审查、实施细则编制及测量复核所需做的工作。

5) 总监办月报内容

① 组织安全生产、文明施工大检查的情况。主要指大检查中发现的问题和发通报的情况。

② 本月召开的工程例会和组织了哪些专题会议。主要反映通过专题会议解决了哪些问题。

③ 本月发出的监理文件统计：按标段分类统计通知单、联系单和通报等正式发出的监理文件。

6) 本月收文的统计(包括施工图纸)

按指挥部发文、施工单位发文、政府有关部门发文和施工图分类统计。

7) 月报编制要求

各项目监理组月报由相应的负责人组织编制，工程造价及合同事项由造价监理组组长负责编写，技术测量组组长负责编制技术测量工作月报的相关内容，总监办由总监办公室主任负责编制，其月报均应按上述相应条款编制。

每月的月报编制时间段为上月的27日到本月的26日，各部门的月报需在本月的30日前完成并交办公室打印，经编制负责人校对签字后存档。

**4．监理通知单**

监理通知单是监理人员在施工过程中进行监督检查时对所发现的问题向有关单位发出要求纠正和整改的书面文件。

(1) 监理通知单所针对的问题包括：施工过程中发现的各类质量问题、施工工艺问题、成品保护问题、安全文明施工问题、进场材料检验问题、资源配备问题等。

(2) 监理通知单发放对象为施工总承包管理单位、联合体施工单位、各分包单位。

(3) 监理通知单编制要求如下。

① 所提出问题必须准确，并明确发生的具体位置。

② 依据必须可靠，并明确所存在问题与哪些有关文件(标准、规范、设计图纸、有关会议纪要等)不符。

③ 应对所存在问题提出整改要求，并应将整改情况书面回复联合项目监理机构。

④ 监理通知单应由各项目监理组负责人签发，重大问题应由总监理工程师或总监理工程师代表签发。

**5. 监理工作联系单**

监理工作联系单是监理单位对工程建设中某些方面的问题向有关单位提出建议性意见的书面文件。

(1) 监理工作联系单所涉及的问题包括：对工程建设质量、进度、造价控制及合同管理进行事前控制的意见；对设计存在缺陷提出的修改建议；对需指挥部书面协议解决事宜的建议；对施工单位有关报审文件的审核意见；对施工单位的有关要求；有关问题的通报；需向指挥部反映的工程建设有关事宜；等等。

(2) 监理工作联系单发放对象为指挥部、施工总承包管理单位、各有关施工单位。

(3) 监理工作联系单编制要求如下。

① 事实可靠、观点明确。

② 依据充分。

③ 建议合理，有利于工程建设，具有可操作性。

④ 监理工作联系单应由总监理工程师、总监理工程师代表或各项目监理组负责人签发。

## 3.3.5 编制监理实施细则

**1. 监理实施细则编制的程序和依据**

根据监理组织机构的设置情况和岗位的分工，联合项目监理机构确定了监理实施细则的编制程序和依据。

(1) 本项目的监理实施细则按标段和专业进行编制。

(2) 监理实施细则在相应工程开工前由各项目监理组负责人负责编制完成，并交技术测量组组长审核。

(3) 监理实施细则在实施前需经总监理工程师批准。

(4) 监理实施细则的编制依据如下。

① 已批准的监理规划。

② 与专业工程相关的规范、标准、设计文件和技术资料。

③ 提前制定的新技术、新工艺验收标准。

④ 施工组织设计或施工方案。

**2. 监理实施细则编制计划**

根据本项目单位工程及各标段划分的特点，联合项目监理机构在监理规划编制中列出监理实施细则编制计划，见表 3-12。

表 3-12　监理实施细则编制计划

| 阶　段 | 监理实施细则名称 |
| --- | --- |
| 基础阶段 | 超前钻勘察监理实施细则 |
| | 安全文明施工监理实施细则 |
| | 施工测量监理实施细则 |
| | 西翼冲孔灌注桩监理实施细则 |
| | 东翼冲孔灌注桩监理实施细则 |
| | 主楼冲孔灌注桩监理实施细则 |
| 基础阶段 | 主楼预应力静压管桩监理实施细则 |
| | 西翼预应力静压管桩监理实施细则 |
| | 东翼预应力静压管桩监理实施细则 |
| | 主楼回填土监理实施细则 |
| | 东、西连接楼及指廊回填土监理实施细则 |
| | 原材料质量控制监理实施细则 |
| | 主楼基坑开挖监理实施细则 |
| | 西翼基坑开挖监理实施细则 |
| | 东翼基坑开挖监理实施细则 |
| 主体结构阶段 | 主楼地下一层结构监理实施细则 |
| | 主楼±0.000 结构工程监理实施细则 |
| | 东翼地下室结构工程监理实施细则 |
| | 西翼地下室结构工程监理实施细则 |
| | 主楼地下室结构工程监理实施细则 |
| | 主楼七部混凝土结构监理实施细则 |
| | 东、西翼上部混凝土结构监理实施细则 |
| | 设备机房土建监理实施细则 |
| | 南北高架土建监理实施细则 |
| | 主楼钢结构监理实施细则 |
| | 东、西翼钢结构监理实施细则 |
| | 主楼玻璃幕墙监理实施细则 |
| | 连接楼玻璃幕墙监理实施细则 |
| | 指廊玻璃幕墙监理实施细则 |
| 机电设备安装阶段 | 通风空调工程监理实施细则 |
| | 排水、暖卫、消防水监理实施细则 |
| | 电气工程监理实施细则 |
| | 工艺设备安装监理实施细则 |
| 建筑装饰 | 主楼装饰装修工程监理实施细则 |
| | 东翼装饰装修工程监理实施细则 |
| | 西翼装饰装修工程监理实施细则 |

续表

| 阶　段 | 监理实施细则名称 |
| --- | --- |
| 建筑屋面 | 金属屋面系统监理实施细则 |
| | 张拉膜(索膜结构)监理实施细则 |

3．监理实施细则编制要求

为使监理实施细则具有针对性和可操作性，真正起到指导监理人员开展日常监理工作的作用，联合项目监理机构明确了各项目监理组的监理实施细则统一的编制内容和具体要求。

1) 本项目工程的概况与特点

对监理实施细则所涉及的分部和分项工程，根据施工图纸、设计交底和施工组织设计或方案以及相应的施工技术规程，突出分部和分项工程、设计要求、建设特点、技术难点、关键点、施工工艺和操作方法。

2) 监理依据及主要设计要求

(1) 监理依据：主要是已批准的监理规则，如与专业工程相关的标准、设计文件和技术资料以及已批准的施工组织设计、专项施工方案。

(2) 主要设计要求：设计单位对分部和分项工程的技术要求和质量控制及验收要求。

3) 检验批划分及工程质量验收

(1) 根据工程建设特点和《建筑工程施工质量验收统一标准》以及相关专业工程质量验收规范的规定，明确分部、分项工程的具体内容以及各分项工程检验批的划分。

(2) 针对检验批明确监理实测实量质量检验抽查样本数的规定。

(3) 明确分部工程有关安全和功能检测项目内容。

(4) 明确分部工程质量验收的内容和相应的合格标准。

4) 施工工艺流程和监理工作流程

(1) 施工工艺流程：根据施工组织设计或施工方案，列出相应的施工工艺流程。

(2) 监理工作流程：对监理实施细则所涉及的分部、分项工程，应根据所监理工程项目的具体施工工艺情况，编制监理工作的流程。

5) 监理工作的控制要点及目标值

结合专业工程施工技术规程和质量验收规范的相关规定和要求，对各子分部、分项工程的质量控制(包括原材料、中间及隐蔽验收等)制定相应的控制要点及监理工作控制目标值。

应突出针对性、实时性和可操作性，强调国家和地方强制性标准条文的规定，强调施工现场质保体系的监督工作等。

6) 监理工作方法和措施

(1) 为保证工程施工质量，针对质量上容易发生问题的重要工程部位、重要工序等质量控制点详细列明监理措施或方法。

(2) 监理工作音像资料的管理工作(包括音像资料所反映的工程具体部位和音像资料的数量要求)。

7) 安全文明施工监理

针对本分部或分项工程项目特点，制定相应的安全文明施工监理的工作方法和措施。

8) 施工单位应提交的资料

列出本分项或分部工程施工过程中施工单位应提交的资料、监理工程师应如何处置。

9) 旁站监理工作

根据相关法规以及联合项目监理机构质量管理体系文件的规定，明确本分项或分部工程施工监理中开展旁站监理工作的具体内容(包括旁站监理的工作范围及要求、质量控制要求和措施、相关的监理工作组织安排)。

10) 监理工作记录用表

按规范要求根据检验批制定监理工作记录表。

**4. 监理实施细则的执行**

(1) 监理实施细则经总监理工程师批准后下发到相应的项目监理组，作为监理过程中的指导性文件。项目监理组负责人就监理实施细则的内容向监理人员进行监理工作要点交底，监理人员在监理过程中应按照监理实施细则的要求开展相应的监理工作。

(2) 监理实施细则在实施之前视需要向施工单位就主要内容进行交底，以明确检验批的划分、监理工作的程序及监理工作的停止点和见证点。

(3) 监理实施细则应根据实际情况进行补充、修改和完善。

**5. 监理实施细则编制实例**

航站楼主楼幕墙工程监理实施细则实例(略)。

# 3.4 实施工程进度控制

## 3.4.1 设立进度控制监理组

在每一阶段的监理组织机构设置中，均设置了进度控制组，该部门设 1 名专职进度控制监理人员，负责各项目施工进度计划与实际完成情况数据的收集和整理，并由总监理工程师代表负责，每一项目监理组负责人为进度控制组的监理人员。总监理工程师代表每周定期组织项目监理组负责人统计分析现场施工进度的实际完成情况，并与计划进度比较，由专职进度控制监理人员整理成每周或每月的施工进度计划与实际情况统计分析表，作为总监理工程师每周组织工程例会协调工程进度的依据。

## 3.4.2 协助制定总进度纲要

为遵守建设程序，科学分解总进度目标，新白云机场工程指挥部在工程一开始就与同济大学合作，编制了《广州白云国际机场迁建工程总进度纲要》(以下简称《总进度纲要》)。

在《总进度纲要》编制过程中，联合项目监理机构根据航站楼工程建设的实际施工情况及掌握的相关资料，提出了航站楼建设各阶段的工作内容、工作程序、持续时间和逻辑关系，为《总进度纲要》的正确编制提供了大量的基础资料。

通过《总进度纲要》的编制，指挥部将整个迁建工程分解为五大“战役”，即在保证各分部工程之间逻辑关系的前提下，将整个迁建工程完成时间和施工内容相近的工程归纳到一起，作为一个既相互联系又相对独立的阶段工程，称之为一个“战役”。通过“战役攻坚”，推动迁建工程一步步向前进展。为便于航站楼建设项目的全面推进，联合项目监理机构根据这五大战役列出航站楼工程每一战役中关键工程的时间、内容和目标，作为工程进度控制的总目标，见表3-13。

表3-13　航站楼工程五大“战役”的时间、内容和目标

| | 时　间 | 内　容 | 目　标 |
|---|---|---|---|
| “第一战役” | 2000年8月28日—2001年5月31日 | 航站区±0.000以下的基础工程，并预先完成下一“战役”的设计、招标及采购工作，为下一“战役”的开始做准备 | (1) 完成航站楼±0.000以下结构的工程；<br>(2) 完成主体钢筋混凝土结构及配套水、暖、电工程招标并确定总包管理单位；<br>(3) 完成钢结构细部设计、制作及安装招标；<br>(4) 开展幕墙、张拉膜分项工程深化设计工作；<br>(5) 完成弱电工程设计论证确认工作 |
| “第二战役” | 2001年6月1日—2002年5月31日 | ±0.000以上的结构工程，同时预先完成下一“战役”的设计、招标及采购工作，为下一“战役”的开始做准备 | (1) 完成航站楼±0.000以上的结构工程(特别是钢结构的制作、吊装)；<br>(2) 完成幕墙、张拉膜、行李系统等分项工程材料、设备、施工单位招标工作；<br>(3) 确定弱电工程系统集成单位、分项开展弱电工程各子系统招标工程 |
| “第三战役” | 2002年6月1日—2002年12月31日 | 航站楼玻璃幕墙工程及机电安装工程，同时预先完成下一“战役”及采购工作，为下一“战役”的开始做准备 | (1) 完成航站楼玻璃幕墙施工；<br>(2) 东、西连接楼、指廊施工完成；<br>(3) 全面展开航站楼机电安装工程；<br>(4) 基本完成±0.000以下装饰工程 |
| “第四战役” | 2003年1月1日—2003年5月31日 | 全面展开航站楼精装修，以及弱电安装工程施工，同时预先完成下一“战役”及采购工作，为下一“战役”的开始做准备 | (1) 全面展开航站楼精装修及弱电工程施工；<br>(2) 航站楼土建工程基本完成；<br>(3) 机电安装完成单机及系统调试 |
| “第五战役” | 2003年6月1日—2003年10月31日 | 全面完成航站楼精装修，机电安装工程进行联动调试 | (1) 全面完成航站楼精装修及收尾工作；<br>(2) 机电安装及智能化弱电工程进行联动调试；<br>(3) 工程组织初验 |

## 3.4.3 开展进度控制监理工作

对《总进度纲要》做了进一步细化后，制订出各实施主体的年度、各阶段的工作计划，逐步建立起完善的进度计划体系。迁建工程进度计划体系共分为4个层面，见表3-14。

表 3-14 进度计划体系

| 所处层面 | 进度计划名称 |
| --- | --- |
| 指挥部层面 | 总进度纲要、战役进度计划；年、月进度计划；甲方供应材料计划；甲供设备计划；资金使用计划 |
| 工程区层面 | 工程区进度计划；工程区单项、单位工程进度计划；工程区年、月进度计划 |
| 施工单位层面 | 施工总进度计划；单项、单位工程施工进度计划；年、月、周进度计划 |
| 专业专项工程层面 | 行李自动分拣系统进度计划；弱电安装工程进度计划；等等 |

上述 4 个层面的进度计划均是监理工作中进度控制的重要依据，因此，首先要熟悉每一层面进度计划的内容和相互之间的关系，才能更好地开展进度控制监理工作。

**1．指挥部层面进度计划**

机场工程覆盖范围广、环节多、现场管理难度大，为实现总进度目标，指挥部必须制订其总的进度计划控制体系。指挥部层面的进度计划主要包括总进度计划，战役进度计划，年、月进度计划，甲方供应材料计划，资金使用计划等。这些计划是监理在进度控制中的目标。

1) 总进度计划

总进度计划以工程投入使用为目标，合理确定迁建工程各阶段进度目标，安排好各阶段工作，保证总进度目标的实现。指挥部通过五大“战役”来推进迁建工程建设，并相应制订了“战役”进度计划，规划每一“战役”的工程内容、完成时间、实施程序和需要投入的资源，确保战役目标“顺利”实现。

2) 年、月进度计划

指挥部制订年、月进度计划，确定和控制迁建工程不同时间段的具体进度，通过年、月进度计划控制每一“战役”的实施。

3) 甲方供应材料计划、甲供设备计划和资金使用计划

工程指挥部还统一制订了甲方供应材料计划、甲供设备计划和资金使用计划，确定迁建工程各阶段所需的资金、甲方供应材料和甲供设备数量和需要时间，保证不因资金、甲方供应材料、甲供设备影响整个迁建工程进度。

**2．工程区层面进度计划**

工程区层面的进度计划主要包括工程区进度计划，工程区单项、单位工程进度计划和工程区年、月进度计划。其目的是确保单项、单位工程进度，也是协调各项工程区施工次序、减少因工作面而影响工程进展的主要依据。

迁建工程分为航站区、飞行区和综合区三大工程区，因此工程区进度计划也分为航站区进度计划、飞行区进度计划和综合区进度计划，航站区进度计划是指挥部以迁建工程总进度计划对工程区的进度要求为目标制订的，主要目的是确定航站区中各单项、单位工程设计、招标、采购、施工间的关系、起止时间。

联合项目监理机构通过控制工程区各单项、单位工程的进度目标来控制整个航站楼工程施工进度。

**3．施工单位层面进度计划**

迁建工程参建单位层面的进度计划主要包括施工总进度计划，单项、单位工程施工进度计划，年、月、周施工进度计划和生产作业计划，联合项目监理机构通过各级进度计划，检查人力、财力、物力的投入，发现偏差及时纠正，确保所施工工程按时完工。

1) 施工总进度计划

施工总承包单位根据航站楼工程的建设规模、结构形式、施工场地和材料种类等因素，根据合同工期，结合各平行施工单位的实力制定详细的施工组织设计，在施工组织设计中确定施工组织架构、施工方案和施工总进度计划，其中施工总进度计划是施工总承包单位通盘考虑、统一部署的基础。

2) 单项、单位工程施工进度计划

单项、单位工程施工进度计划是按照施工总进度计划的要求，以单项、单位工程为对象制订的，参建单位根据单项、单位工程施工进度计划，合理调拨、分配和平衡投入的人力、物力和财力，推动工程进展。

3) 年、月、周施工进度计划

制订年、月、周施工进度计划的目的是使参建单位通过对比年、月、周施工进度计划与年、月、周实际施工进度，及时发现偏差，增加对进度滞后工程的投入，加快进度，保证单项、单位工程施工进度计划目标和施工总进度计划目标的实现。

**4．专业专项工程层面**

专业专项工程层面的进度计划在航站楼工程中主要是指民航特别专业参建单位的施工总进度计划，由于这些专项工程相当一部分采用进口设备，因此，联合项目监理机构在该部分进度控制中，除应协调场地移交满足专项施工进度要求外，还应注意控制进口设备的进场计划。

### 3.4.4 明确分工，落实责任

航站楼工程是整个迁建工程的核心，为加强协调管理力度，指挥部建立了航站区工程处项目负责人制度，明确由负责人负责航站区工程土建、装修、设备、弱电等工程的设计、招标、施工管理、质量、进度、造价控制和重大方案的审定等管理工作，并由指挥长兼任航站区工程项目总负责人，总工程师兼任航站区工程项目管理负责人，副指挥长兼任航站区工程物资设备、材料供应负责人。

施工单位是迁建工程的实施者，施工单位人员、材料、设备和资金的投入是工程实施的必要条件，在工程开工前，施工单位通过制定施工组织设计，预先确定工程实施各阶段所需投入的人员、材料、设备和资金，并报请监理、指挥部审核，在实施过程中按进度计划投入各种资源进行施工，保证工程的合同工期。

联合项目监理机构负责审核施工单位申报的施工组织设计，对不合理或存在缺陷的地方，督促施工单位进行修改，并在实施过程中监督，协调施工单位按进度计划进行施工。如遇到困难或进度滞后，指令施工单位制订纠偏计划，并审查其合理性，保证所监理工程按计划完工。

### 3.4.5 建立进度控制流程

进度目标主要通过参建单位来实现，控制好每个合同的工期，是实现整个迁建工程进度目标的基础和保证。为此联合项目监理机构加强每个合同开工前进度控制方案的论证和优化，不仅要对施工单位的进度计划进行审批，而且在实施前还要编制详细的进度控制方案，并以合同工期为进度控制的基础，建立了航站楼单项合同的进度控制流程，如图 3.9

所示，在监理过程中，联合项目监理机构依据这一流程进行进度控制。

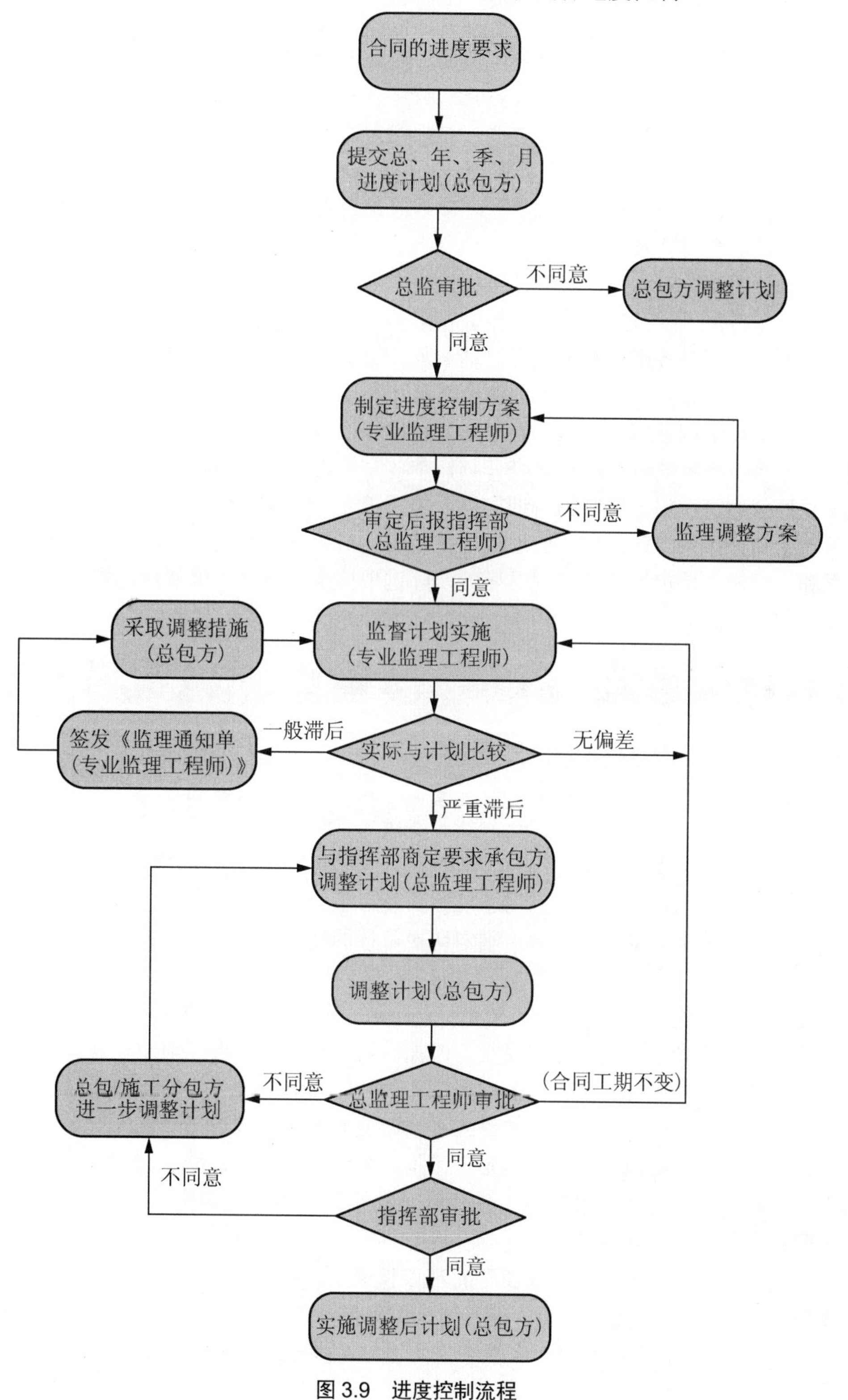

图 3.9　进度控制流程

## 3.4.6 建立多层次协调机制

航站楼工程涉及面广、问题复杂，协调工作是工程成败的关键。联合项目监理机构在进度控制监理工作中通过建立多层次协调机制，形成一种共同负责、顾全大局、理解支持、团结协作的工作氛围，各个层次的协调工作都切实负起责任，不把矛盾问题上交，建立合理申诉、认真听取、充分讨论的工作制度。

多层次的协调机制主要是通过由联合项目监理机构总监理工程师主持的工程例会和建立分层次协调例会制度来实现的。

工地例会主要针对各参建单位在工程建设中需协调的问题，每周定期举行一次，由总监理工程师主持，工程指挥部分管领导、相关部门和工程处负责人及设计负责人、施工管理总承包项目经理、各施工单位项目经理参加，讨论协调施工过程中出现的施工界面、工序交接和先后顺序等问题，保证工程建设顺利开展。

在工程进度协调过程中，施工管理总承包单位根据工程的进度目标和工程进展情况，分别编制了多个版本的航站楼总进度计划，使各个施工单位明确自己的努力目标，整个工程处于受控状态，在施工进度的协调控制、施工工序的交叉配合、现场的总平面管理等方面均取得了良好效果。联合项目监理机构的监理人员依据总进度计划，深入施工现场，全面掌握和了解施工单位情况及工程进度的实际进展情况，随时协调解决现场产生的问题，加快了工程进度。

## 3.4.7 及时解决施工技术难题，保证工程施工进度

航站楼工程是一项系统工程，工程建设环环相扣，任何一个环节出问题都可能会影响到整个工程的进展，而工程起点高、技术复杂，施工中难免会遇到各种各样的问题，如果处于关键节点上的问题没有得到解决，就可能成为工程的一大隐患，最终导致工期拖延。联合项目监理机构考虑到施工过程中可能会遇到的困难，审时度势，采取各种措施抓好施工部署中的难点问题，加强信息的沟通反馈，及时了解工程中存在的问题，并在最短时间内协同指挥部、施工单位一起攻关，制定切实可行的技术预案，保证不因这些难点问题影响工程进度。

航站楼基础工程是“第一战役”的第一场硬仗，该工程2000年8月动工，但进展并不顺利。由于施工地带岩溶现象普遍发生，淤泥砂层漫布四周，坍孔问题特别突出，形成罕见的地质条件，联合项目监理机构多次组织工程处、设计单位、当地质监部门、施工单位召开了地质条件复杂情况下冲孔灌注桩工程的专题研讨会，解决了一直困扰大家的桩基础检测和质量评定的标准问题，科学制定了工程入全岩面的验收标准。在广大建设人员的共同努力下，2001年8月航站楼基础工程基本完成，2002年3月通过验收，3个标段的基础工程经验收全部达到优良标准。

航站楼钢结构工程是“第二战役”的难点和重点，航站楼主楼屋盖系统采用曲面钢结构桁架体系，南北各18榀钢桁架，桁架间距约为18m，总重量5500t。钢桁架成立体倒三角形，跨度达76.9m，穿越主楼巨大的空间，支撑在内部巨型柱和外部人字柱上。36榀钢

桁架柱顶高度不一，单榀跨度相差悬殊，其重量则从 86t 到 104t 不等，外端悬挑也互不一致，最短为 7.6m，最长为 22.7m，钢桁架的规格不一意味着其加工、制作告别了批量生产的模式。钢结构的制作和安装具有极高的技术含量和复杂的工艺流程，主桁架钢结构实行管与管直接相贯焊接的办法，采用先进的五维数控切割机下料、切割，保证相贯线切割和焊接的精确性。由于主桁架截面尺寸大，采取了整体分段运输、现场散件拼装的措施，拼装和安装交叉作业增加了施工难度。同时屋盖压型钢板跨度达 14m，其压型、安装在国内尚无成套经验，尤其值得关注的是，单榀主桁架体重身长，就位既远且高，如何将其顺利安装到位并不因此而影响工期是钢结构施工的关键。主楼、连接楼、指廊 3 个部分的钢结构进度安排见表 3-15。

表 3-15　钢结构进度安排表

| 工　作 | 分标段进度 | |
|---|---|---|
| | 主　楼 | 连接楼与指廊 |
| 制作 | 2001 年 8 月 1 日—2002 年 3 月 31 日 | 2001 年 7 月 1 日—2001 年 11 月 30 日 |
| 吊装 | 2001 年 10 月 1 日—2002 年 5 月 31 日 | 2001 年 9 月 1 日—2002 年 1 月 31 日 |

为实现上述进度，指挥部在 2001 年 3 月底之前完成了钢结构制作、吊装单位的招标工作，并由钢结构制作、吊装单位在 2001 年 3 月底开始钢结构细部设计，2001 年 4 月底开始材料采购工作。在进行上述各项工作的同时，吊装单位编制出钢结构吊装的施工组织设计，并提交联合项目监理机构、指挥部审定，做好现场的各项吊装准备。在如此短的工期内制作、吊装数量如此多又复杂的大型钢结构，困难可想而知。为此，联合项目监理机构针对主楼钢结构施工的难点和特点，针对吊装单位提出的与施工中标方案完全不一致的胎架整体滑移的吊装方案，与施工总承包单位、吊装单位和多家科研咨询单位经过多次论证和讨论，最后批准了胎架整体滑移的吊装方案，最终顺利完成了钢结构吊装工程。

航站楼采用点支撑玻璃幕墙，是目前世界上最大的点式玻璃幕墙建筑之一，在国际类似建筑中极为少见。幕墙施工极为复杂，在幕墙钢结构焊接及表面处理上具有极高的技术标准，施工过程的测量放线十分严格，构件及零件的尺寸不能有丝毫的误差，对施工管理和设备性能都提出了很高的要求。航站楼主楼中部的屋盖使用世界先进的 PTFE 张拉膜，如此大面积使用新型张拉膜在我国也是首次。对于这些新材料、新工艺、新技术的使用，如何保证施工质量、工期，对迁建工程来说都是一个巨大挑战。为此，联合项目监理机构加强施工进度的事先控制，强化技术方案的论证，施工之前组织制定相应的质量验收要求，尽可能使施工一次完成，减少返工，不留隐患，从而保证了总进度目标的实现。

## 3.5 进度控制监理工作

进度控制监理工作程序如图 3.10 所示。

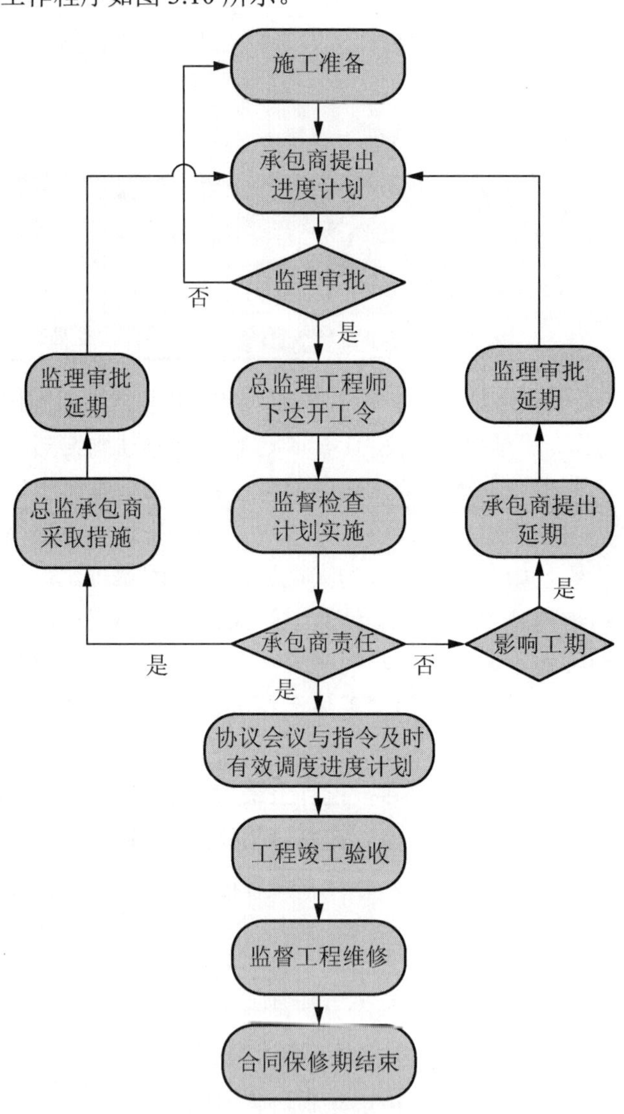


图 3.10　进度控制监理工作程序

施工阶段进度控制工作程序如图 3.11 所示。

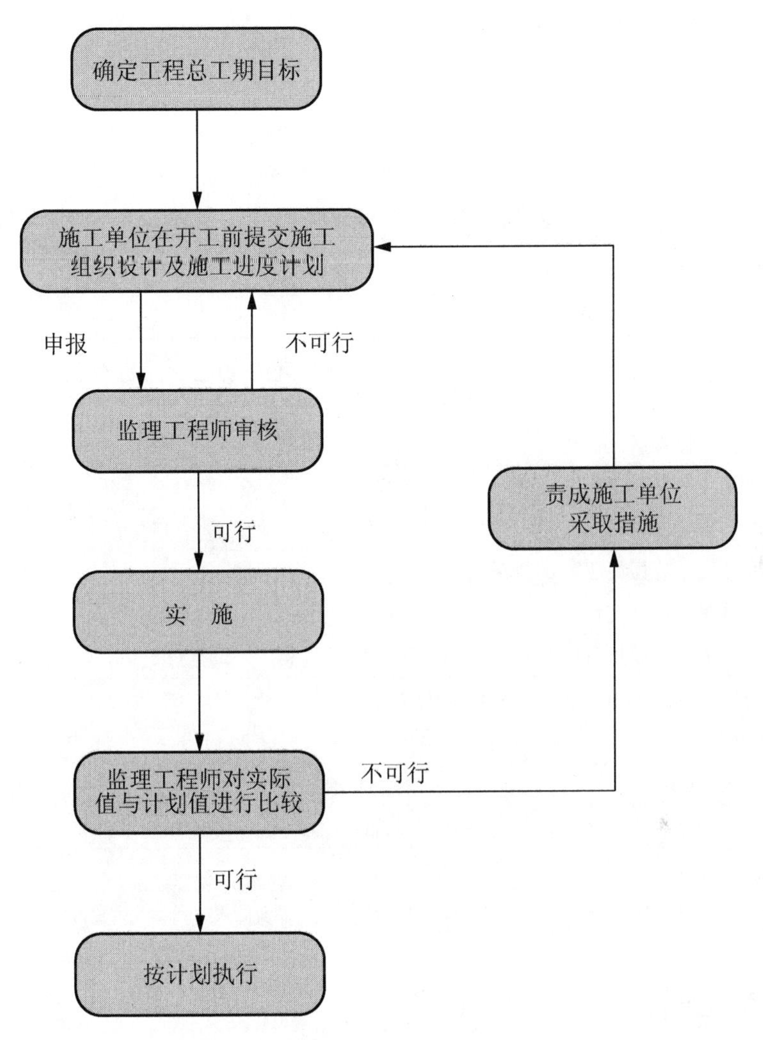


图 3.11 施工阶段进度控制工作程序

## 3.5.1 进度控制内容

(1) 检查和记录实际进度完成情况。

(2) 记录和分析劳动力、材料(构配件、设备)及施工机具、设备、施工图纸等生产要素的投入和施工管理、施工方案的执行情况。

(3) 通过下达监理指令、召开工地例会、各种层次的专题协调会议，督促承包单位按期完成进度计划。

(4) 当实际进度滞后进度计划要求时，总监理工程师应指令承包单位采取调整措施。

(5) 项目监理机构应通过工地例会和监理月报，定期向建设单位报告进度情况，特别是对建设单位可能导致工程延期和费用索赔的各种因素，要及时提出建议。

## 3.5.2 进度控制措施

进度控制措施见表 3-16。

表 3-16 进度控制措施

| 类别 | 具体内容 |
| --- | --- |
| 组织措施 | 落实项目监理机构中进度控制部门的人员、具体控制任务和管理职能分工 |
| | 进行项目分解，建立编码体系 |
| | 确定进度协调工作制度，包括协调会议的举行时间、地点、参加人员 |
| | 对影响进度目标实现的干扰和风险因素进行分析，建立各级网络计划和施工作业计划体系 |
| 技术措施 | 增加同时作业的施工面 |
| | 采用高效能的施工机械设备 |
| | 采用施工新工艺、新技术，缩短工艺过程和工序间的技术间歇时间 |
| 经济措施 | 协助建设单位做好工程的预付款 |
| | 及时签署月进度支付凭证 |
| | 对施工单位已获批准的延长工期所涉及的费用数额，需增加到合同价格上去 |
| | 及时处理好施工单位或建设单位的索赔要求 |
| 合同措施 | 在合同文件中，明确合同工期及各阶段的进度目标 |
| | 分包项目的合同工期应与总进度计划的工期相协调 |
| | 对实际进度与计划进度存在的偏差，应督促施工单位及时调整进度计划 |
| | 按期向施工单位发放施工图纸，确保施工顺利进行 |
| | 对隐蔽工程及阶段性工程应及时组织验收，避免影响后期工程的施工进度 |

## 3.5.3 进度控制关键点

(1) 设计或施工的前期资料或施工场地的交付工作与时间。

(2) 工程项目建设资料投入(包括人力、物力、资金、信息等)及其数量、质量和时间。

(3) 进度计划中所有可能的关键路线上的各种操作、工序及部位。

(4) 设计、施工中的薄弱环节，难度大、困难大或不成熟的工艺，可能会导致较大的工程延误。

(5) 设计、施工中各种风险的发生。

(6) 采用新技术、新工艺、新材料、新方法、新人员、新机械的部位或环节。

(7) 进度计划的编制、调整与审批的程序。

## 3.5.4 进度控制的事前、事中、事后控制

加强事前、事中、事后控制，能够进一步确保进度目标实现。

在航站楼建设实施过程中，不可预见因素较一般建筑多，且实施过程中交叉施工多、

技术难点多、组织协调难度大，这些为进度目标控制带来了很大难度。为确保进度目标如期实现，联合项目监理机构主要从事前、事中、事后 3 方面进行了进度控制工作。

进度控制的事前、事中、事后控制见表 3-17。

表 3-17 事前、事中、事后控制

| 事前控制 | 事中控制 | 事后控制 |
| --- | --- | --- |
| (1) 由项目总监理工程师组织专业监理工程师审核施工总进度计划。<br>(2) 项目总监理工程师在确定满足要求并与建设单位协商后，批准施工总承包单位填报《工程施工进度计划报审表》，作为进度控制依据 | (1) 专业监理工程师负责检查进度计划的实施，随时检查施工进度计划的关键控制点，了解进度计划实施情况；并记录实际进度情况，当发现实际进度偏离进度计划时，及时报总监理工程师，由总监理工程师指令施工承包单位采取调整措施，并报建设单位备案。<br>(2) 专业监理工程师审查施工承包单位提交的年度、季度、月度计划，并同建设单位协商后由总监理工程师签认施工承包单位填报的《工程施工进度计划报审表》。<br>(3) 总监理工程师负责组织专业监理工程师审查施工承包单位报送的施工进度调整计划并提出审查意见，经总监理工程师审批并报送建设单位同意后，签发《工程施工进度计划报审表》。<br>(4) 总监理工程师定期向建设单位汇报有关工程实际进展状况。<br>(5) 严格控制施工过程中的设计变更，对工程变更、设计修改等事项，专业监理工程师负责进行进度控制的预分析，如发现与原施工进度计划有较大差异时，应书面向总监理工程师报告并报建设单位 | 由总监理工程师负责处理工期索赔工作。<br>(1) 及时组织验收工作，以保证下一阶段施工的顺利开展。<br>(2) 处理工期方面的索赔与反索赔。<br>(3) 根据实际施工进度，及时修改和调整进度计划及监理工作计划，以保证下一阶段工作的顺利开展。<br>(4) 由专业监理工程师对工程进度资料进行收集、整理 |

### 1. 事前控制

(1) 根据施工合同工期条款，要求施工单位提交切合实际的施工进度计划，并认真进行审核。

(2) 检查进度计划中主要工程项目是否有遗漏，分包单位进度计划与总进度计划是否协调。

(3) 审查施工顺序的安排是否符合施工工艺要求。

(4) 监理人员注意经常检查施工单位劳动力、原材料、构配件、设备、施工机具等生产要素是否能够满足施工进度计划的需要。对于用量大、加工周期长的主要材料，督促施工单位提前订货，对于甲方供应材料，建议、提醒指挥部早做安排。

(5) 协调落实施工现场供水、供电、运输通道等施工条件，保证施工正常进行。

### 2. 事中控制

(1) 依据经各方批准的进度计划，检查施工单位执行情况。

(2) 为便于进度控制，要求施工单位提交周报、月报，对于关键线路的紧急施工项目，甚至可要求施工单位提交日报，随时掌握施工单位人员及机械的进场、退场情况。当实际进度与计划进度发生偏差时，要求施工单位分析原因，制定相应赶工措施并监督实施。

(3) 在精装修“战役”中期，为了给后续“战役”的及早进场施工创造条件，按照市建委及指挥部的统一安排，要求各施工单位增加夜间施工联合项目。联合项目监理机构也相应增派人员，与指挥部、施工总承包单位连续几个月每晚现场检查施工情况，并连续半年多每周两次统计施工单位人数、工程完工数量、项目经理到位情况，报市建委主管部门在互联网上予以通报。

(4) 在督促施工单位加快施工进度的同时，联合项目监理机构也注意主动帮助解决施工单位的困难，经常组织召开现场协调会，对影响施工进度的各因素及其他专业施工单位进行综合协调。

(5) 审核施工单位报送的工程形象进度及工程进度款支付申请，及时办理相关手续，为实现进度计划提供资金保证。

(6) 定期向指挥部、市建委主管部门报告工程进度情况，配合指挥部党委组织的劳动竞赛活动，对在施工质量、施工进度、安全文明施工等方面成绩突出的施工单位进行表彰，充分调动其积极性。

**3. 事后控制**

(1) 统计经批准的工程延期，计算施工单位实际完成的工期，对照合同分析比较工期的完成情况，提出书面意见。

(2) 按施工合同相应条款规定处理工期延误事宜。

(3) 对造成工期延误的各相关方的各种原因(如管理不利、工程返工、设计变更、增补工程、材料到货不及时、资金不到位、成品破坏、甲方供应材料等)进行认真分析，与各方加强协调，妥善处理，公平地维护各方的利益。

**4. 进度控制的途径**

(1) 落实进度控制任务和管理职责分工。

(2) 审定承包单位编制的进度计划，根据形象进度的要求，发现问题及时与承包单位协调，制定解决方案。

(3) 督促承包单位按时进行月支付申报，认真及时做好计量工作以保证工程款的到位，确保工程进度。

(4) 监督检查劳动力配置及机械设备、机具是否满足计划需要，发现问题，责成承包单位及时制定解决方案。

(5) 监督检查材料设备的订货、进场，既合理使用资金又确保工程进度。

(6) 实行例会制度，检查计划完成情况，分析产生偏差的原因，制定措施，协调解决存在的问题。

## 3.5.5 进度监理工作要求

**1. 工程进度控制**

1) 施工进度计划审查

项目监理机构应审查施工单位报审的施工总进度计划和阶段性施工进度计划，提出审查意见，并应由总监理工程师审核后报建设单位。

施工进度计划审查应包括下列基本内容。

(1) 施工进度计划应符合施工合同中工期的约定。

(2) 施工进度计划中主要工程项目无遗漏，应满足分批投入试运、分批动用的需要，阶段性施工进度计划应满足总进度控制目标的要求。

(3) 施工顺序的安排应符合施工工艺要求。

(4) 施工人员、工程材料、施工机械等资源供应计划应满足施工进度计划的需要。

(5) 施工进度计划应符合建设单位提供的资金、施工图纸、施工场地、物资等施工条件。

施工进度计划报审表应按 GB/T 50319—2013《建设工程监理规范》表 B.0.12 的要求填写。

项目监理机构应检查施工进度计划的实施情况，发现实际进度严重滞后于计划进度且影响合同工期时，应签发监理通知单，要求施工单位采取调整措施加快施工进度。总监理工程师应向建设单位报告工期延误风险。

项目监理机构应比较分析工程施工实际进度与计划进度，预测实际进度对工程总工期的影响，并应在监理月报中向建设单位报告工程实际进展情况。

2) 工程进度控制程序

项目监理机构应按下列程序进行工程进度控制。

(1) 总监理工程师审批承包单位报送的施工总进度计划。

(2) 总监理工程师审批承包单位编制的年、季、月度施工进度计划。

(3) 专业监理工程师对进度计划实施情况的检查、分析。

(4) 当实际进度符合计划进度时，专业监理工程师应要求承包单位编制下一期进度计划；当实际进度滞后于计划进度时，应书面通知承包单位采取纠偏措施并监督实施。

**2．施工进度计划审核的主要内容**

(1) 进度计划是否符合施工合同中开、竣工日期的规定。

(2) 进度计划中的主要工程项目是否有遗漏，分期施工是否满足分批动用的需要和配套动用的要求，总包、分包单位分别编制的各单项工程进度计划之间是否相互协调。

(3) 施工顺序的安排是否符合施工工艺的要求。

(4) 工期是否进行了优化，进度安排是否合理。

(5) 劳动力、材料、构配件及施工机具、设备、水、电等生产要素供应计划是否能保证施工进度计划的需要，供应是否均衡。

(6) 对由建设单位提供的施工条件(资金、施工图纸、施工场地、采供的物资等)，承包单位在施工进度计划中所提出的供应时间和数量是否明确、合理，是否有造成因建设单位违约而导致工程延期和费用索赔的可能。

编制和实施施工进度计划是承包单位的责任，因此，监理工程师对施工进度计划的审查或批准，并不解除承包单位对施工进度计划的责任和义务。

**3．进行风险分析，制定进度控制方案**

专业监理工程师应依据施工合同有关条款、施工图及经过批准的施工组织设计制定进度控制方案，对进度目标进行风险分析，制定防范性对策，经总监理工程师审定后报送建设单位。

施工进度控制方案的主要内容包括以下几个方面。

(1) 施工进度控制目标分解图。

(2) 施工进度控制目标的风险分析。

(3) 施工进度控制的主要工作内容和深度。

(4) 监理人员对进度控制的职责分工。

(5) 进度控制工作流程。

(6) 进度控制的方法(包括进度检查周期、数据采集方式、进度报表格式、统计分析方法等)。

(7) 进度控制的具体措施(包括组织措施、技术措施、经济措施及合同措施等)。

(8) 尚待解决的有关问题。

## 能 力 评 价

**自 我 评 价**

| 指　标 | 应　知 | 应　会 |
| --- | --- | --- |
| 1. 单代号网络图<br>2. 双代号网络图<br>3. 横道线图<br>4. 香蕉线图<br>5. 柱状图<br>6. 进度控制的方法<br>7. 进度控制的程序<br>8. 进度控制的措施 | | |

### 单项选择题(答案供自评)

1. 某分部工程由三个施工段组成，组织等节奏流水施工，已知施工过程数为 4，流水节拍为 2d，间歇时间之和为 2d，则工期为(　　)d。

A. 8　　B. 10　　C. 12　　D. 14

2. 建设项目进度管理编制网络计划的前提是(　　)。

A. 调查研究　　B. 分解项目

C. 确定关键线路　　D. 确定网络计划目标

3. 为了判定工作实际进度偏差并能预测后期工程项目进度，可利用的实际进度与计划进度比较方法是(　　)。

A. 匀速进展横道图比较法　　B. 非匀速进展横道图比较法

C. S 形曲线比较法　　D. 前锋线比较法

4. 工程项目组织实施时，固定节拍流水与其他流水施工方式主要区别在于(　　)。

A. 相邻施工过程的流水步距相等　　B. 专业工作队数等于施工过程数

C．各施工过程的流水节拍全相等　　　D．施工段之间没有空闲

5．在某工程网络计划中，如果发现工作的总时差和自由时差分别为4d和2d，监理工程师检查实际进度时发现该工作的持续时间延长了1d，则说明工作的实际进度(　　)。

A．不影响总工期，但影响其后续工作

B．既不影响总工期，也不影响其后续工作

C．影响工期1d，但不影响其后续工作

D．既影响工期1d，也影响后续工作1d

6．在工程项目进度控制计划系统中，用以确定项目年度投资额、年末进度和阐明建设条件落实情况的进度计划表是(　　)。

A．工程项目进度平衡表　　　B．年度建设资金平衡表

C．投资计划年度分配表　　　D．年度计划项目表

7．网络计划中工作与其紧后工作之间的时间间隔，应等于该工作紧后工作的(　　)。

A．最早开始时间与该工作最早完成时间之差

B．最迟开始时间与该工作最早完成时间之差

C．最早开始时间与该工作最迟完成时间之差

D．最迟开始时间与该工作最迟完成时间之差

8．为了使工程所需要的资源按时间的分布符合优化目标，网络计划的资源优化是通过改变(　　)来达到目的的。

A．关键工作的开始时间　　　B．工作的开始时间

C．关键工作的持续时间　　　D．工作的持续时间

9．已知某工程双代号网络计划的计划工期等于计算工期，且工作M的开始节点和完成节点均为关键节点，则对该工作的描述正确的是(　　)。

A．为关键工作　B．总时差等于自由时差

C．自由时差为零　D．总时差大于自由时差

10．某工程含3个施工过程，各自的流水节拍分别为6d、4d、2d，则组织流水施工的流水步距为(　　)d。

A．1　　　B．2　　　C．4　　　D．6

【参考答案】

## 小组评价

以小组成员分别跟踪身边建筑工程监理过程作为进度控制案例，体验监理方法、程序、措施在工作过程中的作用。以每人能写出自我进度监理的方法、程序、措施和监理总结为合格。

小组评价参考表

<table>
<tr><th>成员姓名</th><th>工地考察表</th><th>考察照片或图样</th><th>小组交流</th><th>监理工作资料</th><th>备　注</th></tr>
<tr><td></td><td></td><td></td><td></td><td></td><td rowspan="6">以每位成员都参与探讨为合格，主要交流实际工作体验，重点培养团队协作能力</td></tr>
<tr><td></td><td></td><td></td><td></td><td></td></tr>
<tr><td></td><td></td><td></td><td></td><td></td></tr>
<tr><td></td><td></td><td></td><td></td><td></td></tr>
<tr><td></td><td></td><td></td><td></td><td></td></tr>
<tr><td></td><td></td><td></td><td></td><td></td></tr>
</table>

# 学习任务4 质量控制

## (广州新白云国际机场工程)

## 学习要求

| 岗位技能 | 专业知识 | 职业道德 |
|---|---|---|
| 1．明确旁站工序，实施旁站监理<br>2．规范填写监理日记<br>3．能够使用监理仪器检测工程质量<br>4．平行检验，适时签发检验记录单<br>5．能够按照标准见证取样 | 1．明确质量控制程序<br>2．明确材料、设备、构配件质量检验标准<br>3．明确质量控制措施<br>4．明确隐蔽工程、分部、分项，检验工程质量验收标准<br>5．明确工程缺陷与质量事故处理程序 | 1．能够廉洁奉公<br>2．能够听取不同方面的意见，冷静分析问题<br>3．客观判断工程质量问题<br>4．公正准确地记录监理日记<br>5．吃苦耐劳，深入工地，跟踪工程监理 |

## 能力拓展

【参考图文】

1．深入工地现场了解旁站地点、时间，旁站记录情况。
2．跟踪学习见证取样，学会选取取样数量。
3．跟踪学习平行检验，学会填制检验报告单。
4．收集并分析主题结构不同的分部、分项工程监理控制程序框图，找出共同点。
5．收集主体结构工程质量事故，分析事故原因，了解监理工程师责任及风险。
6．收集高效钢筋与预应力技术验收规范。
7．收集高性能混凝土质量验收规范，对比普通混凝土，找出建筑差异点。
8．修订并完善质量监理工作程序。
9．学习整理工程项目质量控制技术文件资料。
10．学习相应标准，增强工程监理工作能力。
([16] GB 50204—2015《混凝土结构工程施工质量验收规范》
[17] GB 50300—2013《建筑工程施工质量验收统一标准》
[21] GB 50339—2013《智能建筑工程质量验收规范》
[24] GB 50210—2001《建筑装饰装修工程质量验收规范》)

# 4.1 建筑质量管理要求

建筑物作为一件耗资巨大、技术含量高的产品，它的质量关系着国计民生。工程监理将对建筑物的生命成长周期进行全方位的监督、检查和验收，确保产品质量。

**1．质量管理过程化**

建筑质量管理伴随着施工生产全过程，不同阶段的质量控制重点不同，管理要有重点，随着管理对象的改变而改变。

**2．质量管理计划性**

建筑质量管理要有预见性。在质量发生偏差之前，能够预见问题所在，防患于未然是最成功的质量管理。例如，工程在进行结构施工时，就应考虑到结构与将来装修收口之间的关系，预留空位，而不是到装修时再打混凝土。

**3．资源投入要到位**

建筑物要保证一定的质量水准，应有相应的资源投入，如性能卓越的设备、有经验的操作人员、合格的质量控制人员等。

**4．质量管理责任制**

组织措施要到位。主要项目参与者都要重视质量，切实落实质量目标责任制，并建立相应的奖罚制度。

## 4.2 质量控制的监理手段

实施工程监理对于质量偏差要敏感，貌似偶然的质量偏差，可能预示着潜在的质量风险。一方面，质量控制人员要谨慎敏感，不放过每一个“偶然”，找出后面隐藏的“必然”；另一方面，质量控制人员要注意质量偏差的连锁反应，即这一道工序的轻微质量偏差，可能是下一道工序的质量隐患。杜绝经常性的质量偏差和严重质量事故。因为经常性的质量偏差表明产品质量管理存在问题，需要及时纠正，以免业主或咨询工程师产生不信任。严重质量事故的影响往往是巨大的，轻则业主投诉、自己返工，重则在业界或社会上造成重大影响，损害公司声誉。

施工阶段质量控制方法及措施见表4-1。

**表4-1　施工阶段质量控制方法及措施**

| 事前控制 | 事中控制 | 事后控制 |
| --- | --- | --- |
| 1．设计交底前，熟悉施工图纸，并对图纸中存在的问题通过建设单位向设计单位提出书面意见和建议；<br>2．参加设计交底及图纸会审，签认设计技术交底纪要；<br>3．开工前审查施工承包单位提交的施工组织设计或施工方案，签发《施工组织设计(方案)报审表》，并报建设单位批准后实施；<br>4．审查专业分包单位的资质，符合要求后专业分包单位可以进场施工；<br>5．开工前，审查施工承包单位(含分包单位)的质量管理、技术管理和质量保证体系，符合有关规定并满足工程需要时予以批准；<br>6．审查施工承包单位报送的测量方案，并进行基准测量复核；<br>7．建设单位宣布对总监理工程师的授权，施工承包单位介绍施工准备情况，总监理工程师作监理交底并审查现场开工条件，经建设单位同意后由项目总监理工程师签署施工单位报送的《工程开工报审表》； | 1．关键工序的控制：<br>(1) 应在施工组织设计中或施工方案中明确质量保证措施，设置质量控制点；<br>(2) 应选派等级与工程技术要求相适应的施工人员，施工前应向施工人员进行施工技术交底，保存交底记录；<br>(3) 专业监理工程师负责审查关键工序控制要求的落实。施工承包单位应注意遵守质量控制点的有关规定和施工工艺要求，特别是停止点的规定。在质量控制点到来前通知专业监理工程师验收。<br>2．检验批工程质量的控制。<br>3．分部工程质量的控制。 | 1．专业监理工程师组织施工承包单位项目专业质量(技术)负责人等进行分项工程验收；<br>2．总监理工程师组织相关单位的相关人员进行相关分部工程验收；<br>3．单位工程完工后，施工承包单位应自行组织有关人员进行检查评定，并向建设单位提交工程验收报告。总监理工程师组织由建设单位、设计单位和施工承包单位参加的单位工程或整个工程项目初验，施工承包单位给予配合，及时提交初验所需的资料； |

续表

| 事前控制 | 事中控制 | 事后控制 |
|---|---|---|
| 8．对符合有关规定的用于工程的原材料、构配件和设备，使用前施工承包单位通知监理工程师见证取样和送检；<br>9．负责对施工承包单位报送本企业实验室的资质进行审查，合格后予以签认；<br>10．负责审查施工承包单位报送的其他报表 | 4．分项工程质量的控制 | 4. 总监理工程师对验收项目初验合格后签发《工程竣工报验单》，并上报建设单位，由建设单位组织由监理单位、施工承包单位、设计单位和政府质量监督部门等参加质量验收 |

施工质量控制程序如图 4.1 所示。

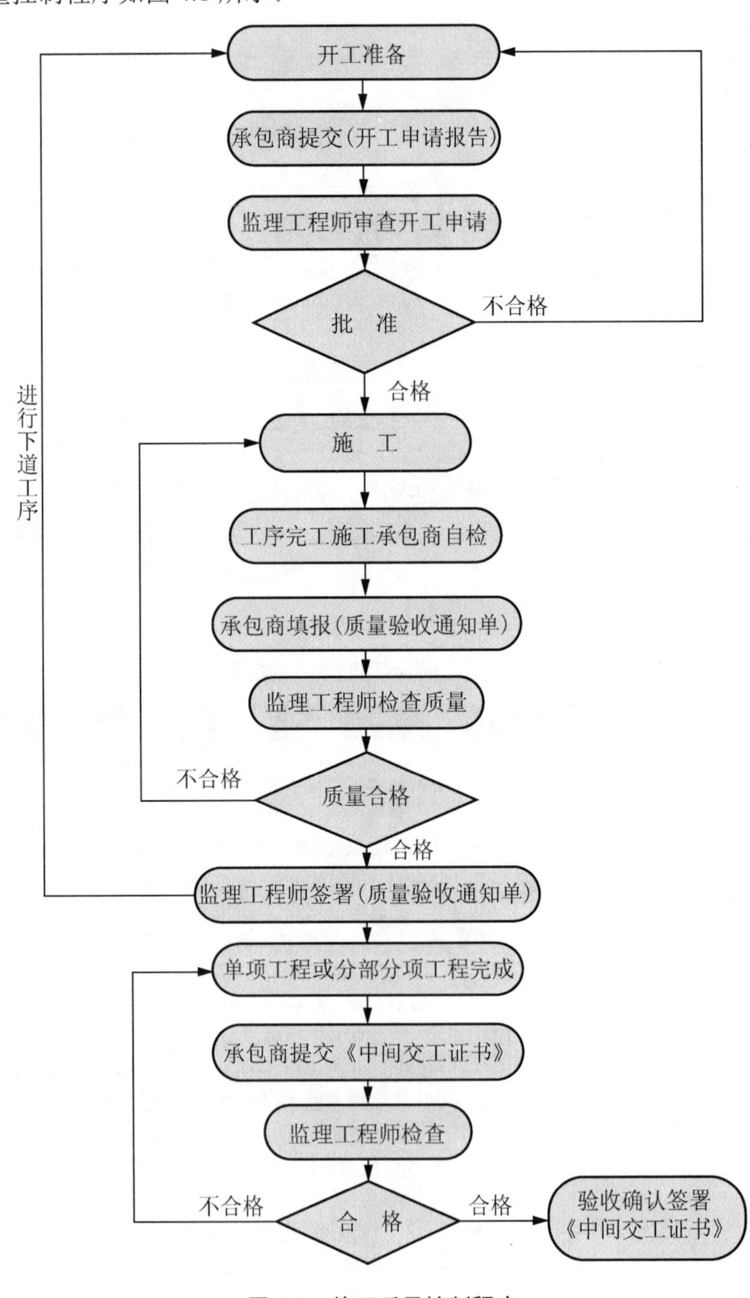


图 4.1　施工质量控制程序

重要材质检验程序如图 4.2 所示。

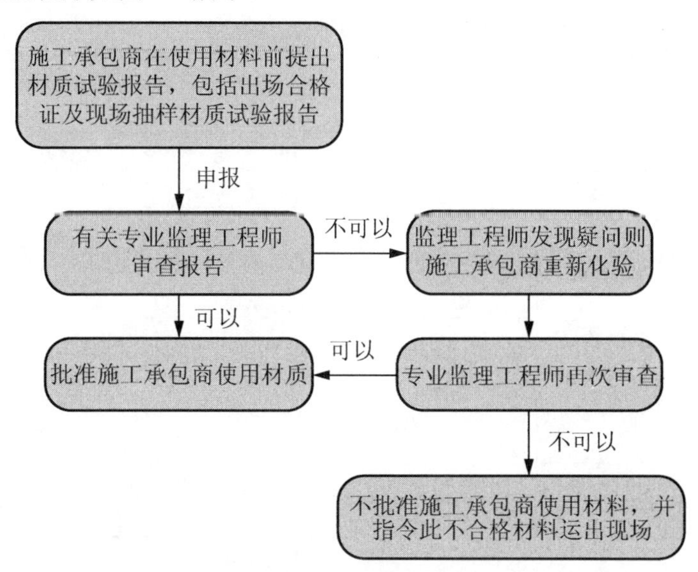


图 4.2 重要材质检验程序

隐蔽工程验收程序如图 4.3 所示。

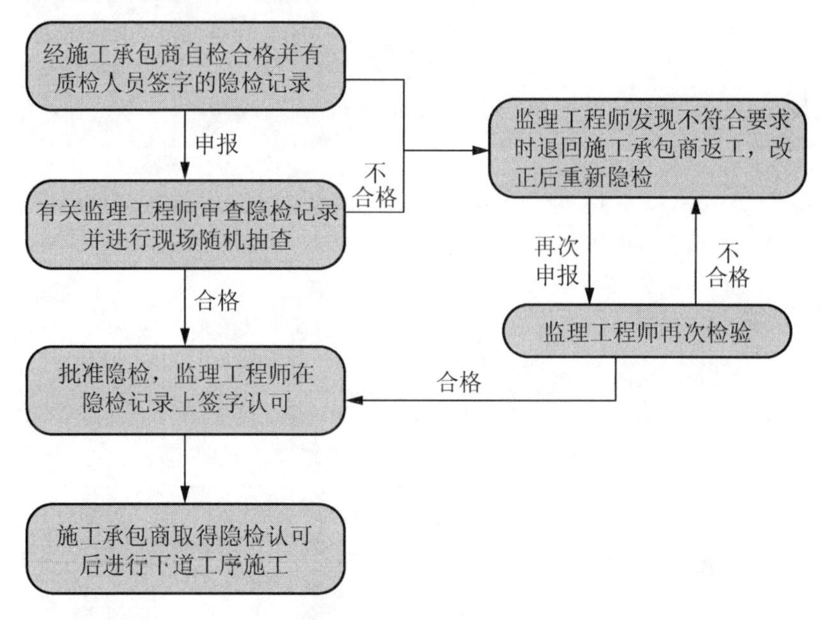


图 4.3 隐蔽工程验收程序

## 4.2.1 旁站监督

在关键部位或关键工序施工过程中，由监理人员在现场进行监督活动，联合项目监理机构以国家《房屋建筑工程施工旁站监理管理办法(试行)》(原建设部 2002 年 7 月 17 日文)为基础，结合本工程的具体情况和工程特点，制定了具体的旁站项目清单，见表 4-2。

表 4-2　旁站项目清单

| 序号 | 分部工程 | 子分部工程 | 分 项 工 程 | 工 序 名 称 |
|---|---|---|---|---|
| 1 | 地基与基础 | 土方工程 | 土方开挖 | 1．保护要求高的基坑的土方开挖(时空效应)；<br>2．坑底人工填土 |
| | | | 土方回填 | 基础分层回填土 |
| | | 基坑工程 | 锚杆及土钉墙支护 | 锚喷混凝土浇筑 |
| | | 桩基 | 静压桩 | 1．接桩组对；<br>2．压桩终止条件；<br>3．试压桩全过程 |
| | | | 钻孔桩 | 1．试成孔全过程；<br>2．下笼钢筋连接；<br>3．成孔孔壁形状超声检测；<br>4．水下混凝土灌筑 |
| | | 地下防水 | 涂料防水层 | 分层刷涂和细部构造 |
| | | | 卷材防水层 | 细部构造 |
| | | 混凝土基础 | 混凝土工程 | 1．混凝土浇筑；<br>2．后浇带、变形缝和施工缝处理；<br>3．混凝土试块取样、制作 |
| 2 | 主体结构 | 混凝土结构 | 钢筋 | 1．重要构件(如转换梁)底部钢筋安装；<br>2．高精度预埋件安装与固定；<br>3．梁柱节点钢筋隐蔽过程 |
| | | | 预应力 | 1．锚具挡板的安装；<br>2．预应力筋的张拉；<br>3．预应力孔道灌浆；<br>4．预应力张拉端的封锚；<br>5．预应力筋的切割 |
| | | | 混凝土工程 | 1．混凝土浇筑；<br>2．施工缝处理；<br>3．混凝土试块取样制作；<br>4．结构实体检验(非破损检测)；<br>5．混凝土保护层厚度检测 |
| | | | 装配式结构 | 装配式结构构件的吊装过程 |
| | | 砌体结构 | 砖砌体 | 1．立皮数杆；<br>2．圈梁和构造柱混凝土浇筑 |
| | | | 混凝土小型空心砌块砌体 | 1．立皮数杆；<br>2．圈梁和构造柱混凝土浇筑 |
| | | 钢结构 | 钢结构焊接 | 一、二级焊缝的超声探伤 |
| | | | 紧固件连接 | 高强螺栓紧固程度的复拧 |
| | | | 压型金属板 | 压型金属板咬边固定 |
| | | | 预应力索 | 1．预应力索的安装；<br>2．预应力索的张拉；<br>3．灌浆 |
| | | | 钢结构安装 | 重要大跨、超长钢构件的吊装 |

续表

| 序号 | 分部工程 | 子分部工程 | 分项工程 | 工序名称 |
|---|---|---|---|---|
| 3 | 建筑屋面 | 卷材防水 | 保温层 | 分仓缝设置和处理 |
| | | | 细石混凝土保护层 | 1．分仓缝设置；<br>2．透气孔设置；<br>3．细石混凝土浇筑 |
| | | | 卷材防水层 | 卷材防水材料的粘贴和搭接 |
| | | | 细部构造 | 1．天沟、泛水、伸缩缝及出屋面管道周边处理；<br>2．天沟盛水试验 |
| | | 涂膜防水屋面 | 保温层、找平层和细部构造 | 同卷材防水 |
| | | | 涂膜防水层 | 涂刷 |
| 4 | 建筑装饰装修 | 门窗工程 | 铝合金门窗 | 现场喷淋试验 |
| | | 饰面板(砖) | 饰面砖 | 现场剥离试验 |
| | | 幕墙 | 玻璃幕墙 | 三性试验见证和现场喷淋试验 |

分部分项工程旁站工序见表4-3。

表4-3　旁站工序

| 分部分项工程 | 旁站工序 |
|---|---|
| 钢结构 | 钢结构厚板焊接 |
| | 大型钢桁架吊装 |
| | 钢结构胎架滑移 |
| 点支式幕墙 | 防雷接地试验、验收 |
| | 大型结构、桁架试吊装、玻璃试吊装 |
| | 自平衡索桁架安装 |
| | 幕墙三性试验 |
| | 幕墙淋水试验 |
| 膜结构张拉 | 膜结构张拉 |
| 预应力索张拉、安装 | 预应力索张拉、安装 |

## 4.2.2 见证取样

见证取样工作重点依据GB 50300—2013《建筑工程施工质量验收统一标准》及其系列标准所规定的见证取样项目、数量、频率予以实施。

【参考图文】

我国2010年颁布了GB 50325—2010《民用建筑室内环境污染控制规范》及相关材料标准。为使工程达到绿色建筑的标准，监理人员在装饰工程监理过程中收集与本工程有关的装饰材料有害物质的限量标准。根据这些标准，监理人员对相关的

装饰材料进行了有害物质的见证取样，对达到标准要求的材料才允许在工程上使用。

工程完工后，对航站楼进行了全面的空气质量监控检测，对少数未能达到空气质量标准的室内空间进行了治理。

### 4.2.3 平行检验

为完成各项预定平行检验工作，联合项目监理机构配备了一定数量的仪器、设备，如漆膜厚度检测仪、全站仪、游标卡尺、混凝土回弹仪、裂缝观察仪、靠尺、塞尺等。在施工过程中，对一些材料通过见证取样的方式实现平行检验，如钢结构防腐涂料、石材防水剂、五类有放射性指标要求的建筑材料等。

### 4.2.4 巡视检查

巡视是监理人员的重要日常工作内容，为避免在报验验收过程中才发现问题，且有些问题在报验验收工作中已无法挽回的情况，巡视工作力求制度化，一般监理人员的现场巡视工作需保证一定的频率，如必须保证每天至少两次，一些重要的非旁站点、见证点的工序必须在巡视过程中保证检查一定的比例，如主体钢结构中构件下料、预拼装、玻璃幕墙中的注胶、混凝土结构中的大型预埋件安装等。

### 4.2.5 指令文件

指令文件的使用具有相当的弹性空间，一些指令性文件如《监理工程师通知单》使用过频会导致施工单位的麻木不仁，过少又无法达到监理控制的效果。因此，必须有效地综合利用各类书面指令、口头通知或警告、专题会议等多种形式的结合，方能达到对目标控制的张弛有度。

### 4.2.6 支付控制手段

在本工程的实际监理过程中，基于指挥部对联合项目监理机构的充分信任，在监理过程中开展了计量、计价相结合的造价控制，该手段有力地保障了项目的投资效益，并且对监理方的质量控制效果起到了很好的促进作用。

### 4.2.7 监理通知

监理工程师利用口头或书面通知，对任何事项发出指示，并督促施工单位严格遵守和执行，具体形式包括以下内容。

(1) 口头通知：对一般工程质量问题或工程事项，口头通知施工单位整改或执行，并用监理工程师通知单形式予以确认。

(2) 监理工作联系单：监理工程师提醒施工单位注意的事项，用监理工作联系单形式。

(3) 监理工程师通知单：监理工程师在巡视旁站等各种检查时发现的问题，用监理通知单书面通知施工单位，并要求施工单位整改后再报监理工程师复查。

(4) 工程暂停令：对施工单位违规施工发生重大安全、质量事故或有经验的监理工程师预见到会发生重大安全、质量隐患，及时下达全部或局部工程暂停令(一般情况下宜事先与指挥部沟通)。

## 4.3 施工阶段质量控制方法

根据监理委托合同，施工质量控制是本项监理工作的主要工作之一，施工质量控制按施工阶段工程实体质量形成过程分为事前控制、事中控制和事后控制 3 个阶段。下面通过一些实例来说明本项目监理开展施工质量事前、事中、事后控制的情况。

### 4.3.1 施工质量的事前控制

施工质量的事前控制包括施工组织设计或施工方案的审核、施工图纸的熟悉和会审、原材料的审核和控制、施工分包单位资质的审核及工程测量放线的质量控制等工作。在本工程监理过程中，联合项目监理机构除做好上述施工质量要点控制的工作外，还注重在工程正式开工前分析施工过程中可能出现影响施工质量的因素，并制定相应的控制对策和方法，这里举实例来说明具体的做法——使用新材料、新技术和新工艺对施工质量进行事前控制。

航站楼工程使用了大量新材料，采用了新技术和新工艺，如索膜结构屋面系统中使用的双面涂层的白色玻璃纤维进口膜材；首次在我国制造及应用的大面积组合压型钢板；世界上单体工程面积最大的预应力自平衡索结构点支式玻璃幕墙等。

这些新材料、新技术和新工艺在当时国内尚无相应的施工质量验收规范。联合项目监理机构在施工前，首先组织制定相应的质量检查与验收标准，即由专业监理工程师根据设计要求及施工工艺组织制定的《广州白云国际机场箱形压型钢板的质量检查验收标准》。

### 4.3.2 施工质量的事中控制

联合项目监理机构在施工质量的事中控制中主要做好以下几方面的工作。

**1．督促施工单位建立和完善工序质量控制体系**

在施工过程中要把影响工序质量的因素都纳入管理状态。对重要工序建立质量控制点，安排监理人员进行跟踪监控，如对直接影响使用功能的接地装置敷设、电缆头的制作安装等，监理人员对这些质量控制点坚持每天跟班检查，发现一项不合格及时要求整改，只有检查合格后方能进行下道工序的施工。

**2．要求施工单位严格按照批准的施工组织设计(方案)组织施工**

在施工过程中，当施工单位对已批准的施工组织设计进行调整、补充或变动时，必须经过项目监理组负责人的审查，并最终由总监理工程师签认后才能实施。

主楼钢结构的涂装施工，原方案为在地面完成所有的涂装作业，安装就位后仅对吊装焊接处进行涂装，在实际施工过程中，因施工进度及涂装工艺的需要，将最后一道面漆放在吊装拼装后进行涂装施工。为此，联合项目监理机构要求施工单位重新上报调整后的施工方案，项目监理组负责人对调整后施工方案的高空涂装可行性和质量保证措施，以及脚手架搭设的安全性进行了重点审查，经总监理工程师批准后再实施。

**3．对关键施工工艺实行跟踪监理**

联合项目监理机构按质量计划目标要求，督促施工单位加强施工工艺管理，认真执行工艺标准和操作规程，以提高项目质量稳定性，加强工序控制，对隐蔽工程实行验收签证制，对关键部位进行旁站监理、中间检查和技术复核，防止质量隐患。

监理人员应加强质量跟踪检查的记录工作，认真做好资料统计和数理分析，对不符合质量标准的提出专题报告，由总监理工程师签发给施工单位并报送指挥部，同时检查施工单位是否严格按照现行国家建筑、安装施工规范和设计图纸要求进行施工。监理工程师应深入现场检查施工质量，如发现有不按照规范和设计要求施工而影响工程质量时，及时向施工单位负责人提出口头或书面整改通知，要求施工单位整改，并跟踪检查整改过程和结果。

主楼大厅 36 根梯形柱的装饰工程如图 4.4 和图 4.5 所示，最高达 33m，用氟碳喷涂铝板装饰而成，每根梯形柱仅氟碳铝板的面积就有 1700m$^2$，最大一块面积近 12m$^2$，总面积 12900m$^2$。由于这 36 根梯形柱在主楼办票大厅采光通道的中央十分引人注目，因此，其安装的平整度、接缝高差、板面色差及板面本身存在缺陷是质量控制的重点。为此，在施工时，联合项目监理机构成立了梯形柱装饰专业监理组，每天跟踪检查，对于不符合要求的及时要求整改，并对每天检查的安装偏差数据进行分析，做出专题报告，要求施工单位在第二天的安装中改进提高。在监理严格要求和管理下，这 36 根梯形柱的铝板安装质量都达到了规范规定的质量要求，取得了良好的装饰效果。

图 4.4　主楼大厅梯形柱效果

图 4.5　主楼办票大厅及梯形柱局部效果

**4．严把隐蔽工程验收关**

联合项目监理机构在接到隐蔽工程报验单后及时派监理工程师做好验收工作，在验收过程中如发现施工质量不符合设计要求，以整改通知书的形式通知施工单位，待其整改后重新进行隐蔽工程验收。未经验收合格，严禁施工单位进行下一道工序施工。对于隐蔽工程验收中弄虚作假的施工单位，联合项目监理机构与指挥部一起对其进行通报批评，情节严重的，责令其退场。

**5．及时发现和处理施工过程出现的质量问题**

联合项目监理机构强调监理工程师认真履行监督职责，深入施工现场，有目的地对施工单位的施工过程进行巡视、检测，预控为主，及时发现和尽快处理问题，早期处理，防止漏检和误检。其主要检查内容如下。

(1) 是否按照设计文件、施工规范和批准的施工方案施工。

(2) 是否使用合格的材料、构配件和设备。

(3) 施工现场管理人员，尤其是质检人员是否到岗到位。

(4) 施工操作人员的技术水平、操作条件是否满足工艺操作要求，特种操作人员是否持证上岗。

(5) 施工环境是否对工程质量产生不利影响。

(6) 已施工部位是否存在质量缺陷。

在钢结构施工过程中，联合项目监理机构对持有上岗证的电焊工组织现场考试，模拟在高空现场的焊接条件进行试件焊接，试件焊接经超声波无损检测及力学试验合格后才能上岗。

在施焊过程中，如遇下雨及大风情况，及时要求施工单位采取防雨防风措施，措施不到位则要求暂停施工。主楼东西两座与连接楼联系的连接桥中 H 型钢由厚钢板焊接而成，最大厚度腹板为 70mm，翼缘板为 125mm，如何保证在厚板焊接过程中防止由于焊接而导致的裂纹及减小焊接变形是厚板焊接质量控制的重点。因此，联合项目监理机构在做好焊接工艺评定审查的基础上，安排监理工程师对厚板焊接的坡口形式、厚板焊接部位周边的预热温度、焊接的顺序、施焊后的保温等进行全过程跟踪检查和监控，同时，对超声波无损检测中发现有质量缺陷的焊缝，旁站整改过程，直至再次检测合格为止。

**6．行使质量监督权，下达工程暂停令**

监理人员发现施工存在重大质量隐患，可能造成质量事故或已经造成质量事故时，在征得指挥部意见的前提下，总监理工程师及时下达工程暂停令，要求施工单位停工整改。整改完毕并经监理人员复查，符合规定要求后，总监理工程师应及时签署工程复工报审表。

在连接楼钢结构施工过程中，监理人员发现大部分人字柱柱脚(图 4.6)的耳板严重变形、销轴帽迸裂脱出，时值钢结构主次桁架全部安装完毕、压型钢板正在吊装、屋面荷载正在迅速增加。在征得迁建指挥部领导同意后，总监理工程师立即下达了钢结构、屋面、天窗部位的停工令，并要求现场监理工程师及施工单位 24 小时全天跟踪变形情况。

总监理工程师在当天组织监理人员，整理了该节点及类似节点的所有报验资料、设计图纸、施工记录及方案等文件，组织召开紧急专题会议，指挥部、设计、监理、总包、钢结构施工单位参加讨论，会议确定了紧急加固处理方案。

在此次会议基础上，联合项目监理机构在征求指挥部的意见后再次组织了专家论证会，参建各方均派出各单位的钢结构专家，连同指挥部外聘专家一起，详细分析了该问题的发生原因，并提出了相关处理意见。

钢结构施工单位依据会议结论，进行了整改方案的编制和报审，随即组织了整改工作。经全过程旁站整改过程，并在整改完成后通过变形观测合格，施工单位报验了整改工作，并进行了复工报审，总监理工程师予以签发。

**7．认真处理施工过程中出现的施工质量事故**

对需要返工处理或加固补强的质量事故，一般由总监理工程师要求施工单位报送质量事故调查报告和经设计单位等相关单位认可的处理方案，联合项目监理机构对质量事故的处理过程和处理结果进行跟踪检查和验收。事件结束后，由总监理工程师及时向指挥部及本监理单位提交有关质量事故的书面报告，并将完整的质量事故处理记录整理归档。

在机场的东二指廊钢结构桁架(图 4.7)中，K、T 节点是典型节点，也是保障结构安全的重要节点。在焊接施工过程中，监理工程师对钢结构桁架的 K、T 节点的焊缝进行巡视、检查，发现施工单位为了施工便利，将部分 K、T 节点的多根腹杆(包括立腹杆、斜腹杆等)一次拼装完成，然后再进行统一焊接，导致部分主腹杆和立杆与上、下弦相贯焊缝被隐蔽，焊缝的有效长度不足，尤其是改变了杆件的受力形式。

现场监理工程师在发现上述问题后，随即口头通知施工现场的质量员和施工员暂时停止对 K、T 节点的焊接；并向项目监理组负责人、项目总监及时进行汇报。监理机构发出书面《监理工程师通知单》和工程局部《暂停令》，要求暂停 K、T 节点的焊接，并要求施工单位对已经完成的该种焊接形式的 K、T 节点进行全面检查，对已经隐蔽的必须重新剥离检查，检查后提出处理方案。

联合项目监理机构组织指挥部、设计、施工总承包管理单位、钢结构制作及钢结构吊装单位对现场已经完成焊接和正在进行焊接的桁架进行了全面检查；对已经隐蔽的进行了剥离检查。检查中发现，桁架的 K、T 节点部分未按照设计要求“原则上，腹杆端部应有全周焊接”“应先安装焊接一次相贯全周焊缝，再安装焊接二次相贯的全周焊缝”进行施工。

图 4.6 人字柱柱脚

图 4.7 钢结构桁架节点

针对现场检查的结果，联合项目监理机构及时组织了由上述各单位参加的专题会议。

根据分析，上述不符合设计要求的部分焊缝是一个班组施工的，而且每一榀都有这种焊接节点，如果全面返工势必会影响工期。由于返修工程量比较大，材料的报废也会比较多，虽然全面返工对工程质量有保证，但相关杆件要从浙江的加工厂中另行加工、发送，工程进度将会受到严重影响。对此，经过与会各方讨论，决定采用加固方法进行补强。经设计计算核定后，对已经完成的 K、T 节点贴焊钢板进行加固补强。经过比较加固补强的费用与返修报废的费用基本相当，但对工程进度基本没有影响。

对于尚未进行加工的桁架，施工单位对操作工人进行了详细的技术交底，明确了杆件的焊接顺序，确保不再出现类似工程质量隐患，监理工程师也加强了平时的巡视和检查工作。

### 8．组织现场质量专题会

通过定期和不定期的质量专题会议，及时分析、通报工程质量状况，协调解决相关问题，使项目建设的整体质量达到规范、设计和合同规定的质量要求。截至工程完工，联合项目监理机构先后针对土建工程、钢结构工程、幕墙工程及装修工程出现的质量问题，多次召开质量问题分析会。

### 9．实行“样板先行”的制度

通过对样板工程的检查验收，可确定大面积施工的质量标准，明确相应的施工工艺，并能解决相关工序的各种矛盾。在航站楼施工中对如地面石材铺贴、墙柱铝板的安装、铝板顶棚的安装、卫生间的装修、办票岛的装修、橡胶地板及地毯的铺贴、风管的施工、电梯的安装等，均实行了“样板先行”的制度，经各方确认之后才全面开展施工，避免造成大量返工或浪费。

## 4.3.3 施工质量的事后控制

施工质量的事后控制包括检验批的验收，分部、分项工程及单位工程的预验收和工程竣工验收，还包括工程技术资料的审查归档工作。

**1．检验批验收**

本项目每一分项工程的工程量均较大，合理地划分检验批，有利于监理工作的开展和保证工程质量，也有利于加快工程进度。为此，在每一分项工程开始施工前，联合项目监理机构组织专题会议，根据监理实施细则中确定的检验批划分原则，与施工单位共同确定检验批划分的具体方法，混凝土结构的分块施工按轴线位置进行检验批的划分，钢结构的每榀桁架作为 1 个检验批，幕墙工程以其幕墙的形式及轴线位置划分检验批等。

监理工程师在检验批验收过程中除审查施工单位提交的资料外，还到现场进行抽查、核查。对混凝土工程和砌筑工程的检验批验收签认，必须在混凝土或砂浆的强度试验报告合格后进行。对于钢结构工程的检验批验收签认，必须在钢结构焊接超声波无损检测报告合格后进行。

**2．分部、分项工程验收**

工序交接检验程序如图 4.8 所示。

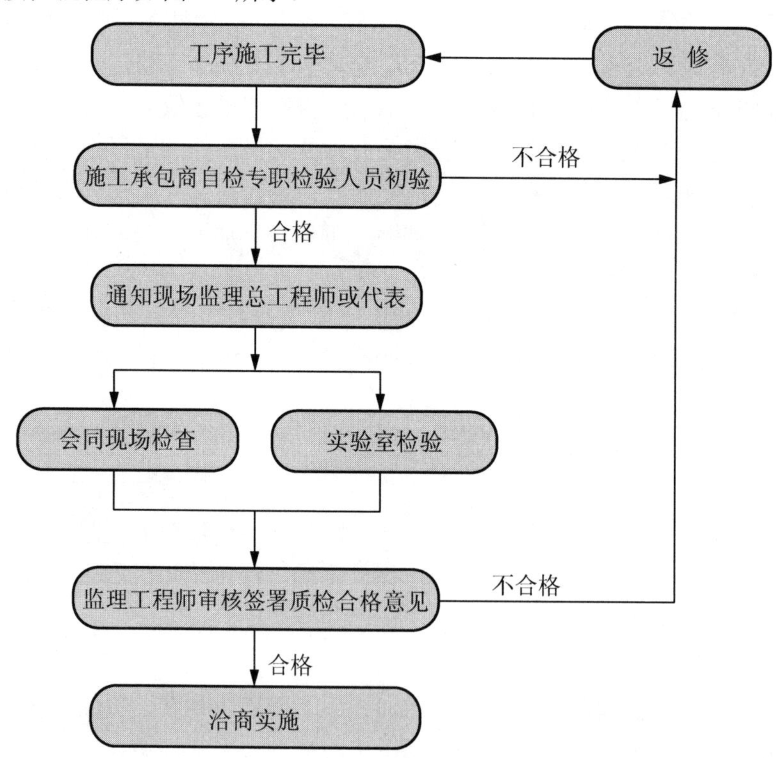


图 4.8　工序交接检验程序

单项单位工程验收程序如图 4.9 所示。

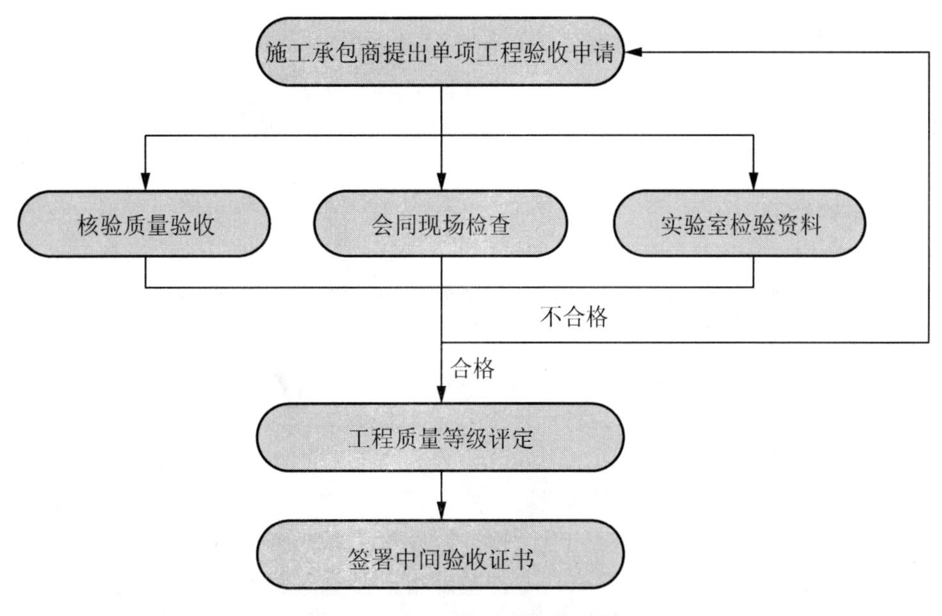


图 4.9 单项单位工程验收程序

### 3. 工程竣工预验收

根据施工单位工程验收申请报告，总监理工程师组织有关专业监理工程师依据有关法律、法规、工程建设强制性标准、设计文件及施工合同，对施工单位报送的竣工资料进行审查，并对工程质量进行竣工预验收，竣工预验收的程序如下。

(1) 单位工程达到竣工验收条件，施工单位在自审、自查、自评工作完成后，填写工程竣工报验单，并将全部竣工资料报送联合项目监理机构，申请竣工验收。

(2) 总监理工程师组织各专业监理工程师对竣工资料和工程的实体质量情况进行全面检查，对检查出的问题，督促施工单位及时整改。

(3) 对需要进行功能试验的项目，监理工程师督促施工单位及时进行试验，并对重要项目进行现场监督、检查，必要时请指挥部和设计单位参加。监理工程师认真审查试验报告单。

(4) 监理工程师督促施工单位做好成品保护和现场清理。

(5) 经联合项目监理机构对竣工资料及实物全面检查、预验收合格后，由总监理工程师签署工程竣工报验单，并向指挥部提出质量评估报告。

在航站楼工程的竣工预验收过程中，总监理工程师组织各项目监理组进行了全面的验收核查工作。现场各项目监理组重点对已完工程的外观质量、安全和功能检验(检测)情况、主要功能项目的检测情况、已完分部分项工程的验收情况等进行了全面检查。同时，各项目监理组抽调专人协同总监办对质量控制资料进行了核查，确保各项资料的完整性，并能顺利通过当地质监部门、民航总局等各验收单位的检查和验收。

在竣工预验收过程中也暴露出一些问题，如雨篷张拉膜积水、少量标识牌指示不清晰、办公区顶棚平整度不达标、主楼张拉膜与杆件相接触等。这些问题未对航站楼正常使用和结构安全性能造成重大影响，因此，作为待整改项目，总监理工程师通过书面形式要求各施工单位予以整改。

对于一些待完善的问题及后期使用单位陆续进场后不断提出的设计变更，在航站楼的初验过程中，联合项目监理机构在与指挥部协商后采取了甩项验收的办法。对所有甩项项目由联合项目监理机构进行了统计，连同初验报告和质量评估报告一同提交迁建指挥部。

**4．工程竣工验收**

联合项目监理机构在竣工预验收合格的基础上，报请指挥部确定组织竣工验收的日期和程序，协助组织竣工验收工作。对验收中提出的整改问题，联合项目监理机构要求施工单位进行整改。工程质量符合要求，由总监理工程师会同参加验收的各方签署竣工验收报告。

航站楼作为国家重点建设项目，竣工验收工作较为复杂。从程序上来讲，除各个专业的独立验收外，总体验收基本上经历了监理初验—迁建指挥部验收—地方建委、质监部门验收—民航中南管理局/民航总局验收—国家发改委验收等几个重要阶段性验收。各个验收部门的验收标准和侧重点各不相同，因此对初验和指挥部验收提出了很高的要求，在这两个阶段，就必须充分考虑后续验收可能的难度。例如，地方政府验收侧重点主要为根据建委下发的相关文件，检查建设程序的合法性、过程中质量控制资料的齐全完整、安全和使用功能情况等；民航总局在地方政府检查的基础上，侧重运营安全、旅客各项流程、行李处理系统、标识、安检、海关、边检系统及智能化系统的集成、试运行情况等。

**5．整理工程项目技术文件资料，按要求编目、建档**

质量控制资料见表 4-4。

表 4-4　质量控制资料

| 编　　号 | 归档资料名称 |
|---|---|
| 1 | 施工方案报审表及监理工程师审批意见 |
| 2 | 工程质量安全事故调查处理文件(事故调查报告、事故处理意见书、事故评估报告等) |
| 3 | 原材料、构配件、设备报验申请表(含批复意见) |
| 4 | 检验批、分项工程报验单(含批复意见) |
| 5 | 工程定位放线报验单及监理工程师复核意见 |
| 6 | 分部工程验收记录(工程验收记录) |
| 7 | 旁站记录 |
| 8 | 施工试验报审单及监理方的见证意见 |
| 9 | 工程质量评估报告 |

# 4.4　钢结构质量控制检测

## 4.4.1　钢结构简介

随着改革开放的深入，现代建筑已经告别了过去“秦砖汉瓦”的时代，各种新型建筑技术和建筑材料被广泛应用于现代建筑中。目前，钢结构已在建筑工程中发挥着独特且日益重要的作用。轻型钢结构因其商品化程度高、施工速度快、周期短、综合经济效益高，市场需求也越来越大，现已广泛运用于厂房、库房、体育馆、展览馆、机场机库等工程，发展十分迅猛。

钢结构体系具有自重轻、安装容易、施工周期短、抗震性能好、投资回收快、环境污染少等综合优势，与钢筋混凝土结构相比，更具有在“高、大、轻”3 个方面发展的独特优势。最近在我国建筑工程领域中已经出现了产品结构调整，长期以来混凝土和砌体结构一统天下的局面正在发生变化，钢结构以其自身的优越性引起业内关注，已经在工程中得到合理、迅速的应用。钢结构作为一种承重结构体系，由于其自重轻、强度高、塑性韧性好、抗震性能优越、工业装配化程度高、综合经济效益显著、造型美观等众多优点，深受建筑师和结构工程师的青睐。

表 4-5 中所列的世界著名建筑代表了 20 世纪钢结构的巨大成就，从中人们可以体会到钢结构的魅力所在及其巨大的发展潜力。

**表 4-5　20 世纪国内外著名钢结构建筑实例**

| 分类 | 序号 | 工程名称 | 规模 | 结构体系 | 建造年代 | 说明 |
|---|---|---|---|---|---|---|
| 高层钢结构 | 1 | 马来西亚吉隆坡石油大厦 | 88 层 450m | M | 1996 | |
| | 2 | 美国芝加哥西尔斯大厦 | 110 层 442m | S | 1974 | |
| | 3 | 中国上海金贸大厦 | 88 层 420.5m | M | 1998 | |
| | 4 | 美国纽约世界贸易中心 | 110 层 417m | S | 1973 | “9·11”事件中倒塌 |
| | 5 | 美国纽约帝国大厦 | 102 层 381m | S | 1931 | |
| 大跨钢结构 | 6 | 美国新奥尔良超级穹顶 | $D$=207m | 双层网壳 | 20 世纪 70 年代 | 世界上最大的双层网壳 |
| | 7 | 日本名古屋体育馆 | $D$=229.6m | 单层网壳 | 20 世纪 70 年代 | 世界上最大的单层网壳 |
| | 8 | 美国亚特兰大体育馆 | 椭圆形 186m×235m | 张拉整体结构 | 1996 | 世界上最大跨度的体育馆 |
| | 9 | 日本福冈体育馆 | $D$=220m | 开合结构 | 1993 | 世界上最大的开合屋顶 |
| | 10 | 英国千年穹顶 | $D$=320m | 杂交结构 | 1998 | 当今世界跨度最大的屋盖 |
| 桥梁钢结构 | 11 | 日本明石海峡大桥 | 跨度 1991m | 悬索桥 | | |
| | 12 | 中国江阴长江大桥 | 跨度 1385m | 悬索桥 | | |
| | 13 | 中国香港青马大桥 | 跨度 1377m | 悬索桥 | | |
| | 14 | 日本多多罗大桥 | 跨度 890m | 斜拉桥 | | |
| | 15 | 上海杨浦大桥 | 跨度 602m | 斜拉桥 | | |

## 4.4.2 钢结构的连接形式及缺陷

钢结构的连接形式有 3 种，即焊缝连接、螺栓连接和铆钉连接，其中焊缝连接是现代钢结构最主要的连接方式。由于焊接钢结构受材料性质、焊接工艺等各方面因素的限制，不可避免地存在各种缺陷，加之使用条件的不利作用(如超载、低温、动载等)，使焊缝连接成为最易出现缺陷和事故的连接形式。

钢结构的缺陷有先天性的材质缺陷和后天性设计、加工制作、安装和使用缺陷。当缺陷超过了有关规范的要求时，将对钢结构的各项性能构成有害影响，成为事故的潜在隐患，因此必须对缺陷进行处理和预防。

钢结构的材质缺陷应由冶金部门把关，从炼钢工艺上得到根本解决。

钢结构的加工制作、安装及使用缺陷的处理与预防应从以下几方面入手。

(1) 钢结构设计人员应重视钢结构的节点构造设计，合理的节点构造将会大大降低应力集中、残余应力、残余变形等缺陷的影响程度。

(2) 钢结构制造厂应重视加工制作过程中各个环节工艺的合理性和设备的先进性，尽量减少手工作业，力求全自动化，并加强质量监控和检验工作。

(3) 钢结构施工单位应重视安装工序的合理性、人员的高素质及现场质量检验工作，尤其不可忽视临时支撑和安全措施。

(4) 钢结构的使用单位应重视定期维护工作，保证必要的耐久性。

## 4.4.3 钢结构连接缺陷的检测

### 1．铆钉连接缺陷检测

铆钉连接缺陷检测着重于使用阶段的切断、松动和掉头，同时也检查建造时留下的缺陷。铆钉检查采用目测或敲击方法或两者结合，工具是木槌、卷尺、弦线和 10 倍以上的放大镜。

### 2．螺栓连接缺陷检测

除上述方法外，对螺栓连接检查尚需特殊显示扳手测试。高强螺栓连接摩擦面的检测十分重要，摩擦面通常采用酸洗、喷砂、砂轮打磨 3 种加工方法。Q235 和 16Mn 钢材采用上述 3 种方法生成浮锈的摩擦系数试验值见表 4-6。摩擦系数的影响因素很多，如摩擦面状态、钢材强度、表面浮锈、表面涂层、油污及处理方法等都会降低摩擦系数。

表 4-6　摩擦系数试验值

| 加工方法 | 钢　种 | 生锈天数/d | 摩擦系数厂试验值 | |
|---|---|---|---|---|
| | | | 变动范围 | 平均值 |
| 酸洗 | Q235 | 0 | 0.582～0.694 | — |
| | | 20 | | 0.643 |
| | 16Mn | 0 | 0.252～0.396 | 0.308 |
| | | 20 | 0.428～0.638 | 0.576 |

续表

| 加工方法 | 钢　种 | 生锈天数/d | 摩擦系数厂试验值 | |
|---|---|---|---|---|
| | | | 变动范围 | 平均值 |
| 喷砂 | Q235 | 0<br>20 | 0.565～0.619 | —<br>0.587 |
| | 16Mn | 0<br>20 | 0.603～0.741<br>0.633～0.742 | 0.666<br>0.679 |
| 砂轮打磨 | Q235 | 0<br>20 | 0.581～0.728 | —<br>0.652 |
| | 16Mn | 0<br>20 | 0.594～0.882 | 0.545<br>0.721 |

钢结构采用高强螺栓连接，施工完毕后再检测其摩擦系数往往比较困难，因此通常在施工前对摩擦面的抗滑移系数进行复验。关于抗滑移系数试验和复检详见 GB 50205—2001《钢结构工程施工质量验收规范》附录 B 内容。

【参考图文】

### 3．焊接连接缺陷的检测

焊接连接缺陷的检测主要是焊缝缺陷的检测，检测方法包括普通方法和精确方法。普通方法检查指外观检查、钻孔检查等；精确方法检查指在普通方法基础上用射线探伤、超声波探伤、磁粉探伤进行补充检查。以上 3 种无损检测方法目前应用均十分普遍，其各自的优、缺点比较见表 4-7。

表 4-7　无损检测常用方法种类及优、缺点

| 种类 | 优　点 | 缺　点 |
|---|---|---|
| 射线探伤法 | 1．能有效地检查出整个焊缝透照区内所有缺陷；<br>2．缺陷定性及定量迅速、准确；<br>3．相片结果能永久记录并存档 | 1．检查时间长、成本高；<br>2．需建造一个专门的曝光室；<br>3．需要有专门处理胶片的暗室及设备；<br>4．能发现厚度方向尺寸较大的缺陷，但平行于钢板轧制方向的缺陷检测能力差；<br>5．T 形接头及各种角焊缝检查困难；<br>6．现场及野外操作时，射线防护困难 |
| 超声波探伤法 | 1．探伤速度快、效率高；<br>2．不需要专门的工作场所，设备轻巧、机动性强，野外及高空作业方便、实用；<br>3．探测结果不受焊缝接头形式的影响，除对接焊缝外，还能检查 T 形接头及所有角焊缝；<br>4．对焊缝内危险性缺陷(包括裂纹、未焊透、未熔合)检测灵敏度高；<br>5．易耗品极少，检查成本低 | 1．探测结果判定困难，操作人员需经专门培训并经考核合格；<br>2．缺陷定性及定量困难；<br>3．探测结果的正确评定受人为因素的影响较大；<br>4．缺陷真实形状与探测结果判定有一定误差；<br>5．探测结果不能直接记录存档 |
| 磁粉探伤法 | 1．对铁磁性材料表面及近表面缺陷探测灵敏度高；<br>2．操作简单、探测速度快、成本低；<br>3．缺陷显示直观，结果可靠 | 1．不适用于非导磁材料的检测；<br>2．工件内部缺陷无法检测；<br>3．被检工件表面需达到一定的光洁度；<br>4．与磁力线平行的缺陷不易检出 |

缺陷的位置不同、形状不同均对探测结果有较大影响，分别见表 4-8 和表 4-9。

表 4-8 缺陷位置对探测结果的影响

| 缺陷位置探测方法 | 表面开口性缺陷 | 近表面缺陷 | 内部缺陷 |
|---|---|---|---|
| 射线探伤法 | 合适 | 合适 | 合适 |
| 超声波探伤法 | 一般 | 一般 | 合适 |
| 磁粉探伤法 | 合适 | 合适 | 困难 |

表 4-9 缺陷形状对探测结果的影响

| 缺陷形状探测方法 | 片状夹渣 | 气孔 | 未焊透 | 表面裂缝和气孔 |
|---|---|---|---|---|
| 射线探伤法 | 一般 | 合适 | 合适 | 一般 |
| 超声波探伤法 | 合适 | 一般 | 合适 | 困难 |
| 磁粉探伤法 | 困难 | 困难 | 困难 | 合适 |

综上所述，各种检测方法均存在各自的优、缺点和适用范围，在实际应用中，应结合钢结构对焊缝的质量要求综合选用。一般焊缝的质量等级为一级、二级和三级，其检测方法见表 4-10。

表 4-10 焊缝不同质量等级的检测方法

| 焊缝质量级别 | 检查方法 | 检查数量 | 备　注 |
|---|---|---|---|
| 一级 | 外观检查 | 全部 | |
| | 超声波检查 | 全部 | |
| | X 射线检查 | 抽查焊缝长度的 2%，至少应有一张底片 | 缺陷超过规范规定时，应加倍透照，若不合格，应 100%透照 |
| 二级 | 外观检查 | 全部 | |
| | 超声波检查 | 抽查焊缝长度的 50% | 有疑点时，用 X 射线透照复验，如发现有超标缺陷，应用超声波全部检查 |
| 三级 | 外观检查 | 全部 | |

## 4.4.4 钢结构在运输、安装和使用维护中的缺陷检测

在该阶段，缺陷主要表现为钢结构或构件的过大变形、失稳及耐久性问题，因此检测方法主要依靠人工和测量仪器等常规方法。

钢结构在安装过程中的检查项目见表 4-11，项目检查过程其实也就是缺陷检查过程。

表 4-11 钢结构安装过程检查项目一览表

| 项　目 | 检　查 |
|---|---|
| 高强螺栓检查 | 1．摩擦系数确认检查；<br>2．出厂前组装的高强螺栓施工记录复核检查 |

续表

| 项　目 | 检　查 |
| --- | --- |
| 涂层检查 | 1．构件被涂表面的处理情况检查；<br>2．误涂、漏涂、无脱皮和除锈检查；<br>3．涂层外观检查；<br>4．干漆膜允许偏差检查 |
| 安装检查 | 1．检查构件出具的合格证明及附件；<br>2．构件外观检查；<br>3．钢结构安装允许偏差检查；<br>4．安装焊缝质量检查；<br>5．高强螺栓初拧、终拧质量检查；<br>6．高强螺栓接头外观检查；<br>7．终拧扭矩检查；<br>8．扭剪型高强螺栓终拧检查；<br>9．补刷漆膜完整性检查；<br>10．干漆膜允许偏差检查 |

钢结构事故原因阶段分类见表4-12。

表4-12　钢结构工程事故原因阶段分类

| 设计阶段 | 制作和安装阶段 | 使用维护阶段 |
| --- | --- | --- |
| 1．结构设计方案不合理；<br>2．计算简图不当；<br>3．结构计算错误；<br>4．对结构荷载和受力情况估计不足；<br>5．材料选择不当(性能要求不满足)；<br>6．结构节点不完整；<br>7．未考虑施工和使用阶段工艺特点；<br>8．防腐蚀、高温和冷脆措施不足；<br>9．没有按结构设计规程执行；<br>10．没有相应的结构规程、规定 | 1．没有按图纸要求制作；<br>2．制作尺寸偏差，质量低劣；<br>3．制作用材和防腐措施不适当；<br>4．安装施工程序不正确，操作错误；<br>5．支撑和结构刚度不足；<br>6．安装偏差引起变形；<br>7．安装连接不正确，质量差；<br>8．吊装、定位和矫正方法不正确；<br>9．制作和安装设备工具不完善；<br>10．制作和安装检验制度不严格；<br>11．缺乏熟练技术人员和工人 | 1．违反使用规定(超载、乱开洞)；<br>2．建筑物地基下沉；<br>3．使用条件恶化，材性改变(老化、腐蚀、高温、低温、疲劳等)；<br>4．采用了不恰当方法改造和加固；<br>5．操作不当，使结构构件损伤或破坏，不及时维修；<br>6．结构定期检查制度没有执行；<br>7．特殊作用，如地震、辐射等 |

# 4.5　钢结构的防火措施

## 4.5.1 钢结构失火破坏的警示

2001年9月11日，美国世贸大厦作为钢结构代表作品，因一场事故引发火灾进而引

发钢结构整体破坏。世贸大厦及周边建筑群和其施工现场如图 4.10 和图 4.11 所示。

图 4.10　世贸大厦及周边建筑群

图 4.11　世贸大厦施工现场

钢结构的承重性强，但遇到高温会受热膨胀，势必使钢材软化变形。在 19 世纪，芝加哥的一座钢结构大厦曾发生火灾，结果钢结构化成了钢水，蔓延开去。自此之后，美国要求钢结构的建筑必须在钢梁和钢管外面添加防火材料。世贸大厦的钢结构露明部分喷涂 5mm 厚的石棉水泥防火层，核心筒设计成用防火墙及防火门包起来的防火措施，对付一般的小型火灾还可以，但遇到如此猛烈的火灾，钢结构防火涂层根本不可能应付。波音 757 飞机所载 35t 燃油，波音 767 飞机所载 51t 燃油，在撞击时的爆炸威力相当于20t的TNT炸药；而且由于飞机的撞击，使得防火保护涂层剥落毁坏，火焰乘虚而入，使得部分钢结构直接暴露于熊熊烈火之中，并且由于这部分的热快速传递到其他部位，使得钢结构内部很快达到其耐火极限。长时间猛烈的大火烧软了飞机所撞击的那几个楼层的钢材，而它上部楼层约数千吨到上万吨的重量自然就会落下来，像一个巨大的铁锤，砸向下面的楼层，对下面的楼层结构的冲击力远远大于其原先静止时的重力，下面的楼层结构自然难以承受，于是就发生了多米诺骨牌效应，层层相砸，直到整个大楼彻底倒塌。

## 4.5.2 钢结构防火保护措施

“9・11事件”告诉人们，必须加强钢结构防火的研究，包括保护层材料及钢材本身的耐火性能。

进行钢结构防火要着眼于下面的3点原则。

(1) 减轻钢结构在火灾中的破坏。避免钢结构在火灾中局部倒塌造成灭火及人员疏散的困难；钢结构防火保护的目的是尽可能延长钢结构到达临界温度的过程，以争取时间灭火救人。

(2) 避免钢结构在火灾中整体倒塌造成人员伤亡。

(3) 减少火灾后钢结构的修复费用，缩短灾后结构功能恢复周期，减少间接经济损失。

目前，钢结构的防火保护主要有以下3种方法。

### 1．混凝土包覆防火

承重钢结构采取混凝土防火措施，以延长其耐火极限。

(1) 外砌黏土砖防护，一般用厚120mm的普通黏土砖，耐火极限可达3h左右。

(2) 用普通水泥混凝土将钢结构包裹起来，即通常意义上说的钢管(筋)混凝土结构。混凝土可参与工作(如劲性混凝土结构)，也可以只起保护作用。混凝土厚度达100mm时，耐火极限可达3h左右。

(3) 用金属网外包砂浆防护，这其中的金属网起到骨架增强的作用。

此外，还可用陶粒混凝土或加气混凝土防护，可预制成砌块，也可现浇，防火效果也十分理想。

### 2．防火板包覆防火

作为钢结构直接包覆保护法的一种，防火板保护钢结构早已在建筑工程中应用。早期使用的防火保护板材主要有蛭石混凝土板、珍珠岩板、石棉水泥板和石膏板，还有的是采用预制混凝土定型套管。板材通过水泥砂浆灌缝、抹灰与钢构件固定，或以合成树脂粘接，也可采用钉子或螺栓固定。这些传统的防火板材虽能在一定程度上提高钢结构的耐火时间，但也存在着明显的不足。因此人们只好把重点投向防火涂料，板材保护法因而发展缓慢。

### 3．采用隔热涂料或膨胀型防火涂料防火

以上两种方法要使钢结构达到规定的防火要求需要相当厚的保护层，这样必然会增加构件质量和占用较多的室内空间，另外对于轻钢结构、网架结构和异形钢结构等，采用这两种方法也不适合。在这种情况下，采用钢结构防火涂料较为合理。钢结构防火涂料施工

简便，无须准备复杂的工具即可施工，质量轻、造价低而且不受构件的几何形状和部位的限制。国外自 20 世纪 50 年代以来就采用防火涂料施涂钢结构表面，火灾时能形成耐火隔热保护层，以提高钢结构的耐火极限，满足建筑防火设计规范要求，减少钢结构建筑物火灾灾害。

国家现行建筑设计防火规范对钢结构的耐火极限要求见表 4-13。

表 4-13　钢结构的耐火极限要求

| 建筑物耐火等级 | 高层民用建筑/h | | | 一般工业与民用建筑/h | | | | | |
|---|---|---|---|---|---|---|---|---|---|
| | 柱 | 梁 | 楼板与屋顶承重构件 | 支承多层的柱 | 支承单层的柱 | 梁 | 楼板 | 屋顶承重构件 | 疏散楼梯 |
| 一级 | 2.50 | 2.00 | 1.50 | 3.00 | 2.50 | 2.00 | 1.50 | 1.50 | 1.50 |
| 二级 | 2.50 | 1.50 | 1.00 | 2.50 | 2.00 | 1.50 | 1.00 | 0.50 | 1.00 |
| 三级 | | | | 2.50 | 2.00 | 1.00 | 0.50 | | 1.00 |
| 四级 | | | | 0.50 | | 0.50 | 0.25 | | |

## 能 力 评 价

自 我 评 价

| 指　　标 | 应　　知 | 应　　会 |
|---|---|---|
| 1. 质量控制的关键工序或部位<br>2. 质量控制方法<br>3. 质量控制程序<br>4. 质量控制工具<br>5. 质量控制措施<br>6. 质量控制成果形式 | | |

### 多项选择题(答案供自评)

1. 建设工程质量特性包括(　　)。

   A. 使用性能　　B. 可靠性　　C. 与环境的协调性
   D. 耐久性　　E. 安全性

2. 工程建设的各个阶段都对工程项目质量的形成产生影响，其中施工阶段是(　　)。

   A. 确保工程实体的最终质量
   B. 使决策阶段确定的质量目标和水平具体化
   C. 形成工程实体质量的决定性环节
   D. 实现建设工程质量特性的保证
   E. 实现设计意图的重要环节

3．建设工程质量受到多种因素的影响，下列因素中对工程质量产生影响的有(　　)。

A．人的身体素质　　B．材料的选用是否合理

C．施工机械设备的价格　　D．施工工艺的先进性

E．工程社会环境

4．在工程质量控制中，(　　)为监控主体。

A．监理单位质量控制　　B．施工单位质量控制

C．政府质量控制　　D．勘察设计单位质量控制

E．建设单位质量控制

5．质量控制的各个阶段主要包括(　　)。

A．决策阶段质量控制　　B．可行性研究阶段质量控制

C．勘察设计阶段质量控制　　D．施工阶段质量控制

E．施工验收阶段质量控制

6．根据国家颁布的《建设工程质量管理条例》的规定，承担质量责任的单位有(　　)。

A．建设单位　　B．勘察设计单位

C．施工单位　　D．监督单位　　E．监理单位

7．国家实行建设工程质量监督管理制度，工程质量监督机构的主要任务包括(　　)。

A．受理委托方建设工程项目的质量监督

B．会同监理单位检查施工承包单位的质量行为

C．对涉及安全的关键部位进行现场实地抽查

D．向委托部门报送工程质量监督报告

E．会同工程建设各方进行工程质量验收

8．施工质量控制的主要依据有(　　)。

A．工程合同和设计文件

B．质量管理体系文件

C．质量手册

D．质量管理方面的法律、法规性文件

E．有关质量检验和控制的专门技术法规性文件

9．质量计划的内容应包括(　　)。

A．编制依据　　B．质量目标

C．组织机构　　D．质量控制

E．质量方针

10．监理工程师审查承包单位施工组织设计时，应着重审查其是否(　　)。

A．按规定程序编审　　B．充分分析了施工条件

C．有利于施工成本降低　　D．采用了先进适用的技术方案

E．有健全的质量保证措施

【参考答案】

## 小 组 评 价

小组成员分别跟踪不同工程项目的监理工作，了解质量控制的关键工序或部位的监理实施细则，观察质量控制过程中使用的监理仪器或设施，研究工地现场监理必备的知识和素养，然后组织团队成员探讨并分别写出不同工序或部位的监理实施细则。

小组评价参考表

| 成员姓名 | 工地考察表 | 考察照片或图样 | 小组交流 | 监理工作资料 | 备　注 |
|---|---|---|---|---|---|
| | | | | | 以每位成员都参与探讨为合格，主要交流实际工作体验，重点培养团队协作能力 |
| | | | | | |
| | | | | | |
| | | | | | |
| | | | | | |
| | | | | | |

# 学习任务 5 造价控制

# (广州新白云国际机场工程)



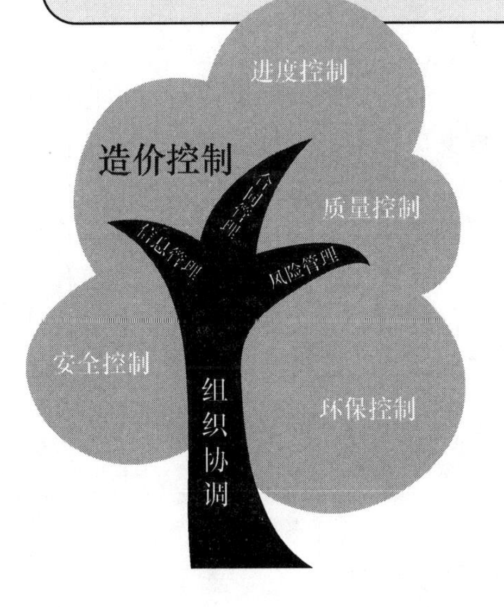

## 学习要求

| 岗位技能 | 专业知识 | 职业道德 |
|---|---|---|
| 1. 会审查施工图预算<br>2.解析施工合同中关于工程价款的约定<br>3.准确审核工程量和工程价款<br>4. 会编制资金使用计划 | 1. 施工图预算<br>2. 分项、分部工程量计算规则<br>3. 设计变更程序<br>4. 施工合同 | 1. 能客观公正地处理索赔事件<br>2. 能及时准确地审核工程量和工程价款，能及时核签工程款支付<br>3. 能严格执行设计变更及工程索赔程序 |

## 能力拓展

【参考图文】

1. 考察监理工程师如何把总计划投资额分解为单位工程或分部、分项工程的分目标值，并学习编制资金使用计划。

2. 明确施工图预算的审查内容，审查一份工程预算，写出审查报告。

3. 深入工程实际，了解设计变更和技术核定程序执行中的难点。

4. 深度访谈以了解监理工程师如何以合同为依据及时处理各种索赔。

5. 以个人一个月的生活消费为依据，制订消费计划、实施消费控制并做出消费支出分析。

6. 收集并跟踪建材市场的25种建筑材料在一周内的价格变动信息。

7. 学习相应标准，增强工程监理工作能力。

([3] GB 50203—2011《砌体结构工程施工质量验收规范》

[6] GB 50204—2015《混凝土结构工程施工质量验收规范》

[8] GB 50209—2010《建筑地面工程施工质量验收规范》

[9] GB 50207—《屋面工程质量验收规范》)

指挥部在与监理单位签订的监理委托合同中，明确要求监理单位对本项目实施全过程的造价控制工作，其主要工作内容是工程变更控制、工程进度款支付审核和工程竣工结算审核。在造价控制的监理工作中，指挥部给予监理单位充分的信任和权利，每笔工程付款均需项目总监理工程师审核签字才予支付，给了监理单位在大型项目工程造价控制上施展才华和能力的机会。为完成工程造价控制的监理工作，联合项目监理机构造价合同控制组配备了 5 名造价控制监理人员，其中 4 名为注册造价工程师，并配置了相应的造价控制软件、定额及工程造价信息资料。在工程造价控制的监理中，主要从以下几方面开展工作。

# 5.1 建立造价控制监理工作制度

造价控制是一项贯穿于建设项目组织与管理全过程的系统工作。健全造价控制组织体系是完成监理委托合同中造价控制工作的有效途径。在建立、运行这个体系的过程中，联合项目监理机构应做到造价控制事前有目标、过程有依据、责任区域明晰，从而有利于增强全体监理人员的造价控制意识，在机制上保证项目造价在过程中受控，确保造价控制目标的实现。

## 5.1.1 确定造价控制监理组织体系

工程项目建设的造价控制涉及技术和经济两个方面，技术与经济相结合是造价控制最有效的手段，技术措施与经济措施是不可分离的。监理工作中的造价控制，主要是施工现场监理人员对施工技术方案的确认和对已完合格工程量的签认，以及造价控制人员按工程合同及计价原则对工程价款的审核。在进行一项施工技术方案确认时既要考虑技术的先进，又要考虑经济的合理，两个措施的并用对控制造价效果最为明显。但是在造价控制组织体系中，必须正确处理好技术与经济管理的权限问题。为此，联合项目监理机构对项目监理组与造价合同控制组的造价控制工作的权限进行专门讨论，明确了在本工程实施过程中，项目监理组侧重技术管理，造价合同控制组侧重经济管理，即在组织管理权限上要做到技术管理与经济管理的相对分离。例如，双方共同参与工程量计量工作，项目监理组主管计量，总监代表负责审定；造价合同控制组负责审价，总监理工程师负责最终审定。如此规定的原因是建立相互制约机制，确保双方认真负责、工作到位。

## 5.1.2 制定造价控制监理工作程序

联合项目监理机构对施工全过程实施量价分离的造价控制模式，计量与计价工作，既统一又相对独立，各层次分工负责，层层监督造价控制，协助工程指挥部明确造价控制程序，如图 5.1 所示。在这一程序中，不仅明确了各参建单位造价控制程序，还明确了各部门及相关人员的职责，便于各参建单位加强造价控制管理，使造价控制从一开始就走上正轨。

对于监理方的造价控制，联合项目监理机构也制定了工作程序：各合同标段施工单位到联合项目监理机构造价合同控制组申请当月工程进度款时，必须提供由现场监理工程师审核、总监理代表确认的工程形象进度确认报告。造价控制监理工程师对当月完成的工程内容及其进度完成情况、质量验收情况进行全面审核，同时，造价合同控制组只将进度已完成的、且工程质量验收合格的部分计入当月进度结算款结账。

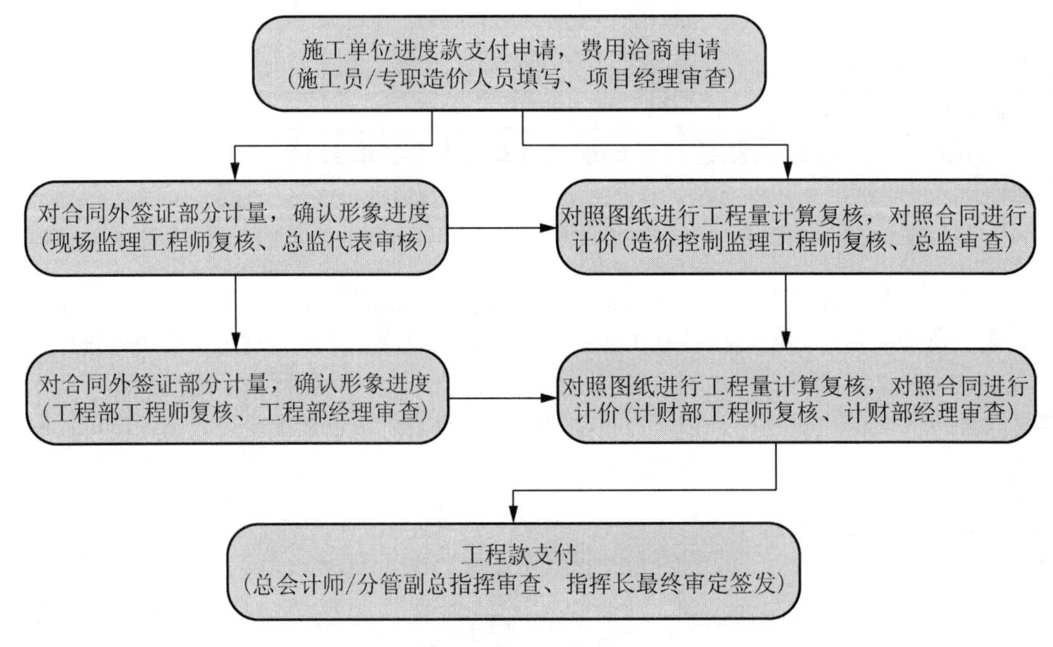


图 5.1　造价控制程序

### 5.1.3 明确造价控制监理人员职责

(1) 由于本工程为大型公共建筑，不可控制因素较多，招标时的合同条件与现场实际施工状态存在一定的偏差，导致施工现场签证较多。联合项目监理机构对工程造价控制难度较大的工程签证管理实行量价分离的二级约束机制，规定现场监理工程师仅对签证事件的真实性和工程量数据的准确性进行确认。对其可能引起的费用变化或工期变化，施工单位应按监理规范的格式要求另行填写费用洽商申请表或工期临时延期申请表，由造价控制监理工程师独立审核判断。因现场监理形成了两层管理、相互制约的机制，最大程度上降低了工程签证可能带来合同总价易突破的风险。

(2) 造价合同控制组组长负责日常的造价合同控制工作，并制定了详细的造价合同控制监理实施细则，制定联合项目监理机构各个岗位的造价控制规章制度，明确每个人的职责、权利和分工，以利于造价控制工作的顺利开展。

(3) 总监理工程师直接对造价控制工作负责，造价控制监理人员各类审核报告都将加盖注册造价工程师执业章，并由总监理工程师签发。

## 5.2 通过合同管理提高造价控制的工作质量

工程合同明确了指挥部与施工单位之间责、权、利的关系，是造价控制的重要依据，造价控制工作贯穿合同管理的全过程，因此联合项目监理机构将合同管理作为造价控制监理工作的主要手段。每一个施工单位进场时，联合项目监理机构及时从指挥部取得工程合同及相应的招投标文件，总监理工程师除组织造价控制监理工程师熟悉工程合同和招投标文件外，也组织现场监理工程师熟悉工程合同中有关造价控制的条款，在熟悉合同的基础上组织造价合同控制组人员和项目监理组负责人或专业监理工程师共同讨论，提出每份工程合同中在签证、复核、结算和支付等造价控制方面的要点，并列成表式，让造价合同控制组人员和项目监理组中与造价控制工作有关的人员人手一份，作为造价控制日常使用的依据。

在工程合同实施过程中，联合项目监理机构加强全体监理人员的合同管理意识，坚持按合同规定办事，严格把好工程合同的进度款核算关、验收结算关、工程变更和索赔关。

## 5.2.1 严格按工程合同约定计量和支付工程款

按施工合同约定的工程量计算规则，对已完成且质量合格的工程进行准确的计量，各标段施工单位申请当月工程进度款时，必须同时提供由现场监理工程师出具的工程形象进度确认报告，对当月完成的工程内容及其进度完成情况和质量验收情况进行全面审查，造价控制监理工程师严格按照施工承包合同审核工程进度款。由于施工单位申报工程进度款的时间相对比较集中，造价控制监理工程师平时应多与现场监理工程师保持沟通或亲临施工现场随时了解工程进度实际进展情况，做好进度款审核准备工作；施工单位一旦报审后，造价控制监理工程师立刻加班加点，在规定的时间内完成审核，并签发相关工程款支付证明，使施工单位能尽快取得工程进度款，不至于发生因工程款不能及时到位而影响工程进度的情况。

## 5.2.2 严格控制工程变更

航站楼工程建设专业多、施工面广、工程条件复杂，在工程实施过程中不可避免地存在大量的工程变更，这也成为造价控制监理工作的一个难点。加强工程变更的管理，对造价控制具有十分重要的意义。

**1．工程变更控制流程**

为严格控制工程的不合理变更，联合项目监理机构专门研究制定了工程变更控制工作程序，如图 5.2 所示。

本工程还加强了对必须变更项目的变更价款审核。首先由监理工程师对造价进行初审，在此基础上再由造价咨询机构复审，经确认后下发工程联系单；并成立由联合项目监理机构、工程指挥部各职能部门和造价咨询机构组成的造价审核小组，对于工程变更争议较大的进行协调，保证工程的顺利开展。以上规定对控制造价起到了积极作用。

**2．坚持监理旁站制度**

坚持监理工程师、工程部门、财务部门旁站制度，保证现场签证的客观性。对于必须变更的部分，为保证变更部分现场签证的客观性，本工程专门制定了《工程变动签证旁站制度》，要求工程施工过程发生变动时应通知各方造价控制人员到场，与指挥部工程部门、现场监理工程师就变动的工程量及相关费用进行核对，以便及时掌握可能造成的投资变动情况。

通过实行监理工程师、工程部门、财务部门旁站制度，即要求施工单位对合同外增加量的现场计量，必须通知监理工程师和指挥部工程部门、财务部门到场旁站，保证了现场

签证的客观性，并使作为造价总控制的指挥部财务部门能实时掌握在施工过程中的造价变动情况，便于资金的总体协调和控制。

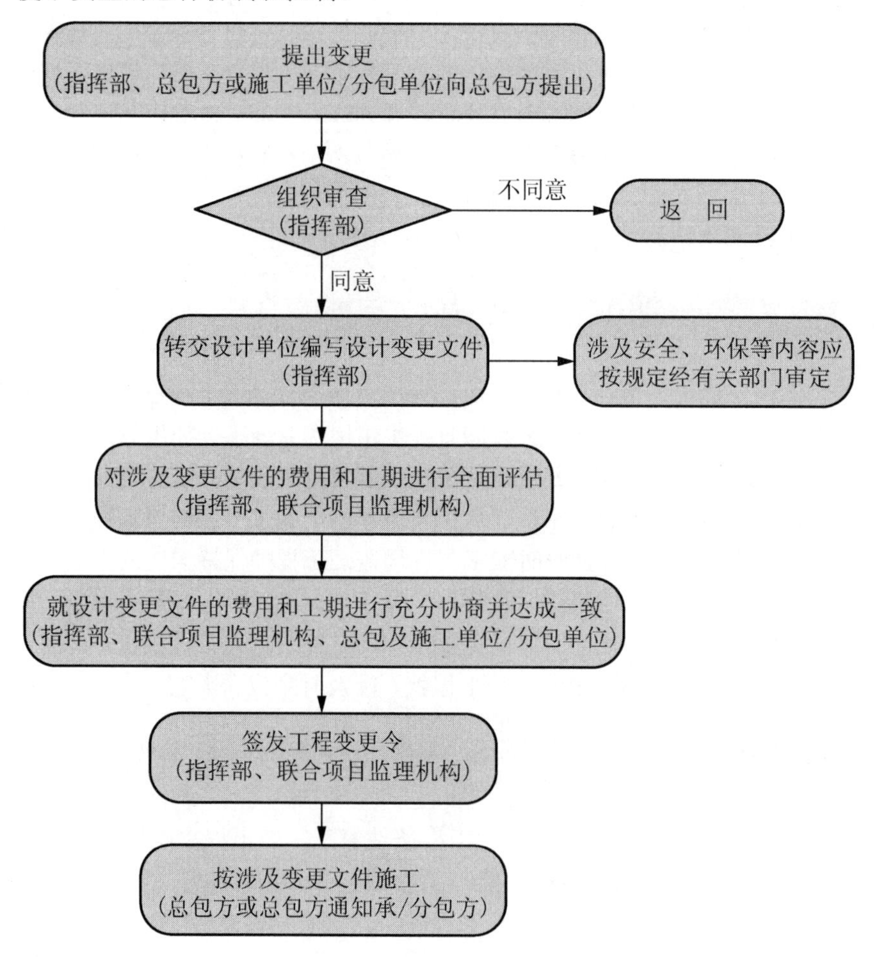


图 5.2　工程变更控制程序

为了使工程进度款的支付合理有据，对影响造价的变更连续跟踪，造价控制监理工程师积极介入施工过程中相关环节，参加各种相关工程例会，及时为每个项目的结算做好资料积累工作。

## 5.2.3 及时完成工程价款结算工作

工程款结算是造价控制的最后一关，为此建立了严密的工程价款结算程序，使多环节、多层次的审价机制在工程价款的结算控制工作中发挥了重要作用。首先由施工单位进行申报，联合项目监理机构根据工程实际情况重点审核申报项目是否完工、质量是否达到要求、工程量是否准确，由造价控制监理工程师出具结算审核报告。在此基础上，交给第二级主管工程处审核，工程处审核内容主要从指挥部工程主管部门的角度进行工程量审核，审核完成后，由第三级专业造价咨询机构，对取费项目合理性、工程单价高低、变更部分价格进行重点审查并出具审价报告。造价咨询机构审核后交给第四级指挥部计划财务处审核，计划财务处重点审核工程造价的合理性，量价是否正确、是否符合合同要求，审核后报请主管指挥长批准和支付。

联合项目监理机构及时审核工程进度款和工程竣工结算，办理支付凭证手续，审批后签发工程款支付申请表。对工程进度款及工程竣工结算情况进行全面分析，出具相应的月进度款或工程结算款监理审核报告，使指挥部能准确掌握每个标段工程款的支付情况。

**1．建立工程价款审核监理工作程序**

由于参加航站楼建设的施工单位前后多达75家，而每家施工单位的工程进度款和工程结算均需联合项目监理机构的审核后指挥部才予受理。为明确各施工单位在工程进度款和工程结算过程中应办理的相关签证手续及提交的资料，联合项目监理机构与指挥部共同研究制定了统一工程价款申报审核程序，如图5.3所示，并明确了统一的申报表式和资料要求，为造价控制监理工作的顺利开展打下了良好的基础。

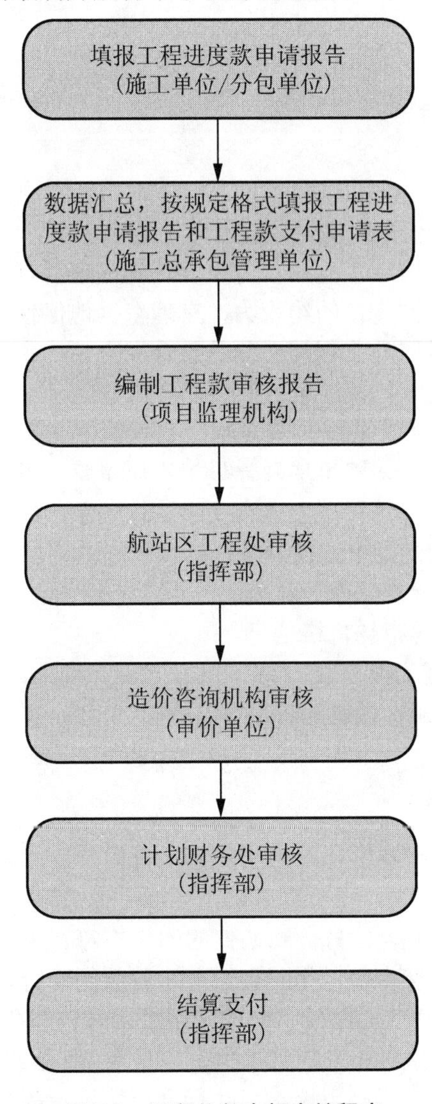


图5.3　工程价款申报审核程序

2. 造价控制监理工作效果

基于指挥部的充分支持，联合项目监理机构充分发挥了监理的造价控制职能，按照监理委托合同的要求进行了全过程的造价控制。

在工程进度款审核中，土建工程进度款累计核减率为－28.19%，钢结构工程进度款累计核减率为－22.55%，幕墙工程进度款累计核减率为－11.7%，机电安装工程进度款累计核减率为－31.85%，装饰工程进度款累计核减率为－49.06%。工程结算审核中，基础工程款核减率为－30.7%。

# 5.3 造价控制的依据和原则

## 5.3.1 造价控制的依据

(1) 合同文件。合同文件是工程监理和造价控制的基本依据，监理工程师必须正确理解和熟练掌握合同文件，包括来往函文。合同文件是一个有机的整体，它的内容是统一的，并且互相解释和互为补充。监理工程师首先要能正确地理解合同文件，才能正确地解释和应用合同文件，充分发挥合同文件的约束力，有理有据地促使合同当事人严格履行合同规定的相关权利和义务。同时监理工程师必须熟悉合同文件、来往函文、文凭的先后顺序、修改补充的内容，甚至对废除替代的条款都要非常清楚。

(2) 国家和地方有关法律、法规、规章制度及政策性文件。基本建设领域主要包括民法通则、合同法、招标投标法、建筑法及建设工程质量管理条例等行政法规，这些法律法规具有普遍适用性，是调整平等民事主体在民事法律关系中应遵循的基本准则，合同当事人及参与方的建设行为必须满足合法性要求。

(3) 工程设计图纸、设计说明及设计变更、洽商。

(4) 材料、设备、人工等市场价格信息。

(5)《分部、分项工程施工报验表》。

(6) 现行技术规范、定额、强制性标准等。

## 5.3.2 造价控制的原则

(1) 应严格执行建设工程施工合同中所约定的合同价、单价、工程量计算规则和工程款支付方法。

(2) 应坚持对报验资料不全、与合同条件的约定不符、未经监理工程师质量验收合格或有违约的工程量不予计量和审核，拒绝该部分工程款的支付。

(3) 处理由于工程变更和违约赔偿引起的费用增减时应坚持合理、公正。

(4) 对有争议的工程量计量和工程款支付，应采取协商的方法确定；在协商无效时，由总监理工程师做出决定。若仍有争议，可执行合同争议调解的基本程序。

(5) 对工程量及工程款的审核应在建设工程施工合同所约定的时限内。

# 5.4 造价控制措施

工程项目的施工阶段是资金大量投入而项目经济效益尚未实现的阶段。造价控制就是行为主体在建设工程存各种变化的条件下，按事先拟订的计划，采取各种方法、措施以达到目标造价实现的过程。施工阶段的造价控制具有周期长、内容多、潜力大等特点，此阶段对工程投资的控制可有效地防止工程项目“三超”现象的发生。

## 5.4.1 事前、事中、事后控制措施

事前、事中、事后控制措施见表5-1。

表5-1 事前、事中、事后控制措施

| 事前控制 | 事中控制 | 事后控制 |
| --- | --- | --- |
| 1. 专业监理工程师负责审查施工组织设计，并将审查意见向总监理工程师报告；<br>2. 总监理工程师审定施工组织设计；<br>3. 施工组织设计审核的原则：<br>(1) 符合设计及验收规范要求；<br>(2) 符合国家及地方的强制性条文标准；<br>(3) 经济合理、技术可行、工艺先进、操作方便 | 1. 严格按合同进行中间计量；<br>2. 严格控制施工过程中的设计变更，对工程变更、设计修改等事项，进行技术经济合理性预分析，并将分析结果向建设单位书面报告 | 1. 及时审核施工承包单位报送的竣工结算文件，提出审核意见，报总监理工程师审核后报建设单位；<br>2. 拒绝计量和签认未经监理人员签认的、不符合合同规定的工程量的工程款支付申请 |

工程付款监督程序如图5.4所示。

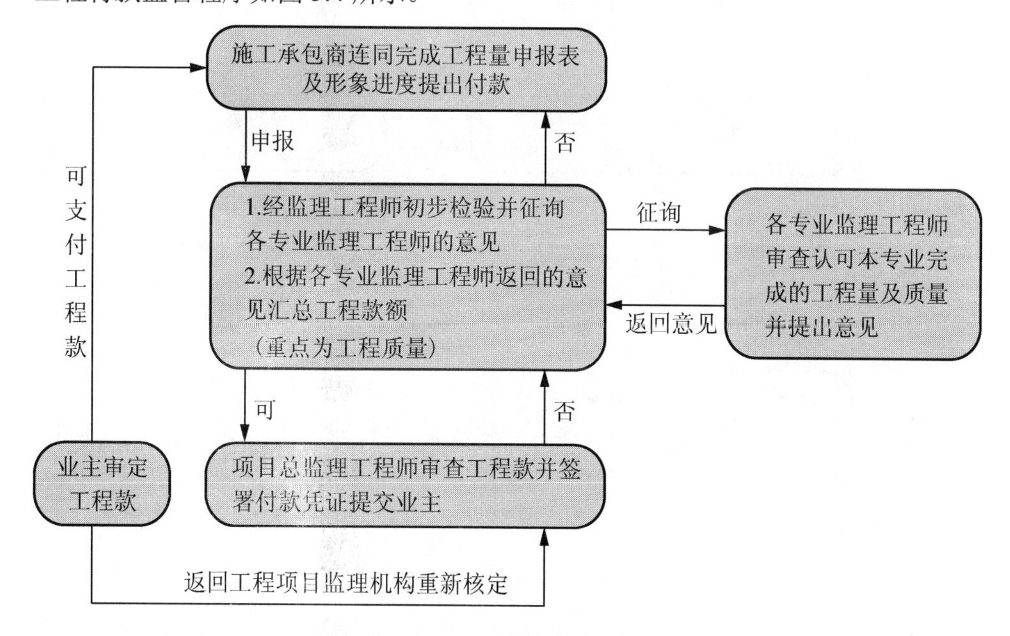


图5.4 工程付款监督程序

设计变更监理程序如图 5.5 所示。

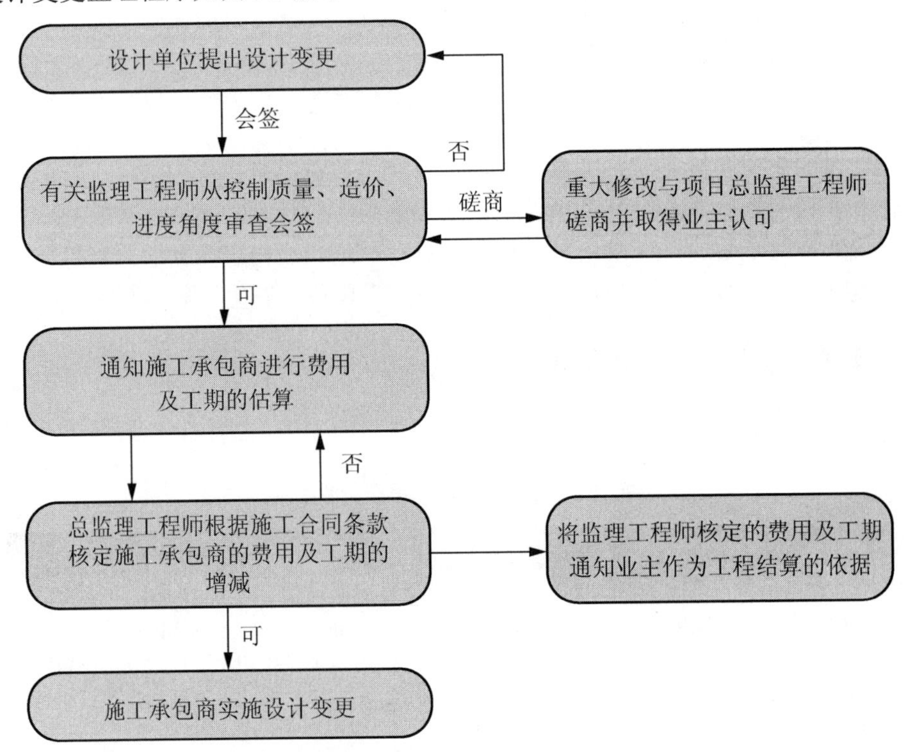


图 5.5　设计变更监理程序

技术洽商监理程序如图 5.6 所示。

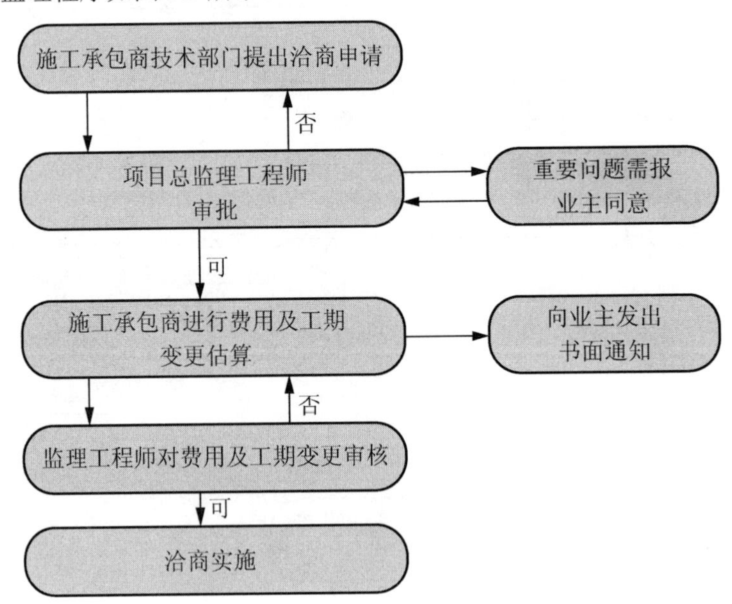


图 5.6　技术洽商监理程序

监理工程师在施工阶段造价控制的主要任务，就是把计划投资额作为项目的目标值，在工程施工过程中定期地进行投资实际值与目标值的比较，通过比较发现并找出支出额与造价控制目标值之间的偏差，然后分析产生偏差的原因，并采取切实有效措施加以控制，以保证造价控制目标的实现，使项目的实际投资不超出该项目的计划投资额，同时确保资金的合理使用，使资金和资源得到最有效的利用，以期达到最佳投资效益。

施工阶段进度控制的实际工作中，监理工程师可考虑把总计划投资额分解为单位工程或分部分项工程的分目标值，并编制资金使用计划；审查施工方提交的施工图预算，严格按施工进度审批工程进度款，使建设资金得到合理分配；在施工过程中，严格控制设计变更和技术核定，并按规定程序确定工程变更价款；站在客观公正的立场上，以合同为依据及时处理各种索赔，并做好投资支出分析。

### 5.4.2 四类措施

造价控制常用的四类措施见表5-2。

表5-2 造价控制措施

| | |
|---|---|
| 组织措施 | 建立健全组织，完善职责分工及有关制度，落实造价控制的责任 |
| 技术措施 | 在设计阶段，推选限额设计和优化设计；招标投标供应阶段，合理确定标底及合同价；材料设备供应阶段，通过质量价格比选，合理开支施工措施费及按合理工期组织施工，避免不必要的赶工费 |
| 经济措施 | 除及时进行计划费用与实际开支费用的比较分析外，监理人员对原设计或施工方案提出合理化建议被采用由此产生的投资节约，可按监理合同规定予其以一定的奖励 |
| 合同措施 | 按合同条款支付工资，防止过早、过量的现金支付；全面履约，减少对方提出索赔的条件和机会；正确处理索赔；等等 |

## 5.5 造价控制主要内容

### 5.5.1 编制资金使用计划

监理工程师根据施工进度计划和工程预算，制订出相应的资金使用计划。合理地确定建设项目造价控制目标值，包括建设项目的总目标值、分目标值、各细目标值。施工阶段，以造价控制目标为依据，对项目投资实际支出值与目标值进行比较，找出偏差，使控制措施更具针对性。

编制资金使用计划的方式有以下两种。

**1．按子项编制资金使用计划**

建设项目可层层分解成若干单项工程、单位工程及分部分项工程。按分解的子项对

资金的使用进行合理分配时，必须先对工程项目进行划分，划分的粗细程度根据实际情况而定。

**2．按时间进度编制的资金使用计划**

建设项目投资是分阶段支出的，资金使用是否合理与资金时间安排有密切关系。为了编制资金使用计划，并据此筹措资金，尽可能减少资金占用和利息支付，有必要将总投资目标按使用时间进行分解，确定分目标值。

编制按时间进度的资金使用计划时，要求在拟订工程项目的执行计划中，一方面确定完成某项工作所消耗的时间，另一方面确定完成这一工作的合适的支出预算。将网络计划与资金两者结合，形成资金使用计划。利用确定的网络计划便可计算各项工作的最早及最迟开工时间，可编制按时间进度划分的投资累积曲线(S 形曲线)。

## 5.5.2 工程计量

工程计量要按照工程承包文件的规定及监理机构批准的方法、范围、内容和单位进行计量。对施工单位不符合工程承包合同文件要求、未经工程质量检验合格或未按设计要求完成的工程与工作不予计算；工程计量要严格执行“质量达到合同标准的已完工程才予以计量”的原则，对质量验收不合格或未达到验收条件的工程坚决不予以计量；对施工单位未经批准，超出设计要求增加的工程量和自身原因造成返工的工程量，均不予计量。

工程施工过程中，工程计量属于中间支付计量，监理工程师可以按工程承建合同文件的规定，在事后对已经通过审查和批准的工程计量，再次进行审核、修正和调整，并为此发布修正与调整工作计量的签证。

通常月完成工程量计量程序如下。

(1) 承包单位根据当月实际完成工程量编报《月完成工程量统计报表》，并同时编报《月完成工程量报审表》报项目监理机构。

(2) 项目监理机构对承包单位所报月完成工程量进行审查，审查原则如下。

① 所报工程量已经过监理工程师签字确认，并且所填报的《××××工程报验申请表(A4)》经现场验收质量合格。

② 所报工程量与现场形象进度基本符合。

(3) 项目监理机构的各专业监理工程师按现场与实际完成核查工程量，必要时要求承包单位派人员参加，共同进行，核算工程量时必须符合概算定额的有关规定或合同的约定。

(4) 项目监理机构的造价控制监理工程师将工程量核查至有效期，无异议项目计入承包单位编报的《月完成工程量报审表》，并签发。

(5) 承包单位对有差异项目如意见不一致，可进行协商确定，协商不成，总监理工程师有权作出决定。

(6) 承包单位以造价控制监理工程师审批的工程量作为申报月工程进度款的依据。

## 5.5.3 严格控制设计变更及工程索赔

施工过程中发生设计变更往往会引起投资的增加，监理工程师为了控制投资在预定的目标值内，必须严格控制和审查设计变更，保证总投资额不被突破。工程变更可能来自很多方面，包括建设单位的原因、设计单位的原因、监理单位的原因等。不论哪一方造成的工程变更，均应由监理工程师签发工程变更指令，防止承包商为了追求利润而搞工程变更，变相增加工程造价。工程变更只有规范操作、事先把关、主动控制，其投资才能得到有效控制。

监理工程师对必须变更的项目要严格按照变更程序进行控制：首先要由变更单位提出工程变更申请，说明变更的原因和依据，设计变更要由监理工程师进行审查，并报请建设单位同意后，监理工程师才能发出设计变更通知或指令。

合同价款的变更，在一定的时间内由施工单位提出变更价格，报监理工程师批准后调整合同价款和竣工日期。监理工程师必须依据工程变更内容，认真核查工程量清单和估算工程变更价格，进行技术经济分析比较，检查每个子项单位价、数量和金额的变化情况。按照承包合同中工程变更价格的条款确定变更价格，计算该项工程变更对总投资额的影响。监理工程师审核施工单位所提出的变更价款是否合理时，应注意以下几点。

(1) 合同中已有适用于变更工程的价格，按合同已有的价格变更合同价款。

(2) 合同中只有类似于变更工程的价格，可以参照类似工程的价格变更价格合同价款。

(3) 合同中没有适用或类似于变更工程的价格，由施工单位提出适当的变更价格，与监理工程师及业主进行协商后，并经监理工程师确认后执行。实际工作中，可以采用合同中工程量清单的单价和价格来确定变更价款，也可通过协商来确定单价和价格。

## 5.5.4 工程款的中间支付

对按设计图纸及其技术要求完成的，并按合同规定应给予计量支付的工程项目，经检验合格后，根据工程承包合同文凭及其技术条件、国家及有关部门颁布的工程费用管理规程和规定，监理工程师对其进行计量并办理合同支付。

### 1. 按月支付工程款的条件

施工阶段，施工单位应严格按合同条件规定的程序或格式要求，向监理工程师递交工程款支付申请报告或报表。监理工程师应严格按工程承包合同文件规定，及时办理工程价款支付审查与签证。同时监理工程师应对呈报单位工程款的使用进行监督，确保业主支付的工程款用于合同工程。工程款的支付一般按月进行，监理工程师对施工单位提出的工程款合同支付申报进行审查，必须符合以下条件。

(1) 属于监理范围，工程承包合同规定必须进行结算的。

(2) 当月完成或当月以内完成，尚未进行支付结算的。

(3) 有相应开工指令，施工质量检验合格证和分部分项工程(或工序)质量评定表(属于某单位工程最后一个分部工程者，尚必须同时具备该分部工程、单位工程质量评定表)等完整的监理认证文件。

(4) 监理工程师确认签证的合同索赔支付。

### 2. 工程款签证意见

监理工程师对施工单位递交的工程款支付申请进行审核，根据具体情况可以提出以下几种签证意见。

(1) 全部或部分申报工程量准予结算。

(2) 全部或部分申报工程量暂缓结算。

(3) 全部或部分申报工程量不予结算。对于暂缓结算或不予结算的工程量，在接到监理工程师审签意见后的7天内，施工单位项目经理可书面提请总监理工程师重新予以确认，也可在下次支付申请中再次申报。

## 案例引入

**【施工阶段进度控制实例】**在钢结构施工初期，由于施工单位的原因，工程进度有较大拖后。项目监理组及时、充分、有效地与业主和各施工单位沟通，并对钢结构制作工厂进行进度专项考察，以考察报告等形式向业主集中反映施工中出现的急需解决的问题，并适时发出监理指令，调整施工单位的行为，为钢结构工程的提前顺利完成发挥了重要作用，获得了业主的充分信任和施工单位的好评。

综合楼钢结构第一吊的时间：2005年5月8日。

经会议分析及工厂考察得出的施工进度缓慢的原因如下。

(1) 制作工厂地区电力供应不足，生产能力不能发挥。

(2) 同期工厂任务饱满，不能为本工程集中加工钢结构构件。

(3) 交通运输不畅，运输速度跟不上安装速度。

(4) 构件到工地不配套，即使是到达工地的构件也不能全部吊装。

(5) 安装施工工艺不够先进，每天只能吊40吊左右，吊装速度有限。

(6) 钢结构安装与总承包单位的钢管内混凝土浇筑存在时间不协调的矛盾。

## 经验分享

**【措施】**2005年7月12日，项目监理组发出编号为TJPM/H0201—2004—174/监CI/009号的监理工作联系单，同时传真给该钢结构公司总部。

监理工作联系单见表5-3。

**表5-3 监理工作联系单**

工程名称：海滨大学教学科研综合楼项目　　　　编号：TJPM/H0201—2005—174/监CI/009

致：厚德载物重钢结构有限公司；

海滨大学教学科研综合楼项目经理部

事由：关于海滨大学教学科研综合楼钢结构工程施工质量及进度问题的函

内容：

贵公司承建的海滨大学教学科研综合楼钢结构工程自2005年5月8日开工，经贵公司与各方的努力协作，现在已进入主体结构工程施工阶段。从基础结构工程到现在正在进行吊装的主体结构工程中的钢结构构件均出现较多同样类型的错误——连接件错误和标高错误等，并且相关质量保证资料也不能及时提供给项目监理组。

不仅如此，目前现场施工发生较严重的工程施工进度拖后。根据已审批的本工程总进度计划，2005年7月15日三层钢结构吊装、焊接应全部完毕，贵公司在工地例会上也有承诺。同时，据贵部2005年6月28日提交的已调整的项目施工计划：7月份完成1～4层钢结构。

续表

但2005年7月12日上午11:00的实际施工进度如下。

二层结构：完成柱54根、梁63根的吊装，尚欠柱8根、梁183根未吊装。

三层结构：完成柱54根、梁17根的吊装，尚欠梁163根未吊装。

现场还未吊装的柱44根、梁42根，其中22根梁无配套连接板，而且所有焊接工作均不能进行。

贵公司实际现场施工进度与已审批的施工进度计划相比，已出现较严重的延误。究其原因，主要是由于钢构件供应不能按计划到场所致。

这种局面已引起各参建单位的重视。贵公司若不尽快采取切实有效的措施，保证钢构件加工质量和保证钢构件按时供应到现场，将对施工进度按计划完成造成严重影响。

请贵公司按照合同要求，思想上进一步重视，行动上进一步配合，切实加强内部沟通与协调，加强对现场项目部的协调和支持，合理安排钢构件的加工生产。严格按照设计要求加工钢构件，从钢构件加工的每一道工序上重视质量，按施工进度计划的要求及时供应钢构件到施工现场，确保工程顺利按计划完成。

抄送：海滨大学基建处；

儒风海韵建筑公司(总承包单位)

单 位：德泰监理公司

总监理工程师：于祥瑞

日期：2005年7月12日

【效果】2005年7月13日，该钢结构公司总经理来工地，重新制订钢结构施工进度计划。

2005年7月18日，该钢结构公司增加一台80T-M塔式起重机，协助300T-M主塔式起重机施工，同时改变吊装工艺。

从2005年7月19日，监理人员再次考察工厂制作情况，并要求施工单位拿出确保进度和质量的措施。

从2005年7月20日开始，钢结构施工单位采取如下措施。

(1) 新增一台发电机组，保障生产用电。

(2) 海滨大学教学科研综合楼项目的钢构件由一个专用车间制作加工。

(3) 在工地25km范围内租场拨运钢构件，缓解运输矛盾。

(4) 工厂生产按施工现场需要有系统、有计划地进行。

(5) 充分发挥两台塔式起重机的生产能力，改变原来的吊装方案，分区作业。

(6) 根据施工措施，调整施工进度计划，并与总承包单位的钢管内混凝土浇筑的时间形成有序的流水作业。

2005年7月28日，对施工进度进行检查对比时，施工进度已符合调整的进度计划，第一个结构单元完成约60%。

2005年8月5日，对施工吊装速度进行纵向对比时，日吊装速度达到140吊，直线增加100吊。

2005年8月22日的进度情况：第一结构单元完成。

2005年9月1日，第三结构单元柱开始吊装。

2005年11月29日，教学科研综合楼结构封顶。

# 能力评价

自我评价

| 指　　标 | 应　　知 | 应　　会 |
|---|---|---|
| 1. 造价控制方法 | | |
| 2. 造价控制程序 | | |
| 3. 造价控制措施 | | |
| 4. 造价控制要点 | | |
| 5. 造价控制实施细则 | | |

## 多项选择题(答案供自评)

1. 在建设投资中，(　　)属于静态投资部分。

A. 基本预备费　B. 建设期利息　C. 设备运杂费　D. 铺底流动资金

2. 不属于初步设计阶段造价控制的目标是(　　)。

A. 施工图预算　B. 修正总概算　C. 设计总概算　D. 投资估算

3. 生产性建设工程总投资包括(　　)两部分。

A. 建设投资和流动资金　B. 建设投资

C. 铺底流动资金　D. 固定资产投资和无形资产投资

4. 项目监理机构在施工阶段造价控制的主要任务包括(　　)。

A. 审查设计概预算　B. 对工程项目造价目标进行风险分析

C. 审查工程变更　D. 审核工程结算

5. 项目监理机构在建设工程造价控制中的主要任务包括(　　)。

A. 对拟建项目进行市场调查和预测　B. 编制投资估算

C. 编制与审查设计概算　D. 协助业主与承包商签订承包合同

6. 世界银行和国际咨询工程师联合对项目的总建设成本做了统一的规定，内容包括项目直接建设成本、间接建设成本和(　　)。

A. 未明确项目的准备金和建设成本上升费用

B. 基本预备费和涨价预备费

C. 应急费

D. 建设成本上升费用

7. 根据设计要求，在施工过程中对某屋架结构进行破坏性试验，以提供和验证设计数据，则该项费用不应列在(　　)。

A. 业主方的研究试验费　B. 施工方的检验试验费

C. 业主方管理费　D. 勘察设计费

8. 按《建筑安装工程项目组成》规定，措施费包括(　　)。

A. 环境保护费　　B. 文明施工费

C. 脚手架摊销费　　D. 安全施工费

9. 按建设工程特点分类，可将定额分为(　　)。

A. 概算定额　　B. 安装工程定额

C. 预算定额　　D. 建筑工程定额

10. 在工程量清单计价中，如按分部分项工程单价组成来分，工程量清单报价的形式有(　　)。

A. 工料单价法　　B. 综合单价法

C. 实物单价法　　D. 全费用综合单价法

【参考答案】

## 小组评价

小组成员利用一周时间，将“精力和时间”作为“资本”进行自我监理，体验造价控制与进度控制、质量控制、安全控制、环保控制之间的联系与区别，以口头表达经验共享并写出造价控制实施细则为合格。

小组评价参考表

| 成员姓名 | 工地考察表 | 考察照片或图样 | 小组交流 | 监理工作资料 | 备　注 |
|---|---|---|---|---|---|
| | | | | | 以每位成员都参与探讨为合格，主要交流实际工作体验，重点培养团队协作能力 |
| | | | | | |
| | | | | | |
| | | | | | |
| | | | | | |
| | | | | | |

# 装饰工程监理

# 学习任务6 装饰工程监理

## 学习要求

| 岗位技能 | 专业知识 | 职业道德 |
| --- | --- | --- |
| 1．在装饰施工过程中能够进行质量控制，并做好相应记录<br>2．在装饰施工过程中能够进行环保控制，并做好相应记录<br>3．能够进行装饰工程的细部实施细则的编制<br>4．能够进行节能处理<br>5．能够进行风险事件处理 | 1．熟悉建筑装饰工程施工相关知识<br>2．明确环保监理的重要性<br>3．熟知建筑装饰工程施工的质量控制要点<br>4．了解建筑节能知识<br>5．熟知环保监理的控制内容 | 1．在装饰工程中要追求精益求精，保证各个细节都要认真监理，提升责任心<br>2．施工过程中时刻注意，不能在环保环节掉以轻心 |

## 能力拓展

1．根据模拟案例进行装饰工程风险管理知识的学习。

2．关于装饰工程索赔的分析。

3．在家装工地进行拓展训练，得到的成果要求如下。

(1) 旁站监理过程中填写相应表格。

(2) 观察施工现场如何控制环境污染及处理废弃物。

(3) 观察在施工现场员工是怎样进行健康保护的。

(4) 访谈监理工程师和施工人员，了解建筑装饰工程合同是怎样实施的。

【参考图文】

4．学习相应标准，增强工程监理工作能力。

([13] GB 50207—2012《屋面工程质量验收规范》

[14] JGJ 102—2003《玻璃幕墙工程技术规范》

[22] GB 50411—2007《建筑节能工程施工质量验收规范》

[31] GB/T 28002—2011《职业健康安全管理体系实施指南》

[37] GB/T 24031—2001《环境管理环境表现评价指南》)

# 6.1 装饰工程监理实例

### 案例引入

## 6.1.1 工程简介

碧水庄园位于北京北部，隶属昌平区沙河新城八达岭高速路 10 号出口向北

100m。小区内以一宽阔湖面为中心，所有建筑物环湖放射性坐落在四周，别墅错落有致，铁制围栏又显独立。业主们在这独立的庭院内，对自己的别墅做着改建和扩建，本案例主人公所监理的工程便是这些别墅改造中的一栋。这栋别墅坐落在环湖放射性建筑的第二排，原建筑是一栋由北侧主楼，东、西两侧配楼和南侧过街楼四面闭合的两层钢筋混凝土结构，四楼中间，东、西两侧配楼用拱形轻钢屋架横跨连接，上铺阳光板，形成一风雨阳光院。而改造后的新建筑是将原建筑风雨阳光院的屋面、北楼、南侧过街楼拆除，在原北楼位置向北延伸紧邻北侧铁制围栏，东西两侧延长至东、西两侧配楼外墙，建成一个三层框架结构楼房，首层为游泳用房，游泳池深 1.5m，紧邻游泳池南侧建一个深 3.6m 的地下室，游泳池上面建一个客厅，东、西两侧配楼向南扩展 4m 建一个前厅。室内装饰效果如图 6.1 和图 6.2 所示。

图 6.1　室内装饰效果图(一)

图 6.2　室内装饰效果图(二)

【参考图文】

## 经验分享

### 6.1.2 监理经验分享

本次工程监理和以往的施工过程监理不同，业主为了某种原因提出根据业主要求依次预先约定监理的到场时间，监理负责到场时的工程质量的检查，对工程检查中发现的质量问题，提出整改建议，并以书面形式告知业主，由业主负责落实工程中的质量问题整改。这样就给监理工作造成了一定的难度。

本装饰工程的交底会是在碧水会所进行的，到会人员有业主、装修设计、结构设计、施工监理、施工承包人及各专业工长。会议首先由装修设计阐明了整体建筑造型的设计思路，重点要保证原建筑保留部分与新建筑之间连接部位的相对空间位置和水平位置准确度，以保证新、老建筑连接后的建筑协调性和完整性。其次结构设计指出对原建筑保留部分结构加固的重要性，新建筑地勘资料不全，地下水位情况不详，早期是古河道，土壤是粉质黏土，距湖边 150m，地下室施工时，对原建筑保留部分结构安全和新建筑施工安全有着不确定性。再有，施工承包人提出，工程施工过程中烦琐的设计变更和技术洽商手续，将会影响施工进度。

施工监理针对上述问题提出，原结构应拆除部分，拆除后，对保留部分进行复

尺，核对新建筑设计图纸相对尺寸，并以原建筑保留部分为基点对新建筑进行测量放线。为保证原建筑保留部分的结构安全和新建筑施工过程的安全，进行地质的重新勘察或直接进行施工降水。对于工程施工过程中的设计变更和技术洽商，凡不涉及造价变更的施工承包人可与装修设计和结构设计人直接联系确定，凡涉及工程造价增减的一律要经过业主确认，才能进行施工。

## 6.1.3 建筑装饰工程简述

**1．建筑装饰工程作用及特点**

建筑装饰工程是采用适当的材料和正确的构造，以科学的施工工艺方法，为保护建筑主体结构，满足人们的视觉要求和使用功能，从而对建筑物和主体结构的内外表面进行的装饰和装修，并对建筑及其室内环境进行艺术加工和处理。其主要作用是：保护结构主体、延长使用寿命；美化建筑、增强艺术效果；优化环境、创造使用条件。建筑装饰工程是建筑施工的重要组成部分，主要包括抹灰、吊顶、饰面、玻璃、涂料、裱糊、刷浆和门窗等工程。

建筑装饰工程施工的主要特点是项目繁多、工程量大、工期长、用工量大、造价高、装饰材料和施工技术更新快、施工管理复杂。

**2．建筑装饰工程施工顺序**

【参考视频】

建筑装饰工程的施工顺序对保证施工质量起着控制作用。室外抹灰和饰面工程的施工，一般应自上而下进行；高层建筑采取措施后，可分段进行；室内装饰工程的施工，应待屋面防水工程完工后，并在不致被后续工程所损坏和污染的条件下进行；室内抹灰在屋面防水工程完工前施工时，必须采取防护措施；室内吊顶、隔墙的罩面板和花饰等工程，应待室内楼地面湿作业完工后施工。室内装饰工程的施工顺序，应符合下列规定。

(1) 抹灰、饰面、吊顶和隔断工程，应待隔墙、钢木门、窗框、暗装管道、电线管和电器预埋件、预制钢筋混凝土楼板灌缝完工后进行。

(2) 钢木门窗及其玻璃工程，根据地区气候条件和抹灰工程的要求，可在湿作业前进行；铝合金、塑料、涂色镀锌钢板门窗及其玻璃工程，宜在湿作业完工后进行，如需在湿作业前进行，必须加强保护。

(3) 有抹灰基层的饰面板工程、吊顶及轻型花饰安装工程，应待抹灰工程完工后进行。

(4) 涂料、刷浆工程及吊顶、隔断、罩面板的安装，应在塑料地板、地毯、硬质纤维等楼地面的面层和明装电线施工前，管道设备试压后进行。木面板面层的最后一遍涂料，应待裱糊工程完工后进行。

(5) 裱糊工程应待顶棚、墙面、门窗及建筑设备的涂料和刷浆工程完工后进行。

## 6.1.4 建筑装饰工程监理

所谓建筑装饰工程监理是指具有相应资质的工程监理企业，接受业主的委托，承担其项目管理工作，并代表业主对承建单位的施工行为进行监控的专业化服务活动。

**1．建筑装饰工程监理的依据**

包括装饰工程施工文件，有关的法律、法规、规章和标准、规范，装饰工程委托监理合同和有关的装饰工程合同。

(1) 装饰工程施工文件。包括施工图设计文件、施工资质许可证等。

(2) 有关的法律、法规、规章和标准、规范。包括《中华人民共和国建筑法》《中华人民共和国合同法》《建设工程质量管理条例》《住宅装饰装修管理办法》等部门规章及地方性法规等，也包括《工程建设标准强制性条文》《建设装饰工程监理规范》及有关的工程技术标准、规范、规程等。

**2．装饰工程前期监理任务**

建筑装饰工程施工前，必须组织材料进场，并对其进行检查、加工和配制；必须做好机械设备和施工工具的准备；必须做好图纸审查、制定施工顺序与施工方法、进行材料试验和试配、组织结构工程验收和工序交接检查、进行技术交底等有关的技术准备工作；必须进行预埋件、预留洞的埋设和基层的处理。

**3．建筑装饰工程监理费及监理合同**

(1) 建筑装饰工程监理费是指业主依据委托监理合同支付给监理企业的监理酬金，它是构成工程概(预)算的一部分，在业主所投资的工程概(预)算中单独列支。装饰工程监理费用，一般按业主与承建单位所签施工合同总价的3%～4%收取(50万元以下)。

(2) 定金是指当事人双方为了保证债务的履行，约定由当事人一方先行支付给对方一定数额的货币作为担保。定金的数额由当事人约定，但不得超过主合同标的额的20%。定金合同要采用书面形式，并在合同中约定交付定金的期限，定金合同从实际交付定金之日起生效。债务人履行债务后，定金应当抵作价款或者收回。给付定金的一方不履行约定的债务的，无权要求返还定金；收受定金的一方不履行约定的债务的，应当双倍返还定金。

(3) 建筑装饰工程委托监理合同简称监理合同，是指委托人与监理人就委托的装饰工程项目管理内容签订的明确双方权利、义务的协议。

## 质量控制

### 6.1.5 建筑装饰工程质量控制

**1．约定质量标准的一般原则**

(1) 按已颁布的国家标准执行。

(2) 无国家标准而有部颁标准的，按部颁标准执行。

(3) 没有国家标准和部颁标准作为依据时，可按企业标准执行。

(4) 没有上述标准，或虽有上述某一标准但业主有特殊要求时，按双方在合同中约定的技术条件、样品或补充的技术条件执行。

**2．在工程质量控制过程中应遵循的原则**

(1) 坚持质量第一的原则。监理人员在进行进度、质量目标的控制时，应坚持“百年大计，质量第一”，在工程中始终把“质量第一”作为对工程质量控制的基本原则。

(2) 坚持以人为核心的原则。在工程质量控制中，要以人为核心，重点控制人的技术和人的行为，充分发挥人的积极性和创造性，以人的工作质量保证工程质量。

(3) 坚持以预防为主的原则。工程控制应该是积极主动的，应事先对影响质量的各种因素加以控制，而不能消极被动地等出现问题再进行处理，以免造成不必要的损失。

(4) 坚持质量标准的原则。质量标准是评价装饰工程质量的尺度，工程质量是否符合合同规定的质量标准要求，应通过质量检验与质量标准进行对照，符合质量标准要求的才是合格，不符合质量标准要求的就是不合格，必须返工处理。

(5) 坚持科学、公正、守法的职业道德规范。在工程质量控制中监理人员必须坚持科学、公正、守法的职业道德规范，要尊重科学、尊重事实，以数据资料为依据，客观、公正地处理质量问题，要坚持原则，遵纪守法、秉公监理。

**3．工程监理单位应负的质量责任**

(1) 监理单位应按其资质等级许可的范围承担工程监理业务，不许超越本单位资质等级许可的范围或以其他工程监理单位的名义承担工程监理业务。

(2) 工程监理单位应依照法律、法规及有关的技术标准与业主签订监理合同，代表业主对工程质量实施监理，并对工程质量承担监理责任。监理责任主要有违法责任和违约责任两个方面。如果监理单位故意弄虚作假，降低工程质量标准，造成质量事故的，要承担法律责任。若监理单位与施工单位串通，谋取非法利益，给业主造成损失的，应当与施工方承担连带赔偿责任。如监理单位在责任期内，不按照监理合同约定履行监理职责，给业主造成损失的，属违约责任，应当向业主予以赔偿。

## 6.1.6 装饰施工过程中的监理控制目标值

抹灰现场和门窗装饰如图 6.3 和图 6.4 所示。

【参考视频】

图 6.3　抹灰现场图

图 6.4　门窗装饰效果图

装饰施工过程的监理控制目标值见表 6-1。

表 6-1　装饰施工过程的监理控制目标值

| 分类工程 | | 控制目标值 |
| --- | --- | --- |
| 抹灰工程 | | 1. 抹灰工程所用材料的品种和性能必须符合设计要求及现行国家标准的规定，砂浆的配合比必须符合设计要求；<br>2. 抹灰前基层表面化处理必须符合设计要求及施工规范规定；<br>3. 抹灰层与基层之间及各抹灰层之间必须粘接牢固，抹灰层应无脱层、空鼓，面层应无爆灰和裂缝，外墙和顶棚的抹灰层与基层之间及各抹灰层之间必须粘接牢固；<br>4. 抹灰应分层进行，当抹灰总厚度大于或等于 35mm 时，应采取加强措施。不同材料基体交接处表面的抹灰应采取防止开裂的加强措施，当采用加强网时，加强网与各基体的搭接宽度不小于 100mm；<br>5. 抹灰表面应光滑、洁净、接槎平整，分格缝应清晰 |
| 门窗工程 | 木门工程 | 1. 木门的木材品种、材质等级、规格、尺寸、框扇的线型等必须符合设计要求及现行国家标准的规定；<br>2. 木门的防火、防腐、防虫处理必须符合设计要求及施工规范规定；<br>3. 木门的结合处和安装配件处不得有木节或已填补的木节。木门如有允许限值以内的死节及直径较大的虫眼时，采用同一材质的木塞加胶填补。对于清漆制品，木塞原有木纹和色泽应与制品一致；<br>4. 门框的厚度和大于 50mm 的门扇应用双榫连接。榫槽应采用胶料平密嵌合，并应用胶楔加紧 |
| | 门窗玻璃 | 1. 玻璃的品种、规格、尺寸、色彩、图案和涂膜朝向应符合设计要求，单块玻璃大于 $1.5m^2$ 时使用安全玻璃；<br>2. 门窗玻璃截割尺寸正确。安装的玻璃牢固，不得有裂缝、损伤和松动；<br>3. 玻璃安装方法符合设计要求。固定玻璃的钉子或钢丝的数量、规格应保证玻璃安装牢固；<br>4. 镶钉木压条接触玻璃处应与截口边缘平齐，木压条应相互紧密连接，并与截口边缘紧贴，割角整齐；<br>5. 带密封条的玻璃压条，其密封胶必须与玻璃全部贴紧，压条与型材之间无明显缝隙，压条接缝不大于 0.5mm |
| 饰面砖工程 | | 饰面砖粘贴工程监理控制目标值：<br>1. 饰面砖的品种、规格、图案、颜色和性能符合设计要求；<br>2. 饰面砖粘贴工程的找平、防水、粘贴和勾缝材料及施工方法符合设计要求及国家现行产品标准和工程技术标准的规定；<br>3. 饰面砖粘贴必须牢固；<br>4. 粘贴施工的饰面砖工程应无空鼓、裂缝；<br>5. 饰面砖表面应平整、洁净、色泽一致，无裂痕和缺损；<br>6. 阴阳角处的搭接方式，非整砖使用部位应符合设计要求 |
| 涂料工程 | | 水性涂料涂饰工程监理控制目标值：<br>1. 水性涂料涂饰工程所用涂料的品种、型号和性能符合设计要求；<br>2. 水性涂料涂饰工程的颜色、图案符合设计要求；<br>3. 水性涂料涂饰工程涂饰均匀、粘接牢固，不得漏涂、透底、起皮和掉粉；<br>4. 水性涂料涂饰工程的基层处理符合设计要求及施工规范规定 |
| 细部工程 | | 护栏和扶手制作与安装工程监理控制目标值：<br>1. 护栏和扶手制作与安装所使用材料的材质、规格、数量和塑料的燃烧性能等级符合设计要求；<br>2. 护栏和扶手的造型、尺寸及安装位置符合设计要求；<br>3. 护栏和扶手安装预埋件的数量、规格、位置及护栏与预埋件的连接节点符合设计要求 |

### 6.1.7 家庭装饰工程监理的重要性

根据家庭装饰工程的种种特殊性及其与相关专业的关系，以及装饰工程的质量、造价、标准、材料及进度均密切相关，装饰设计与施工环环紧扣，家庭装饰工程监理是十分必要的。

**1．处理各专业之间的关系必须有监理**

众所周知，监理公司是知识密集的高智能科学管理机构，具有各种专业的人才，足以能适应和解决建筑装饰中所遇到的一切疑难问题，这是任何一个自行管理的业主所不能办到的。监理公司可对整个装饰工程全方位、全过程进行监理，正确处理好所有相关专业的工作。家庭装饰工程会涉及各种建筑规范、防火规范及其他专业工程规范。特别是由于家庭装饰工程而变更其他工程设计时，将会发生装饰工程设计与其他专业设计之间的矛盾与冲突，必须由掌握各相关专业的设计及熟悉各种规范的监理工程师提出合理的处理方法，才能确保工程质量和减少损失。

**2．必须实行装饰工程设计与施工过程的监理**

家庭装饰工程监理应包括装饰设计与装饰施工的监理，特别是前者尤为重要，这是由装饰工程的特殊性所致。家庭装饰是艺术、文化、环境、人文的统一结合，具有很强的时代性。例如，人民大会堂香港厅的装饰设计，其中的艺术品的设计与制成浑然一体，构思、创作寓于艺术品的形成，故不能分割装饰的设计与施工，其监理也同样。当前有若干以家庭设计、装饰设计为主体的监理公司，拥有各类高级专业人才，对承担家庭装饰工程监理更为贴切和有效。业主在选择监理公司时要充分了解、调查各类监理公司的特长，不能单纯以收费低廉或照顾关系为挑选原则，这样往往会因小失大，不能达到应有的监理效果。也可以说，并不是每一家监理公司都能胜任家庭装饰工程监理，特别是对高级装饰工程。

**3．材料、设备、构配件的选购须借助监理**

【参考视频】

家庭装饰材料、设备、构配件的价格可说是千差万别，绝非一般技术人员所能全面精通掌握。这同样是一项专业，需要不断积累资料和经验，注意对装饰材料信息的搜集和询价。装饰监理单位则拥有此类专业人才，会向业主、设计人员准确提供各类装饰材料、配件的合理价格、品种、产地、性能的信息，据以选择、比较，最终可优选质量适合、价格较低、满足功能的装饰材料，确定一个使业主、设计人员信服、满意的装饰工程造价。

**4．签订和管理合同需要监理**

签订好家庭装饰工程的监理合同、设计合同和施工合同是业主的需要工作，其中特别是监理合同，显然应以优选适合本装饰工程的监理单位为前提。业主对本装饰工程的设计、施工、选材、质量、造价、进度、维修等到全过程的要求和目标，详尽地向监理单位提出，签订在监理合同内，即监理方的任务。以后的工作主要将由监理单位来做或协助业主来完成，业主予以适当配合和支持。家庭装饰工程设计与施工阶段的控制目标以设计合同、施工合同为核心，合同的签订、履行和管理，是监理公司的任务，业主选好监理公司就可万无一失了。

5. 监理公司可协助业主搞好前期准备工作

业主对家庭装饰工程起初往往只从一个构想或者从某一工程、某一图片、资料、广告的启发提出，仅是概念性、原则性的功能上和艺术上的意图。监理工程师要充分吃透、了解业主的构思和功能要求，用专业语言整理出装饰设计要求的文件，反复与业主交换意见，最终提出统一的书面资料。而后优选设计单位、方案设计、材料选用、投资估算与平衡(即投资与装饰标准的关系)等，这些均属装饰工程前期准备工作，这将对家庭装饰工程起决定性作用，监理公司将协助业主来完成。

# 6.2 幕墙工程施工实例

## 案例引入

### 6.2.1 工程简介

山东金马幕墙公司通过招投标从总包单位承包了某机关办公大楼幕墙工程施工任务，如图 6.5 所示。承包合同约定，本工程实行包工包料承包，合同工期为 180 个工作日。在合同履行过程中发生了以下事件。

图 6.5 幕墙工程实例

【参考视频】

(1) 按照合同约定，总包单位应在当年 8 月 1 日交出施工现场，但由于总包单位负责施工的主体结构没有如期完成，使幕墙开工时间延误了 10d。

(2) 幕墙公司向某铝塑复合板生产厂订购了铝塑复合板，考虑该生产厂家具有与本工程规模相符的幕墙安装资质，幕墙公司遂与该厂签订了铝塑复合板幕墙供料和安装的合同。

(3) 对已经办好隐蔽工程验收的部位，幕墙公司已进行封闭，但总包单位和监理单位对个别施工部位的质量还有疑虑，要求重新检验。

(4) 工程竣工验收前，幕墙公司与发包人签订了《房屋建筑工程质量保修书》，保修期限为一年。

同样是该幕墙公司，它又通过招投标直接向建设单位承包了某多层普通旅游宾馆的建筑幕墙工程，合同约定实行固定单价合同，工程所有材料除了石材和夹层玻璃由建设单位直接采购运到现场外，其他材料均由承包人自行采购。合同约定工期为120d。合同履行过程中发生了以下事件。

(1) 建设单位直接采购的夹层玻璃到现场后，经现场验收发现夹层玻璃是采用湿法加工，质量不符合幕墙工程的要求，经协商决定退货。幕墙公司因此不能按计划制作玻璃板块，使这一工序在关键线路上的工作延误了15d。

(2) 工程施工过程中，建设单位要求对石材幕墙进行设计变更。施工单位按建设单位提出的设计修改图进行施工。设计变更造成工程量增加及停工、返工损失，施工单位在施工完成15d后才向建设单位提出变更工程价款报告。建设单位对变更价款不予承认，而按照其掌握的资料单方决定变更价款，并书面通知了施工单位。

(3) 建设单位因宾馆使用功能调整，又将部分明框玻璃幕墙改为点支承玻璃幕墙。施工单位在变更确定后第 10d，向建设单位提出了工程变更价款报告，但建设单位未予确认也未提出协商意见。施工单位在提出报告 20d 后，就进行施工。在工程结算时，建设单位对变更价款不予认可。

(4) 由于在施工过程中，铝合金型材涨价幅度较大，施工单位提出按市场价格调整综合单价。

## 6.2.2 针对性分析

以上工程案例中包含的监理工作有以下几项。

(1) 《中华人民共和国合同法》(以下简称《合同法》)第283条规定，发包人未按照约定的时间和要求提供原材料、设备、场地、资金、技术资料的，承包人可以顺延工程日期，并有权要求赔偿停工、窝工等损失，幕墙公司可以要求总包单位给予工期补偿和赔偿停工损失。

(2) 幕墙公司是分包单位，《合同法》禁止分包单位将其承包的工程再分包，幕墙公司与铝塑复合板生产单位签订的安装合同属于违法分包合同，应予解除。

(3)《建设工程施工合同(示范文本)》通用条款第 18 条规定："无论工程师是否进行验收，当其要求对已经隐蔽的工程重新检验时，承包人应该按照要求进行剥离或开孔，并在检验后重新覆盖或修复。"如果重新检验合格，费用应由发包人承担并相应顺延工期；检验不合格，费用和工期延误均应由承包人负责。

(4) 幕墙属于装饰工程范畴，《房屋建筑工程质量保修办法》规定，其最低保修期限为2 年。幕墙工程又有外墙面的防渗漏问题，对于它的防渗漏，最低保修期限为 5 年。本工程《房屋建筑工程质量保修书》约定的保修期限不合法。按照《房屋建筑工程质量保修办法》的规定，质量保修的内容、期限违反办法规定的，应责令其改正并处以罚款。

(5) 玻璃板块制作是在关键线路上的工作，直接影响到总工期，建设单位未及时供应原材料造成工期延误和停工、窝工损失的，根据《合同法》规定，应给予工期和费用补偿。

(6) 按照《建设工程价款结算暂行办法》规定，工程设计变更确定后 14d 内，如果承包人未提出变更工程价款报告，则发包人可根据所掌握的资料决定是否调整合同价款和调整的具体金额；同样在《建设工程价款结算暂行办法》中规定，自变更工程价款报告送达之日起 14d 内，建设单位未确认也未提出协商意见时，视为变更工程价款报告已被确认，幕墙公司可以按照变更价款报告中的价格进行结算。

(7) 本工程采用固定单价合同，合同中的综合单价应包含风险因素，一般的材料价格调整，不应调整综合单价。

## 6.2.3 玻璃幕墙施工

玻璃幕墙是近代科学技术发展的产物，是高层建筑时代的显著特征，其主要部分由饰面玻璃和固定玻璃的骨架组成。其主要特点是建筑艺术效果好、自重轻、施工方便、工期短，但玻璃幕墙造价高，抗风、抗震性能较弱，能耗较大，对周围环境可能形成光污染。

### 1. 玻璃幕墙类型简介

1) 明框玻璃幕墙

其玻璃板镶嵌在铝框内，成为四边有铝框的幕墙构件，幕墙构件镶嵌在横梁上，形成横梁、主框均外露且铝框分格明显的立面。明框玻璃幕墙构件的玻璃和铝框之间必须留有空隙，以满足温度变化和主体结构位移所需的活动空间。空隙用弹性材料填充，必要时用硅酮密封胶予以密封。

【参考图文】

2) 隐框玻璃幕墙

隐框玻璃幕墙是将玻璃用结构胶粘贴在铝框上，大多数情况下不再加金属连接件。因此，铝框全部隐蔽在玻璃后面，形成大面积全玻璃镜面。隐框幕墙的玻璃与铝框之间完全靠结构胶粘接，结构胶要承受玻璃的自重及玻璃所承受的风荷载和地震作用、温度变化的影响，因此，结构胶的质量好坏是隐框幕墙安全性的关键环节。

3) 半隐框玻璃幕墙

半隐框玻璃幕墙是将玻璃两对边嵌在铝框内，另两对边用结构胶粘在铝框上，形成半隐框玻璃幕墙。立柱外露、横梁隐蔽的称竖框横隐幕墙；横梁外露、立柱隐蔽的称为竖隐横框幕墙。

4) 全玻幕墙

为游览观光需要，在建筑物底层、顶层及旋转餐厅的外墙使用玻璃板，其支承结构采用玻璃肋，称之为全玻幕墙。高度不超过 4.5m 的全玻幕墙，可以用下部直接支承的方式来进行安装，超过 4.5m 的全玻幕墙，宜用上部悬挂方式安装。

### 2. 玻璃幕墙的安装要点

1) 定位放线

玻璃幕墙的测量放线应与主体结构测量放线相配合，其中心线和标高点由主体结构单位提供并校核准确。水平标高要逐层从地面基点引上，以免误差积累，由于建筑物随气温变化产生侧移，测量应每天定时进行。放线沿楼板外沿弹出墨线或用钢琴线定出幕墙平面基准线，从基准线测出一定距离为幕墙平面。以此线为基准确定立柱的前台位置，从而决定整片幕墙的位置。

2) 骨架安装

骨架安装在放线后进行，骨架的固定是用连接件将骨架与主体结构相连。固定方式一般有两种：一种是在主体结构上预埋铁件，将连接件与预埋铁件焊牢；另一种是在主体结构上钻孔，然后用膨胀螺栓将连接件与主体结构相连。连接件一般用型钢加工而成，其形状可因不同的结构类型、不同的安装部位而有所不同，但无论何种形状的连接件，均应固定在牢固可靠的位置上，然后安装骨架。骨架一般是先安装竖向杆件，待竖向杆件就位后，再安装横向杆件。

3) 玻璃安装

在安装前，应清洁玻璃，四边的铝框也要清除污物，以保证嵌缝耐候胶可靠黏结。玻璃的镀膜面应朝室内方向。当玻璃面积在 $3m^2$ 以内时，一般可采用人工安装。玻璃面积过大，重量很大时，应采用真空吸盘等机械安装。玻璃不能与其他构件直接接触，四周必须留有空隙，下部应有定位垫块，垫块宽度与槽口相同，长度不小于 100mm。隐框幕墙构件下部应设有两个金属支托，支托不应凸出到玻璃的外面。

4) 耐候胶嵌缝

玻璃板材或金属板材安装后，板材之间的间隙必须用耐候胶嵌缝予以密封，防止气体渗透和雨水渗漏。

## 6.3 节能工程实例

### 案例引入

### 6.3.1 工程简介

湖北省某高校公寓楼工程位于 9 号学生公寓北面，建筑面积为 $4522m^2$，投资约为 272 万元人民币，其建筑层数为 6 层，层高为 3.60m，建筑坐北朝南，呈矩形分布，室内外高差为 600mm，室内±0.000 相当于绝对标高 33.750m，主要用作学生公寓，施工图如图 6.6 所示。本工程结构为七度抗震设防的砖混结构；结构安全等级为二级；基础为条形基础和独立基础；属丙类建筑。本工程混凝土强度等级均采用 C30；首层墙体采用页岩砖砌筑，标准层采用砌块砌筑，±0.000 以下用页岩砖筑，以增强防水性。楼板采用预制空心板，卫生间和屋面采用现浇混凝土楼板。室内装饰采用混合砂浆抹面，并刷涂料两遍；室外为保温墙面。本工程中的给排水、消防、电气均按三类建筑设计，水源采用市政供水，双向电源供电，配电房设在建筑一侧，在设计过程中特别注意了节能设计。

图 6.6　某高校公寓楼施工图

## 经验分享

### 6.3.2 监理经验分享

对建筑节能施工过程中出现的质量问题，应及时下达监理工程师通知单，要求装饰单位整改，并检查整改结果。其中，最常见的质量问题是保温墙体产生裂缝。

外保温墙体产生裂缝的主要原因有以下几点。

(1) 温层和饰面层温差和干缩变形导致的裂缝。

(2) 玻纤网格布抗拉强度不够或玻纤网格布耐碱度保持率低导致的裂缝。

(3) 玻纤网格布所处的构造位置有误造成的裂缝。

(4) 保温面层腻子强度过高。

(5) 聚合物水泥砂浆柔性强度不相适应。

(6) 腻子、涂料选用不当。

针对上述问题，应当选用符合要求的材料，在施工过程中，安排专人对关键部位和关键工序进行验收，并遵循柔性渐变抗裂技术路线，即保温体系各构造层的柔韧变形量高于内层的变形量，其弹性模量变化指标相匹配，逐层渐变，满足允许变形与限制变形相统一的原则，随时分解和消除温度应力。

### 6.3.3 建筑节能工程的特点

【参考图文】

2005 年，国家和地方陆续出台新的建筑节能方针政策和标准规范，从而把建筑节能纳入新的视野和国家战略。2015 年，GB 50189—2015《公共建筑设计标准》出台。当前，建筑能耗占全国能源消耗近 30%。所以，建筑节能对于促进能源资源节约和合理利用，缓解我国能源资源供应与经济社会发展的矛盾，加快发展循环经济，实现经济社会的可持续发展有着举足轻重的作用，也是保障国家能源安全、保护环境、提高人民群众生活质量、贯彻落实科学发展观的一项重要举措。因此，国家要求新建建筑(含改建、扩建)近阶段达到节能 50%的标准，经过一段时间的努力，则要达到节能 65%的目标。为此，对设计、建造、监理提出了新的明确的工作要求和行为责任。

建筑节能包括一系列明确的活动。较原则地说，建筑节能是指在区域规划、城镇体系规划、城市总体规划和建筑的规划(包括布局、形状和朝向等)、设计、施工、安装和使用过程中，按照有关建筑节能的国家、行业和地方标准，对建筑物维护结构采取保温隔热措施，选用节能型用能系统(指与建筑物同步设计、同步安装的用能设备和设施)、可再生能源(如太阳能、风能、水能、地热)利用系统及其维护保养，保证建筑物(城镇公共建筑、居住建筑)使用功能和室内环境质量，切实降低建筑能源消耗，更加合理、有效地利用能源等活动。建筑围护结构指建筑物及房间各面的围挡物，如墙体、屋顶、地面等。其中直接与外界空气环境接触的围护结构称为外围护结构，如外墙、外窗、屋顶等；内围护结构不与外界环境接触，如内墙、楼地面等。

提高建筑围护结构保温隔热性能的方法主要有以下几种。

(1) 尽量减少建筑物的体形系数。体形系数是建筑物的表面积和体积之比，表面积大，则耗能高。

(2) 选择适当的窗墙面积比，采用传热系数小的窗户，如中空玻璃塑料窗、断热桥的铝合金中空窗、解决好东西向外窗的遮阳问题等。节能建筑不宜设置凸窗和转角窗。

(3) 尽量减小屋面和外墙的传热系数，增强屋面和外墙的保温隔热性能。武汉地区夏季屋顶水平面上的太阳总辐射照度日总量是北向墙面上的 2.97 倍，是南向墙面上的 2.59 倍，是东、西向墙面上的 1.96 倍，屋面是提高顶层房间室内热环境的重点。外墙采取合理的外保温体系，既可有效地提高保温隔热性能，同时还可以解决外墙常见的开裂、渗水等现象。通过对大量建筑的计算分析，在目前大多数建筑中都要采取外保温才能达到节能标准的要求。通过采用浅色饰面面层材料反射阳光，也可从一定程度上增强外墙和屋面夏季隔热能力。

## 6.3.4 建筑节能工程监理依据

建筑节能工程监理依据如下。

(1) JGJ 134—2010《夏热冬冷地区居住建筑节能设计标准》。

(2) GB 50189—2015《公共建筑节能设计标准》。

【参考图文】

(3) JG 149—2003《膨胀聚苯板薄抹灰外墙外保温系统》。

(4) JG/T 158—2013《胶粉聚苯颗粒外墙外保温系统材料》。

(5) JGJ 144—2004《外墙外保温工程技术规程》。

(6)《民用建筑节能工程施工质量验收规程》。

(7)《民用建筑节能工程现场热工性能检测标准》。

(8)《水泥基复合保温砂浆建筑保温系统技术规程》。

## 6.3.5 建筑节能工程监理控制要点及目标值

### 1. 节能工程材料检验

外墙保温系统各组成材料应提供产品合格证、出厂检验报告(有限期两年的型式检验和出厂检验)和现场抽样送检复试报告。保温系统各常用材料主要性能指标应符合《住宅建筑节能工程施工质量验收规程》(DGJ 08—113—2005)附录E的规定。外墙保温工程施工现场如图6.7所示。

【参考视频】

图6.7 外墙保温工程施工现场

节能工程材料检验见表6-2。

表6-2 节能工程材料检验

| 检验类型 | 具体要求 |
| --- | --- |
| 进场检验批 | 1．膨胀聚苯板(EPS)、挤塑聚苯板(XPS)、聚氨脂硬泡体每5000m$^2$为一批；<br>2．胶粉聚苯颗粒保浆料(外保温)每10t为一批；<br>3．外保温系统的界面剂(界面砂浆)、胶粘剂、抹面砂(胶)浆、抗裂砂浆、增强抗裂腻子均为同一厂家生产的同一品种，同一批的产品至少抽样一次；锚固件(外保温)每种基层做一组，每组为3件做拉拔强度试验；<br>4．内保温系统的黏结石膏、粉刷石膏砂浆、耐水腻子均为同一厂家生产的同一品种，同一批的产品至少抽样一次 |
| 检验报告 | 1．采用胶粉EPS颗粒保温浆料外墙外保温系统的抗拉强度检验；<br>2．外保温系统其他型式检验项目参见JGJ 144—2004《外墙外保温工程技术规程》第4.0.6条 |
| 现场抽样送检 | 1．EPS板薄抹灰外墙外保温系统的基层与胶粘剂拉伸黏结强度检验。黏结强度不应低于0.3MPa，并且黏结界面脱开面积不应大于50%；<br>2．胶粉EPS颗粒保温浆料外墙外保温系统的保温层硬化后，应现场取样做胶粉EPS颗粒保温浆料干密度检验。干密度不应大于250kg/m$^3$，并且不应小于180kg/m$^3$。现场检验保温层厚度应符合设计要求，不得有负偏差 |

## 2．外墙保温系统监理控制要点

外墙保温系统监理控制要点见表6-3。

表 6-3　外墙外保温系统监理控制要点

| 外墙保温系统类型 | 控制要点 |
| --- | --- |
| EPS 板薄抹灰 | 1．建筑物高度在 20m 以上时，在受负风压作用较大部位宜采用锚栓辅助固定；<br>2．粘贴 EPS 板时，应将胶粘剂涂在 EPS 板背面，涂胶粘剂面积不得小于 EPS 板面积的 40%；<br>3．板材应按顺砌方式粘贴，竖缝应逐行错缝，粘贴应牢固，不得有松动和空鼓；<br>4．墙角处应交错互锁，门窗洞口四角处板材不得拼接，应采用整块板切割成型，板材接缝应离开角部距离至少 200mm |
| 胶粉 EPS 颗粒保温浆料 | 1．保温层设计厚度不宜超过 100mm；<br>2．施工时应分遍抹灰，每遍间隔时间应大于 24h，每遍厚度不宜超过 20mm。第一遍抹灰应压实，最后一遍应找平，并用大杠搓平 |
| EPS 板现浇混凝土 | 1．板材两面必须预喷刷界面砂浆；<br>2．板材高度宜为建筑物层高，宽度宜为 1.2m，每平方米应设 2～3 个锚栓 |
| EPS 钢丝架板现浇混凝土 | 外墙外保温系统及机械固定 EPS 钢丝网架板外墙外保温系统监督要点参见 JGJ 144—2004《外墙外保温工程技术规程》的有关规定 |

## 6.3.6 建筑节能监理工作的方法及措施

### 1．施工准备阶段的监理工作

(1) 工程施工前，总监理工程师组织监理人员熟悉设计文件、国家和本市有关建筑节能法规文件与本工程相关的建筑节能强制性标准，参加施工图会审和设计交底。

(2) 审查建筑节能设计图纸是否经过施工图设计审查单位审查合格，未经审查或审查不符合强制性建筑节能标准的施工图不得使用。

(3) 建筑节能设计交底。项目监理人员参加由建设单位组织的建筑节能设计技术交底会，总监理工程师对建筑节能设计技术交底会议纪要进行签认，并对图纸中存在的问题通过建设单位向设计单位提出书面意见和建议。

(4) 建筑节能工程开工前，总监理工程师应组织专业监理工程师审查承包单位报送的建筑节能专项施工方案和技术措施，提出审查意见。

### 2．施工阶段的监理工作

(1) 监理工程师应按下列要求审核承包单位报送的拟进场的建筑节能工程材料/构配件/设备报审表(包括墙体材料、保温材料、门窗用品、采暖空调系统、照明设备等)及其质量证明资料，具体如下。

① 质量证明资料(保温系统和组成材料质保书、说明书、型式检验报告、复验报告，如现场搅拌的黏结胶浆、抹面胶浆等，应提供配合比通知单)是否合格、齐全，是否与设计和产品标准的要求相符，产品说明书和产品标识上注明的性能指标是否符合建筑节能标准。

② 是否使用国家明令禁止、淘汰的材料、构配件、设备。

③ 有无建筑材料备案证明及相应验证要求资料。

④ 按照委托监理合同约定及建筑节能标准有关规定的比例，进行平行检验或见证取

样、送样检测。对未经监理人员验收或验收不合格的建筑节能工程材料、构配件、设备，不得在工程上使用或安装；对国家明令禁止、淘汰的材料、构配件、设备，监理人员不得签认，并应签发监理工程师通知单，书面通知承包单位限期将不合格的建筑节能工程材料、构配件、设备撤出现场。

(2) 当承包单位采用建筑节能新材料、新工艺、新技术、新设备时，应要求承包单位报送相应的施工工艺措施和证明材料，组织专题论证，经审定后予以签认。

(3) 督促检查承包单位按照建筑节能设计文件和施工方案进行施工。总监理工程师审查建设单位或施工承包单位提出的工程变更，发现有违反建筑节能标准的，应提出书面意见加以制止。

(4) 对建筑节能施工过程进行巡视检查。对建筑节能施工中墙体、屋面等隐蔽工程的隐蔽过程、下道工序施工完成后难以检查的重点部位，进行旁站或现场检查，符合要求予以签认。对未经监理人员验收或验收不合格的工序，监理人员不得签认，承包单位不得进行下一道工序的施工。

(5) 对承包单位报送的建筑节能隐蔽工程、检验批和分项工程质量验评资料进行审核，符合要求后予以签认。对承包单位报送的建筑节能分部工程和单位工程质量验评资料进行审核和现场检查，应审核和检查建筑节能施工质量验评资料是否齐全，符合要求后予以签认。

(6) 对建筑节能施工过程中出现的质量问题，应及时下达监理工程师通知单，要求承包单位整改，并检查整改结果。

**3. 竣工验收阶段的监理工作**

(1) 参与建设单位委托建筑节能测评单位进行的建筑节能能效测评。

(2) 审查承包单位报送的建筑节能工程竣工资料。

(3) 组织对包括建筑节能工程在内的预验收，对预验收中存在的问题，督促承包单位进行整改，整改完毕后签署建筑节能工程竣工报验单。

(4) 出具监理质量评估报告。工程监理单位在监理质量评估报告中必须明确执行建筑节能标准和设计要求的情况。

(5) 签署建筑节能实施情况意见。工程监理单位在《建筑节能备案登记表》上签署建筑节能实施情况意见，并加盖监理单位印章。

## 6.4 环境保护工程监理实例

### 案例引入

### 6.4.1 工程简介

某报业大厦二期会议中心工程进行装饰改造，施工中大量拆除了原有旧装修，施工单位配合建设单位对原有结构进行安全鉴定，对各个部位进行了结构改造并加固，确保了整体结构的安全及牢固性，装饰现场如图 6.8 所示。会议中心的多功能厅按设计要求采用明龙骨吊顶，铺装 600mm×600mm 硅钙板，层高 4.2m，吊顶面积 300m$^2$。装饰公司因没有防水工程施工资质，故将卫生间地面的防水施工项目分包给某防水公司。根据设计要求，该卫生间地面防水施工采用新材料——JS 防水涂料，该材料为绿色产品，防水效果好，蓄水试验无渗漏。监理人员在装饰施工过程中还特别注意了环境工程的监理工作，施工检查中发现下列情况：①室内一自动扶梯未安装，预留洞周边未见防护措施；②工人将一碘钨灯灯头放在已做好的吊顶龙骨上用于照明；③木制品加工间的电锯正在使用，无防护罩。工程完工后，经业主组织有关各方人员进行验收，工程质量验收合格。

图 6.8　某工程装饰现场

## 经验分享

### 6.4.2 监理经验分享

某报业大厦工程项目通过工程公开招投标，确定某公司承担该报业大厦装饰装修施工任务。在工程项目施工合同的签订中，双方约定工程的工期为 96d。在工程开工后，由于施工单位在施工过程中盲目追求施工进度，致使地面瓷砖施工质量验收不合格，存在平整度偏差过大和大面积的空鼓问题。专业监理工程师责令返工，返工拖延了下道工序墙面涂料和木门、防火门的施工。返工造成工期延误 8d，增加人工费、材料费共计 4000 元。为挽回拖延的工期，该装饰公司项目经理夜间加班进行涂饰施工，由于夜间施工不当，致使两名楼梯处刮涂工人从脚手架上跌落，1 人重伤，1 人轻伤，直接经济损失 1.2 万元。赶工费共计增加 3.2 万元。该装饰公司在合同约定的时间内完成了建筑装饰装修工程的施工任务，并通过验收。

## 6.4.3 针对性分析

本案例中针对工程监理工作宜做以下分析。

(1) 工程的质量、进度、成本、安全是辩证统一的关系。

① 不合理的工程施工进度安排，将会影响工程施工质量水平、增加工程的施工成本。同时，也会为工程现场施工的安全管理留下较大的隐患，导致工程安全事故的发生。

② 合理的施工进度安排，通过加强现场技术交底和质量管理，能够科学、有效地保证施工质量，降低工程施工成本。合理安排施工进度，也将安全管理和控制的工作进行全面部署和检查，从而避免工程安全问题的发生。

③ 工程现场施工必须贯彻“安全第一，预防为主”的原则，需要对质量、进度、成本、安全进行综合管理和控制，并作为一个统一的系统统筹考虑，需要反复协调和平衡，力求实现整个目标系统最优。

(2) 当发现进度计划不能适应工程现场实际情况时，为确保工程进度目标的实现，需要对原有进度计划进行调整，以新的进度计划作为进度控制的依据。进度计划的调整方法有：通过缩短某些工作的持续时间来缩短工期；通过改变某些工作之间的逻辑关系来缩短工期。

在进度调整中，应做好质量、成本、安全等方面的工作。

① 在进度调整中，应做好技术交底、质量控制点设置、质量检验工作等，保证工程施工质量符合合同要求和标准规范。

② 采用各种进度调整措施一般都会增加成本，因此在调整施工进度计划时，应利用费用优化的原理选择费用增加量为最小的关键工作作为压缩对象，保证工程的施工增加成本最低。

③ 施工进度加快的同时应更好地加强安全管理工作，做好安全交底和安全教育、安全检查、安全监督等管理工作，保证装饰装修工程项目的施工安全。

因此，在进度调整过程中，应综合考虑工程的质量、成本、安全的关系，确保工程计划目标的实现。

(3) 本例中1人重伤，1人轻伤，直接经济损失1.2万元，属于一般质量事故。赶工费用的发生，是该装饰公司质量不合格造成工期拖延而赶工所致，属于承包商自身的责任，非发包方的责任，不存在承包商向发包方索赔的事件。

(4) 明龙骨吊顶工程质量控制要点如下。

① 吊顶标高、造型应符合设计要求。

② 饰面材料的材质、品质、规格、图案、颜色要符合设计要求。

③ 饰面材料安装应稳固严密、色泽一致。

④ 饰面面板上的灯具、烟感器、喷淋头、风口等设备的位置，应合理美观，交接吻合严密、牢固。

(5) 对防水基层质量要求是：基层必须密实、牢固、干净、无浮土；水泥砂浆与基层结合牢固；找平层泛水坡度一般为1%，并排水通畅；水泥砂浆与保护层厚度要符合要求、表面平整、坡度正确。在装饰施工过程中，严禁违反设计文件要求擅自改动建筑主体承重结构或主要使用功能，严禁未经设计确认和有关部门批准擅自拆改水、暖、电、气、通水等配套设施。

(6) 在安全生产方面存在的问题如下。

① 施工预留孔洞四周必须搭设防护栏，洞口用安全网封严。

② 施工临时用电不能使用碘钨灯，更不能将其放在吊顶龙骨上，以防施工人员触电受伤。

③ 用于施工中的电锯必须有防护罩，以防出现意外，伤害操作者。

**环保控制**

## 6.4.4 环境保护工程监理

自 20 世纪 80 年代我国正式开展工程监理工作以来，在确保建设工程质量、提高建设水平、充分发挥投资效益方面起到了重要作用。但多年来环境保护未能纳入工程监理，导致施工阶段环境污染和生态破坏问题日益突出。中国改革开放以后，利用外资的工程建设项目逐渐增多，国际金融机构提供给我国贷款的项目均要求实行工程环境监理。同时随着市场经济体制改革的深入进行，我国在建设项目管理方面逐步实行了企业法人制、工程招投标制、工程监理制等制度，加强建设项目施工期的环境管理，进行施工期的工程环境监理已势在必行。

目前，我国建设项目环境管理实行的是建设项目环境影响评价和“三同时”两项管理制度，管理工作两个重点为建设项目的环保审批和竣工验收。这种管理模式对工业项目的建设是可行的、有效的，因为其主要环境影响在项目建成运营后才较为突出。而交通、水利、铁路、水电、石油(天然气)开发及管线建设等施工期较长的工程，在勘探、选线阶段就对生态环境产生影响，如果在漫长的施工建设期间不注意生态环境保护，而等到竣工验收时，其景观破坏和生态环境影响已经不可逆转。在建设项目环境影响报告书批复之后，“三同时”竣工验收之前的施工阶段是薄弱环节，是环境管理的“哑铃现象”。

对生态环境影响较大的建设项目实施工程环境监理，可以使环境管理工作进入整个工程项目建设中，变事后管理为全过程管理，是我国环境管理的一次飞跃。在工程环境监理方面，国家重点工程项目有不少已经进行了有益的尝试，并取得了良好效果。

黄河小浪底工程是部分利用世界银行贷款项目，世界银行专家在关注工程的同时，就提出环境监理要求，在编制招标文件时，也要求列入环境保护条款。1993 年，小浪底建管局成立了资源处。1995 年 9 月，环境监理工程师进驻工地，在施工后和移民安置区开展了环境监理工作，这在我国水利水电工程建设中尚属首次。实践证明，小浪底工程建设引入的工程环境监理，是一种先进的环境管理模式，它能和工程建设紧密结合，将环境管理工作融入整个工程实施过程中，变被动的环境管理为主动的环境管理，变事后管理为过程管理，有效地控制了工程施工期的生态破坏问题。

## 案例引入

### 6.4.5 环境监理工作方案

【参考视频】

西气东输焦作—安玻天然气支线工程西起河南省博爱分输站，途经武陟县、修武县、获嘉县、新乡市、卫辉市、淇县、鹤壁市、汤阴县至安阳市，线路全长200km。项目总投资26400万元。全线设工艺场站4座，预留分输阀室5座。穿越大小河流11次(含南水北调工程3次)，公路37次，铁路4次。管道敷设区域环境现状基本以农田为主。全部工程项目由一家环境监理单位承担。

接受委托并与建设方签订环境监理合同以后，环境监理机构在项目总监理工程师的主持下，根据委托监理合同，结合工程的具体情况，在广泛收集工程信息和资料的前提下，编制项目环境监理工作方案。环境监理工作方案是开展环境监理工作的指导文件，也是主管机关对环境监理单位监督管理的依据，还是业主确认监理单位履行合同的主要依据。环境监理工作方案一般应包括以下内容。

**1. 工程简介**

包括建设工程项目名称、建设地点、工程项目组成及规模、工程总造价、环保投资、工程工期计划、工程设计单位、施工单位、其他监理单位名称等。

**2. 监理工作依据**

主要是工程建设、环保方面的法律、法规、政策；工程建设和环境保护的各种规范、标准；项目环境影响评价报告及审批机关的批复意见；政府批准的建设文件、环境监理委托、合同文件。针对某些行业，国家环保总局颁布的技术政策也作为环境监理工作的依据，如《矿山生态环境保护与污染防治技术政策》。

**3. 监理工作目标**

明确指出环境影响评价报告书中有关施工期污染防治措施及生态环境保护措施的具体要求，以保证其落实作为环境监理的工作目标。

**4. 监理工作范围**

工程环境监理单位所承担的环境监理任务的工程范围，如果承担全部工程项目的环境监理任务，监理范围为全部建设工程，否则应按标段或子项目划分确定的监理工作范围。

**5. 监理工作主要内容**

(1) 施工准备阶段应检查设计文件及施工方案是否满足环境保护要求，如有违背，应协助做好优化设计和改善设计工作，参与设计单位向施工单位的技术交底。

(2) 施工阶段应根据环境影响评价报告书中有关施工期污染防治措施及生态环境保护措施的具体要求，确定环境监理工作主要内容，分废水、废气、固废、噪声、生态5个方面详细列出监控内容。

(3) 验收阶段督促、检查施工单位及时整理竣工文件、资料，提出监理意见，提交环境监理报告，参与业主组织的工程竣工验收和环境保护主管部门组织的环保监测验收。

(4) 根据业主委托和授权参加工程施工合同草案的拟订、协商、修改、审批、签署等，重点对施工期污染防治措施及生态环境保护措施严格落实到位，以及对建设项目“三同时”内容进行约定。

**6．监理工作程序**

对于不同的环境监理工作内容，分别制定工作程序，一般表达为监理工作流程图。

**7．监理措施**

包括组织措施和技术措施两个方面。组织措施应建立健全的环境监理组织，完善职责分工及有关制度，责任落实到人。监理单位应配备必需的人、财、物，确保监理工作的顺利开展。所有监理人员应熟悉环境保护有关法律、规定，具备环境保护、环境工程、工程建设和工程监理的专业知识。技术措施应根据不同项目产污环节及生态影响的特点分别制定。

**8．监理机构设置、岗位职责**

监理机构的组织形式根据建设工程的组织管理模式进行制定，建立组织结构图。根据建设工程行业类别、规模及施工标段的多寡合理配备监理人员数量。监理人员数量还应根据建设工程进程情况进行合理安排调整，从而满足不同阶段环境监理工作的需要。

### 6.4.6 职业健康安全管理

职业健康安全是事关国计民生、直接影响社会安定的大事，国家高层领导多次指示，强调安全生产要上升到讲政治的高度来抓。因而建筑业依据 GB/T 28001—2011《职业健康安全管理体系要求》建立了建筑业职业安全健康管理体系，系统地进行安全管理是非常重要的。

由于职业安全健康在公司中处于重要的特殊地位，其影响范围涉及公司内的所有人员和全部财产安全，因此，企业的法人代表是本企业安全生产的第一责任人，对安全生产负有直接责任，因而要亲自抓，只有这样才能确保职业健康安全管理体系各要素在公司各职能部门和各层次得到顺利实施。职业安全健康管理体系在正常运行中，各员工及各管理人员都严格按照岗位工作程序工作，任何人都无权干扰或改变工作程序。如果改变某种工作程序，必须遵守文件管理控制程序的规定，变更要受到多方限制和监督，杜绝工作的随意性。领导首先要理解标准、掌握程序，才能按程序办事，使企业有条不紊、井然有序地稳步发展。

【参考图文】

只有组织结构合理、人人职责明确、资源配置充足，才能保证公司的职业健康安全管理体系在运行过程中取得良好的绩效。每个企业都必须建立以第一责任人为核心的分级负责层层把关的安全生产、文明施工目标责任制，并将目标责任落实到施工现场，落实到施工现场的每一个班组、每一个环节，做到责任到位、措施到位、考核到位；特别是要根据施工队伍分散、流动性强、员工组成复杂的特点，适时地调整安全监控方式，健全安全管理机构，不留死角，使安全管理渗透到公司方方面面，保持三级安全管理模式并强化末级(班组)的安全管理，做到“三保”，个人保证不出事故，从而保证班组不出事故。这样层层保障，降低事故频次；同时每个项目部无论大小都必须设立一名以上的安全管理人员，对零星小工地要加强监管，杜绝“小工程大事故，小环节大隐患”。要形成一个严密的横到边、纵到底的三级安全管理网络。施工安全管理工作做到机构人员责任落实，层层有人管，事事有人抓，使各项工作落到实处。

职业健康安全教育是贯彻职业健康安全方针、实现安全施工文明生产、提高员工安全意识和素质、防止产生不安全行为、减少人为失误的重要途径。其重要性首先在于提高组织管理者及员工具有的安全生产的责任感和自觉性，帮助其正确认识和学习职业健康安全安全法规的基本知识；其次是能够普及和提高员工的安全技术，增强安全操作技能，从而保护自己和他人的健康安全。全员培训充分体现了“预防为主”的思想，体系强调所有过程事前、事中和事后全过程控制，培训教育是预防事故的第一步，通过教育普及安全知识，提高企业全员的安全意识。从“要我安全”转为“我要安全”“我懂安全”“我能安全”，这是安全意识的飞跃，这种飞跃来自经常的反复的安全再教育。“三级教育”是员工上岗教育的第一步，必须认真切实地做好。班组教育是安全工作的前沿阵地教育，这是每天都必须进行的，班组教育的目的在于提高操作人员的必备的应知应会技能，提前预防在操作中可能出现的危险因素，防患于未然。

职业安全健康监督检查是消除隐患、防止事故、改善劳动条件的重要手段，是“安全第一、预防为主”方针的具体体现，是企业职业健康安全管理工作的一项重要内容。通过职业健康安全检查可以发现企业及生产过程中的危险因素，以便有计划地采取预防措施，保证安全生产；同时依据国家法规及国家标准、行业标准、地方标准，分析评价出现的问题；并在建设项目前期，分析、预测该建设项目存在的危险、有害因素的种类和危险、危害程度，提出科学合理和可行的职业健康安全设计和管理方案。

职业健康安全管理体系的关键在于实施和保持，目的在于控制危险因素的发生，保证企业员工身心健康。要实施和保持并做到持续改进，并非是靠几个人、几个部门就能做好的，只有企业的全体员工在思想上有高度的责任感，在行动上落实下来，才能防患于未然。

## 6.5 风险管理工程案例

### 案例引入

### 6.5.1 工程简介

某宾馆大堂改造工程，业主与承包方签订了工程施工合同。施工合同规定：石材及主要设备由业主供应，其他建筑材料由承包方采购。施工过程中，订购了一批钢材(H 型钢)，钢材运抵施工现场后，经检验发现承包方未能提交该批材料的产品合格证、质量保证书和材质化验单，且这批材料外观质量不合格。业主经与设计单位商定，对主要装饰石材指定

了材质、颜色和样品，并向承包方推荐厂家，设计单位向施工单位进行设计交底和图纸会审后，承包方与生产厂家签订了石材供货合同。厂家将石材按合同采购量送达现场，进场时经检查该批材料颜色有部分不符合要求，监理工程师通知承包方支付退货运费，承包方不同意支付，厂家要求业主在应付承包方工程款中扣除上述费用。

该宾馆对客房进行改造的装修面积为4000m$^2$。某施工单位根据领取的招标文件和全套施工图，利用低价投标策略并中标。该施工单位于2004年11月18日与业主签订了固定总价施工合同，总价包干，合同工期为90d。合同造价为248万元，其中已包括风险费。主要装修材料由业主提供，并运至施工现场。合同规定工程发生设计变更、现场条件变化和工程量增减都不得调整合同价格。施工单位于2004年11月25日按照业主的开工指令进场施工，开工后10d，业主对客房的装修设计进行较大变更，并增加了客房衣柜与窗套施工，并以设计变更形式发给施工单位。该施工单位收到设计变更后，对设计变更引起的工程造价进行预算，增加工程造价约30万元。该施工单位及时向业主提出30万元的索赔要求。工程进行了一个月后，业主因资金不到位，不能按期支付工程进度款，口头要求承包商暂停施工20d，承包商也口头答应。恢复施工后不久，2005年1月14—21日，因罕见的暴风雪导致交通受阻，订购的几种主要装修材料滞留在运输途中，不能按时进场，导致停工7d，施工单位春节期间按有关规定放假7d，没有施工。施工单位向业主提出顺延工期34d。

## 6.5.2 针对性分析

该工程案例存在的监理工作针对性分析如下。

(1) 某宾馆大堂改造中的钢材是不允许在工程中使用的。该批钢材无“三证”：合格证(厂家出具的检验证明)、钢材力学性能复试报告、销售单位备案证。承包方应提交合法的钢材“三证”，若不能提交，进场钢材应退场；若能提交合法的钢材“三证”，并经检验合格，方可用于工程；若检验不合格，该材料不得使用。

(2) 业主指定石材的材质、颜色和样品是合理的。要求厂家退货是合理的，因为厂家供货产品不符合购货合同质量标准要求。退货是由于厂家的违约造成的，厂家应该承担相应责任，那么厂家要求承包方支付退货运费不合理。然而，业主代扣退货运费款的做法是不合理的。因为购货合同是承包方与生产厂家签订的，业主是非法律关系的主体，且运费由承包方承担。石材退货的经济损失由供货厂家违约造成，故责任在供货厂家。

(3) 该宾馆客房改造工程项目采用固定总价合同是合理的。固定总价合同适用于工程量不大且能够按标准计算、设计图纸完备、工期较短、技术不太复杂、风险不大的项目，该工程基本符合了这些条件。根据《合同法》的有关规定，建设工程合同应当采取书面形式，合同变更也应当采取书面形式。本项目中业主口头要求临时停工，承包商也口头答应，是双方的口头协议，且事后并未以书面的形式确认，所以在本项目中所采取的合同变更形式不妥。

(4) 承包商的索赔要求成立必须同时具备以下4个条件。

① 与合同相比较，已造成了实际的额外费用或工期损失。

② 造成费用增加或工期损失的原因不属于承包商的行为责任。

③ 造成的费用增加或工期损失为不应由承包商承担的风险。

④ 承包商在事件发生后的规定时间内提交了索赔的书面意向通知和索赔报告。

(5) 因设计变更提出的索赔要求不合理，原因如下。

① 承包商应该对自己就合同文件的解释负责。

② 承包商应该对自己报价的正确性和完备性负责。

③ 该施工合同为固定总价合同，合同约定因设计变更、现场条件变化、工程量增减都不得调整合同价格，因设计变更引起工程造价的增加，其相关风险应由承包商承担。

(6) 承包商可以提出的工期索赔为27d，原因如下。

① 因业主资金不到位，不能按期支付工程进度款，要求停工20d，业主对停工承担责任，顺延工期是合理的。

② 罕见的暴风雪属于双方共同的风险，应延长工期7d。

③ 春节期间已包含在合同期间内，春节放假是有经验的承包商所能预见的，是承包商应该承担的风险，不应考虑其延长工期的要求。

## 6.5.3 风险管理

风险管理就是一个识别、确定和度量风险并制定、选择和实施风险处理方案的过程。风险管理应是一个系统的、完整的过程，一般也是一个循环过程。

**1．风险管理过程**

风险管理过程包括风险识别、风险评价、风险对策决策、实施决策和检查。

(1) 风险识别是风险管理中的首要步骤，是指通过一定的方式，系统而全面地识别出影响建设工程目标实现的风险事件并加以适当归类的过程，必要时还需对风险时间的后果做出定性的估计。

(2) 风险评价是将建设工程风险时间的发生可能性和损失后果进行定量化的过程。这个过程在系统地识别建设工程风险与合理地做出风险对策决策之间起着重要的桥梁作用。风险评价的结果主要在于确定各种风险时间发生的概率及其对建设工程目标影响的严重程度，如增加投资的数额、工期延误的天数。

(3) 风险对策决策是确定建设工程风险时间最佳对策组合的过程。一般来说，风险管理中所运用的决策有以下4种：风险回避、损失控制、风险自留和风险转移。这些风险对策是适用对象不相同，需要根据风险评价的结果，对不同的风险事件选择最适宜的风险对策，从而形成最佳的风险对策组合。

(4) 对风险对策做出的决策还需要进一步落实到具体的计划和措施中，例如，制订预防计划、灾难计划、应急计划等；又如，在决定购买工程保险时，要选择保险公司，确定恰当的保险范围、免赔额、保险费等。这些都是实施风险对策决策的重要内容。

(5) 在建设工程实施过程中，要对各项风险对策的执行情况不断地进行检查，并评价各项风险对策的执行结果；在工程实施条件发生变化时，要确定是否需要提出不同的风险处理方案。除此之外，还需要检查是否有被遗漏的工程风险或者发现新的工程风险，也就是进入新一轮的风险管理过程。

**2．风险管理目标**

从风险管理目标与风险管理主体总体目标一致性的角度，建设工程风险管理的目标通常更具体地表述为如下几个方面。

(1) 实际投资不超过计划投资。

(2) 实际工期不超过计划工期。

(3) 实际质量满足预期的质量要求。

(4) 建设过程安全。

因此，从风险管理目标的角度分析，建设工程风险可分为投资风险、进度风险、质量风险和安全风险。

## 能 力 评 价

自 我 评 价

| 指　　标 | 应　　知 | 应　　会 |
|---|---|---|
| 1．建筑节能监理要点<br>2．建筑节能监理依据<br>3．建筑节能工作程序<br>4．环保监理要点<br>5．安全监理实施细则<br>6．装饰工程风险管理 | | |

## 多项选择题(答案供自评)

1．墙体节能工程当采用外保温定型产品或成套技术时，其型式检验报告中应包括(　　)检验。

A．安全性　　B．耐候性　　C．导热系数　　D．抗压强度

2．以下建筑节能分项工程，属于建筑类的有(　　)。

A．门窗节能工程　B．监测与控制节能工程

C．墙体节能工程　D．幕墙节能工程　E．采暖节能工程

3．夏热冬暖地区，门窗节能工程进场材料和设备的复验项目有(　　)。

A．气密性　　B．传热系数　　C．可见光透射比

D．中空玻璃露点　E．玻璃遮阳系数

4．地面节能工程应对(　　)进行隐蔽工程验收，并应有详细的文字记录和必要的图像资料。

A．基层　　B．保温层的敷设方式　　C．保温材料粘接

D．隔汽层　E．隔断热桥部位

5．下列检测项目中，(　　)是采暖、通风与空调、配电与照明工程的系统节能性能检测的主要项目。

A．通风与空调系统的总风量　　B．平均照度与照明功率密度
C．室内温度　　D．室外温度

6．以下关于风险管理的主要工作流程包含(　　)。
A．风险识别　　B．风险分析　　C．风险控制　　D．风险转移

7．下列风险对策中，属于非保险转移的有(　　)。
A．业主与承包商签订固定总价合同　　B. 在外资项目上采用多种货币结算
C．总承包商将专业工程内容分包　　D．业主要求承包商提供履约保证

8．在固定总价合同中，承包商的风险主要是(　　)。
A．价格风险　　B．工作量风险
C．不可抗力风险　　D．技术管理风险

9．下列工作中，属于建设工程风险识别过程中的核心工作的是(　　)。
A．建设工程风险分解　　B．识别建设工程风险因素
C．建设工程风险分类　　D．识别建设工程风险事件及后果

【参考答案】

10．以一定的方式中断风险源，使风险不发生或不再发生，这一风险对策称为(　　)。
A．风险回避　　B．损失控制　　C．风险自留　　D．风险转移

## 小 组 评 价

小组成员分别考察周边装饰建筑类型，搜集不同装饰材料的环保要求，了解国内外环保进展动态，然后团队成员交流探讨。以每位成员都共享监理经验并写出环保监理实施细则为合格。

**小组评价参考表**

| 成员姓名 | 工地考察表 | 考察照片或图样 | 小组交流 | 监理工作资料 | 备　注 |
|---|---|---|---|---|---|
| | | | | | 以每位成员都参与探讨为合格，主要交流实际工作体验，重点培养团队协作能力 |
| | | | | | |
| | | | | | |
| | | | | | |
| | | | | | |
| | | | | | |

# 学习情境5

# 设备安装工程监理

# 学习任务 7 组织协调——大型公共项目监理(某学院实验实训楼工程)



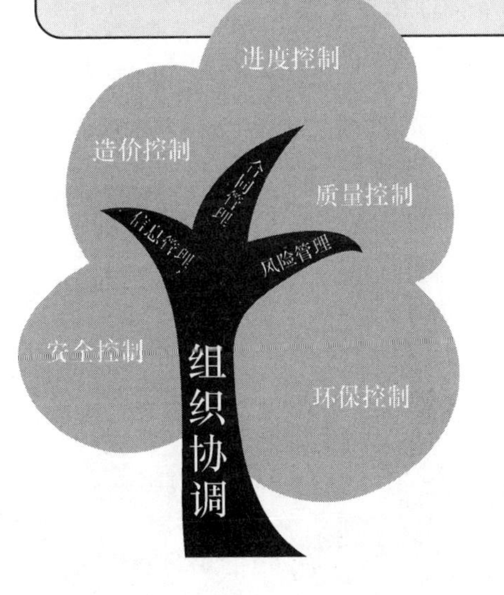

## 学习要求

| 岗位技能 | 专业知识 | 职业道德 |
|---|---|---|
| 1．及时提供技术资料<br>2．学会利用中介组织和社会管理机构的力量<br>3．密切配合设计交底、图纸会审、设计洽商变更、地基处理、隐蔽工程验收、交工验收等环节<br>4．能客观、公正地分析矛盾，合理地解决问题<br>5．能列出工地例会议题的要点 | 1．了解合同约定的相关责任和义务<br>2．了解合同执行中技术、经济、法律的关系<br>3．明确工程事故处理的程序<br>4．明确工程进程中组织协调工作的范围和重点<br>5．熟悉组织协调主要方法<br>6．了解工程事故处理的应急预案 | 1．体验与相关人员的密切配合<br>2．积极接受业主和相关方的协调<br>3．处理远外层关系中严格守法，遵守公共道德<br>4．体验尊重与服务在营造和谐氛围中的作用<br>5．尝试“原则性与灵活性”相结合的组织协调 |

## 能力拓展

1．日常生活中能区分内部关系、近外层关系和远外层关系，并列出明细表。
2．深入工程实际，列出施工项目组织内部的人际关系图。
3．跟踪实际工程，列出监理工作中的协调重点。
4．日常生活中体验如何处理人与人在管理工作中的联系和矛盾。
5．写出监理工作中组织协调的依据。
6．日常生活中实践“尊重他人与服务他人”。
7．学习相应标准，增强工程监理工作能力。

【参考图文】

([30] GB/T 28001—2011《职业健康安全管理体系要求》
[33] GB 50189—2015《公共建筑节能设计标准》)

## 案例引入

图 7.1　某学院实验实训楼

组织协调是建设工程监理的一项重要工作，贯穿于监理工作的全过程。通过监理进行有效的组织协调可以统一思想和行动，促进项目总目标和分目标之间、项目各组成部分、项目各环节的有机结合，促进项目参与各方彼此加强了解、交流、沟通和配合，促进项目质量、进度和造价的有效控制，提高项目实施的效率和效益。

组织协调是一种管理艺术和技巧，监理工程师尤其是总监理工程师应运用管理学、心理学、行为科学等方面的知识、技能、方法和工具开展组织协调工作。在协调过程中应站在多方面的角度考虑问题，充分考虑到各方的利益，尽量做到公正、科学、合理和合情，只有这样，监理工程师才能进行有效的组织协调。

# 7.1 组织协调工作范围、层次和重点

建立健全项目监理机构、明确项目监理人员的岗位职责是落实项目监理机构组织协调工作的前提和基础。同样，要使建设工程监理目标得以实现，项目监理机构应具备较强的组织协调能力。只有通过有效的组织协调，才能使影响监理目标实现的各方主体进行有机配合，促使各方协同一致，以实现预定目标。因此，组织协调工作贯穿于整个建设工程实施及其监理过程之中。

## 7.1.1 组织协调的目的

对项目实施过程中产生的各种关系进行疏导，对产生的干扰和障碍及时排除或缓解，解决各种矛盾、处理各种争端，使整个项目的实施过程处于一种有序状态，并不断使各种资源得到有效合理的优化配置，实现所监理项目的质量好、造价低、工期短，最终实现预期的目标和要求。

## 7.1.2 组织协调的范围和层次

项目监理机构组织协调的范围包括项目监理机构的内部协调和项目监理机构的外部协调。项目监理机构的内部协调包括与监理单位的内部协调和项目监理机构的自身组织内部协调，项目监理机构的外部协调又包括项目监理机构近外层协调和远外层协调。

各层次协调对象见表 7-1。

表 7-1 项目监理组织协调的范围、层次和主要协调对象

| 协调范围 | 协调层次 | 主要协调对象 |
|---|---|---|
| 项目监理机构的内部协调 | 与监理单位的协调 | 法定代表人、总经理、职能管理部门等 |
| | 自身组织内部协调 | 管理部门、各层次人员 |

续表

| 协 调 范 围 | 协 调 层 次 | 主要协调对象 |
|---|---|---|
| 项目监理机构的外部协调 | 近外层协调 | 基建处、勘察设计、审图单位、施工总承包单位、专业分包单位、供货商、招标代理单位等 |
| | 远外层协调 | 学校主管领导和职能部门(审计、财务、纪检等)、使用单位(院系)、质监站、政府审批管理部门、政府其他有关部门、保险公司、科研单位等 |

## 7.1.3 组织协调的重点

项目监理组织协调的重点见表7-2。

表7-2 项目监理组织协调的重点

| 协调范围 | 协调层次 | 主要协调对象 | 协 调 重 点 |
|---|---|---|---|
| 项目监理机构的内部协调 | 与监理单位的协调 | 法定代表人 | 取得授权，授权范围，授权变更 |
| | | 总经理 | 必要时组织总经理与学校主管领导和基建处领导的沟通 |
| | | 职能管理部门 | 取得公司各类资源支持。包括人员、技术、费用等 |
| | | 公司各层次人员 | 建立良好的同事关系，获得必要的专业技能支持等 |
| | 自身组织的内部协调 | 管理部门 | 建立工作制度和沟通方式，优化工作程序，理顺各部门的关系，协调各专业部门工作，明确各部门工作界面，消除工作矛盾等 |
| | | 各层次人员 | 量才录用、定位定岗、客观评价、和谐相处 |
| 项目监理机构的外部协调 | 近外层协调 | 基建处(业主) | 加强与业主沟通取得最大限度的支持，获得业主资金、技术、资料、设备和设施等资源支持，实施过程中取得进一步的授权，协调业主及各方关系，协调各类纠纷，及时汇报监理工作，反映项目实施状况等 |
| | | 勘察设计(审图单位) | 代表业主进行设计文件协调，参加设计交底和图纸会审会议，并提出有关设计修改建议，按程序进行工程变更协商，工程验收等 |
| | | 施工总包单位 | 施工准备协调，对施工过程中质量、进度、造价问题的协调，安全生产问题的协调，合同纠纷的协调，违约行为的协调，违反法律法规、规范标准问题的协调，资料文档管理的协调，工程验收的协调等 |
| | | 专业分包单位 | 分包工程范围和内容，分包单位的资质和能力，督促总承包单位对分包单位违规、违约行为进行管理等 |
| | | 设备、材料供货商 | 设备招标采购的协调，到场设备材料的验收，设备试运行 |
| | | 招标代理单位 | 代表业主参与业主指定分包工程和设备材料采购工作 |

续表

| 协调范围 | 协调层次 | 主要协调对象 | 协 调 重 点 |
| --- | --- | --- | --- |
| 项目监理机构的外部协调 | 远外层协调 | 学校主管领导 | 参加主管领导召集的会议，汇报相关阶段性工作，协调监理公司与主管领导的交流工作 |
| | | 职能部门(审计、财务、纪检等) | 执行和协调落实职能部门的工作要求，协商签署有关廉政协议，协调工程款支付，工程结算等 |
| | | 使用单位 | 参加基建处与各使用单位的协调会议并提出有关意见，参加使用单位的验收工作等 |
| | | 质监站 | 与质监站建立沟通渠道，接受监督检查，协调落实质监站提出的问题，汇报相关监理工作，协调质量安全事故的处理，协调验收工作等 |
| | | 政府其他管理部门 | 协助业主办理相关手续，为业主提供与政府协调过程中的技术支持，参与政府各相关管理部门对工程的验收 |
| | | 保险公司 | 协助业主进行工程投保工作 |
| | | 科研单位 | 代表业主协调科研单位与设计、施工等各项目参与单位的工作，参与科研成果的验收和应用 |

# 7.2 项目监理机构的组织协调

## 7.2.1 项目监理机构的内部组织协调

项目监理机构的内部组织协调主要从以下几方面进行。

**1．建立项目监理组织机构并明确各部门的组织管理关系**

明确各部门和各岗位的目标、职责和权限，制定监理工作制度和工作程序，并在监理规划中做出明确规定，在项目监理机构进场前的监理工作交底会议上明确。

**2．召开监理工作交底会议**

监理工作交底会议在项目监理机构进场前召开，由工程管理职能部门组织，工程主管副总主持，总工办、工程管理职能部门、行政职能部门和本工程总监理、专业监理工程师和相关监理人员等部门和人员参加。监理工作交底会议内容包括工程的概况、前期监理招投标工作介绍、监理工作的范围和内容、监理的组织机构及部门和人员的任务分工和岗位职责、项目监理机构的内外组织协调关系和协调任务分工(包括协调的负责人、协办人和配合人等)、监理的工作制度和工作流程、监理工作的主要方法和手段、监理的资料管理要求、监理工作的重点和难点、监理机构的组织纪律、监理机构的奖惩机制等。

**3．发挥总监理工程师的核心作用**

总监理工程师作为监理工作的负责人，首先应以身作则，起模范带头作用，自身的敬

业精神、实干精神将感染全体监理人员，使他们能主动、积极地开展监理工作；其次在工作中应尊重监理人员，在生活上关心他们，真心诚意地与他们处理好人际关系，树立个人威信，影响监理人员的思想和行为；最后，在人员安排上要人尽其才，在部门和人员任务分工上要清晰，在职责考核上要分明。根据每位监理人员的专业特点、工作经验、个人技能、性格特点、工作特点分配和指派任务，严格执行监理工作制度和工作流程，制定有效、公平的考核奖惩制度，做到不偏不倚、始终如一。在总监理工程师的带领下，使整个项目监理机构的工作和人际关系处于和谐、团结、互助的氛围中，促进整个项目监理机构内外组织协调工作的开展。

**4．建立内部沟通机制**

监理机构内部建立定期内部碰头会(每周一次，在工地例会的前一天召开)、工作交接班制、专业协调会和定期向公司进行工作汇报等制度。让各专业部门和各层次的监理人员及时从上下左右各层面沟通信息，全面了解工程实施情况和遇到的问题或矛盾，避免工作脱节，消除工作中的矛盾或冲突，取得技术和资源支持，从而统一思想、同舟共济、一致对外，提高内部的运行效率，防止监理工作的被动。

### 7.2.2 项目监理机构的外部组织协调

项目监理机构的外部组织协调主要从以下几方面进行。

**1．与业主的协调**

(1) 正确理解业主对建设工程总目标和分目标的要求；正确把握业主对监理的授权范围和内容；在授权范围内大胆决策；在授权范围之外的不擅自越权，只建议不决策；重大问题及时向业主报告；在工作中尽量取得业主的支持和理解；对业主的不合理决策尽量在监理和业主范围内进行沟通，利用适当时机、采取适当方式加以说明或解释，不主动激化矛盾，尽量达成共识，不能达成共识的原则性问题用书面方式说明原委，提醒业主，尽量避免发生误解，并保护好自己，使建设工程顺利实施。

(2) 处理好与基建处、职能部门(审计、财务、纪检等)、使用单位和学校主管领导的关系，在听取各部门意见后尽量与直接管理者基建处进行沟通，尽量要求业主的命令源的唯一性。

(3) 尊重业主，让业主一起参与建设工程全过程；处理好与业主人员的人际关系，建立和谐的工作关系，以规范化、标准化、制度化的工作去影响和促进双方工作的协调一致。

**2．与施工单位的协调**

(1) 明确双方的关系。双方是监理与被监理的关系，施工单位在施工时必须接受监理单位的检查监督，并为监理单位开展工作提供便利，落实监理单位提出的各项合理要求。

(2) 坚持严格要求和热情服务相结合。一方面，监理单位严格要求施工单位按规范、程序、标准组织施工；另一方面，监理单位鼓励施工单位将施工状况、施工结果、遇到的困难和意见向监理单位提出，加强沟通，共同寻找解决的途径和方法。双方了解得越多、越深刻，监理工作中的对抗和争执就越少，越有利于项目目标的实现。

(3) 注意协调的方法和技巧。在协调的工作方法上既要有原则性，也要注意灵活、合理性和可行性；在协调的方式上要注意语言的艺术性、感情的融合程度和用权的适度；双方既是监理与被监理的关系，也是“合作者”的关系。一般来讲，在重大问题上的分歧，与项目经理和各级管理者的协调优于与具体施工人员的直接协调；与组织管理体系的协调优于与个人关系的协调；上层关系的协调优于下层关系的协调。

**3．与设计单位的协调**

监理单位必须协调与设计单位的工作，以加快工程进度、确保质量、降低消耗。

(1) 充分贯彻设计意图。例如，在收到业主签发的设计施工图后，总监理工程师认真组织各专业监理工程师熟悉图纸，对图纸中存在的标准过高、设计遗漏、图纸差错等问题，通过业主向设计单位提出；参加设计交底会议，针对本工程情况与设计单位、科研单位、施工单位共同研究技术难点、施工难点等；施工过程中，严格按图施工；代表业主约请设计单位参与基础工程验收、结构工程验收、专业工程验收、竣工验收等工作；发生质量事故，认真听取设计单位的处理意见；等等。

(2) 对施工中发现的设计问题、施工单位提出的设计变更，及时通过业主向设计单位提出，组织各方会审；并注意设计变更处理的及时性和程序性。监理工程师联系单、设计变更通知单的传递严格按设计单位—业主—监理单位—施工单位之间的程序进行。

**4．与建设主管部门及其他单位的协调**

建设主管部门及其他单位对工程的建设起着一定的控制、监督、支持、帮助作用，协调好与这些单位的关系在一定程度上推进了项目的实施。

(1) 与工程质量监督站的协调。工程质量监督站是由政府授权的工程质量监督的实施机构，对勘察设计单位、招标代理单位、造价审计单位、监理单位、施工单位和供货单位的资质、工作行为和结果均进行定期和专项检查。监理单位一方面做好自身与工程质量监督站的交流和协调，另一方面配合各单位与工程质量监督站的沟通和协调，受到业主、监督站和各参与单位的好评。对于发生的质量事故，在施工单位采取急救、补救措施的同时，积极配合施工单位及时向监督站报告情况，接受检查和处理。

(2) 与消防管理部门的协调。督促施工单位进行现场消防设施的配置，配合施工单位接受消防部门的检查认可；并敦促施工单位在施工中注意防止环境污染，坚持做到文明施工。

(3) 与其他单位的协调。包括与保险公司、使用单位、职能部门、科研机构等单位的协调。一方面，监理单位与业主、施工单位积极配合，把握机会，争取各方面的关心和支持，营造良好社会环境的协调；另一方面，配合业主、施工单位处理好与各单位的协调，提供管理和技术性支持，及时消除分歧，确保建设目标的实现。

## 7.3 项目监理机构的组织协调方法

项目监理机构的组织协调主要采用交谈协调法、会议协调法、书面协调法和访问协调法，具体的形式、作用和特点见表 7-3。

表 7-3　项目监理机构的组织协调方法

| 协调方法 | 协调形式 | 主要使用对象 | 作　用 | 特　点 |
|---|---|---|---|---|
| 交谈协调法 | 面谈 | 各方协调 | 相互沟通信息，及时了解情况、减少矛盾，寻求共识和协调工作，下达指令等 | 双方容易接受;处理问题及时、方便；直接面对，实现目的的可能性大;等等 |
| | 电话交谈 | 各方协调 | | |
| 会议协调法 | 监理工作交底会 | 监理内部协调 | 是监理单位内部的交底会议，明确监理工作的内部相关事宜 | 内部统一认识和思想,事先协调内部工作 |
| | 第一次工地会议 | 各方协调 | 参与各方相互认识，明确授权和相互关系，介绍工程情况，明确制度和工作流程等 | 一次性会议，建立关系，明确职责，统一各方思想，促进工程开工等 |
| | 工地例会 | 各方协调 | 对工程实施情况进行全面检查，及时发现和处理问题，交流信息，处理和协调有关问题，协调争议，处理索赔和纠纷，统一步调，落实今后工作等 | 定期性、计划性强、针对性强 |
| | 专题会议 | 针对需要协调各方 | 讨论和处理重大问题，解决突出、突发问题等 | 专业性强、针对性强 |
| 书面协调法(主要形式) | 监理规划 | 各方协调 | 指导整个项目监理机构开展工作 | 指导性文件 |
| | 监理细则 | 监理内部协调 | 针对某一专业或某一方面监理工作的操作 | 操作性文件 |
| | 监理月报 | 各方协调 | 每月工程实施情况分析、监理工作的总结、下月工作计划等的报告，用于向业主和监理单位汇报工作 | 定期性、总结性、汇报性和计划性 |
| | 会议纪要 | 各方协调 | 记录会议过程和结果 | 会签性、共同遵守性 |
| | 监理通知单 | 施工方协调 | 发出监理要求和指令 | 指令性、要求回复性 |
| | 监理联系单 | 各方协调 | 与有关方面进行监理工作协调 | 沟通和协调相关工作 |
| | 申请审批表 | 施工方协调 | 针对施工单位申请的审查和批复 | 针对性强,承担审批责任 |
| | 开工/暂停复工指令 | 施工方协调 | 对施工单位行为发出的指令 | 针对性强、责任大 |
| | 旁站记录 | 施工方协调 | 关键部位或关键工序施工过程中监理活动的记录 | 实时性、针对性、强制性 |
| | 工程变更签证 | 各方协调 | 对工程在材料、工艺、功能、构造、尺寸、技术指标、工程量及施工方法等方面做出改变的签证 | 程序性、及时性、会签性 |
| | 支付凭证(证明) | 各方协调 | 对施工单位工程计量和费用申请的审核签证 | 真实性、符合性 |
| | 专题报告 | 各方协调 | 讨论和处理重大问题，解决突出、突发专业问题等编制的报告 | 专业性强、针对性强 |
| | 评估报告 | 各方协调 | 对某一问题、事件提出的分析、评价报告 | 客观性、科学性、专业性 |
| | 验收评估报告 | 各方协调 | 对施工过程和结果进行分析、评价的结论性报告 | 客观性、科学性、专业性 |
| | 监理总结 | 监理内部协调 | 总结整个监理工作的实施情况 | 全面性、客观性 |

续表

| 协调方法 | 协调形式 | 主要使用对象 | 作　用 | 特　点 |
|---|---|---|---|---|
| 访问协调法 | 走访协调法 | 各方协调 | 走访与工程相关的单位，解释情况、征求意见、增进了解、加强沟通等 | 解释性、互动性 |
| | 邀访协调法 | 各方协调 | 邀请与工程相关的单位，解释情况、征求意见、增进了解、加强沟通、指导巡视工作等 | 服务性、主动性 |

## 7.4　项目监理机构组织协调工作的具体实施

项目监理机构进行组织协调时，在遵循公正、独立、自主原则，权责一致原则，总监理工程师负责制原则，严格监理、热情服务原则，综合效益原则等基本组织协调原则的基础上，针对该工程情况着重做好以下组织协调工作。

### 7.4.1　明确监理人员组织协调职责

**1．总监理工程师组织协调职责**

(1) 建立项目监理组织机构，明确监理管理部门和人员的分工及岗位职责。

(2) 配备监理组织协调的资源。

(3) 负责整个项目监理机构对外、对内的组织协调工作。

(4) 确定本工程监理组织协调的范围、层次和对象。

(5) 确定本工程监理组织协调的重点。

(6) 制定监理组织协调的工作程序和制度。

(7) 确定监理组织协调的工作方法和手段。

(8) 指导、检查和监督监理人员的日常组织协调工作。

(9) 协助处理监理人员在监理组织协调工作中出现的问题。

(10) 与业主及时沟通，定期汇报工程进展情况和施工单位履约情况。

(11) 组织项目参与各方进行定期或不定期的沟通交流，及时解决各方矛盾。

(12) 主持召开各类协调会议，签署各类协调文件。

(13) 主持整理有关协调文件。

**2．专业监理工程师组织协调职责**

(1) 负责本部门、本专业或分工范围内的监理组织协调工作。

(2) 协助总监理工程师开展组织协调工作。

(3) 配合其他监理部门或专业的组织协调工作。

(4) 落实和实施监理组织协调的工作程序和制度。

(5) 指导、检查和督促本部门、本专业或分工范围内监理人员的日常组织协调工作。

(6) 对重大问题的组织协调及时向总监理工程师汇报和请示。

(7) 及时记录、编写和签署本部门、本专业或分工范围内协调工作情况报告，并定期向总监理工程师提交报告。

**3．监理员组织协调职责**

(1) 在专业监理工程师的指导下开展现场监理组织协调工作。

(2) 进场材料、构件、半成品、机械设备等的质量检查并见证取样。

(3) 旁站监理、跟踪(全方位、全过程)检查。

(4) 工序间交接检查、验收及签署。

(5) 负责工程计量、验方及签署原始凭证。

(6) 负责现场施工安全，防火的检查、监督。

(7) 坚持记监理日记，及时、如实填报原始记录。

(8) 及时报告现场发生的质量事故、安全事故和异常情况。

## 7.4.2 制定标准化协调处理程序

为了提高监理组织协调工作的效率，提高项目参与各方协同配合的效率，并使整个组织的协调工作做到有章可循，在监理工作实施前，除依据监理规范建立监理内部的监理规划编制制度，监理实施细则编制制度，设计交底及图纸会审制度，承包方质量体系检查制度，施工组织设计审批制度，分包单位资格审核制度，工程开工审核制度，工程例会制度，工程质量验收制度，安全监理工作制度，测量监理工作制度，工程用原材料、构配件、设备审批制度，取样送检见证制度，隐蔽工程验收制度，监理日记、旁站记录和监理月报编写制度，监理影像资料留存工作制度，监理资料管理制度，工程竣工验收工作制度，监理工作总结制度等内部管理制度外，项目监理机构还根据国家的有关法律法规、标准规范、本公司的质量管理体系文件及工作惯例等文件制定了标准的监理工作程序，有序地指导了各项监理协调工作的开展，明确了项目监理机构内部协调职责的分工和协作，明确了项目参与各方在工作流程中的外部职责分工和协作，很好地避免了监理组织协调的随意性和主观性。

项目监理机构主要工作程序如图 7.2 所示。

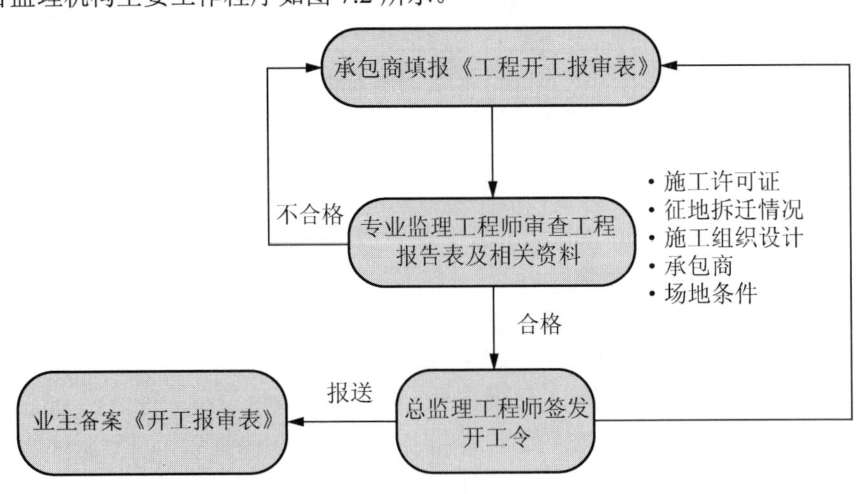


图 7.2　开工报告审核工作程序

## 7.4.3 工程监理过程中协调工作要求

项目监理机构在开展组织协调过程中，为了确保监理协调工作的权威性和可执行性，协调工作尽量做到“有据可依，有章可循”“以理服人，以德服人”；注重“原则性与灵活性”相结合，“管理与服务”相结合。营造良好、和谐的工作氛围，促进项目参与各方积极参与到对问题、矛盾的解决中来，同舟共济、群策群力，共同推进项目的建设。

**1．协调工作尽量做到“有据可依，有章可循”**

在具体协调工作中，始终贯彻项目建设过程各方必须执行国家和地方的有关工程建设的法律、法规和规范性文件；执行GB/T 50319—2013《建设工程监理规范》和GB 50300—2013《建筑工程施工质量验收统一标准》等相关标准、规范；履行《建设工程施工合同》和《建设工程监理合同》；按图施工，努力贯彻设计文件的精神；尊重参与各方企业颁发的质量管理体系文件；尊重业主的合法合理要求。

【参考图文】

**2．监理协调工作做到“以理服人，以德服人”**

尊重被协调各方提出的合法合理的要求，站在公正、公平的立场上分析、归纳突出的问题和矛盾，合理利用监理的技能和技巧积极寻找彼此可以接受的解决方法和途径，争取大多数人的共识，科学、合理地解决问题，以理服人。同时，在协调过程中监理人员严格遵守监理的职业道德，清正廉洁、作风正派、办事公允、以德服人。

**3．监理的协调工作坚持“原则性与灵活性”相结合**

监理人员在开展组织协调过程中除坚持做到有据可依、有章可循、科学规范、严格监理外，在工作方法和为人处事上因人、因事、因地而宜，灵活运用战略和战术及各种协调方法，不生搬硬套、不小题大做、不威胁利诱，抓大放小，尽可能促进被协调方自我机制的完善。

**4．监理的协调工作坚持“管理和服务”相结合**

工程监理的组织协调工作一方面坚持做好预控、检查、计量和验收等方面监督管理工作，同时，充分发挥监理的服务特性，在设计交底、设计变更、施工组织设计、钢结构吊装、设备采购和安装、科研攻关等方面提出了许多积极有益的建议，对及时处理设计与施工的矛盾、协调总分包之间的矛盾和科研成果的转化起到了积极的作用。

**5．协调争议营造和谐的工作氛围**

由于工程项目参建单位多、矛盾多、关系复杂，导致争议多、障碍多。包括目标争议、利益争议、合同争议、管理争议、责任争议、技术争议、工期争议、费用争议、企业争议、部门争议、人事争议等，错综复杂。工程监理人员紧紧抓住项目的组织管理关系、合同责任关系、法律规范关系和技术配套关系等各项关系，通过对争议问题的调查，及时发现问题，暴露制约争议解决的因素，积极沟通协调，化解矛盾，达成共识。使参建各方减少摩擦，消除对抗，树立整体思想和全局观，协同作战，营造良好和谐的工作氛围，确保监理目标的实现。

## 7.4.4 最大限度尊重被协调各方利益

由于工程项目参与各方追求的目标不同、服务对象不同、职责不同等原因，如质监站追求的目标是监督建设过程参与各方的行为和结果必须符合国家的法律法规和规范标准，服务的对象是政府相关主管部门，职责是承担社会公共管理职能；而监理单位追求的目标是使整个建设项目达到预期的建设目标，服务的对象是业主，职责是履行监理委托合同并对整个建设过程的质量、进度、造价和安全生产进行有效的控制。因此，项目监理机构在进行组织协调工作过程中，充分考虑项目参与各方的利益，在尽可能维护业主最大利益的同时最大限度地尊重设计、施工、质监站等各参与单位的利益，本着遵守法律法规、尊重科学和事实的精神严格按图施工、履行合同和规范标准，树立监理机构的良好形象，建立监理机构组织协调工作的公信力，大大提高了监理机构组织协调工作的效率。

## 7.4.5 积极协调处理工作问题

一方面，大型公共项目监理技术复杂程度高、参与单位多；另一方面，各参与单位都从维护自身利益出发，避免在完成自身任务过程中承担过多的责任。因而在项目实施过程中各方产生了许多矛盾和纠纷，这些矛盾和纠纷又经常具有突发性、临时性和冲突性，如不及时解决势必引发矛盾的激化，引起工程的索赔，影响工程的进程，严重时会诱发工程的质量安全事故。因此，在本工程监理工作中，实行了由总监理工程师统抓整个项目的监理组织协调工作，各专业监理部门负责本专业工程的监理组织协调工作，通过例会、专题会议、往来文件、口头协调等方法和手段及时协调各类矛盾，处理突发的问题，努力做到“不回避、不隐瞒、不拖延”，使矛盾和纠纷及时得到解决，促进了项目参与各方的协同配合，也使整个监理组织协调工作的效率得到大大提高。

# 能力评价

自我评价

| 指　标 | 应　知 | 应　会 |
|---|---|---|
| 1．沟通的原则<br>2．沟通的技巧<br>3．沟通的人员<br>4．主动沟通 | | |

## 多项选择题(答案供自评)

1．设备制造过程的质量监控包括(　　)。

A．制造过程的监督和检验　　B．工序产品的检查与控制

C．设备出厂的质量控制　　D．质量记录资料的监控

E．设备完好率监控

2．工程项目的设备质量应分别通过(　　)进行检验。

A．开箱检查　　B．专业检查　　C．例行检查

D．单机无负荷试车或联动试车　　E．完好率检查

3．设备进场验收不合格时不得安装，应由(　　)返修处理。

A．建设单位　　B．供货单位　　C．制造单位

D．监理单位　　E．安装单位

4．监理工程师对设备安装单位的安装依据需进行控制，这些安装依据主要是(　　)。

A．作业技术标准　B．图纸审查记录　C．设备安装图

D．安装作业交底资料　　E．现场安装记录

5．设备安装过程的质量控制主要包括(　　)。

A．设备基础检验　　B．设备就位和调平找正

C．复查与二次灌浆　　D．设备安装准备的质量控制

E．设备安装质量记录资料的控制

6．监理工程师对设备安装质量记录资料的控制是检查(　　)。

A．质量管理检查资料　　B．安装依据

C．设备质量证明资料　　D．安装设备验收资料

E．试运行资料

7．设备安装经检验合格后，还必须进行试车。设备试车时，试运行应坚持的步骤有(　　)。

A．先无负荷后有负荷　　B．先从动系统后主动系统

C．先部件后组件，再单机、机组　　D．先高速后降至低速运转

E．先手控、遥控，最后自控运转

8．建设施工过程中，如果发生安全生产事故，安全生产监督管理部门和负有安全生产监督管理职责的有关部门接到事故报警后，应当依照规定上报事故情况，并通知(　　)相关单位或部门以便进一步调查事故。

A．公安机关　　B．劳动保障行政部门

C．工会　　D．人民检查院

9．根据建筑工程施工发生的安全事故具体境况，事故调查组由有关人民政府安全生产监督管理部门、负有安全生产监督管理职责的有关部门、检察机关，以及(　　)人员组成。事故调查组可以聘请有关专家参与调查。

A．公安机关　　B．工会　　C．人民检察院　　D．监理机构

10．建设工程施工发生安全事故后，事故现场有关人员应当向本单位负责人报告，单位负责人接到报告后，应当于1h内向事故发生地县级以上人民政府的(　　)部门报告。

A．安全生产监督管理部门

B．负有安全生产监督管理职责的有关部门

C．人民检查院

D．公安机关

【参考答案】

## 小 组 评 价

与一个同学组成工作搭档或几个同学组成工作团队，在模拟工程监理过程中，对出现的问题，组织协调各方开展监理工作，其中涉及人员可能有承包商、业主、物资供应商等。就具体问题协调，定出合理方案，然后互换角色，最后进行小组评价。

小组评价参考表

| 成员姓名 | 工地考察表 | 考察照片或图样 | 小组交流 | 监理工作资料 | 备　注 |
|---|---|---|---|---|---|
| | | | | | 以每位成员都参与探讨为合格，主要交流实际工作体验，重点培养团队协作能力 |
| | | | | | |
| | | | | | |
| | | | | | |
| | | | | | |
| | | | | | |

# 学习任务 8 安全控制——电梯工程监理细则（某学院实验实训楼工程）

【参考视频】

## 学习要求

| 岗位技能 | 专业知识 | 职业道德 |
| --- | --- | --- |
| 1. 会填写安全检查验收表格<br>2. 巡视控制安全生产的主要部位<br>3. 督促施工单位落实安全保障<br>4. 发现安全隐患及时处理<br>5. 会审查安全施工组织方案<br>6. 会编制安全监理实施细则 | 1. 了解有关建筑施工安全法规、条例、制度<br>2. 了解安全生产管理体系组成<br>3. 明确安全生产保证措施<br>4. 明确安全设施用品的分类<br>5. 了解安全教育、培养内容<br>6. 了解安全事故处理程序 | 1. 坚守安全监理岗位职责<br>2. 及时巡视检查，及早消除安全隐患<br>3. 适时督促安全教育 |

## 能力拓展

【参考图文】

1. 深入工地现场，了解安全标志及摆放位置。
2. 收集实际工程安全监理实施细则，分析监理控制要点。
3. 跟随监理师巡视施工现场，体验自我安全保护与提供他人安全保障的重要性。
4. 收集施工单位安全技术交底资料。
5. 收集安全事故案例，分析事故发生的原因，提高安全监理职责意识。
6. 尝试编写工地安全事故应急预案。
7. 列出安全专项施工方案审查备忘录。
8. 编制安全旁站方案。
9. 分析安全监理与风险管理、质量控制、进度控制的关系。
10. 列出工程监理的安全巡视、工序、部位平行检验材料单。
11. 学习相应标准，增强工程监理工作能力。

([19] GB 50310—2002《电梯工程施工质量验收规范》)

# 8.1 建筑安全事故案例

## 案例引入

### 8.1.1 框架柱因浇筑质量差而引起的事故

某影剧院观众厅看台为框架结构，有柱子 14 根，其剖面及断面如图 8.1 所示。底层柱从基础顶起到一层大梁止，高 7.5m，断面尺寸为 740mm×740mm。混凝土浇筑后拆模时，发现 13 根柱有严重的蜂窝、麻面和露筋现象，特别是在地面以上 1m

处尤其集中与严重。经调查分析，引起这一质量事故的原因如下。

**1．配合比控制不严**

混凝土设计强度等级为 C18，水灰比为 0.53，坍落度为 30～50mm。施工第二天才安装磅秤，并且没有按规定使用磅秤，只有做试块时才认真按配合比称重配料，一般情况下配合比控制极为马虎，尤其是水灰比控制不严。

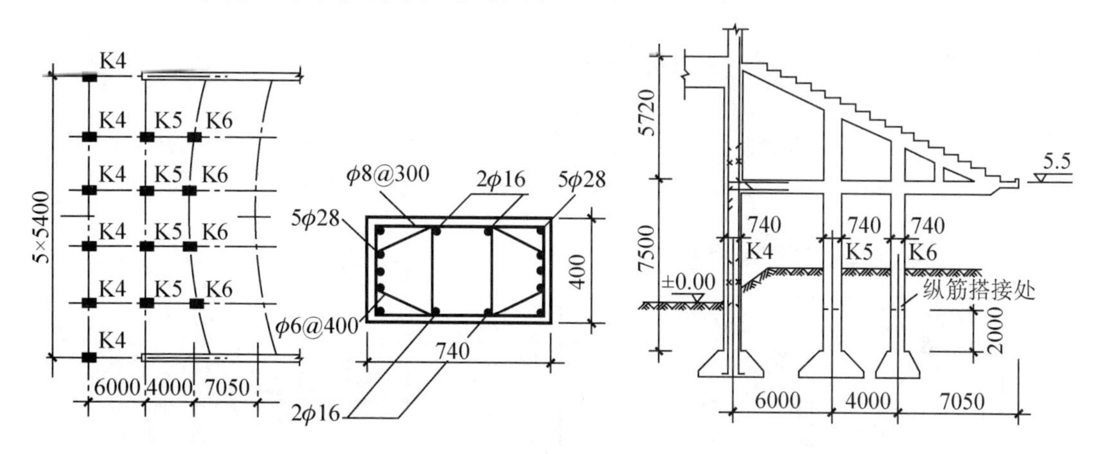


图 8.1 某影剧院看台结构

**2．灌注高度超高**

《混凝土施工规程》规定“混凝土自由倾落高度不宜超过 2m”，又规定“柱子分段灌注高度不应大于 3.5m”。该工程柱高 7m，施工时柱子模板上未留浇灌的洞口，混凝土从 7m 高处倒下，也未使用串筒或溜管等设备，一倾到底，这样势必造成混凝土的离析，从而易造成振捣不密实与露筋。

**3．每次浇筑混凝土的厚度太厚**

该工程由乡村修建队施工，没有机械振捣设备(如振捣器等)，采用 25mm×40mm×6000mm 的木杆捣固。这种情况，每次浇筑厚度不应超过 200mm，且要随灌随捣，捣固要捣过两层交界处，才能保证捣固密实。但施工时，以一车混凝土为准作为一层捣固，这样每层厚达 400mm，超过规定一倍，加上捣固马虎，出现蜂窝麻面是不可避免的。

**4．柱子中钢筋搭接处钢筋配置太密**

该工程从基础顶面往上 1～2m 为钢筋接头区域，搭接长度 1m 左右。搭接区内，在同一断面的某一边上有 6～8 根钢筋，钢筋的间距只有 30～37.5mm，而规范要求柱内纵筋间距不应小于 50mm。加上施工时钢筋分布不均匀，许多露筋处钢筋间距只有 10mm，有的甚至筋碰筋，一点间隙也没有，这样必然造成露筋等质量问题。

综上分析，事故主要原因是施工人员责任心不强，违反操作规程，混凝土配合比控制不严，浇筑高度超高，一次灌筑捣固层过厚，接头处钢筋过密而又未采取特殊措施。对此事故采取如下补强加固措施。

(1) 将蜂窝、孔洞附近酥松的混凝土全部凿掉。

(2) 用水将蜂窝、孔洞处混凝土润湿，可采用淋水及用湿麻袋覆盖等办法。

(3) 在要补填混凝土的洞口附近支模，为便于浇筑，上边留出喇叭口。

(4) 将混凝土强度提高一级，用 C28 混凝土并加入早强剂，或掺入微膨胀剂，将洞口填实，并捣固密实。

(5) 养护要加强，保持湿润 14 昼夜，以防混凝土发生较大收缩，使新、旧混凝土间产生裂缝。

(6) 拆模，将多余混凝土凿去、磨平。

### 8.1.2 因配筋失误引起的事故

某锻工车间如图 8.2(a)所示，屋面梁为跨度 12m 的 T 形薄腹梁，在车间建成后使用不久，梁端头突然断裂，造成厂房局部倒塌，倒塌构件包括屋面大梁及大型面板。

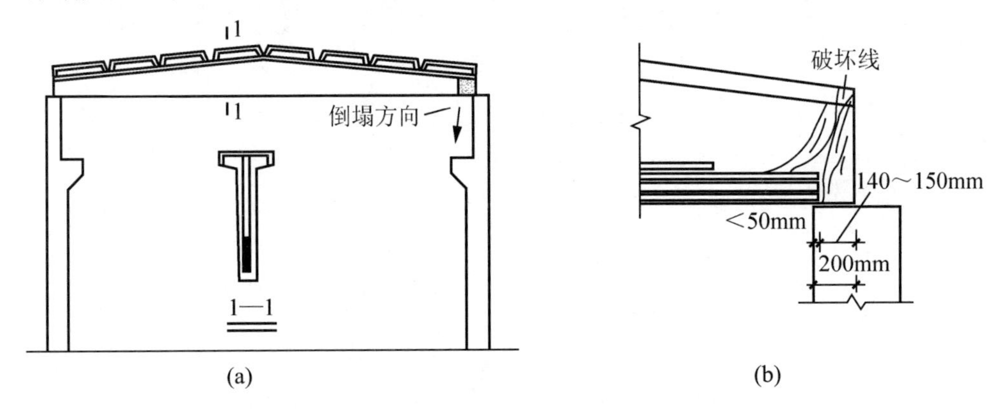


图 8.2 某锻工车间屋面梁

事故发生后对现场进行调查分析，混凝土强度能满足设计要求。从梁端断裂处看，问题出在端部钢筋深入支座的锚固长度不足。设计要求锚固长度至少 150mm，实际上不足 50mm。设计图上注明，钢筋端部至梁端外边缘的距离为 400mm，实际上却只有 140～150mm，如图 8.2(b)所示，因此，梁端支承于柱顶上的部分接近于素混凝土梁，这是非常不可靠的。加之本车间为锻工车间，投产后锻锤的动力作用对厂房振动力的影响大，这在一定程度上增加了大梁的负荷。在这种情况下，终于引起了大梁的断裂。

由本事故可见，钢筋除按计算要求配足数量以外，还应按构造要求满足锚固长度等要求。

## 8.2 建筑事故原因

钢筋混凝土工程使用的材料多种多样、施工工序多、工期长，其中任何一个环节出了问题就可能引起质量事故。从已有质量事故的统计来看，施工管理不善、施工质量不高引起的事故率是比较高的。从业主使用安全角度看，这将是最大的安全隐患。从管理方面分析，引起事故的原因是多方面的。

## 8.2.1 工程监理方面的原因

(1) 不按图施工，甚至无图施工。这在中小城市或一些小型建筑中常见，以为建筑不大，任意画一草图就施工。有些工程因领导意图要限期完工，往往未出图就施工。有时虽有图纸，但施工人员怕麻烦，或未领会设计意图就擅自更改。

(2) 施工人员误认为设计留有很大的安全度，少用一些材料，房屋也不会倒塌，因而故意偷工减料。

(3) 建筑市场不规范，名义上由有执照或资质证书的施工单位承包施工，实际上层层转包，直接导致施工人员技术低、素质差，有的根本无执照。

(4) 建筑材料质量把关不严。有时为利益驱动，只进价格便宜的材料，根本不问质量如何。材料质量不行，建筑工程质量就难以保证。

(5) 不遵守操作规程，质检人员检查不力，马虎签章，留下隐患。

(6) 不按基本建设程序办事，未经有关部门批准，擅自开工，什么都抢工期，不讲质量。

## 8.2.2 施工方面的原因

### 1. 模板问题

模板要求坚固、严密、平整、内面光滑。常见的模板问题有：①强度不足，或整体稳定性差引起塌模；②刚度不足，变形过大，造成混凝土构件歪扭；③木模板未刨平，钢模未校正，拼缝不严，引起漏浆，造成混凝土麻面、蜂窝、孔洞等缺陷；④模板内部不平整、不光滑或未用脱模剂，拆模时与混凝土黏结，硬撬拆模，造成脱皮、缺棱掉角；⑤混凝土未达需要的强度，过早拆模，引起混凝土构件破坏。

### 2. 钢筋问题

钢筋是钢筋混凝土结构中主要受力材料，一定要注意施工质量。常见的钢筋方面的问题有以下几种。

(1) 钢筋露天堆放，雨水浸泡后锈蚀严重，使用前未除锈。

(2) 钢材质量问题，有时只注意了强度满足要求，延伸率、冷弯不合格，或含硫、含磷量过高，影响成型、加工(尤其是焊接)质量。

(3) 钢筋错位，施工人员不熟悉图纸或看错图纸而放错了。

(4) 图下料省事，不按规范要求，而使梁、柱在同一截面的接头过多，甚至达100%。

(5) 接头不牢，主要是绑扎松扣或焊接虚焊、漏焊。

(6) 悬挑构件的主筋放反了，或放正了在施工中又被压了下去。

(7) 预埋件放置不当。

### 3. 混凝土施工问题

混凝土施工质量的问题比较常见，也比较严重，主要有以下几种。

(1) 配制混凝土配合比不准，或不按配合比设计配料，尤其是操作人员为了增加流动

【参考视频】

性而多加水；为节省工本而偷工减料，少加水泥，减小面积；骨料质量把关不严；使用过期水泥；搅拌混凝土搁置时间过久，超过初凝时间才浇筑，使混凝土质量达不到要求，导致承载力不足引起事故。

(2) 捣固不实。不论用何种方法振捣新浇筑的混凝土，如果捣固不实，均会引起蜂窝、麻面、露筋、孔洞等缺陷。对于水灰这类比较小的干硬性混凝土，钢筋布置紧密的部位及边角之处更应注意振捣。

【参考视频】

(3) 浇筑顺序不当。有些混凝土结构在浇筑过程中容易使模板产生不利变形，要按规定顺序浇筑。对于一些大面积、大体积混凝土容易因收缩而产生裂缝，要按规定留好施工缝。施工缝应按规程要求留在适当位置，否则也易留下事故根苗。

(4) 养护问题。混凝土浇筑完毕后要细心养护，保持必要的温湿度。在混凝土强度不足时过早拆模也易引起事故。夏天要防止过早失水，保持湿润；冬天要防止受冻害。

## 8.3 五类安全事故

### 8.3.1 高处坠落

【参考视频】

“四口”指通道口、预留洞口、楼梯口和电梯井口。“五临边”指基坑周边，尚未安装栏杆或栏板的阳台、料台与挑平台周边，雨篷与挑檐边，无外脚手架的屋面和楼层周边，以及水箱和水塔周边。“四口”“五临边”作业面，常因安全防护设施不符合或无防护设施、人员未配系防护绳(带)等造成人员踏空、滑倒、失稳等高处坠落事故。

脚手架工程包括落地式脚手架、悬挑脚手架、附着式整体提升脚手架，常因护栏设置不全、脚手片铺设不全、搭设人员违章操作、其他操作人员垂直攀爬而导致高处坠落。

起重机械主要指物料提升机、人货两用施工电梯和塔式起重机，在安装、顶升、吊装、拆除作业时，常因安拆人员不系安全带或违章操作导致高处坠落。

模板安装、拆除时及结构、设备吊装时也容易发生高处坠落事故。

### 8.3.2 触电

现场施工常因外电(与建设项目临近的永久性电力线路)防护、接地与接零保护系统、配电线路、配电箱、开关箱、现场照明、电气设备、变配电装置等安全保护不符合要求而造成人员触电。

### 8.3.3 坍塌

施工中发生的坍塌事故主要是：现浇混凝土梁、板的模板支撑失稳倒塌，基坑边坡失稳引起土石方坍塌，施工现场的围墙及在建工程屋面板质量低劣导致坍落。

挖掘深度超过 1.5m 的沟槽和开挖深度超过 5m 的基坑，或深度虽未超过 5m，但在基坑开挖影响范围内有重要建(构)筑物、住宅或有需严加保护的管线的基坑、人工挖孔桩等上方开挖施工，常因支护构件强度刚度不足、排水或坑边荷载控制不严、土方开挖程序错误等导致支护系统破坏而坍塌。

模板支撑工程，尤其是超高、超重、大跨度模板支撑工程是指高度超过 8m，或跨度超过 18m，或施工总荷载大于 10kN/m，或集中线荷载大于 15kN/m 的模板支撑工程，常因整体失稳、扣件或杆件破坏而导致坍塌。

脚手架、井架搭设时未按规定采取临时拉结措施，也易造成坍塌事故。

拆除工程中违章作业和违章指挥也常导致坍塌。

### 8.3.4 物体打击

脚手架未设置封闭的安全网、外脚手架与工程结构之间缝隙未设置隔离板，导致材料、工具滑落，造成物体打击事故。

塔式起重机等起重机械起吊重物时，未按规定采用合适的吊具或未按规定绑扎，导致重物散落，造成物体打击事故。

高处作业人员向下抛掷材料或工具，引发物体打击事故。

通道口、井架口等人流进出频繁的部位未设置遮护棚，导致上方施工坠落物体打击伤人。

人员受到同一垂直作业面的交叉作业，未采取避让措施或隔离措施，引起上方施工物体坠落打击伤人事故。

【参考视频】

### 8.3.5 机械伤害

卷扬机、圆盘锯等施工机械未设置安全防护罩，造成肢体、衣物意外卷入或加工物体飞溅，导致对人的伤害。

切割机械安全装置不全或操作人员违章操作，造成对人的伤害。

垂直运输机械设备、吊装设备，施工时进行斜拉斜吊等违章操作，导致被吊物体撞人。

## 8.4 建设工程安全生产控制

安全生产关系到国家财产和人员生命的安全。2003 年 11 月 12 日，国务院第二

【参考图文】

十八次常务会议通过了《建设工程安全生产管理条例》，自 2004 年 2 月 1 日起实行。它对提高工程建设领域安全生产水平、确保人民生命财产安全、促进经济发展、维护社会稳定都具有划时代的意义。

## 8.4.1 安全生产控制的概念

安全生产是社会的大事，它关系到国家财产和人员生命的安全，甚至关系到经济的发展和社会的稳定，因此，在建设工程生产过程中必须贯彻“安全第一，预防为主”的方针，切实做好安全生产管理工作。

与建筑工程安全生产控制相关的概念见表 8-1。

表 8-1　建筑安全控制措施概念表

| 概念名称 | 含　义 |
|---|---|
| 安全生产 | 安全生产是指在生产过程中保障人身安全和设备安全 |
| 劳动保护 | 劳动保护是指国家采用立法、技术和管理等一系列综合措施，消除生产过程中的不安全、不卫生因素，保护劳动者在生产过程中的安全和健康，保护和发展生产力 |
| 安全生产法规 | 安全生产法规是指国家关于改善劳动条件，实现安全生产，为保护劳动者在生产过程中的安全和健康而采取的各种措施的总和，是必须执行的法律规范 |
| 施工现场安全生产保证体系 | “施工现场安全生产”保证体系由建设工程承包单位制定，是实现安全生产目标所需的组织机构、职责、程序、措施、过程、资源和制度 |
| 安全生产管理目标 | 安全生产管理目标是建设工程项目管理机构制定的施工现场安全生产保证体系所要达到的各项基本安全指标 |
| 安全检查 | 安全检查是指对施工现场安全生产活动和结果的符合性、有效性进行常规的检测和测量活动 |
| 危险源 | 危险源是指可能导致死亡、伤害、职业病、财产损失、工作环境破坏或这些情况组合的因素或状态 |
| 隐患 | 隐患是指未被事先识别或未采取必要防护措施可能导致事故发生的各种因素 |
| 事故 | 事故是指任何造成疾病、伤害、死亡，或财产、设备、产品、环境的损坏/破坏的事件 |
| 应急救援 | 应急救援是指在安全生产措施控制失效情况下，为避免或减少可能引发的伤害或其他影响而采取的补救措施和抢救行为 |
| 应急救援预案 | 应急救援预案是指针对可能发生的．需要进行紧急救援的安全生产事故，事先制定好应对补救措施和抢救方案，以便及时救助 |
| 高处作业 | 凡在坠落基准面 2m 或 2m 以上有可能坠落的高处进行的作业 |
| 临边作业 | 在施工现场任何处所，当高处作业中工作面的边沿并无围护设施，或虽有围护设施但其高度小于 80cm 时，这种作业称为临边作业 |
| 洞口作业 | 建筑物或构筑物在施工过程中，常会出现各种预留洞口、通道口、上料口、楼梯口、电梯井口，在其附近工作，称为洞口作业 |

【参考图文】

## 8.4.2 安全生产控制的意义

建设工程事故频发是由其自身的特点所决定的，只有了解其特点，才可有效防治。

(1) 工程建设的产品具有产品固定、体积大、生产周期长的特点。无论是房屋建筑、市政工程、公路工程、铁路工程、水利工程等，只要工程项目选址确定后，就在这个地点施工作业，而且要集中大量的机械、设备、材料、人员，连续几个月或者几年才能完成建设任务，发生安全事故的可能性会增加。

(2) 工程建设活动大部分是在露天空旷的场地上完成的，严寒酷暑都要作业，劳动强度大，工人的体力消耗大；尤其是高空作业，如果工人的安全意识不强，在体力消耗较大的情况下，经常会造成安全事故。

(3) 施工队伍流动性大。建设工地上的施工队伍大多由外来务工人员组成，因此，造成管理难度的增大。很多建筑工人来自于农村，文化水平不高，自我保护能力和安全意识较弱，如果施工承包单位不重视岗前培训，往往会导致安全事故频发。

(4) 建筑产品的多样性决定了施工过程变化大，一个单位工程有许多道工序，而每道工序的施工方法不同、人员不同、使用的机械设备不同、作业场地不同、工作时间不同，再加上各工序交叉作业多都加大了管理难度，如果管理稍有疏忽，就会造成安全事故。

综上所述，建设工程安全事故很容易发生，因此“安全第一，预防为主”的指导思想就显得非常重要。做到“安全第一，预防为主”就可以减少安全事故的发生，提高生产效率，顺利达到工程建设的目标。

《建设工程安全生产管理条例》针对建设工程安全生产中存在的主要问题，确立了建设企业安全生产和政府监督管理的基本制度，规定了参与建设活动各方主体的安全责任，明确了建筑工人安全与健康的合法权益，是一部全面规范建设工程安全生产的专门法规，可操作性强，对规范建设工程安全生产必将起到重要的作用；对提高工程建设领域安全生产水平、确保人民生命财产安全、促进经济发展、维护社会稳定都具有十分重要的意义。

## 8.4.3 安全生产控制的原则

**1.“安全第一，预防为主”的原则**

《安全生产法》的总方针中，“安全第一”表明了生产范围内安全与生产的关系，肯定了安全生产在建设活动中的首要位置和重要性；“预防为主”体现了事先策划、事中控制及事后总结，通过信息收集、归类分析、制定预案等过程进行控制和防范，体现了政府在建设工程安全生产过程中“以人为本”“关爱生命”“关注安全”的宗旨。

**2. 以人为本、关爱生命，维护作业人员合法权益的原则**

安全生产管理应遵循维护作业人员的合法权益的原则，应改善施工作业人员的工作与生活条件。施工承包单位必须为作业人员提供安全防护设施，对其进行安全教育培训，为施工人员办理意外伤害保险，作业与生活环境应达到国家规定的安全生产、生活环境标准，真正体现“以人为本”“关爱生命”。

**3. 职权与责任一致的原则**

国务院建设行政主管部门和相关部门规定建设工程安全生产管理的职权和责任应该相

一致，其职能和权限应该明确；建设主体各方应该承担相应的法律责任，对工作人员不能够依法履行监督管理职责的，应该给予行政处分；构成犯罪的，依法追究刑事责任。

### 8.4.4 安全生产控制的任务

建筑工程安全控制的任务主要是贯彻落实国家有关安全生产的方针、政策，督促施工承包单位按照建筑施工安全生产的法规和标准组织施工，落实各项安全生产的技术措施，消除施工中的冒险性、盲目性和随意性，减少不安全的隐患，杜绝各类伤亡事故的发生，实现安全生产。

### 8.4.5 建筑意外保险工作

【参考图文】

为贯彻执行《建筑法》和《安全生产法》，进一步加强和规范建筑意外伤害保险工作，原建设部于 2003 年 5 月 23 日制定了《建设部关于加强建筑意外伤害保险工作的指导意见》。

该指导意见规定，建筑职工意外伤害保险是法定的强制性保险，要在全国各地全面推行建筑意外伤害保险制度。建筑施工企业应当为施工现场从事施工作业和管理的人员，在施工活动过程中发生的人身意外伤亡事故提供保障，办理建筑意外伤害保险、支付保险费。保险期限应涵盖工程项目开工之日到工程竣工验收合格日。延长工期的，应当办理保险顺延手续。保险费应当列入建筑安装工程费用，保险费由施工企业支付，施工企业不得向职工摊派。

## 8.5 安全监理工作

### 8.5.1 工程监理单位的安全责任

工程监理单位应当审查施工组织设计中的安全技术措施或者专项施工方案是否符合工程建设强制性标准。工程监理单位在实施监理过程中，发现存在安全事故隐患的，应当要求施工承包单位整改；情况严重的，应当要求施工承包单位暂时停止施工，并及时报告建设单位。施工承包单位拒不整改或者不停止施工的，工程监理单位应当及时向有关行政主管部门报告。工程监理单位和监理工程师应当按照法律、法规和工程建设强制性标准实施监理，并对建设工程安全生产承担监理责任。

### 8.5.2 安全监理依据

在建设工程安全生产管理中，仅有法律、法规对各责任主体的行为进行约束是不够的，在安全生产管理中，还有许多技术问题，必须从技术的角度对工程建设施工活动进行规定与限制。因此，多年来建设行政主管部门及其他相关部门组织编制了许多工程建设安全生产的技术规范、标准。其中，常用的有以下几项。

(1) JGJ 59—2011《建筑施工安全检查标准》。

(2) JGJ 130—2011《建筑施工扣件式钢管脚手架安全技术规范》。

(3) JGJ 128—2010《建筑施工门式钢管脚手架安全技术规范》。

(4) JGJ 46—2012《施工现场临时用电安全技术规范》。

(5) JGJ 80—2011《建筑施工高处作业安全技术规范》。

(6) JGJ 88—2010《龙门架及井架物料提升机安全技术规范》。

(7) GB 5144—2012《建筑塔式起重机安全规程》。

(8) JGJ 33—2001《建筑机械使用安全技术规程》。

(9) JGJ/T 77—2010《施工企业安全生产评价标准》。

(10) JGJ 146—2013《建筑施工现场环境与卫生标准》。

## 8.5.3 安全监理人员的岗位职责

### 1. 总监理工程师职责

(1) 审查分包单位的安全生产许可证，并提出审查意见。

(2) 审查施工组织设计中的安全技术措施。

(3) 审查专项施工方案。

(4) 参与工程安全事故的调查。

(5) 组织编写并签发安全监理工作阶段报告、专题报告和项目安全监理工作总结。

(6) 组织监理人员定期对工程项目进行安全检查。

(7) 核查承包单位的施工机械、安全设施的验收手续。

(8) 发现存在安全事故隐患的，应当要求施工单位限期整改。

(9) 发现存在情况严重的安全事故隐患的，应当要求施工单位暂停施工，并及时报告建设单位。

(10) 施工单位拒不整改或拒不停工的，应及时向政府有关部门报告。

### 2. 专业监理工程师安全监理职责

(1) 审查施工组织设计中专业安全技术措施，并向总监理工程师提出报告。

(2) 审查本专业专项施工方案，并向总监理工程师提出报告。

(3) 核查本专业的施工机械、安全设施的验收手续，并向总监理工程师提出报告。

(4) 总承包专业人员对工程项目进行安全检查。

(5) 检查现场安全物资(材料、设备、施工机械、安全防护用具等)的质量证明文件及其情况。

(6) 检查并督促承办单位建立健全并落实施工现场安全管理体系和安全生产管理制度。

(7) 监督承包单位按照法律法规、工程建设强制性标准和审查的施工组织设计、专项施工方案组织施工。

(8) 发现存在安全事故隐患，应当要求施工单位整改，情况严重的安全隐患，应当要求施工单位暂停施工，并向总监理工程师报告。

(9) 督促施工单位做好逐级安全技术交底工作。

(10) 每周例行检查并做好检查记录。

**3．监理员安全岗位职责**

(1) 检查承包单位施工机械、安全设施的使用、运行状况，并做好检查记录。

(2) 按设计图纸和有关法律法规、工程建设强制性标准，对承包单位的施工生产进行检查和记录。

## 8.5.4 安全监理工作任务

**1．安全文明施工的监理工作**

(1) 审核安全文明施工管理组织体系。

(2) 审查施工人员健康、衣着标识等管理。

(3) 审查施工材料、机具管理。

(4) 审查场容场貌环境保护管理。

(5) 审查施工临时用电、消防安全管理。

(6) 审查产品保护、安全防卫管理。

(7) 审查季节性施工措施。

(8) 审查特殊气候应急保障措施。

**2．防护安全技术验收**

1) 建筑施工设备淘汰用品

建筑施工设备淘汰用品见表 8-2。

**表 8-2　建筑施工设备淘汰用品**

<table>
<tr><th>技术名称</th><th>说　明</th><th>禁用范围</th><th>生效时间</th><th>技术咨询服务单位</th></tr>
<tr><td>简易临时吊架</td><td>用钢筋焊成梯形架体，挂在外墙上，在梯形架体的横梁上铺设脚手板后，作为砌筑和装修脚手架使用，在施工现场临时搭设，制作粗糙，缺少安全措施，已造成多起群死群伤事故</td><td rowspan="3">禁止用于房屋建筑施工</td><td rowspan="3">自公告发布之日起执行</td><td rowspan="3">中国建筑业协会建筑安全分会</td></tr>
<tr><td>自制简易吊篮</td><td>包括用扣件和钢管搭设的吊篮、不经设计计算就制作出的吊篮、无可靠的安全防护和限位保险装置的吊篮</td></tr>
<tr><td>大模板悬挂脚手架(包括同类型脚手架)</td><td>在大模板就位后，再在其上安装“褂脚手架”作为操作平台，在安装过程中，施工人员必须站在起重机吊起的架体上作业，由于结构缺陷，架体横向稳定性差，抗风荷载能力差，容易造成架体倾翻，极易发生坠落事故。在设计、搭设和使用方面存在严重安全隐患，危险性大</td></tr>
</table>

续表

| 技术名称 | 说明 | 禁用范围 | 生效时间 | 技术咨询服务单位 |
|---|---|---|---|---|
| 石板闸刀开关 | 产品安全性能差 | 建筑施工现场 | 自2004年3月18日起执行 | 中国建筑业协会建筑安全分会 |
| HKl、HK2、HY2P、HK8型闸刀开关 | 产品安全性能差 | | | |
| 瓷插式熔断器 | 产品安全性能差 | | | |
| QT60/80塔式起重机 | 20世纪七八十年代生产的动臂式塔起重机，安全装置不齐全，安全性能差 | | | |
| 井架简易塔式起重机 | 塔身结构由杆件用螺栓连接，受力不明确，非标准节形式，起重臂无风标效应。安全性能差，安全装置不齐全，稳定性差 | | | |
| QTG20、QTG25、QTG30等型号的塔式起重机 | 自行安装的固定式塔式起重机，由于无顶升套架及机构，无高处安装作业平台，安装拆卸工况差，安全无保证 | | | |
| 自制简易的或用摩擦式卷扬机驱动的钢丝绳式物料提升机 | 卷扬机制动装置由手工控制，无法进行上、下限位和速度的自动控制。无安全装置或安全装置无效、安全隐患大、技术落后、不符合现行的标准要求 | | | |
| 非标准厚壁取土器 | 依据《建设部推广应用和限制禁止使用技术》(建设部第218号公告)，指不符合GB 50021—2001《岩土工程勘察规范》规定的厚壁取土器 | 禁止用于岩土工程勘察 | | 建设综合勘察研究设计院 |

2) 防护安全技术检查

防护安全技术检查见表8-3。

**表8-3 “三宝”“四口”防护安全技术要求验收表**

施工单位：××××建筑工程有限公司　　验收部位：××××学院实验实训楼四层楼高

| 序号 | 验收项目 | 技术要求 | 验收结果 |
|---|---|---|---|
| 1 | 安全帽 | 安全帽应符合GB 2811—2007《安全帽》的产品，不得使用缺衬、缺带及破损的安全帽 | 两人安全帽缺带 |
| 2 | 安全网 | 安全网必须有产品生产许可证和质量合格证及建筑安全监督管理部门发放的准用证 | 合格 |
| 3 | 安全带 | 安全带应符合GB 6095—2009《安全带》的产品，生产厂家须经劳动部门批准 | 合格 |
| 4 | 楼梯口、电梯井口防护 | 楼梯口设置1.2m高防护栏杆和30cm高踢脚杆，杆件里侧挂密目式安全网，电梯井口设置1.2～1.5m高防护栅门，其中底部18cm为踢脚板，电梯井内自二层楼面起不超过两层(不大于10m)拉设一道平网，防护设施定型化、工具化，牢固可靠 | 合格 |

续表

| 序号 | 验收项目 | 技 术 要 求 | 验收结果 |
|---|---|---|---|
| 5 | 预留洞口、坑井防护 | $1.5m^2$ 以内的预留洞口、坑井须用固定盖板防护，$1.5m^2$ 以上的洞口四周设 18cm 高踢脚杆和 60cm、1.2m 两道水平杆，杆件里侧用密目式安全网围护，洞口张挂水平安全网，防护设施应形成定型化、工具化 | 合格 |
| 6 | 通道口防护 | 进料(人)通道口、进出建筑物主体通道口和场地内、外道路中心线与建筑(或外架)边缘距离分别小于 5m 和 7.5m 的通道应搭设双层防护棚，各类防护棚应有单独的支撑系统，不得悬挑在外架上 | 合格 |
| 7 | 阳台、楼板屋面等临边防护 | 阳台、楼板、屋面等临边应设置 1.2m 和 60cm 两道水平杆，并在立杆里侧用密目式安全网封闭，防护设施与建筑物应固定连接 | 合格 |
| 验收结论意见 | 验收合格，同意使用 | 验收人员 | 项目经理：×××<br>技术负责人：×××<br>安全员：×××，×××<br>施工员：×××，×××<br>日期：2015 年 2 月 25 日 |

3) 脚手架安全验收

主体脚手架安全验收表的填写示例见表 8-4。

**表 8-4　落地式外脚手架搭设技术要求验收表**

工程名称：××××学院实验实训楼　　　　验收部位：楼外脚手架

| 序号 | 验收项目 | 技 术 要 求 | 验收结果 |
|---|---|---|---|
| 1 | 立杆基础 | 基础平整夯实、硬化，落地立杆垂直稳放在混凝土地坪、混凝土预制块、金属底座上，并设纵横向扫地杆。外侧设置 20cm×20cm 的排水沟，并在外侧设 80cm 宽以上的混凝土路面 | 合格 |
| 2 | 架体与建筑物拉结 | 脚手架与建筑物采用刚性拉结，按水平方向不大于 7m，垂直方向不大于 4m 设一拉结点，转角 1m 内和顶部 80cm 内加密 | 合格 |
| 3 | 立杆间距与剪刀撑 | 脚手架底部(排)高度不大于 2m，其余不大于 1.8m，立杆纵距不大于 1.8m，横距不大于 1.5m。如搭设高度超过 25m 须采用双立杆或缩小间距，超过 50m 应进行专门设计计算。脚手架外侧从端头开始，按水平距离不大于 9m、角度为 45°～60° 连续设置剪刀撑，并延伸到顶部大横杆以上 | 合格 |
| 4 | 脚手板与防护栏杆 | 25m 以下脚手架：顶层、底层、操作层及操作层上下层必须满铺，中间至少满铺一层；25m 以上架子应层层满铺；脚手板应横向铺设，用不细于 18 号铅丝双股并联 4 点绑扎；脚手架外侧应用标准密目网全封闭，用不细于 18 号铅丝双股并联绑扎在外立杆内侧；脚手架从第二步起须在 1.2m 和 30cm 高设同质材料的防护栏杆和踢脚杆，脚手架内侧如遇门窗洞也应设防护栏杆和踢脚杆。脚手架外立杆高于檐口 1～1.5m | 两处有漏洞 |

续表

| 序号 | 验收项目 | 技术要求 | 验收结果 |
|---|---|---|---|
| 5 | 拉杆搭接 | 立杆必须采用对接(顶排立杆可以搭接)，大横杆可以对接或搭接，剪刀撑和其他杆件采用搭接，拱接长度不小于 40cm，并不少于两只扣件紧固；相邻杆件的接头必须错开一个挡距，同一平面上的接头不得超过总数的 50%，小横杆两端伸出立杆净长度不小于 10cm | 合格 |
| 6 | 架体内封闭 | 当内立杆距墙大于 20cm 时应铺设站人片，施工层及以下每隔 3 步，和底排内立杆与建筑物之间应用密目网或采用其他措施进行封闭 | 合格 |
| 7 | 脚手架材质 | 钢管应选用外径 48mm、壁厚 3.5mm 的 A3 钢管，无锈蚀、裂纹、弯曲变形，扣件应符合标准要求 | 合格 |
| 8 | 通道 | 脚手架外侧应设来回之字形斜道，坡道斜度不大于 1∶3，宽度不小于 1m，转角处平台面积不小于 $3m^2$，立杆应单独设置，不能借用脚手架外立杆，并在 1.3m 和 30cm 高分别设防护栏和踢脚杆，外侧应设剪刀撑，并用合格的密目式安全网封闭，脚手板横向铺设，并每隔 30cm 左右设防滑条。外架与各楼层之间设置进出通道 | 合格 |
| 9 | 卸料平台 | 吊物卸料平台和井架卸料平台应单独设计计算，编制搭设方案，有单独的支撑系统；平台采用 4cm 以上木板铺设，并设防滑条，临边 1.2m 设护栏和 30cm 设踢脚杆，四周采用密目式安全网封闭。卸料平台应设置限载牌，吊物卸料平台须用型钢作支撑 | 合格 |
| 验收结论意见 | 验收合格，同意使用 | 验收人员 | 项目经理：×××<br>技术负责人：×××<br>安全员：×××<br>施工员：×××，×××<br>日期：2005 年 2 月 25 日 |

4) 基坑支护安全技术要求验收

基坑支护安全技术要求验收示例见表 8-5。

**表 8-5　基坑支护安全技术要求验收表**

施工单位：×××建筑工程有限公司　　验收部位：大楼基坑

| 序号 | 验收项目 | 技术要求 | 验收结果 |
|---|---|---|---|
| 1 | 临边防护 | 基坑深度不超过 2m 的可采用 1.2m 高栏杆防护，深度超过 2m 的基坑施工必须采用密目式安全网做封闭围护；临边防护栏杆离基坑边口的距离不得小于 50cm | 合格 |
| 2 | 坑壁支护 | 坑槽开挖时设置的边坡应符合安全要求；坑壁支护做法及地下管线的加固措施必须符合施工方案要求；支护设施产生变形应有加固措施 | 合格 |
| 3 | 排水措施 | 基坑施工应按方案设置有效的排水措施，深基坑施工采用坑外降水的，必须有防止邻近建筑物沉降的措施 | 合格 |

续表

| 序号 | 验收项目 | 技 术 要 求 | 验收结果 |
|---|---|---|---|
| 4 | 坑边荷载 | 基坑边堆土，料具堆放数量和距基坑边距离等应符合施工方案要求。机械设备施工与基坑边距离不符合安全要求时，应有具体措施 | 合格 |
| 5 | 上下通道 | 基坑施工必须设专用上下通道，通道的设置必须满足安全施工要求 | 合格 |
| 6 | 土方开挖 | 应按施工方案和堆积挖土，不得超挖。机械作业位置应稳定、安全，挖土机作业半径范围内严禁人员进出 | 合格 |
| 7 | 基坑支护变形监测 | 基坑支护结构应按方案进行变形监测；对毗邻建筑物和重要管线、道路应进行沉降观测，并有记录 | 合格 |
| 8 | 作业环境 | 作业人员应有稳定、安全的立足处；垂直、交叉作业时应设置安全隔离防护措施，夜间施工应设置足够的照明灯具 | 合格 |
| 验收结论意见 | 验收合格，同意使用 | 验收人员 | 项目经理：×××<br>技术负责人：×××<br>安 全 员：×××<br><br>施工员：×××，×××<br>日　期：2005 年 2 月 25 日 |

5) 模板支撑系统验收

模板支撑系统验收单示例见表 8-6。

**表 8-6　模板支撑系统验收单**

模板工程名称：××××学院实验实训楼，1～18 轴　　施工部位：梁、柱、墙板、楼板、楼梯、阳台

施工单位：×××建筑工程有限公司　　支撑材料：钢管、木方料

| 序号 | 验收项目 | 验收要求 | 检点记录 | 结　果 |
|---|---|---|---|---|
| 1 | 施工方案 | 方案完整，支撑系统设计计算、审批手续齐全。作业前应进行安全交底，交底资料完整 | 方案科学完整，经审批手续齐全 | 施工方案符合要求，资料齐全 |
| 2 | 支撑材质 | 支撑立柱材质：木杆应用松木或杉木，不得采用易变形、腐朽、折裂、枯节的木材；如采用钢管，管子外径不得小于$\phi$48×3.5，钢管应无严重锈蚀、裂纹、变形 | 17 | $\phi$48×3.5 钢管合格，松木方料材质良好 |
|  |  | 立柱底部的垫块材料，应符合施工组织设计要求，不得用砖块垫高 | 8 | 垫块采用木方料 |
| 3 | 立柱稳定 | 按施工组织设计要求，支撑高度为 3.1m 时，立柱间水平撑设 3 道水平支撑，纵横向剪刀撑间距为 2.5m。立柱间距符合设计要求，纵向 800mm，横向 800mm | 18 | 符合设计图纸及规范要求 |
|  |  | 立柱接长杆件接头应错开，扣件距离不得小于 500mm，木杆接长按设计要求 | 5 | 符合设计及规定要求 |

续表

<table>
<tr><th>序号</th><th>验收项目</th><th colspan="4">验收要求</th><th colspan="2">检点记录</th><th colspan="2">结 果</th></tr>
<tr><td>4</td><td>木杆连接及扣件</td><td colspan="4">支撑木杆连接应采用符合要求的材料，不得采用铁丝、麻绳等绑扎；采用扣件固定，其紧固力矩为 4.5～5N · m，钢管支撑接长，应采用对接，不准绑接</td><td colspan="2">20</td><td colspan="2">连接紧固所采用的材料、形式符合规定</td></tr>
<tr><td>5</td><td>作业环境</td><td colspan="4">2m 以上高处支模作业，操作人员应有可靠的立足点，防护设施完善</td><td colspan="2">9</td><td colspan="2">搭设操作平台四周护栏</td></tr>
<tr><td colspan="4" rowspan="4">验收意见：<br>施工方案完整，计算科学，审批手续齐全。作业前交底及时，二级交底内容切合实际，措施可靠。资料及手续完整。支撑材料采用$\phi$48×3.5 钢管，方木、夹板符合要求，无锈蚀、裂纹、变形。立柱、墙板等构件的几何尺寸符合设计及规范要求，模板支撑的强度、刚度满足施工要求和设计规定，连接可靠、规范。高处作业均已搭设了操作平台，设置防护栏杆。验收合格</td><td colspan="6">地下一层 1～18 轴模板支撑验收交接记录</td></tr>
<tr><td>移交部门</td><td colspan="2">木工班组</td><td colspan="3">模板支撑完成，验收合格，提请接收</td></tr>
<tr><td>接收部门</td><td colspan="2">钢筋班组</td><td colspan="3">符合要求，同意接收</td></tr>
<tr><td>接收部门</td><td colspan="2">混凝土浇捣组</td><td colspan="3">同意接收(施工过程请木工跟班监护)</td></tr>
<tr><td colspan="10">参加验收人员签名：×××、×××、×××</td></tr>
<tr><td>验收时搭设高度</td><td>3.1m</td><td>验收日期</td><td>8 月 16 日</td><td>合格牌编号</td><td>27</td><td>搭设班组及负责人</td><td>×××</td><td>施工负责人</td><td>×××</td></tr>
</table>

### 3．对工程质量、安全事故的处理

1) 资料依据准备

(1) 与工程质量事故有关的施工图。

(2) 与工程施工有关的资料、记录，如材料试验报告、施工记录等。

(3) 审查施工单位事故调查分析报告的内容、质量事故情况、事故性质、事故原因、事故评估、施工单位及使用单位对事故的意见和要求。

(4) 设计涉及的人员与主要责任者情况。

2) 确定处理方案

在正确地分析和判断事故原因的基础上进行，处理方案有以下几种。

(1) 缺陷处理方案：修补处理、返工处理、限制处理、不做处理。

(2) 决策辅助方法：实验验证、定期观测、专家论证。

3) 事故处理鉴定验收

事故处理检查鉴定，严格按施工规范及有关标准规定进行，通过实际量测、试验、仪器检测，才能做出确切处理结论，但是必须遵循处理后符合规定的要求和能满足使用要求的原则，方能予以验收确认，否则监理不予办理任何手续。

## 8.5.5 安全控制措施

### 1．安全生产措施的具体要求

(1) 现场进门口布置“七牌一图”，即工程概况、工程项目负责人员名单、施工现场标准化管理、工程环保、安全生产六大纪律、安全生产天数计数、防火须知“七牌”，以及施工现场平面布置图。设置充足的各类安全宣传警告牌，作业岗位要有安全操作规程牌。

(2) 正确使用“三宝”(安全帽、安全带和安全网)，进入工地必须戴好安全帽。加强“四口”(通道口、预留洞口、楼梯口、电梯井口)防护，除设置醒目的安全标志外，采取可靠的保护措施，并经常检查整修。所有洞口、临边的安全设施在解除前，应征得施工员的同意。

(3) 施工用电编制专题方案。施工用电线路实行三相五线制，安装触电保护器，实行三级保护。电箱应符合标准要求，上设防雨措施，有门有锁。现场施工用的机电设备均应有良好的二级防护装置。电动机械及工具应严格按一机一闸制接线，并设安全漏电开关。

(4) 所有机电设备均有安全防护设施和专人管理操作，机械操作人员必须持有操作合格证，否则不准上岗作业。现场机电维修人员应该经常检查设备触电漏电保护是否完好有效。

(5) 配备专职用电管理员全面负责施工用电的管理，制定用电制度，规范设置用电线路及设施，定期进行用电线路及设备的检查。电线不得乱拖、乱拉。材料运输、堆放时，一定要注意保护好电线，防止碰砸电线，造成电线包皮破碎剥落，一经发现有电线露芯或电线包皮破损，要及时修整。

(6) 塔式起重机、施工电梯、井架、外架等搭设、拆除前，应制定专题施工方案。塔式起重机必须有灵敏的五限位(吊钩高度、变幅、行走前后、起重力矩、驾驶室升降)、四保险(吊钩、绳筒、断绳、手刹制动)装置、缓冲装置。严格执行“十不吊”。井架必须装超高限位装置、防断绳坠落装置，每层有可靠的停靠装置。吊盘内严禁超载和乘人。

(7) 塔式起重机等起重机械必须配备专业指挥人员，无指挥人员不得作业。塔式起重机作业时，严禁将起吊的物体凌空于人行道上空。严格执行起重机械五限位、四保险、“十不吊”规定。小件材料(如扣件、紧固件、拉结螺杆)吊运采用集装箱或料斗，钢筋、钢管等细长物件必须两端捆扎牢固后方能起吊。

(8) 脚手架搭拆前要编制专题施工方案，并进行书面安全技术交底。脚手架严格按方案搭设，其立杆间距、大横杆步距、防护栏杆、剪刀撑、拉墙杆的设置必须符合有关脚手架规程。操作使用的脚手，在施工范围及高度内均应铺设好底笆和栏杆。外脚手架分层、分段进行验收，合格后挂牌使用。

(9) 严格遵守“十不烧”规定，执行工程多机多监护制度(操作证、动火证、灭火证、监护人)和1～3级动火界限审批手续。

(10) 模板钢管支承架拆除前，必须由技术人员确定混凝土养护时间，并视实际情况决定是否还需要留设一部分临时支撑，然后由技术负责人签署拆除命令。

(11) 长钢筋运送过程中要有统一指挥，搬运工人动作要一致，防止砸伤事故发生。施工人员不得用抛运方式传送小件材料，杜绝高空坠落事故发生。

(12) 夜间施工必须配备足够的照明灯光。

**2．安全控制四类措施**

安全控制四类措施见表8-7。

表 8-7　安全控制四类措施

| 措施 | 内容 |
| --- | --- |
| 组织措施 | 1. 完善监理组织机构。在监理规划中，应对安全监理的人员配备计划、职责分工、工作内容、工作程序和制度措施进行明确规定；<br>2. 对承包商的人员、机构、制度进行控制 |
| 技术措施 | 1. 编制监理规划和监理实施细则；<br>2. 对承包商安全专项方案审批、论证；<br>3. 监理机构还应该审查承包商安全应急救援预案；<br>4. 总监应在有关技术文件报审表上签署意见 |
| 管理措施 | 1. 监理机构检查承包商项目部主要管理人员到位情况；<br>2. 监理机构监督承包商按照施工组织设计中的安全技术措施和专项施工方案组织施工；<br>3. 核查涉及施工安全的材料的规格，以及质量和施工现场的安全设施落实情况；<br>4. 督促承包商进行安全自检工作并定期巡视检查施工过程中的危险性较大工程的作业；<br>5. 监理机构应检查施工现场各种安全标志和施工现场及生活区的消防设施；<br>6. 参与安全检查评价工作 |
| 经济措施 | 1. 项目监理机构应督促承包商编制安全防护措施费用和文明施工措施费用使用计划。应要求承包商每月上报建筑工程安全防护、文明施工措施费用的使用情况报表，必要时应检查财务账目；<br>2. 当发现各类安全事故隐患时，项目监理机构应书面通知承包商，并督促其立即整改，甚至停工整改。若承包商拒不整改或不停工整改的，项目总监可采用延期支付等经济手段；<br>3. 当合同或现场管理制度有安全奖罚条款时，项目监理机构应对承包商的违章行为及时、合理地采取奖罚措施 |

# 8.6 电梯工程安全监理细则

## 8.6.1 安全监理的依据

(1) 国家、地方有关安全生产、劳动保护、环境保护、消防等法律法规及方针、政策。
(2) 国家、地方有关建设工程安全生产标准、规范及规范性文件。
(3) 政府批准的建设工程文件及设计文件。
(4) 建设工程监理合同和其他建设工程合同等。

## 8.6.2 安全监理工作内容

**1. 施工准备阶段安全监理工作主要内容**

(1) 协助建设单位与施工承包单位签订建设工程安全生产协议书。
(2) 审查专业分包和劳务分包单位的建筑企业资质和安全生产许可证。
(3) 审查电工、焊工、架子工、起重机械工、塔式起重机司机及指挥人员等特种作业人员资格。

(4) 督促施工承包单位建立健全施工现场安全管理体系。

(5) 督促施工承包单位检查各分包单位的安全生产管理制度和安全管理体系。

(6) 审查施工承包单位编制的施工组织设计的安全技术措施、专项施工方案[落地式脚手架施工方案；吊篮、脚手架施工方案(含设计计算书)；模板工程施工方案(支撑系统设计计算书和混凝土输送安全措施)；施工用电施工组织设计；塔式起重机安装与拆卸方案]，核查高危作业安全施工作业方案及应急救援预案。

(7) 督促施工承包单位做好逐级安全技术交底工作。

**2．施工过程中安全监理工作的主要内容**

(1) 督促施工承包单位按照工程建设强制性标准和施工组织设计、专项施工方案组织施工。及时制止违规违章施工指挥、施工作业。

(2) 对施工过程中的高危作业等进行巡视检查，每天不少于一次。

(3) 发现严重违规施工和存在安全事故隐患的，应当要求施工承包单位整改，并检查整改结果，签署复查意见；情况严重的，由总监理工程师下达工程暂停令并报告建设单位；施工承包单位拒不整改或者不停止施工的，应及时向主管部门报告。

(4) 督促施工承包单位进行安全自检工作。

(5) 参加或组织施工现场的安全检查。

(6) 核查施工承包单位施工机械、安全设施的验收手续，并签署意见；未经安全监理人员签署认可的不得投入使用。

(7) 监理人员对高危作业的关键工序实施跟班监督检查。

**3．竣工验收阶段安全监理工作的主要内容**

在工程竣工或分项竣工签发交接书后，对未完成的工程和对工程缺陷的修补、修复及重建过程进行的安全监督管理。

## 8.6.3 电梯工程监理工作要点

电梯工程监理工作要点见表8-8。

**表8-8 电梯工程监理工作要点**

| 序号 | 监理操作名称 | 电梯工程监理工作要点 |
|---|---|---|
| 1 | 设备进场验收 | 随机文件必须包括下列资料：<br>(1) 土建布置图；<br>(2) 产品出厂合格证；<br>(3) 门锁装置、限速器(如果有)、安全钳(如果有)及缓冲器(如果有)的型式试验合格证书复印件；<br>(4) 装箱单；<br>(5) 安装、使用维护说明书；<br>(6) 动力电路和安全电路的电报原理图；<br>(7) 液压系统原理图。<br>设备零部件应与装箱单内容相符；设备外观不应存在明显的损坏 |

续表

| 序号 | 监理操作名称 | 电梯工程监理工作要点 |
| --- | --- | --- |
| 2 | 土建交接检验 | 土建交接检验应符合规范规定 |
| 3 | 电梯组成部件安装检验 | 1．液压系统安装<br>(1) 液压站及液压顶升机构的安装必须按土建布置图进行。顶升机构必须安装牢固，缸体垂直度严禁大于 0.4%；<br>(2) 液压管路应可靠联接，且无渗漏现象；<br>(3) 液压泵站油位显示应清晰、准确；<br>(4) 显示系统工作压力的压力表应清晰、准确 |
|  |  | 2．导轨安装：导轨安装应符合规范规定 |
|  |  | 3．门系统安装：门系统安装应符合规范规定 |
|  |  | 4．轿厢安装：轿厢安装应符合规范规定 |
|  |  | 5．平衡重安装：如果有平衡重，应符合本规范规定 |
|  |  | 6．安全部件安装：如果有限速器、安全钳或缓冲器，应符合本规范有关规定 |
|  |  | 7．悬挂装置、随行电缆安装<br>(1) 如果有绳头组合，必须符合本规范规定；<br>(2) 如果有钢丝绳，严禁有死弯；<br>(3) 当轿厢悬挂在两根钢丝绳或链条上，其中一根钢丝绳或链条发生异常相对伸长，为此装设的电气安全开关必须动作可靠。对具体有两个或多个液压顶升机构的液压电梯，每一组悬挂钢丝绳均应符合上述要求；<br>(4) 随行电缆严禁有打结和波浪、扭曲现象；<br>(5) 如果有钢丝绳或链条，每根张力与平均值偏差不应大于 5%；<br>(6) 随行电缆的安装还应符合下列规定：<br>① 随行电缆端部应固定可靠；<br>② 随行电缆在运行中应避免与井道内其他部件干涉。当轿厢完全压在缓冲器上时，随行电缆不得与底坑地面接触 |
|  |  | 8．电气装置安装：电气装置安装应符合规范的规定 |
| 4 | 整机安装验收 | 1．液压电梯安全保护验收必须符合下列规定<br>(1) 必须检查以下安全装置或功能：<br>① 断相、错相保护装置或功能。当控制柜三相电源中任何一相断开或任何二相错接时，断相、错相保护装置或功能应使电梯不发生危险故障；<br>(注：当错相不影响电梯正常运行时可没有错相保护装置或功能。)<br>② 短路、过载保护装置。动力电路、控制电路、安全电路必须有与负载匹配的短路保护装置；动力电影必须有过载保护装置；<br>③ 防止轿厢坠落、超速下降的装置。液压电梯必须装有防止轿厢坠落、超速下降的装置，且各装置须与其型式试验证书相符；<br>④ 门锁装置。门锁装置必须与其型式试验证书相符；<br>⑤ 上极限开关。上极限开关必须是安全触点，在端站位置进行动作试验时必须动作正常。它必须在柱塞接触到其缓冲制停装置之前动作，且柱塞处于缓冲制停区时保持动作状态；<br>⑥ 机房、滑轮间(如果有)、轿顶、底坑停止装置。位于轿顶、机房、滑轮间(如果有)、底坑的停止装置的动作必须正常； |

续表

| 序号 | 监理操作名称 | 电梯工程监理工作要点 |
| --- | --- | --- |
| 4 | 整机安装验收 | ⑦ 液压油温升保护装置。当液压油达到产品设计温度时，温升保护装置必须动作，使液压电梯停止运行；<br>⑧ 移动轿厢的装置。在停电或电气系统发生故障时，移动轿厢装置必须能移动轿厢上行或下行，且下行时还必须装设防止顶升机构与轿厢运动相脱离的装置；<br>(2) 下列安全开关，必须动作可靠：<br>① 限速器(如果有)张紧开关；<br>② 液压缓冲器(如果有)复位开关；<br>③ 轿厢安全窗(如果有)开关；<br>④ 安全门、底坑门、检修活板门(如果有)的开关；<br>⑤ 悬挂钢丝绳(链条)为两根时，防松动安全开关。 |
| | | 2．限速器(安全绳)安全钳联动试验必须符合下列规定：<br>(1) 限速器(安全绳)安全钳联动试验中必须动作可靠，且应使电梯停止运行。<br>(2) 联动试验时轿厢载荷及速度应符合下列规定：<br>① 当液压电梯额定载重量与轿厢最大有效面积符合表 8-9 的规定时，轿厢应载有均匀分布的额定载重量；当液压电梯额定载重量小于表 8-9 规定的轿厢最大有效面积对应的额定载重量时，轿厢应载有均匀分布的 125%的液压电梯额定载重量，但该载荷不应超过表 8-9 规定的轿厢最大有效面积对应的额定载重量；<br>② 对瞬时式安全钳，轿厢应以额定速度下行；对渐进式安全钳，轿厢应以检修速度下行；<br>③ 当装有限速器安全钳时，使下行阀保持开启状态(直到钢丝绳松弛为止)的同时，人为使限速器机械动作，安全钳应可靠动作，轿厢必须可靠制动，且轿认错倾斜度不应大于 5%；<br>④ 当装有安全绳安全钳时，使下行阀保持开启状态(直到钢丝绳松弛为止)的同时，人为使安全绳机械动作，安全钳应可靠动作，轿厢必须可靠制动，且轿底倾斜度不应大于 5%。 |
| | | 3．层门与轿门的试验符合下列规定：层门与轿门的试验必须符合规范规定。 |
| | | 4．超载试验必须符合下列规定：当轿厢载有 120%额定载荷时，液压电梯严禁启动。 |
| | | 5．液压电梯安装后应进行运行试验；轿厢在额定载重量工况下，按产品设计规定的每小时启动次数运行 1000 次(每天不少于 8h)，液压电梯应平稳、制动可靠、连续运行无故障。电梯每完成一个启动、正常运行、停止过程计数一次。 |
| | | 6．噪声检验应符合下列规定：<br>(1) 液压电梯的机房噪声不应大于 85dB(A)；<br>(2) 乘客液压电梯和病床液压电梯运行中轿内噪声不应大于 55dB(A)；<br>(3) 乘客液压电梯和病床液压电梯的开关门过程噪声不应大于 65dB(A)。 |
| | | 7．平层准确度检验应符合下列规定：液压电梯平层准确度应在±15mm 范围内。 |

续表

| 序号 | 监理操作名称 | 电梯工程监理工作要点 |
|---|---|---|
| 4 | 整机安装验收 | 8．运行速度检验应符合下列规定：空载轿厢上行速度与上行额定速度的差值不应大于上行额定速度的 8%；载有额定载重量的轿厢下行速度与下行额定速度的差值不应大于下行额定速度的 8%。 |
| | | 9．额定载重量沉降量试验应符合下列规定：载有额定载重量的轿厢停靠在最高层站时，停梯 10min，沉降量不应大于 10mm，但因油温变化而引起的油体积缩小所造成的沉降不包括在 10mm 内。 |
| | | 10．液压泵站溢流阀压力检查应符合下列规定：液压泵站上的溢流阀应设定在系统压力为满载压力的 140%～170%时动作。 |
| | | 11．超压静载试验应符合下列规定：将截止阀关闭，在轿内施加 200%的额定载荷，持续 5min 后液压系统应完好无损。 |
| | | 12．观感检查应符合规范规定。 |

表 8-9　额定载重量与轿厢最大有效面积之间关系

| 额定载重量/kg | 轿厢最大有效面积/m² | 额定载重量/kg | 轿厢最大有效面积/m² | 额定载重量/kg | 轿厢最大有效面积/m² | 额定载重量/kg | 轿厢最大有效面积/m² |
|---|---|---|---|---|---|---|---|
| 100[1] | 0.37 | 525 | 1.45 | 900 | 2.20 | 1275 | 2.95 |
| 182[2] | 0.58 | 600 | 1.60 | 975 | 2.35 | 1350 | 3.10 |
| 225 | 0.70 | 630 | 1.66 | 1000 | 2.40 | 1425 | 3.25 |
| 300 | 0.90 | 675 | 1.75 | 1050 | 2.50 | 1500 | 3.40 |
| 375 | 1.10 | 750 | 1.90 | 1125 | 2.65 | 1600 | 3.56 |
| 400 | 1.17 | 800 | 2.00 | 1200 | 2.80 | 2000 | 4.20 |
| 450 | 1.30 | 825 | 2.05 | 1250 | 2.90 | 2500[3] | 5.00 |

注：

1．一人电梯的最小值。

2．二人电梯的最小值。

3．额定载重量超过 2500kg 时，每增加 100kg 面积增 0.16m$^2$，对中间的载重量其面积由线性插入法确定。

## 8.6.4 项目监理人员的岗位安全职责

(1) 总监理工程师职责。

(2) 专业监理工程师安全监理职责。

(3) 监理员安全岗位职责。

项目监理人员的岗位安全职责详见本书 8.5.3 节。

## 8.6.5 安全监理工作程序

### 1．施工准备阶段安全监理工作程序

施工准备阶段安全监理工作程序如图 8.3 所示。

### 2．施工过程的施工安全监理工作程序

施工过程的施工安全监理工作程序如图 8.4 所示。

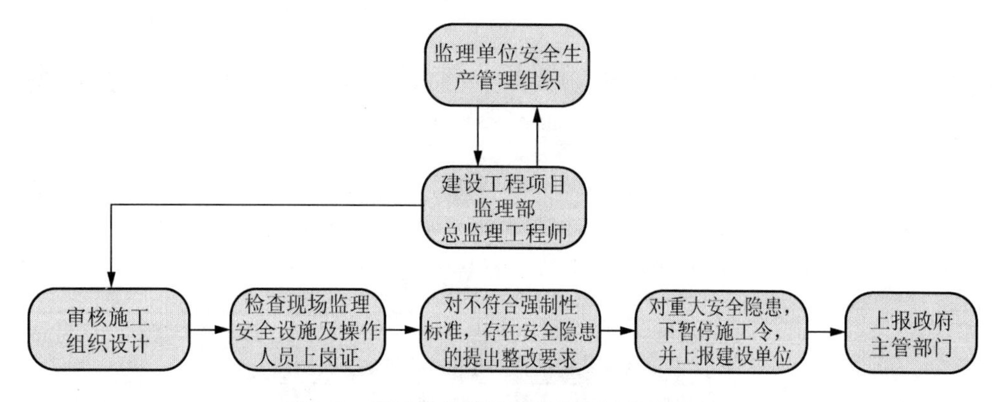


图 8.3　施工准备阶段安全监理工作程序图

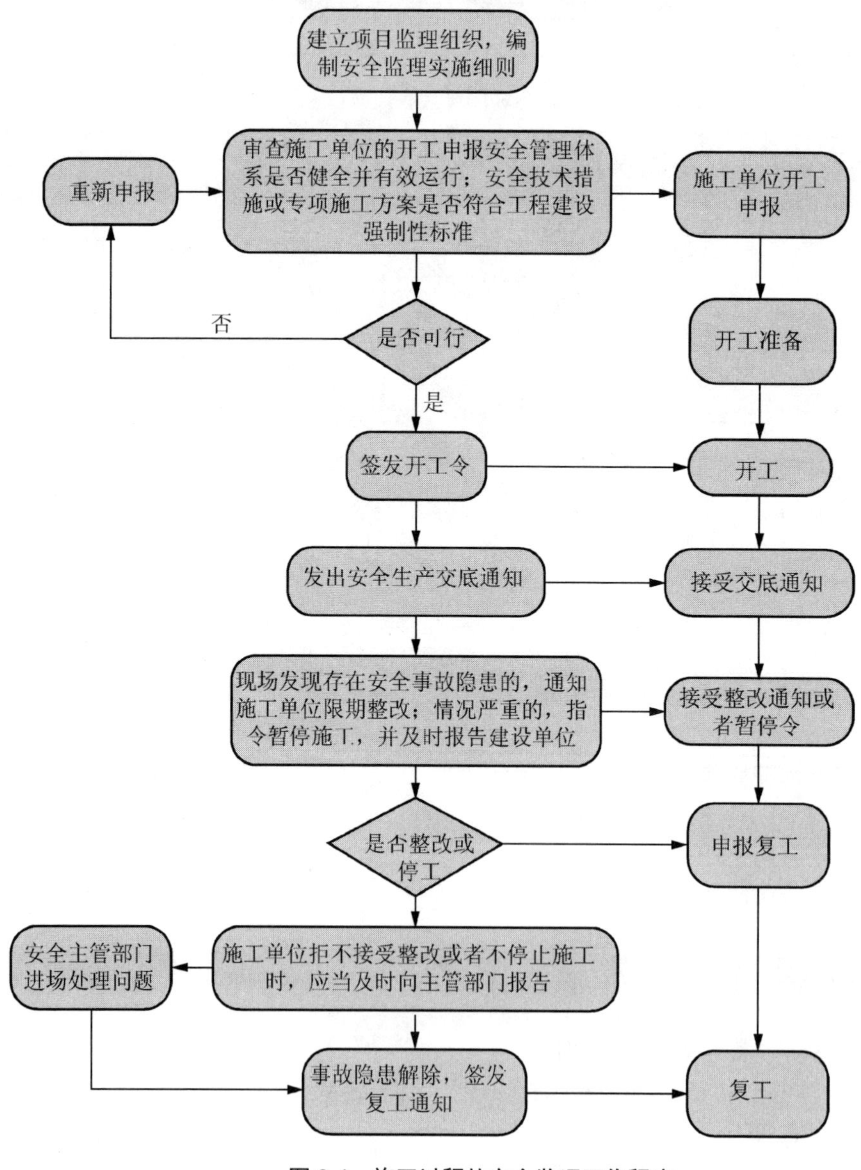


图 8.4　施工过程的安全监理工作程序

## 8.6.6 安全监理应急预案

安全监理应急预案应该根据政府行政主管部门的要求，结合当地的实际情况编写。

## 能力评价

自我评价

| 指　标 | 应　知 | 应　会 |
|---|---|---|
| 1. 安全控制方法<br>2. 安全控制程序<br>3. 安全控制措施<br>4. 安全控制要点<br>5. 安全控制实施细则 | | |

### 多项选择题(答案供自评)

1. 建设工程质量特性包括(　　)。
   A. 使用性能　B. 可靠性　C. 与环境的协调性
   D.耐久性　E. 安全性
2. 工程建设的各个阶段都对工程项目质量的形成产生影响，其中施工阶段是(　　)。
   A. 确保工程实体的最终质量
   B. 使决策阶段确定的质量目标和水平具体化
   C. 形成工程实体质量的决定性环节
   D. 实现建设工程质量特性的保证
   E. 实现设计意图的重要环节
3. 建设工程质量受到多种因素的影响，下列因素中对工程质量产生影响的有(　　)。
   A. 人的身体素质　B. 材料的选用是否合理
   C. 施工机械设备的价格　D. 施工工艺的先进性
   E. 工程社会环境
4. 在工程质量控制中，(　　)为监控主体。
   A. 监理单位质量控制　B. 施工单位质量控制
   C. 政府质量控制　D. 勘察设计单位质量控制
   E. 建设单位质量控制
5. 各个阶段的质量控制，主要包括(　　)。
   A. 决策阶段质量控制　B. 可行性研究阶段质量控制
   C. 勘察设计阶段质量控制　D. 施工阶段质量控制
   E. 施工验收阶段质量控制

6. 根据国家颁布的《建设工程质量管理条例》的规定，承担质量责任的单位有(　　)。

A. 建设单位　　B. 勘察设计单位

C. 施工单位　　D. 监督单位

E. 监理单位

7. 国家实行建设工程质量监督管理制度，工程质量监督机构的主要任务包括(　　)。

A. 受理委托方建设工程项目的质量监督

B. 会同监理单位检查施工承包单位的质量行为

C. 对涉及安全的关键部位进行现场实地抽查

D. 向委托部门报送工程质量监督报告

E. 会同工程建设各方进行工程质量验收

8. 施工质量控制的主要依据有(　　)。

A. 工程合同和设计文件

B. 质量管理体系文件

C. 质量手册

D. 质量管理方面的法律、法规性文件

E. 有关质量检验和控制的专门技术法规性文件

9. 质量计划应包括内容有(　　)。

A. 编制依据　　B. 质量目标

C. 组织机构　　D. 质量控制

E. 质量方针

10. 监理工程师审查承包单位施工组织设计时，应着重审查其是否(　　)。

【参考答案】

A. 按规定程序编审

B. 充分分析了施工条件

C. 有利于施工成本降低

D. 采用了先进适用的技术方案

E. 有健全的质量保证措施

## 小 组 评 价

小组成员分别跟踪实际工程进展，了解工地现场安全标志及安全预案，网络搜集近期安全事故，分析原因，小组成员分别写出不同工序或部位的安全实施细则，并交流。

**小组评价参考表**

| 成员姓名 | 工地考察表 | 考察照片或图样 | 小组交流 | 监理工作资料 | 备　注 |
| --- | --- | --- | --- | --- | --- |
| | | | | | 以每位成员都参与探讨为合格，主要交流实际工作体验，重点培养团队协作能力 |
| | | | | | |
| | | | | | |
| | | | | | |
| | | | | | |
| | | | | | |

# 信息管理——采暖工程监理（上海金茂大厦工程）



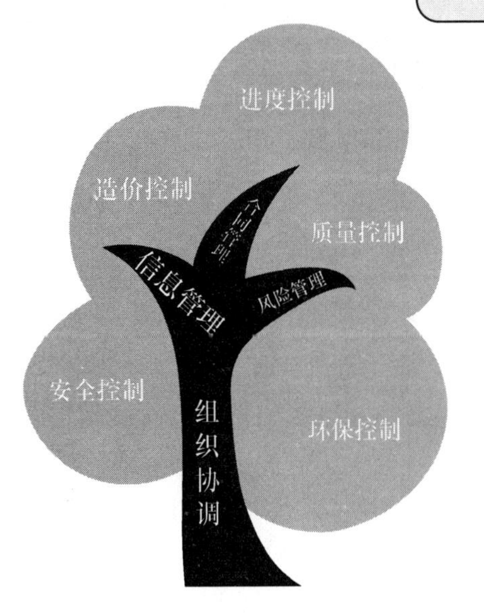

## 学习要求

| 岗位技能 | 专业知识 | 职业道德 |
|---|---|---|
| 1．能进行监理资料分类存放<br>2．能进行监理文件的收集、发文、传阅及登记<br>3．会处理监理文件借阅、更改与作废事宜<br>4．能分析信息与数据的关联<br>5．能整理电梯安装与调试的工程信息 | 1．了解监理档案的目录<br>2．明确监理工作信息管理的流程<br>3．了解文件档案资料管理职责<br>4．明确监理信息管理内容<br>5．了解建筑设备工程采购、安装、调试的监理要求<br>6．了解设备工程中的新材料、新技术、新工艺 | 1．及时收集监理信息<br>2．适时传阅监理信息<br>3．做好相应保密工作<br>4. 客观地整理监理信息<br>5．能够继续学习、跟踪工程技术发展 |

## 能力拓展

【参考图文】

1．跟踪实际工程，了解监理工作信息管理目录。
2．协助监理工程师整理监理资料归档工作。
3．深入工地，判断工程相关数据与监理信息的区别。
4．调查信息管理的应用软件在工程中的实际效果。
5．能够对自己整理的工程监理信息负责。
6．收集建筑设备工程采购、安装、调试信息。
7．学习相应标准，增强工程监理工作能力。
([12] GB 50242—2002《建筑给水排水及采暖工程质量验收规范》
[36] GB 50325—2010《民用建筑工程室内环境污染控制规范》
[35] GB/T 50378—2014《绿色建筑评价标准》)

# 9.1 案例引入

## 9.1.1 金茂大厦工程简介

金茂大厦外观如图 9.1 所示，其工程简介见表 9-1。

【参考视频】

图 9.1　金茂大厦外观

表 9-1　金茂大厦工程简介

| 工程名称 | 建筑总面积 | 建筑高度 | 建筑层数 | 建筑造价 | 建造时间 |
|---|---|---|---|---|---|
| 上海金茂大厦 | $290000m^2$ | 420.5m | 地下 3 层<br>局部 4 层<br>地上 88 层 | 50 亿元 | 1994 年开工<br>1998 年建成 |
| 设计单位 | 美国 SOM 设计事务所 | | | | |
| 施工总承包商 | 由上海建工集团、日本大林组株式会社、法国西宝集团、香港其土国际发展有限公司组成联合承包体 | | | | |
| 施工分包商 | 钢结构制作、玻璃幕墙、强电、弱电、消防报警、暖道、电梯、装饰工程等 | | | | |
| 监理单位 | 上海市工程建设咨询监理公司 | | | | |

## 9.1.2 工程最新技术应用

金茂大厦采用超高层建筑史上首次运用的最新结构技术，整幢大楼垂直偏差仅 2cm，楼顶部的晃动连 0.5 米都不到，这是世界高楼中最出色的，还可以保证 12 级大风不倒，同时能抗 7 级地震。

### 1．商品混凝土和散装水泥应用技术

该技术应用于地下连续墙，钻孔灌注桩，基坑围护、支撑，主楼核心筒、复合巨型柱，楼板等工程部位，应用的总量达到了 $157000m^3$。金茂大厦使用的商品混凝土用散装水泥，机械上料、自动称量、计算机控制技术，外加剂和掺合料“双掺”技术，搅拌车运输和泵送浇筑技术，不但提高了土建施工生产的机械化和专业化程度，而且增强了施工现场的文明标准化程度，并创下了一次性泵送混凝土高度 382.5m 的世界纪录。

### 2．粗直径钢筋连接技术

金茂大厦的核心筒和巨型柱的模板均采用定型加工的钢大模，所以在核心筒与楼面梁的钢筋连接处、主楼旅馆区环板与核心筒钢筋连接处、巨型柱与楼面梁的钢

筋连接处，采用锥螺纹连接的施工技术。

整个工程使用锥螺纹接头共计58296只，通过对接头的试验及抽检结果均符合A级水平。

新型钢筋冷轧锥螺纹工艺从7个方面改进了钢筋冷轧锥螺纹工艺，即改进了刀具、滚丝轮的材质，改进了工具夹，增加自动定位装置，设置滚动上料架，端头冷处理，提高强度，保证A级接头标准，使应用达到了高速、优质、低耗的目的。

**3．新型模板与脚手架应用技术**

金茂大厦的主体结构层高变化多，还存在墙体收分和体型变化，其中主要平面布局如图9.2所示。层高变化共有3.2m、4m、5.2m等8种高度，53层以上取消了原有的井字形内剪力墙，墙体厚度由850mm逐步分4次收分至450mm。尤其在24～26层、51～53层、85～87层设有三道外伸钢桁架，给模板脚手的设计及超高层施工作业安全性带来了极大的难度。为此，在主楼核心筒施工中，自行设计制造了“分体组合自动调平整体提升式钢平台模板体系”。与国外先进模板比较，其各项性能毫不逊色，同时节约成本约1000万元人民币。成功地完成了高空解体和组装，解决了利用一种模板体系在两种不同结构的施工技术，创新性地采用了电脑自动调平技术控制系统提升的施工技术，同时采用全封闭模板体系，使施工安全、可靠、操作简便，创造了一个月施工13层的施工速度。电脑自动调平技术已获得国家专利(专利号：ZL952465391.1)，该模板体系的研究和应用成果已获得上海市科技进步一等奖。

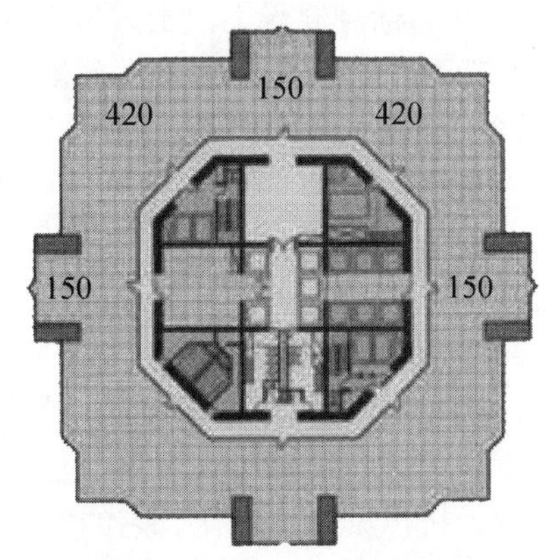


图9.2　金茂大厦平面布局

在巨型柱施工中，创新设计制造了“跳提式爬模系统”，成功地解决了巨型柱施工时上部钢梁已安装就位、传统的模板脚手体系均无法圆满完成混凝土施工后的爬升问题。

该体系创新设计了伸缩吊臂、斜面滑板、顶伸式伸缩架、翻转开启式附墙等一系列专门的构件，使爬架能顺利跨越钢梁。通过这些新型模板脚手的研究和应用，安全、可靠地完成了主楼核心筒和复合巨型柱的连续施工。经专家鉴定，该模板脚手体系的技术水平达到了国际领先水平。

**4．高强混凝土技术**

金茂大厦工程采用了C50和C60的高强度混凝土，基础底板均采用C50混凝土。主楼核心筒从地下至31层为C60混凝土，从32层至62层为C50混凝土。巨型柱从地下至31层为C60混凝土，从32层至62层为C50混凝土。共计使用C60混凝土17488m$^3$，C50混凝土 33708m³。其中主楼基础承台厚度 4m，为 13500m³ C50 高强度混凝土，并一次性连续浇捣完成。在如此大的高强度混凝土连续浇捣中，选择合理的材料及配合比设计，并采用“内散外蓄法”养护，内设冷却水管，薄膜草包覆盖，以及电脑测温系统。将混凝土内部温升峰值控制在 100℃以内，使内外温差小于 25℃，加快了混凝土内部的降温速率，缩短了施工周期，只用了两个星期就完成了养护。

5. 建筑节能技术

金茂大厦主要填充墙、防火分区隔墙等均采用空心砌块。其中，120mm 厚砌块 4901m²，190mm 厚砌块 49742m²，250mm 厚砌块 1098m²，300mm 厚砌块 3493m²。

金茂大厦裙房屋面、主楼局部屋面也采用了屋面保温层。其中，裙房屋面约 7500m²，主楼局部屋面约 2500m²。

6. 硬聚氯乙烯塑料管的应用技术

在金茂大厦裙房基础底板施工中，采用了国内首次出现的大面积静力释放层技术。共使用 $\phi$100PVC 管 1184m 和 $\phi$150PVC 管 511m，将地下水通过大面积滤水层集中排到集水井，再通过泵抽至地面来释放和消减地下水对底板的浮力。此项技术在纵横交错的盲沟中设置多孔 PVC 滤水管。大面积静力释放层技术的应用，使裙房基础底板的厚度仅为 0.6m 左右，而按传统设计基础底板厚度至少要 1.5m，因而比传统做法薄 0.9m 左右。

7. 粉煤灰综合利用技术

金茂大厦主楼基础承台为 C50 高标号混凝土，土方量 13500m³。在配合比设计中，掺入了一定量的磨细粉煤灰，发挥其“滚珠效应”，以改善混凝土的和易性，提高混凝土的可靠性。并因此取代部分水泥，降低混凝土的水化热。同时，在砌筑砂浆拌制过程中，也掺入一定量的粉煤灰。粉煤灰的用量约 4500t，以达到节能、高效的目的。

8. 建筑防水工程新技术

设计要求在金茂大厦基础底板下施工防水层。防水材料采用美国胶体公司的纤维装单夹防咸水 CR 膨润土防水膜、膨润土填缝剂和多用途膨润土粉粒。防水膜用于大面积铺贴，填缝剂和多用途粉粒用于嵌缝、填补空洞。CR 膨润土的用量约 23608m³。CR 型膨润土防水系列材料是一种柔性的高强度聚丙烯纺织物和火山灰钠基膨润土的复合物，它的技术特点是：遇水膨胀、柔软、高强度、抗污染、抗老化。它的应用丰富和发展了国内防水材料的种类，为今后新型防水材料的研究和应用提供了实践经验。

9. 现代管理技术与计算机应用

金茂大厦工程的信息量大、范围广，针对这种情况，在施工管理过程中，计算机技术得到了广泛的应用。财务管理、合同预算、人事档案管理、施工计划管理、施工方案的设计和编制、施工翻样图的绘制、深化图纸的设计均采用了计算机管理软件。

10. 其他新技术的应用

在金茂大厦的施工过程中，还应用了“超大超深基坑的支护技术”“高精度测量技术”“大型垂直运输机械应用技术”等一系列新技术。

金茂大厦地下室开挖面积近 20000m²，基坑周长 570m，开挖深度 19.65m，土方量达到了 320000m²，是上海地区软土地基施工中开挖面积最大、深度最深的基础。在基坑围护方面，设计了空间桁架式全现浇钢筋混凝土内支撑技术，既保证了工程质量和安全，又缩短了施工工期，提高了经济效益。

测量工作是工程建设中的“眼睛”，尤其在金茂大厦这样规模的建筑物施工中，测量工作的重要性就更显突出。在本次施工中采用 WILDT2 经纬仪、DII600 激光测距仪等高精度测量仪器，采用极坐标结合直角坐标法进行轴线放样，用天顶倒锥体法进行严格的测量复核，用往返水准控制高程。针对钢和混凝土两种材料不同的压缩、收缩和沉降，采用预先控制的修正补偿，达到了很好的效果。

## 经验分享

# 9.2 工程监理经验分享

## 9.2.1 监理机构设置

金茂大厦监理组根据项目的性质、工作量的大小、工程的复杂程度等因素，组建了按职能分解的组织形式，如图 9.3 所示，这种开工有利于专业分工和分层管理，也有利于总监理工程师的统一领导。

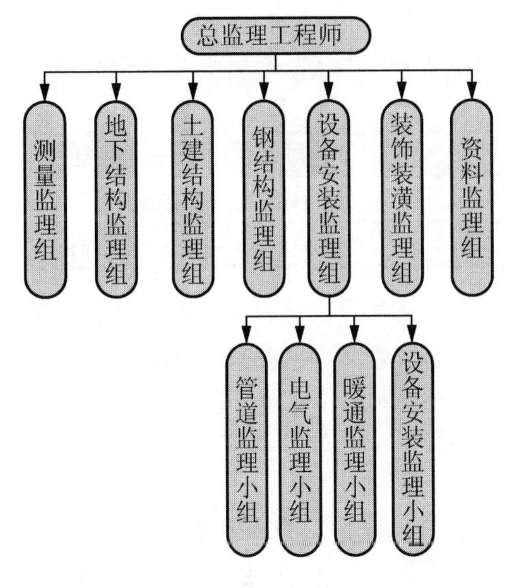


图 9.3 监理机构设置

现场监理人员根据工程的进展情况逐步到位，从一开始地下结构组的 10 多人，到施工高峰时达 7 个组 40 多人。

## 9.2.2 信息管理实效

本项目施工阶段的监理是指工程已经完成了施工图设计和施工招标工作、签订建设工程施工合同以后，从承建单位进场准备、审查施工组织设计开始，一直到工程竣工验收、竣工资料存档全过程的质量控制。

监理工作程序包括编写监理规划书、专业(或分部分项工程)监理实施细则，制定监理工作方法，建立监理报告制度等。

按照公司规定的监理工作程序，监理组进驻现场后，总监理工程师根据工程监理合同、监理大纲、有关的设计文件和国家的有关规定，主持编制监理规划书。

随着工程的进展和深入，总监理工程师又在监理规划书的基础上组织编写了斜土锚、钻孔灌注桩、钢管桩、地下连续墙、基础底板、混凝土与钢筋混凝土结构、钢结构、机电设备安装、幕墙工程、测量和装饰工程等有关分部分项工程施工的监理实施细则，使有关方面对监理在各分部分项工程和单位工程中的具体要求和签证手续有更明确的了解，见表 9-2。

表 9-2 监理实施细则

| 序号 | 分部分项工程 | 监理实施细则 |
|---|---|---|
| 1 | 斜土锚 | 斜土锚监理实施细则 |
| 2 | 钻孔灌注桩 | 钻孔灌注桩监理实施细则 |
| 3 | 钢管桩 | 钢管桩监理实施细则 |
| 4 | 地下连续墙 | 地下连续墙监理实施细则 |
| 5 | 基础底板 | 基础底板监理实施细则 |
| 6 | 混凝土与钢筋混凝土结构 | 混凝土与钢筋混凝土结构监理实施细则 |
| 7 | 钢结构 | 钢结构监理实施细则 |
| 8 | 机电设备安装 | 机电设备安装监理实施细则 |
| 9 | 幕墙工程 | 幕墙工程监理实施细则 |
| 10 | 测量和装饰工程 | 测量和装饰工程监理实施细则 |

监理方还结合金茂大厦项目的实际，确立了计算机应用原则，完成了桩基、地下围护、钢结构、钢筋混凝土结构等多项工程施工质量的信息管理，同时根据工程规模大、要求高、进口设备多、检测数据和验收资料多、函件来往频繁等特点，建立起工程监理资料的检索管理系统，大大提高了资料整理和归档工作的效率，并为公司与现场项目监理组联网而实现数据共享的目标努力。

在施工过程中，为适应金茂大厦施工的进度要求，在建设各方的密切配合和不断努力下，主休结构混凝土核心筒的施工速度由 7d/层，逐渐加快到 4d/层、3d/层，直至以后平均 2.5d/层、2d/层，创出了中国高层建筑施工每月 13 层的高速度。其中，对每层中的钢筋、预埋铁件、模板、轴线标高控制等的施工内容，都要经过监理人员的检查和验收。如按国际惯例(FIDIC 条款)要求，这些工序都应在承建单位自检后，提前 24h 通知监理方检查，那么就要耽搁较长时间，难以适应工程的进展。因此，监理工程师们急工程所急，牺牲节假日休息，在现场夜以继日地工作；在工程施工的几年时间里，一直坚持 24h 全天候的跟踪服务，做好事中和事后质量控制。

随着金茂大厦施工的快速进展，监理人员从登高电梯下到施工作业面，总要在脚手架上攀登10～20层楼的高度。目的是在施工过程中，及时发现问题，并提醒施工操作人员予以纠正，避免在最终隐蔽工程验收时才被发现错误而返工，影响工程的进度。验收过程中，对发现的质量问题都要求施工单位认真整改，尤其在混凝土浇筑前，监理人员再去复查整改情况，如没有整改好，就拒绝其浇筑，直至所有质量问题改正为止。在混凝土浇筑过程中，监理人员自始至终跟班检查，控制其浇筑质量。

钢结构工程开始时，监理单位就派员驻厂对钢构件的加工质量实施监理。在钢结构加工前，监理单位即对照国外要求定制的钢柱截面尺寸进行检查，发现比设计要求小后，经设计方对结构重新计算，一部分通过采取补强，在不影响质量的前提下用于工程上；另一部分则予以退回。在检验衍架制品中，发现弦杆、腹杆的形心未按要求交于一点，经测量相差30～100mm，因此必须采取整改措施，使其三轴线交于一点。但厂方没有整改技术方案，在未通知和未征得有关方的同意下，利用节假日采用炭弧气刨和气割的办法拆解，使母材受到严重损害；又在没有隐蔽验收的情况下，重新焊接覆盖。对此，监理方明确表示不符合验收要求，最后在业主的支持下，决定全部报废，重新制作，从而消除了隐患。监理在质量方面的严格要求，始终得到了业主的全力支持。

机电设备安装的承包商，都是德国、法国、日本、新加坡和中国香港等国家和地区的国际知名企业。安装监理人员根据我国的有关规定和设计技术手册，做到不让不合格的产品进场；安装后严格检查，使工程不存在任何的质量隐患。同时积极和国外有关公司交流，吸收先进技术和管理经验，以提高自己的技术水平和监理水平。

监理人员在施工现场检查中，若发现承建单位不按图施工，或施工不符合规范、规定、标准或设计文件时，一般先以口头形式向施工现场负责人提出，并要求其纠正，同时在监理日记中做好记录；若承建单位整改不力或不听从劝告，监理工程师可签发监理备忘录或监理通知单，书面通知整改；若承建单位还是整改不力，或问题性质严重时，则由总监理工程师签发停工通知单，同时抄报业主。由于停工涉及延长工期和停工费用等重大问题，因此当总监理工程师认为有必要签发停工通知单时，事先报业主，由业主决策后，再通知有关方面停工。

钢结构是金茂大厦的主要受力部分，结构复杂、焊接难度大、技术要求高，成为制作和安装的一大难题。为了确保钢结构的制作和安装质量，监理单位除了派出副总监理工程师和一批具有丰富经验的监理人员外，在筹建处的协助下，还配备了从美国购置的、专用于高强螺栓的扭矩测试扳手和焊缝探伤、质量检测等方面的先进仪器设备，做到以实测数据为依据，严格控制钢结构制作和安装质量。

金茂大厦高度对超高层建筑的测量技术提出了严峻挑战。针对这一新的课题，总监理工程师和测量监理人员认真制定了周密、严格的测量监理技术方案，做好“事前、事中、事后”三大环节的质量控制，成功地开发和运用了先进的TC1700全站仪，逐层对混凝土核心筒、钢结构等进行复测检验，自始至终将标高、轴线、垂直度严格控制在范围之内。

金茂大厦施工完成后，工程质量一直处于受控状态，均达到优良等级，施工偏差大大低于规范允许值，其中核心筒中心位移偏差最大一层为2mm，最小一层为0.9mm，其相对精度接近1/26500；垂直度偏差小于12.6mm，大大低于规范允许偏差；混凝土表面质量符合清水墙标准；第二道外伸桁架的高强螺栓孔100%重合，顺利合拢，钢结构现场焊接的

700 多条焊缝一次返修率仅为 0.1%，均达到了国际先进水平。美国设计方对结构质量进行检查后，认为工程质量已达到世界一流，并写信感谢全体参建成员对其结构设计的欣赏和理解，以及在完成这一世界结构中所做的贡献。1998 年，由美国一个直接参与大楼和桥梁结构工程的重要技术小组、伊利诺伊州结构工程协会在世界各地完成的 60 多项参评和竞赛的大楼和桥梁结构中，金茂大厦荣获“1998 年最佳结构大奖”，同时也得到了业主、境内外承包商的高度评价。

## 重点提示

# 9.3 工程信息管理

## 9.3.1 数据、信息的区别与联系

### 1. 数据

数据是客观实体属性的反映，是一组表示数量、行为和目标，可以记录下来加以鉴别的符号。

数据，首先是客观实体属性的反映，客观实体通过各个角度的属性的描述，反映其与其他实体的区别。例如，在反映某个建筑工程质量时，通过将设计、施工单位资质、人员、施工设备、使用的材料、构配件、施工方法、工程地质、天气、水文等各个角度的数据搜集汇总起来，就能够很好地反映该工程的总体质量。这里所说的各个角度的数据，即是建筑工程这个实体的各种属性的反映。

数据有多种形态，这里所提到的数据是广义的数据概念，包括文字、数值、语言、图表、图形、颜色等多种形态。今天人们的计算机对此类数据都可以加以处理，如施工图纸、管理人员发出的指令、施工进度的网络图、管理的直方图、月报表等都是数据。

### 2. 信息

信息和数据是不可分割的。信息来源于数据，又高于数据，信息是数据的灵魂，数据是信息的载体。对信息有不同的定义，从辩证唯物主义的角度出发，可以给信息如下的定义。

信息是对数据的解释，反映了事物(事件)的客观规律，为使用者提供决策和管理所需要的依据。

人们使用信息的目的是为决策和管理服务。信息是决策和管理的基础，决策和管理依赖信息，正确的信息才能保证决策的正确，不正确的信息则会造成决策的失误，管理则更离不开信息。传统的管理是定性分析，现代的管理则是定量管理，定量管理离不开系统信息的支持。

## 9.3.2 建筑工程信息管理流程

建设工程参建各方对数据和信息的收集是不同的，有不同的来源、不同的角度、不同的处理方法，但要求各方相同的数据和信息应该规范。

建设工程参建各方在不同的时期对数据和信息的收集也是不同的，侧重点不同，但也要规范信息行为。

从监理的角度，建设工程的信息收集由介入阶段不同，决定收集不同的内容。监理单位介入的阶段有项目决策阶段、项目设计阶段、项目施工招投标阶段、项目施工阶段等多个阶段。各不同阶段，与建设单位签订的监理合同内容也不尽相同，因此收集信息要根据具体情况决定。

**1．项目决策阶段的信息收集**

在项目决策阶段，信息收集从以下几方面进行。

(1) 项目相关市场方面的信息。如产品预计进入市场后的市场占有率、社会需求量、预计产品价格变化趋势、影响市场渗透的因素、产品的生命周期等。

(2) 项目资源相关方面的信息。如资金筹措渠道、方式，原辅料，矿藏来源，劳动力，水、电、气供应等。

(3) 自然环境相关方面的信息。如城市交通、运输、气象、地质、水文、地形地貌、废料处理可能性等。

(4) 新技术、新设备、新工艺、新材料，专业配套能力方面的信息。

(5) 政治环境，社会治安状况，当地法律、政策、教育的信息。

**2．设计阶段的信息收集**

监理单位在设计阶段的信息收集要从以下几处进行。

(1) 可行性研究报告、前期相关文件资料、存在的疑点和建设单位的意图、建设单位前期准备和项目审批完成的情况。

(2) 同类工程相关信息：建筑规模，结构形式，造价构成、工艺、设备的选型，地质处理方式及实际效果，建设工期，采用新材料、新工艺、新设备、新技术的实际效果及存在的问题，技术经济指标。

(3) 拟建工程所在地相关信息：地质、水文情况，地形地貌、地下埋设和人防设施情况，城市拆迁政策和拆迁户数，青苗补偿，周围环境(水、电、气、道路等的接入点，周围建设、交通、学校、医院、商业、绿化、消防、排污)。

(4) 勘察、测量、设计单位相关信息：同类工程完成情况、实际效果，完成该工程的能力，人员构成，设备投入，质量管理体系完善情况，创新能力，收费情况，施工期技术服务主动性和处理发生问题的能力，设计深度和技术文件质量，专业配套能力，设计概算和施工图预算编制能力，合同履约情况，采用设计新技术、新设备的能力等。

(5) 工程所在地政府相关信息：国家和地方政策、法律、法规、规范、规程、环保政策、政府服务情况和限制等。

(6) 设计中的设计进度计划，设计质量保证体系，设计合同执行情况，偏差产生的原因，纠偏措施，专业间设计交接情况，执行规范、规程、技术标准，特别是强制性规范执行的情况，设计概算和施工图预算结果，了解超限额的原因，了解各设计工序对造价的控制等。

3．施工招投标阶段的信息收集

施工招投标阶段信息收集从以下几方面进行。

(1) 工程地质、水文地质勘察报告，施工图设计及施工图预算、设计概算，设计、地质勘察、测绘的审批报告等方面的信息，特别是该建设工程有别于其他同类工程的技术要求、材料、设备、工艺、质量要求有关信息。

(2) 建设单位建设前期报审文件：立项文件，建设用地、征地、拆迁文件。

(3) 工程造价的市场变化规律及所在地区的材料、构件、设备、劳动力差异。

(4) 当地施工单位管理水平，质量保证体系，施工质量、设备、机具能力。

(5) 本工程适用的规范、规程、标准，特别是强制性规范。

(6) 所在地关于招投标有关法规、规定，国际招标、国际贷款指定适用的范本，本工程适用的建筑施工合同范本及特殊条款精髓所在。

(7) 所在地招投标代理机构能力、特点，所在地招投标管理机构及管理程序。

(8) 该建设工程采用的新技术、新设备、新材料、新工艺，投标单位对“四新”的处理能力和了解程度、经验、措施。

4．施工阶段的信息收集

可从施工准备期、施工期、竣工保修期 3 个阶段分别进行。

1) 施工准备期

施工准备期指从建设工程合同签订到项目开工这个阶段，在施工招投标阶段监理未介入时，本阶段是施工阶段监理信息收集的关键阶段，监理工程师应该从如下几点入手收集信息。

(1) 监理大纲；施工图设计及施工图预算，特别要掌握结构特点，掌握工程难点、要点、特点，掌握工业工程的工艺流程特点、设备特点，了解工程预算体系(按单位工程、分部工程、分项工程分解)；了解施工合同。

(2) 施工单位项目经理部组成，进场人员资质；进场设备的规格型号、保修记录；施工场地的准备情况；施工单位质量保证体系及施工单位的施工组织设计，特殊工程的技术方案，施工进度网络计划图表；进场材料、构件管理制度；安全保安措施；数据和信息管理制度；检测和检验、试验程序和设备；承包单位和分包单位的资质等施工单位信息。

(3) 建设工程场地的地质、水文、测量、气象数据；地上、地下管线，地下洞室，地上原有建(构)筑物及周围建(构)筑物、树木、道路；建筑红线，标高、坐标；水、电、气管道的引入标志；地质勘察报告、地形测量图及标桩等环境信息。

(4) 施工图的会审和交底记录；开工前的监理交底记录；对施工单位提交的施工组织设计按照项目监理部要求进行修改的情况；施工单位提交的开工报告及实际准备情况。

(5) 本工程需遵循的相关建筑法律、法规和规范、规程，有关质量检验、控制的技术法规和质量验收标准。

2) 施工实施期

施工实施期，信息来源相对比较稳定，主要是施工过程中随时产生的数据，由施工单位层层收集上来，比较单纯，容易实现规范化。

施工实施期收集的信息应该分类并由专门的部门或专人分级管理，项目监理部可从下列几方面收集信息。

(1) 施工单位人员、设备、水、电、气等能源的动态信息。

(2) 施工期气象的中长期趋势及同期历史数据，每天不同时段动态信息，特别在气候对施工质量影响较大的情况下，更要加强收集气象数据。

(3) 建筑原材料、半成品、成品、构配件等工程物资的进场、加工、保管、使用等信息。

(4) 项目经理部管理程序；质量、进度、造价的事前、事中、事后控制措施；数据采集来源及采集、处理、存储、传递方式；工序间交接制度；事故处理制度；施工组织设计及技术方案执行的情况；工地文明施工及安全措施；等等。

(5) 施工中需要执行的国家和地方规范、规程、标准；施工合同执行情况。

(6) 施工中发生的工程数据，如地基验槽及处理记录、工序间交接记录、隐蔽工程检查记录等。

(7) 建筑材料必试项目有关信息：如水泥、砖、砂石、钢筋、外加剂、混凝土、防水材料、回填土、饰面板、玻璃幕墙等。

(8) 设备安装的试运行和测试项目有关信息：如电气接地电阻、绝缘电阻测试，管道通水通气、通风试验，电梯施工试验，消防报警、自动喷淋系统联动试验等。

(9) 施工索赔相关信息：索赔程序、索赔依据、索赔证据、索赔处理意见等。

3) 竣工保修期

该阶段要收集的信息如下。

(1) 工程准备阶段文件，如立项文件，建设用地、征地、拆迁文件，开工审批文件等。

(2) 监理文件，如监理规划、监理实施细则、有关质量问题和质量事故的相关记录、监理工作总结及监理过程中各种控制和审批文件等。

(3) 施工资料：分为建筑安装工程和市政基础设施工程两大类分别收集。

(4) 竣工图：分建筑安装工程和市政基础设施工程两大类分别收集。

(5) 竣工验收资料：如工程竣工总结、竣工验收备案表、电子档案等。

在竣工保修期，监理单位按照现行 GB/T 50328—2014《建设工程文件归档规范》收集监理文件并协助建设单位督促施工单位完善全部资料的收集、汇总和归类整理。

【参考图文】

## 9.3.3 建设工程文件档案管理职责

建设工程档案资料的管理涉及建设单位、监理单位、施工单位等及地方城建档案管理部门。对于一个建设工程而言，归档有三方面含义。

(1) 建设、勘察、设计、施工、监理等单位将本单位在工程建设过程中形成的文件向本单位档案管理机构移交。

(2) 勘察、设计、施工、监理等单位将本单位在工程建设过程中形成的文件向建设单位档案管理机构移交。

(3) 建设单位按照现行 GB/T 50328—2014《建设工程文件归档规范》要求，将汇总的该建设工程文件档案向地方城建档案管理部门移交。

**1．通用职责**

(1) 工程各参建单位填写的建设工程档案应以施工及验收规范、工程合同、设计文件、工程施工质量验收统一标准等为依据。

(2) 工程档案资料应随工程进度及时收集、整理，并应按专业归类，认真书写，字迹清楚，项目齐全、准确、真实，无未了事项。表格应采用统一表格，特殊要求需增加的表格应统一归类。

(3) 工程档案资料进行分级管理，建设工程项目各单位技术负责人负责本单位工程档案资料的全过程组织工作并负责审核，各相关单位档案管理员负责工程档案资料的收集、整理工作。

(4) 对工程档案资料进行涂改、伪造、随意抽撤或损毁、丢失等，应按有关规定予以处罚，情节严重的，应依法追究法律责任。

**2．监理单位职责**

(1) 应设专人负责监理资料的收集、整理和归档工作，在项目监理部，监理资料的管理应由总监理工程师负责，并指定专人具体实施，监理资料应在各阶段监理工作结束后及时整理归档。

(2) 监理资料必须及时整理、真实完整、分类有序。在设计阶段，对勘察、测绘、设计单位的工程文件的形成、积累和立卷归档进行监督、检查；在施工阶段，对施工单位的工程文件的形成、积累、立卷归档进行监督、检查。

(3) 可以按照委托监理合同的约定，接受建设单位的委托，监督、检查工程文件的形成积累和立卷归档工作。

(4) 编制的监理文件的套数、提交内容、提交时间，应按照现行 GB/T 50328—2014《建设工程文件归档规范》和各地城建档案管理部门的要求，编制移交清单，双方签字、盖章后，及时移交建设单位，由建设单位收集和汇总。监理公司档案部门需要的监理档案，按照 GB 50319—2013《建设工程监理规范》的要求，及时由项目监理部提供。

## 9.3.4 建设工程监理文件和档案资料管理

**1．监理文件和档案收文与登记**

所有收文应在收文登记表上进行登记(按监理信息分类别进行登记)，应记录文件名称、文件摘要信息、文件的发放单位(部门)、文件编号及收文日期，必要时应注明接收件的具体时间，最后由项目监理部负责收文人员签字。

监理信息在有追溯性要求的情况下，应注意核查所填部分内容是否可追溯。如材料报审表中是否明确注明该材料所使用的具体部位，以及该材料质保证明的原件保存处等。

若不同类型的监理信息之间存在相互对照或追溯关系时(如监理工程师通知单和监理工程师通知回复单)，在分类存放的情况下，应在文件和记录上注明相关信息的编号和存放处。

资料管理人员应检查文件档案资料的各项内容填写和记录真实完整，签字认可人员应为符合相关规定的责任人员，并且不得以盖章和打印代替手写签认。文件档案资料及存储介质质量应符合要求，所有文件档案必须使用符合档案归档要求的碳素墨水填写或打印生成，以适应长时间保存的要求。

有关工程建设照片及声像资料等，应注明拍摄日期及所反映工程建设部位等摘要信息。收文登记后应交给项目总监或由其授权的监理工程师进行处理，重要文件内容应在监理日记中记录。

部分收文如涉及建设单位的工程建设指令或设计单位的技术核定单及其他重要文件，应将复印件在项目监理部专栏内予以公布。

**2．监理资料传阅与登记**

由建设工程项目监理部总监理工程师或其授权的监理工程师确定文件、记录是否需传阅，如需传阅应确定传阅人员名单和范围，并注明在文件传阅纸上，随同文件和记录进行传阅。也可按文件传阅纸样式刻制方形图章，盖在文件空白处，代替文件传阅纸。每位传阅人员阅后应在文件传阅纸上签名，并注明日期。文件和记录传阅期限不应超过该文件的处理期限。传阅完毕后，文件原件应交还信息管理人员归档。

**3．监理资料发文与登记**

发文由总监理工程师或其授权的监理工程师签名，并加盖项目监理部图章，对盖章工作应进行专项登记。如为紧急处理的文件，应在文件首页标注“急件”字样。

所有发文按监理信息资料分类和编码要求进行分类编码，并在发文登记表上登记。登记内容包括：文件资料的分类编码、发文文件名称、摘要信息、接收文件的单位(部门)名称、发文日期(强调时效性的文件应注明发文的具体时间)。收件人收到文件后应签名。

发文应留有底稿，并附一份文件传阅纸，信息管理人员根据文件签发人指示确定文件责任人和相关传阅人员。在文件传阅过程中，每位传阅人员阅后应签名并注明日期，发文的传阅期限不应超过其处理期限，重要文件的发文内容应在监理日记中予以记录。

项目监理部的信息管理人员应及时将发文原件归入相应的资料柜(夹)中，并在目录清单中予以记录。

**4．监理资料分类存放**

监理文件档案经收/发文、登记和传阅工作程序后，必须使用科学的分类方法进行存放，这样既可满足项目实施过程查阅、求证的需要，又方便项目竣工后文件和档案的归档和移交。项目监理部应备有存放监理信息的专用资料柜和用于监理信息分类归档存放的专用资料夹。在大中型项目中应采用计算机对监理信息进行辅助管理。

信息管理人员则应根据项目规模规划各资料柜和资料夹的内容。

文件和档案资料应保持清晰，不得随意涂改记录，保存过程中应保持记录介质的清洁和不破损。

项目建设过程中文件和档案的具体分类原则应根据工程特点制定，监理单位的技术管理部门可以明确本单位文件档案资料管理的框架性原则，以便统一管理并体现出企业特色。

5．监理资料归档

监理资料归档内容、组卷方法及监理档案的验收、移交和管理工作，应根据现行《建设工程监理规范》及《建设工程文件归档整理规范》并参考工程项目所在地区建设工程行政主管部门、建设监理行业主管部门、地方城市建设档案管理部门的规定执行。

对一些需连续产生的监理信息，如对其有统计要求，在归档过程中应对该类信息建立相关的统计汇总表格以便进行核查和统计，并及时发现错漏之处，从而保证该类监理信息的完整性。

监理资料的归档保存中应严格按照保存原件为主、复印件为辅和按照一定顺序归档的原则。如在监理实践中出现作废和遗失等情况，应明确地记录作废和遗失的原因、处理的过程。

如采用计算机对监理信息进行辅助管理，当相关的文件和记录经相关责任人员签字确定、正式生效并已存入项目部相关资料夹中时，计算机管理人员应将储存在计算机中的相关文件和记录改变其文件属性为“只读”，并将保存的目录记录在书面文件上以便于进行查阅。在项目文件档案资料归档前不得将计算机中保存的有效文件和记录删除。

按照现行 GB/T 50328—2014《建设工程文件归档规范》，监理文件有 10 大类 27 个，要求在不同的单位归档保存，现分述如下。

1) 监理规划

(1) 监理规划(建设单位长期保存，监理单位短期保存，送城建档案管理部门保存)。

(2) 监理实施细则(建设单位长期保存，监理单位短期保存，送城建档案管理部门保存)。

(3) 监理部总控制计划等(建设单位长期保存，监理单位短期保存)。

2) 监理月报中的有关质量问题

监理月报中的有关质量问题(建设单位、监理单位长期保存，送城建档案管理部门保存)。

3) 监理会议纪要中的有关质量问题

监理会议纪要中的有关质量问题(建设单位、监理单位长期保存，送城建档案管理部门保存)。

4) 进度控制

(1) 工程开工/复工审批表(建设单位、监理单位长期保存，送城建档案管理部门保存)。

(2) 工程开工/复工暂停令(建设单位、监理单位长期保存，送城建档案管理部门保存)。

5) 质量控制

(1) 不合格项目通知(建设单位、监理单位长期保存，送城建档案管理部门保存)。

(2) 质量事故报告及处理意见(建设单位、监理单位长期保存，送城建档案管理部门保存)。

6) 造价控制

(1) 预付款报审与支付(建设单位短期保存)。

(2) 月付款报审与支付(建设单位短期保存)。

(3) 设计变更、洽商费用报审与签认(建设单位长期保存)。

(4) 工程竣工决算审核意见书(建设单位长期保存，送城建档案管理部门保存)。

7) 分包资质

(1) 分包单位资质材料(建设单位长期保存)。

(2) 供货单位资质材料(建设单位长期保存)。

(3) 试验等单位资质材料(建设单位长期保存)。

8) 监理通知

(1) 有关进度控制的监理通知(建设单位、监理单位长期保存)。

(2) 有关质量控制的监理通知(建设单位、监理单位长期保存)。

(3) 有关造价控制的监理通知(建设单位、监理单位长期保存)。

9) 合同与其他事项管理

(1) 工程延期报告及审批(建设单位永久保存，监理单位长期保存，送城建档案管理部门保存)。

(2) 费用索赔报告及审批(建设单位、监理单位长期保存)。

(3) 合同争议、违约报告及处理意见(建设单位永久保存，监理单位长期保存，送城建档案管理部门保存)。

(4) 合同变更材料(建设单位、监理单位长期保存，送城建档案管理部门保存)。

10) 监理工作总结

(1) 专题总结(建设单位长期保存，监理单位短期保存)。

(2) 月报总结(建设单位长期保存，监理单位短期保存)。

(3) 工程竣工总结(建设单位、监理单位长期保存，送城建档案管理部门保存)。

(4) 质量评估报告(建设单位、监理单位长期保存，送城建档案管理部门保存)。

**6．监理资料借阅、更改与作废**

项目监理部存放的文件和档案原则上不得外借，如政府部门、建设单位或施工单位确有需要，应经过总监理工程师或其授权的监理工程师同意，并在信息管理部门办理借阅手续。监理人员在项目实施过程中需要借阅文件和档案时，应填写文件借阅单，并明确归还时间。信息管理人员办理有关借阅手续后，应在文件夹的内附目录上做特殊标记，避免其他监理人员查阅该文件时，因找不到文件引起工作混乱。

监理文件档案的更改应由原制定部门相应责任人执行，涉及审批程序的，由原审批责任人执行。若指定其他责任人进行更改和审批时，新责任人必须获得所依据的背景资料，监理文件档案更改后，由信息管理部门填写监理文件档案更改通知单，并负责发放新版本文件，发放过程中必须保证项目参建单位中所有相关部门都得到相应文件的有效版本。文件档案换发新版时，应由信息管理部门负责将原版本收回作废。考虑到日后有可能出现追溯需求，信息管理部门可以保存作废文件的样本以备查阅。

## 9.3.5 采暖工程技术交底

【参考视频】

采暖工程技术交底见表 9-3。

表 9-3　施工技术交底记录

编制单位：××××学院地板采暖工程项目部

| 工程名称 | 泽厚园地板采暖工程 | 施工单位 | 地滋工程有限公司 |
|---|---|---|---|
| 施工部位 | 各施工区域 | 施工时间 | 二〇〇六年七月十九日 |

交底内容：

地板辐射采暖工程

1．施工总程序

楼层基面清理→水泥发泡绝热层施工→弹线、抄平安装管卡→加热盘管安装→初次打压→细石混凝土回填→养护→集分水器安装→封闭现场进行成品保护。

2．施工准备

(1) 施工前认真熟悉图纸和相应的规范，进行图纸会审。

仔细阅读并理解设计说明中关于地板辐射采暖系统的所有内容，与图纸内容有无冲突之处，系统流程图与平面、剖面图有无不符之处，设计要求与现行的施工规范有无差别等。

熟悉管道的分布、走向、坡度、标高，核对管道坐标、标高排列是否合理，及时提出存在的问题，并做好图纸会审记录。

(2) 编制施工进度计划、材料进场计划及作业指导书。

(3) 对施工班组进行施工技术交底，方式是书面交底和口头交底，使班组明确施工任务、工期、质量要求及操作工艺。交底可根据进度进行多次，随时指导班组最好地完成安装任务。

(4) 根据现场情况配置机械设备、计量器具及劳动力计划。

(5) 材料采购、进场、检验及保管程序如下。

材料需用量计划→采购计划→材料入库前的检查→入库→出库自检→二次搬运→使用前的班组自检→使用。

① 所用材料必须具有质量证明书、合格证等资料。

② 材料进入现场经自检合格后，及时填写材质报检单，向监理工程师报验，经检查合格后，方可使用。

③ 进场的材料堆放整齐，规格、型号、材质要分清，每一种材料必须挂牌，注明规格、名称、材质，并建立台账，做到账、物、卡相符，收发手续完整。堆放中要有防止管材变形的措施，不能堆码过高。

④ 管道在验收及使用前进行外观检查，其表面应符合下列要求：无裂纹、缩孔、夹渣、重皮等缺陷；无超过壁厚负偏差的锈蚀、凹陷及其他机械损伤；有材质证明或标记。

3．作业条件

(1) 根据施工方案安排好适当的现场工作场地、工作棚、材料库，在地沟或管井施工时要接通低压照明并采取良好的通风措施。

(2) 按设计和有关规范要求，各项预留孔洞、管槽、预埋件已完毕。

(3) 土建地面已施工完毕。各种基准线测放完毕。

(4) 各种材料合格并经监理确认批准进场。

(5) 现场临时用电、用水能保证连续施工且有排放试压用水的地点。

(6) 土建专业已完成墙面粉刷(不含面层)，外窗、外门已安装完毕，并已将地面清理干净，厨房、卫生间已做完闭水试验并经过验收。

(7) 相关电气预埋等工程已完成。

(8) 施工环境温度不低于 5℃，如需冬季施工，必须采取相应措施。

| 交底人 | | 接受人 | | 项目经理 | |
|---|---|---|---|---|---|

此表一式两份，交底单位、接收单位各持一份。　　交底日期：2006 年 7 月 19 日

(续表) 施工技术交底记录

编制单位：××××学院地板采暖工程项目部

| 工程名称 | 泽厚园地板采暖工程 | 施工单位 | 地滋工程有限公司 |
|---|---|---|---|
| 施工部位 | 各施工区域 | 施工时间 | 二〇〇六年七月十九日 |

4．材料要求

(1) 绝热材料为发泡水泥，导热系数 0.087W/MK，承载强度 12MPa。

(2) 地辐射盘管采用 PE-$X_a$ 交联聚乙烯管(交联度：过氧化物＞92%，硅烷＞65%。管径$\phi$=20mm，壁厚 2.0 mm)。管材、管件的颜色应一致，色泽均匀，表面光滑、清洁，不允许有分层、针孔、裂纹、气泡、划伤等缺陷，外观应完整，无损伤、变形、开裂。

(3) 辅材：固定卡子、扎带、卡套式连接件、插接式连接件表面光滑、无毛刺，无缺损和变形，无气泡和砂眼。同一口径管件的锁紧螺帽、紧箍环应能互换。应有出厂合格证及材质证明报告。

(4) 材料必须符合设计要求和国家或行业检测标准，供货时应有合格证、产品使用说明书及检测证明文件。

5．绝热层的施工

(1) 凡采用地板辐射采暖的工程，在楼地面施工时应严格控制平整度，其允许误差应符合混凝土或砂浆地面要求。在绝热层铺设前必须清除楼地面上的垃圾、浮灰、附着物。特别是油漆、涂料、油污等有机物必须清除。

(2) 房间周围边墙、柱的交接处应设绝热保温带，其高度要高于细石混凝土回填层。

(3) 按土建结构线和绝热层高度在墙壁上弹线控制绝热层厚度，进行水泥发泡层施工。

6．加热盘管的敷设

(1) 按施工图要求，将管的轴线位置用墨线弹在绝热层上。

(2) 按管的弯曲半径≥10$D$($D$ 为管外径)计算管的下料长度，其尺寸误差控制在±5%以内。埋设在填充层内的加热管不得有接头。

(3) 加热管切割应采用专用剪刀切割，切口应平整，断口面应垂直于管轴线。

(4) 加热管安装时应防止管道扭曲；弯曲管道时，圆弧的顶部应加以限制，并用管卡固定，不得出现死折。

(5) 加热管按施工图标定的管间距和走向敷设，加热管保持平直，管间距误差不大于 10mm。

(6) 按测出的轴线及标高将加热管用管卡固定在绝热层上，同一通路的加热管保持水平，确保管顶平整度为±5mm。

(7) 加热管固定点的间距：弯头处不大于 300mm，直线段不大于 700mm。

(8) 在集分水器附近及其他局部加热管排列比较密集的部位，当管间距小于 100mm 时，加热管外部设置柔性套管。

(9) 加热管出地面至集分水器连接处，弯管部分不宜露出地面装饰层。加热管出地面至集分水器下部球阀接口之间的明装管段，外部加装塑料套管。套管应高出装饰面 150～200mm。

(10) 加热管环路布置不宜穿越填充层的伸缩缝，必须穿越时，伸缩缝处应设长度不小于 200mm 的柔性套管。

(11) 加热管安装间断或完毕时，敞口处应随时封堵。

7．初次试压

每个分段(单元)、分层(楼层)分路管道安装完毕后即可进行初次试压，首先向管内注水，水加满后检查接口有无异常情况后方可缓慢升压，加压到工作压力的 1.5 倍，但不小于 0.6MPa。稳压 1h 内压力降不大于 0.05MPa，且不渗不漏为合格。

| 交底人 |  | 接受人 |  | 项目经理 |  |
|---|---|---|---|---|---|

此表一式两份，交底单位、接收单位各持一份。　　交底日期：2006 年 7 月 19 日

**(续表)　施工技术交底记录**

编制单位：××××学院地板采暖工程项目部

| 工程名称 | 泽厚园地板采暖工程 | 施工单位 | 地滋工程有限公司 |
|---|---|---|---|
| 施工部位 | 各施工区域 | 施工时间 | 二〇〇六年七月十九日 |

8．细石混凝土填充层施工

(1) 在加热管初次试压合格后进行豆石混凝土填充层施工。

(2) 细石混凝土填充层施工在盘管加压(不小于0.6MPa)状态下铺设，回填层凝固后方可泄压。

(3) 细石混凝土填充层施工前，必须将敷设完管道后工作面上的杂物、灰渣清除干净。

(4) 铺设回填层时，严禁在盘管上行走、踩踏，不得有尖锐物件损坏盘管，防止盘管上浮，要小心下料、拍实、找平。

(5) 细石混凝土填充层接近初凝时，在表面进行二次拍实、压抹，防止顺管轴线出现塑性收缩裂缝。表面压抹后应保湿养护14d以上。

(6) 伸缩缝的设置。

① 在与内外墙、柱等垂直构件交接处应留不间断的伸缩缝，伸缩缝填充材料采用搭接方式连接，搭接宽度不小于10mm，伸缩缝与墙、柱有可靠的固定措施，与地面绝热层连接紧密，伸缩缝宽度不小于10mm，材料采用高发泡聚乙烯泡沫塑料。

② 当地面面积超过30m$^2$或边长超过6m时，按不大于6m的间距设置伸缩缝。

③ 伸缩缝从绝热层的上边缘做到填充层的上边缘。

9．集分水器的安装施工

(1) 集分水器的安装可在加热管敷设前安装，也可在敷设豆石混凝土后与阀门一起安装。安装必须平直、牢固。在敷设细石混凝土前，安装需要做水压试验。

(2) 当水平安装时，分水器在上，集水器在下。中心距为200mm，且集水器中心距地面300mm。

(3) 当垂直安装时，集分水器下端距地面不小于150mm。

| 交底人 |  | 接受人 |  | 项目经理 |  |
|---|---|---|---|---|---|

此表一式两份，交底单位、接收单位各持一份。　　　　交底日期：2006年7月19日

## 能力评价

**自 我 评 价**

| 指　标 | 应　知 | 应　会 |
|---|---|---|
| 1. 监理资料的类型和范围<br>2. 监理月报<br>3. 监理工作总结<br>4. 信息查找的渠道<br>5. 信息的识别与分类整理 |  |  |

## 多项选择题(答案供自评)

1．建筑工程项目信息形态中宜归档案管理的是(　　)。

A．图纸　　B．报告　　C．合同　　D．规范

2．信息是对数据的解释；数据是客观实体属性的反映。以下属于建设工程项目信息的是(　　)。

A．文件　　B．合同　　C．工程开工令　　D．图纸

3．按照项目工程项目目标划分，信息的分类有(　　)。

A．投资控制信息　　B．进度控制信息

C．质量控制信息　　D．项目内部信息和外部信息

4．建设工程项目信息分类的基本方法有(　　)。

A．系统分类法　　B．标准分类法

C．线分类法　　D．面分类法

5．建设工程项目信息主要由(　　)组成。

A．文字图形信息　　B．语言信息

C．新技术信息　　D．经济类信息

6．建设工程文件档案资料是由(　　)组成。

A．建设工程文件

B．建设工程监理文件

C．建设工程验收文件

D．建设工程文件、建设工程档案和建设工程资料

7．送建设单位永久保存的监理文件中，有关工程进度控制和工期管理的文件包括(　　)。

A．工程临时/最终延期申报表　　B．工程开工申报表

C．施工进度计划申报表　　D．工程开工申报表

8．监理文件档案中的监理工作总结包括(　　)三类。

A．竣工总结　　B．专题总结

C．月报总结　　D．单位工程监理工作总结

9．监埋单位长期保存的文件类别有(　　)等。

A．监理月报　　B．监理规划

C．监理实施细则　　D．监理工作总结

10．建设工程信息管理的基本环节包括(　　)。

A．信息的收集、传递　　B．信息的加工、整理

C．信息的检索、存储　　D．数据和信息的收集、传递

【参考答案】

## 小 组 评 价

1．分工合作写出 5 个控制、3 项管理及组织协调的监理月报。

2．及时汇总写出监理工作总结。

3．分类整理，特别是音像资料，归档管理监理资料。

4．信息准确度判断和监理资料来源的广度要覆盖项目所有因素。

5．信息的时效性及由此造成的后果。

6．信息共享性利用率。

小组评价参考表

| 成员姓名 | 工地考察表 | 考察照片或图样 | 小组交流 | 监理工作资料 | 备　注 |
|---|---|---|---|---|---|
| | | | | | 以每位成员都参与探讨为合格，主要交流实际工作体验，重点培养团队协作能力 |
| | | | | | |
| | | | | | |
| | | | | | |
| | | | | | |
| | | | | | |

# 学习任务 10 合同管理——工程索赔（黄河小浪底水利枢纽工程）

**学习要求**

| 岗位技能 | 专业知识 | 职业道德 |
| --- | --- | --- |
| 1．能分析合同文本，列出风险清单<br>2．能跟踪合同管理，检查合同执行情况<br>3．协助业主处理工程索赔<br>4．协助业主处理合同纠纷<br>5．及时在月报中反映合同执行情况<br>6．能用书面指示进行合同管理<br>7．协助业主进行风险管理 | 1．了解合同管理的内容<br>2．明确合同管理的措施<br>3．了解工程索赔的程序<br>4．了解风险管理对策<br>5．了解风险控制措施 | 1．客观、公正地对待索赔<br>2．工程监理过程中，及时查阅合同或协议<br>3．向相关方及时、准确地反映合同信息<br>4．合理性建议风险转移 |

**能力拓展**

【参考图文】

1．跟踪实际工程，了解风险因素的具体表现形成，列出风险清单。
2．识别工程现场风险控制措施。
3．搜集上海世博会建筑场馆管理案例。
4．搜集三峡工程、南水北调工程、高速铁路工程的合同管理案例。
5．访谈监理工程师，了解合同管理工作的重点和难点。
6．学习相应标准，增强工程监理工作能力。
([31] GF—0201《建筑工程施工合同(示范文本)》)

**案例引入**

# 10.1 黄河小浪底水利枢纽工程实例

## 10.1.1 黄河小浪底水利枢纽工程简介

【参考视频】

小浪底水利枢纽是黄河干流三门峡以下唯一能够取得较大库容的控制性工程，既可较好地控制黄河洪水，又可利用其淤沙库容拦截泥沙，进行调水调沙运作，减缓下游河床的淤积抬高。水库正常高水位275m，坝顶高程280m，总库容127亿$m^3$。1991年4月，七届全国人大四次会议批准小浪底工程在“八五”期间动工兴建。

此枢纽开发任务为：防洪、减淤、发电、供水、防凌；工程等级为一级，坝址为III坝址。

小浪底工程 1991 年 9 月开始前期工程建设，1994 年 9 月主体工程开工，1997 年 10 月截流，2000 年元月首台机组并网发电，2001 年年底主体工程全面完工，历时 11 年，共完成土石方挖填 9478 万 $m^3$，混凝土 348 万 $m^3$，钢结构 3 万 t，安置移民 20 万人，取得了工期提前，投资节约，质量优良的好成绩，被世界银行誉为该行与发展中国家合作项目的典范，在国际国内赢得了广泛赞誉。

## 10.1.2 工程阶段

黄河小浪底水利枢纽工程阶段划分及工程内容见表 10-1。

表 10-1 工程阶段及工程内容

| 准备工程分项 | 国际招标 | 立体工程施工 | 尾工 |
|---|---|---|---|
| 外线公路工程<br>内线公路工程<br>黄河公路桥工程<br>留庄铁路转运站<br>施工供电工程<br>施工供水工程<br>通信工程<br>砂石骨料试开采<br>临时房屋工程<br>导流洞施工支洞工作<br>施工区移民安置工程 | 土建工程招标<br>机电设备招标 | 大坝泄洪排沙系统<br>引水发电系统<br>水轮机安装<br>附属设备安装 | 施工区恢复植被<br>治理水位<br>硬化场内道路<br>美化枢纽管理区 |

## 10.1.3 承包单位及工作标段

承包单位及工作标段见表 10-2。

表 10-2 承包单位及工作标段

| 承包单位 | 责任方 | 工作标段 |
|---|---|---|
| 黄河承包商 | 意大利英波吉罗公司 | 大坝标 |
| 中德意联营体 | 德国旭普林公司 | 泄洪排沙系统标 |
| 小浪底联营体 | 法国杜美思公司 | 引水发电系统标 |
| 水电十四局、四局、三局 | FFT 联营体 | 机电安装标 |
| | | 土建内标施工项目 |

## 10.1.4 土建国际标段完成时间

土建国际标段完成时间见表 6-3。

表 10-3　土建国际标段完成时间

<table>
<tr><th>分项工程</th><th>分 部 工 程</th><th>完 成 时 间</th><th>工程历时</th><th>与合同工期比较</th></tr>
<tr><td>大坝</td><td>混凝土防修墙<br>坝基开挖</td><td>1994.5.30—1998.3.5<br>1998.7.16</td><td>6 年</td><td>2001 年 11 月 30 日全面完工，比合同完工日期(2001 年 12 月 31 日)提前 13 个月</td></tr>
<tr><td rowspan="4">泄洪排沙系统</td><td>尾水导墙</td><td>1994.6.30—1996.8</td><td rowspan="4">6 年半</td><td rowspan="4">2000 年 12 月 31 日全部完工，比合同完工日期(2001 年 6 月 30 日)提前 6 个月</td></tr>
<tr><td>导流洞和消力塘</td><td>1997.9</td></tr>
<tr><td>进口引渠</td><td>1997.12</td></tr>
<tr><td>排沙洞，明流洞，全部公路交通洞</td><td>1999.6</td></tr>
<tr><td rowspan="6">引入发电系统</td><td>8 号交通洞</td><td>1994.5.30—1995.1</td><td rowspan="6">5 年半</td><td rowspan="6">1999 年 12 月 31 日是现场工作全部结束时间，比合同完工日期(2001 年 7 月 31 日)提前 7 个月</td></tr>
<tr><td>主变室和母线洞</td><td>1998.3</td></tr>
<tr><td>地下厂房</td><td>1998.10</td></tr>
<tr><td>引水发电洞</td><td>1999.1</td></tr>
<tr><td>尾水渠和防淤洞</td><td>1999.7</td></tr>
<tr><td>尾水洞和其他洞室</td><td>1999.9</td></tr>
</table>

## 10.1.5 新技术应用

(1) 解决了垂直防渗与水平防渗相结合问题。

(2) 解决了进水口防淤堵问题。

(3) 设计建造了世界上最大的孔板消能立洪洞。

(4) 设计建造了单薄山体下的地下洞室群。

(5) 实现了高强度机械化施工。

(6) 成功引进外资并进行国际化竞争性招标。

(7) 全面实践了项目法人负责制、招投标制、工程监理制。

被国内外专家称为“世界上最富挑战性”的小浪底水利枢纽工程(以下简称“小浪底工程”)，是治理黄河的关键性控制工程，也是世界银行在中国最大的贷款项目。在长达 11 年的建设中，工程建设经受了各方面的严峻考验，克服了许多意外的风险因素，节余投资 38 亿元人民币(以下省略人民币)，占到总投资的近 11%。12 月 5 日，小浪底工程通过了由水利部组织的工程部分初步验收。专家建议该工程施工质量等级定为优良。

工程全部结束，可完成概算投资 309.24 亿元，比总投资 347.24 亿元节余 38 亿元，其中内资 24.59 亿元，外资 1.56 亿美元。这些部分归功于宏观经济环境变好，但主要来自业主管理环节的节余。其中物价指数下降、汇率变化和机电设备节余等因素，共计节余资金 13.98 亿元；工程管理环节节余 27.3 亿元，共计 41 亿元。减去国内土建工项目因工程设计变更及新增环保项目等因素的 3.3 亿元超支，共节余 38 亿元。

在通货紧缩期施工的大型工程，因为物价因素出现节余并不为奇。但小浪底工程38亿元的节余中，27.3亿元来自管理环节。专家分析，这主要得益于小浪底工程坚持了先进的建设机制。小浪底工程是目前国内全面按照“三制”(业主负责制、招标投标负责制、建设监理制)管理模式实施建设的规模最大的工程，以合同管理为核心，从各个环节与国际管理模式接轨，在国内大型水电工程中先走了一步。

小浪底工程1997年实现了大河截流，1999年10月下闸蓄水，2000年初首台300MW机组并网发电，防洪、防凌、减淤、供水、发电等功能已全部或部分发挥作用，已经初步发挥出了巨大的社会经济效益。

三年中，为满足下游供水需要，小浪底每年都运用最低发电水位以下的水量向下游供水，造成机组停运达160多天，但成功保证了黄河下游连续三年未断流，完成了引黄济津水源库的任务。到2000年7月，小浪底共拦蓄泥沙9.13亿$m^3$，减少了下游河道的泥沙淤积；7月结束的首次调水调沙试验，为进一步优化小浪底水库调、减少下游河道泥沙淤积奠定了基础。

三年来，小浪底累计发电55.54亿kW · h，在火电站占绝对比重的河南电网中承担调峰任务，大大提高了河南电网的供电质量，减少了环境污染。不但使得河南电网通过计算机遥控小浪底机组和小浪底电站实现经济运行两大目标均得以实现，也使河南电网的调峰、调频性能和河南、湖北两省联络线的运行条件进一步改善，增加了事故备用能力。这座“治黄”史上迄今为止规模最大的工程，使得黄河下游防洪标准从60年一遇提高到了千年一遇，也将给下游经济和社会发展产生巨大而深远的影响。

# 10.2 监理经验分享

## 10.2.1 出色的工程监理队伍

小浪底拥有一支300多人、最多时曾达500多人的监理工程师队伍，他们的工作使合同保证履行有了严格的保证，也对投资节约起了巨大作用。监理工程师受业主委托或授权，依据业主和承包商签订的合同，行使控制工程进度、质量、造价和协调各方关系等职能，是业主在现场的唯一项目管理者和执行者。

谁来监理小浪底这个世界性工程呢？1991年前期工程开工后，小浪底人在埋头苦学中产生了中国第一代监理队伍，他们如饥似渴地学习国际通用的FIDIC(国际工程师联合会)合同条款，认真履行着事前预控和全过程跟踪、监理、管理职责，两年间高质量实现了水利部提出的“三年任务两年完成”的目标。1994年5月4日，小浪底工程经世行专家团15次严格检查后正式通过评估，这次评估证实了小浪底土生土长的监理工程师队伍，具有驾驭大型国际工程的资格。

1994年9月12日小浪底工程正式开工后，50多个国家和地区的700多名外国承包商、专家、工程技术人员和数千人的中国水电施工队伍云集小浪底。中国工程师也首次登上了国际工程监理的大舞台。在小浪底这个中外企业同场竞技的国际市场，FIDIC是竞赛规则，监理工程师就是赛场的裁判。

在开工初期，XJV 三标，小浪底联营体不直接给参加联营体的中国水电工程局的工人发放工资，而是由中国水电工程局代发，由于环节多，工资不能按时到位，工人很有意见。1994 年 12 月 19 日，三标联营体的中方职工全面罢工三天，造成三标工程建设处于半瘫痪状态。监理工程师们迅速召集工人代表座谈，充分听取意见，然后向 XJV 提出调解建议："只有直接对所雇的劳务发工资，才便于劳务管理，从而提高工人的劳动积极性。"在工程师的敦促下，XJV 很快接受了这一诚恳的建议，实行了联营体内劳务统一管理。

## 10.2.2 合同管理和风险管理实效

【参考图文】

数起类似事件的迅速平息给外商留下深刻印象，他们评价中国监理工程师"有威信，有能力"! 这批队伍中有教授级高工 23 人、高级工程师 77 人、工程师 150 人。拥有的 100 余台套办公自动化微机，大多与业主计算中心联网，对项目实施及时、有效的全过程目标控制，实现了合同、造价、质量、进度等管理的计算机化和网络化，走在了国内其他项目的前列。小浪底工程咨询有限公司目前已成为 FIDIC 协会和中国咨询协会的理事、国家甲级监理和甲级咨询单位，并获得 UKAS、ISO 9002 国际质量体系认证证书，拥有了通行国际工程的"绿卡"。由此成长起来的一大批 40 岁以下、精通外语、熟悉国际工程管理、掌握现代化办公手段的优秀中青年工程师，也成为国内工程建设监理领域的一笔宝贵财富。

### 1. 认真对待设计变更

小浪底地下厂房为目前国内第一大地下厂房。厂房顶拱的稳固是设计和工程师共同关注的焦点。原设计施工方案难度大，工期也长。1994 年 11 月，设计院提出设计变更。按常规，设计更改本不该是监理工程师的职责，但为了排除施工干扰，便利施工，工程师代表李纯太和黄委设计院代表人员共同提出了调整方案：改用 330 根长 25m、150t 预应力锚索代替原来的支护方案。这一修改设计比原设计缩短工期 4 个月，节省投资 540 多万元。地下厂房顶拱经历了发电设施等几十个洞室的爆破、开挖等多重扰动，固若金汤，安然无恙。

### 2. 成功应对国际索赔

在顶拱坚实的"保护伞"下，厂房下挖进展顺利。当挖至 124m 高程时，根据进度安排，厂房开挖需停工 7.5 个月，给 6 条发电洞下平段斜坡段井挖让路。XJV 为加快厂房的开挖进度，提出开凿 17C 号洞、通过 6 条发电洞下平段的开挖方案。方案提交到三标工程师代表部，经过工程师的认真审查和研究，把 17C 号洞通过发电洞的下平段，改为从下平段以外通过，使施工变得更快捷、更方便。厂房工程师代表立即将此优化方案报请总监理工程师批准，从而实现了厂房与 6 条发电洞同步开挖，把厂房进度的控制权牢牢掌握在自己的手上。事后，因厂房顶拱支护的变更，增加了厂房开挖 4.5 个月的工期，XJV 提出 1500 万美元的索赔。监理工程师不予理睬:“顶拱施工虽说耽误 4.5 个月的工期，但厂房的下部开挖又补给了你们 7.5 个月的工期，哪还有索赔的道理？“1996 年 4 月 2 日，李纯太在世行代表团会议上，将此事作了汇报。世界银行小浪底工程负责官员古纳先生非常赞同李纯太的见解，同时称赞:“李纯太先生是最优秀的工程师!”

一个方案替业主节约 540 万美元，一次方案修改挽回 1500 万美元的索赔，小浪底的中国监理工程师不仅出色地应对了难题，也逐步具备了管理国际工程和监理大型工程的强劲实力。

成功应对国际索赔，不但让小浪底工程节余大量资金，也为国内其他大型工程建设提供了许多成功的借鉴。工程建设中，国内的增值税政策出现了变化，一家德国承包商随即提出超过 1 亿元的索赔。中国的监理工程师专门跑到税务部门去咨询，研究以前的税法和现行税法的区别及对承包商的影响。在大量咨询后，终于搞清楚了税收变化对承包商的影响：基本持平的税负额，根本不应提出索赔。对于这一结果，德国承包商从该国请来 2 个专门研究中国税法的专家来和业主谈，并拿出了详细计算依据；中方相应作出一项项计算，仅计算材料便多达 200 多页，结果显示税率变化对他们的影响是负 70 多万元人民币。外商从此再也不谈索赔了。

国际长途电话费上涨，外商提出了 2000 多万元的索赔。由于外商经常打国际长途与总部沟通，期间国内国际长途电话费大幅上调，导致外商电话费增加。一个标段的外商称其一年电话费增加 2000 多万元人民币，要求业主补偿其中一部分。而其他两个标段的外商都在盯着这次的索赔结果。中方得知情况后，立即到邮电部门了解情况，并进行了深入研究。最终搞清国际长途话费上调是因为汇率的变化，上调的是人民币国际长途价格，但此时外方在国内仍然使用外汇券，现在美元价格并没有变化，所以外商根本没有损失。仅为此事，双方先后花费了 3 个月的时间，来往信函数十封，最后承包商也不提了。

虽然中方成功化解了这些索赔，但外国承包人极强的索赔和合同意识，给中国监理工程师留下深刻印象。小浪底建管局总经济师曹应超说，建设中除承包商能控制的，其他发生的意外费用都归业主负责。比如，有一次外商上百吨的设备分解运输到达，当地老乡不让吊车卸，要自己卸；自动车卸沙机来了，还要自己卸；但在协调的过程中，外商根本不着急，只写信给中方反映情况，每天写明：时间、地点、工程，遇到什么阻扰，产生的费用、停班费、索赔费用及延工时间。每天上午发生，下午来信，不打照面，全是英文，监理工程师只能记录事实，请业主协调。这些问题最后虽然得到了解决，但确实给大家上了一课：索赔实际是中性的意思，是正当的要求得到赔偿的权利。这些因素不一定全是业主因素引起的，其他因素导致承包商发生额外费用的，承包商只能找业主要求正当的补偿。外商在索赔中，往往有充分依据，准备精心，这是对业主处理水平的一个大考验。

相比起来，应付工程方面的索赔更为复杂。由于前期勘探能力有限，小浪底工程施工曾遇到了较大困难，其中导流洞工期拖延达 11 个月之久，对于总工期才 3 年的这个工程，外商一度绝望了，但在业主的多方努力下，仍然做到了按期保质完工。但随后外商以“赶工”及设计变更等因素为由提出高额索赔，在争议最多的土建标二标，外商最高索赔申请额达 82 亿元。

当时业主的观点是赶工费要分摊，而外商要求全部由业主承担。发生矛盾后，由业主

和承包商双方邀请三位来自英国、瑞士、美国的知名合同仲裁专家组成争议团，即 DRB，参与了调解。最后否定了承包商的“总费用法”，并提出了“BUT FOR”的解决办法，将承包商的管理因素、低报价要索赔的因素、计划乐观因素等扣除，剩余由业主承担，大大降低了索赔费用。

**3. 科学应对谈判和国际仲裁**

在二标谈判中，外方和中方提出的要价差距一度达 20 多亿元，双方为此展开了艰巨的谈判。其中光技术谈判便达 1 年多，共 150 余次；召开了 9 次争议听证会，一次会便花费一两周时间。

在谈判中，外商拿出了他们的“重磅炸弹”——经会计事务所审计的成本账，向中方还价。中方谈判人员经过认真分析发现，这本账虽然基本数据正确，但在组合关系上“动了手脚”，该高的低了而该低的高了，于是中方据此列出了 10 个问题要求外商回答，但外商各个部门说法不一，项目经理也解释不清，对方谈判主角外商监事会主席因为熟悉具体情况也无法回答，“重磅炸弹”失灵让外商异常尴尬。

外商还提出要提交国际仲裁以向对中方施加压力。仲裁意味着什么呢？一个争议至少要有 5 年时间才会有初步结果，而准备费用至少 2000 多万元，等于是一场旷日持久的“金钱战”。这个结果是中方不愿看到的，但同样也是外商不愿看到的。不过中方并没有因此而妥协，2000 年 7 月，中方便开始了准备仲裁班子，并于 2001 年 5 月正式成立，有效地向外商传达了中方有理有据、不怕仲裁的信号。曹应超说：“我们成立仲裁班子，目的就是为了避免仲裁。”中方的仲裁班子由来自英国、瑞典，和国内的北京、香港等地的国际一流律师组成，律师的开价中，国内律师开价最低：一小时 250 美元，并且从离开办公室开始计价。由于准备充分，明确地向外商传达了不怕仲裁的信号和显示了实际行动，外商在谈判中不再提起仲裁。

经过艰苦的谈判，最后二标协议支付总计人民币 54.3 亿元，不但将协议支付总额控制到了概算范围内，并有部分节余；同时，通过这一协议也保护了中方联营伙伴及其分包商和供应商的经济利益；这一结果也得到了世界银行的肯定。在上百轮的谈判后，小浪底工程三个土建国际标的最终支付都控制在国家批复的概算范围内，19.4 亿元节余中，7 亿元专项预备费(专门用于应付可能会发生的索赔)一分未动，其中大坝工程节余 9.87 亿元，泄洪和发电工程分别节余 2.29 亿元和 0.78 亿元。

# 10.3 合同管理

## 10.3.1 合同管理工作内容

(1) 协助业主确定本工程项目的合同结构。

(2) 协助业主起草与工程项目有关的各类合同，并参与各类合同谈判。

(3) 进行上述各类合同的跟踪管理，包括合同各方执行合同的情况检查。

(4) 协助业主处理与本工程项目有关的索赔及合同纠纷事宜。

## 10.3.2 施工合同管理措施

施工合同是监理工作的重要依据之一，因此，对施工合同的管理将贯穿监理工作的始终。其主要措施包括以下几方面。

(1) 协助建设单位签好施工合同及相应的协议文件。

(2) 对总包和分包施工合同及建设单位直接分包合同及时向有关单位索取合同副本，并编号归档。

(3) 对在施工过程中的建设单位和施工单位协商的有关补充协议及时进行编号归档管理。

(4) 对签订的施工合同项目监理机构组织各监理工程师认真阅读熟悉，明了施工合同的有关条款。以便了解掌握合同内容，进行合同的跟踪管理。

(5) 坚持在监理过程中及时查阅相关施工合同或协议，按照合同管理工程，包括合同各方面执行情况检查，向有关单位及时准确反映合同信息。

(6) 工程合同执行情况每月在建设监理月报中反映。

## 10.3.3 施工合同管理的主要任务

施工合同管理的主要任务见表 10-4。

表 10-4　施工合同管理的主要任务

| | 监理工程师方面 | 承包商方面 |
|---|---|---|
| 前期准备 | 熟悉合同文件 | 熟悉合同文件，预测索赔和变更的可能性 |
| | 制定合同管理程序和指南 | 制定合同管理程序和指南 |
| | 编写现场检查手册，特别是对某些专业范围 | 针对特殊需要编写现场施工手册 |
| | 准备日、周及月报等标准报告格式、试验频率及其责任 | 准备日、周及月报等标准报告格式，建立有效联络系统 |
| | 建立质量控制程序、试验程序、试验频率及其责任 | 建立质量控制程序、试验程序、试验频率及其责任 |
| 进度控制 | 及时发布指示，避免因等待指示而延误 | 及时请求指示、批准、答复等 |
| | 预测和发现问题，找出替代方案或解决问题的方法 | 预测和发现问题，找出替代方案或解决问题的方法 |
| | 随时注意已批准的施工计划，提醒承包商注意有关问题 | 严格按施工计划施工，注意实际对计划的偏差 |
| | 协调各承包商之间的工作，避免发生冲突 | 与其他承包商计划施工，注意实际对计划的偏差 |
| | 处理承包商的工期延长索赔 | 准备和提出工期延长要求 |

续表

| | 监理工程师方面 | 承包商方面 |
|---|---|---|
| 质量控制 | 了解设计依据，依已知现场条件分析设计要求的合理性 | 注意设计是否有缺陷 |
| | 及时检查运到现场的材料 | 采购合格材料，严格按规范要求 |
| | 及时进行合同规定或要求的试验 | 及时进行合同规定要求的试验 |
| | 保持所有试验过程及其结果记录 | 保持试验过程及其结果记录 |
| | 发现施工缺陷，并尽早向承包商指出 | 发现施工缺陷，及时补救 |
| 造价控制 | 为定期进度付款对已完工程进行计量 | 为定期进度付款对已完工程进行计量 |
| | 审查承包商的付款申请、准备付款签证 | 提出付款申请 |
| | 准备变更或额外工作，以及付款指示 | 对变更或额外工作进行计价 |
| | 记录可能导致索赔或争议的全部事实和情况，处理索赔 | 提出索赔 |
| | 进行造价预测，通知业主与造价投资有较大偏差的情况 | 进行成本核算和预测，与投标基础比较 |
| 其他 | 自身机构建设和人员管理 | 自身机构建设和人员管理 |
| | 安全检查 | 施工安全 |
| | 资料档案 | 资料档案 |
| | 公共关系 | 公共关系 |

## 10.3.4 合同管理执行措施

(1) 分清合同中每一项内容，明确各方面的责、权、利，正确处理三方的关系。

(2) 用书面指示或文件代替口头指示。

(3) 考虑问题要灵活，管理工作要做到其他工作前面，如需某类资料应提前发出索取信函。

(4) 工程进行中的细节文件资料包括：信件，会议记录，建设单位的规定、指示，总监的决定，施工单位的请示、报告，监理的指令记录、信函，以及各种报表资料等，这些资料要及时整理归档。一旦发生争执，监理工程师以此资料和记录作为调节问题的依据。

(5) 对合同中词意表达含混的字句，及时提出正确解释。

## 10.3.5 索赔

为了维护业主的利益，保证业主与各方签订的合同顺利进行，避免索赔事项的发生，应努力做好以下几件工作。

(1) 协助业主审查业主与各方签订的合同条款有无含混字句，以及分工不明、责任界限不清的地方，索赔条款是否明确，为做好索赔预控创造条件。

(2) 协助业主，要求有关各方严格按合同办事，以达到控制质量、控制进度、控制造价的目的。

(3) 在工程实施过程中，严格控制工程设计变更，尽量减少不必要的工程洽商，特别要控制有可能发生经济索赔的工程洽商。

(4) 对于有可能发生经济索赔的变更和洽商，事先要报告业主，在征得业主同意的前提下，再签认有关变更或洽商。

(5) 在业主要求下，于本工程(或分部工程)完成以后，就工程决(结)算，向业主提供意见。

# 10.4 建设工程风险管理

改革开放以来，我国国民经济保持着持续健康的发展，促进了我国基础设施建设高速稳步的增长，这集中反映在工程项目规模的不断巨型化和复杂化上。与此同时，建设规模的持续扩大、工程技术的愈加复杂也使得工程各参与方面临着越来越大的建设工程风险，其具体特征表现为：质量和安全风险、造价超支、进度延误等多个方面。这些现实使人们认识到，要保证工程项目目标的顺利实现，就必须正视工程风险的客观存在，并寻求科学的风险管理方法。

## 10.4.1 建设工程风险类别

建设工程风险类别见表 10-5。

表 10-5　建设工程风险分类

| 组织风险 | 管理风险 | 环境风险 | 技术风险 |
|---|---|---|---|
| 1．工程设计人员和监理工程师的能力；<br>2．承包商管理人员和一般技术工人的能力；<br>3．施工机械操作人员的能力和经验；<br>4．损失控制和安全管理人员的资质和能力 | 1．工程资金供应条件；<br>2．合同风险；<br>3．现场与共用防火设施的可用性及其数量；<br>4．事故防范措施和计划；<br>5．人身安全控制计划；<br>6．信息安全控制计划等 | 1．自然灾害；<br>2．岩石土质条件和水文地质条件；<br>3．气象条件；<br>4．引起火灾和爆炸的因素 | 1．工程设计文件；<br>2．工程施工方案；<br>3．工程物资；<br>4．工程机械等 |

(1) 风险事件及其后果。

风险事件是指任何影响项目目标实现的可能发生的事件。例如，不明地质条件，汇率变动等都是典型事件。

(2) 一种或几种风险因素相互作用导致风险事件的发生，进而影响项目目标的实现。项目风险的影响如图 10.1 所示。

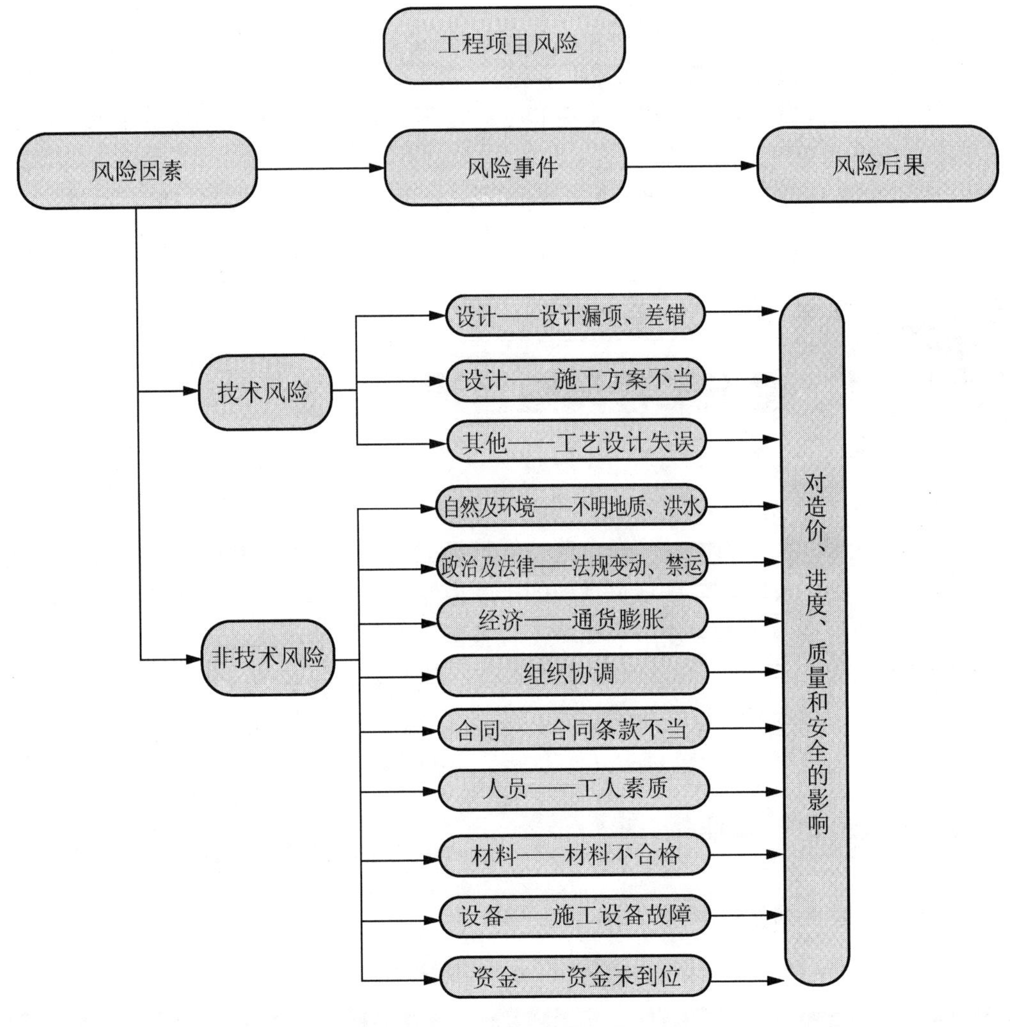


图 10.1　工程项目风险构成

同时，工程项目风险构成图展现了风险的动态过程，指出了工程项目风险的各种因素及典型风险事件，以及它们对项目目标的影响。图 10.1 显示，几乎每一类风险都会在不同时期以不同的方式(风险事件)影响到项目目标的实现。

## 10.4.2 风险管理流程

风险管理流程如图 10.2 所示。

### 1．风险识别

风险识别是建设工程风险管理的首要步骤，是人们系统地、连续地识别建设工程风险存在的过程，即确定主要建设工程风险事件的发生，并对其后果做出定性的估计，最终形成一份合理的建设工程风险清单。

风险识别过程如图 10.3 所示。

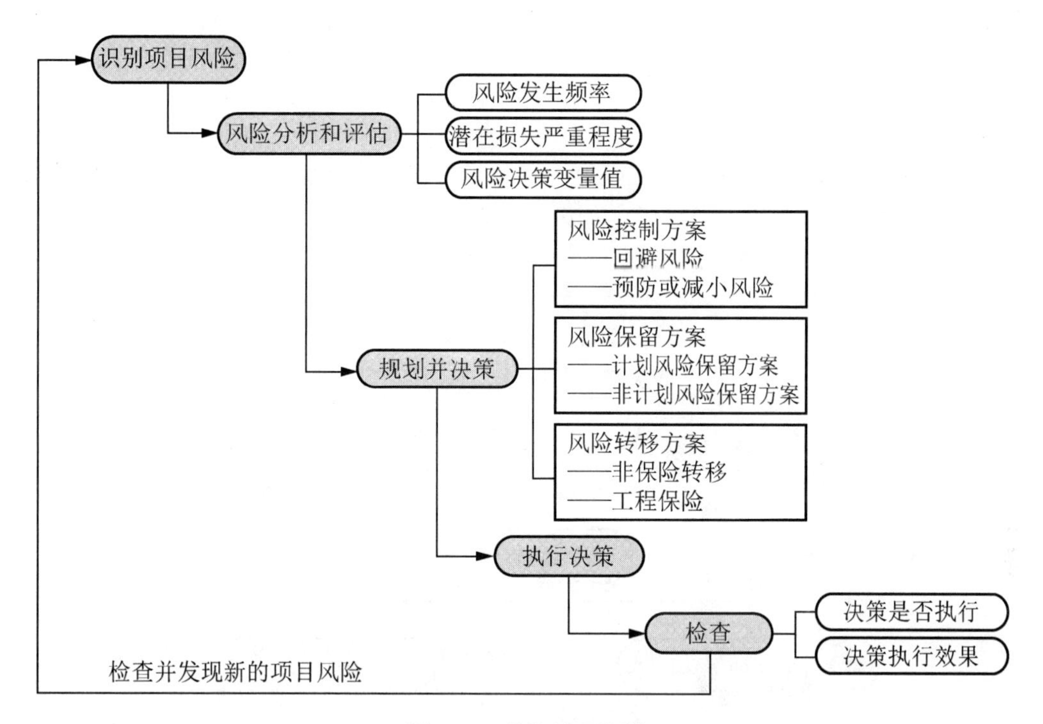


图 10.2　风险管理流程

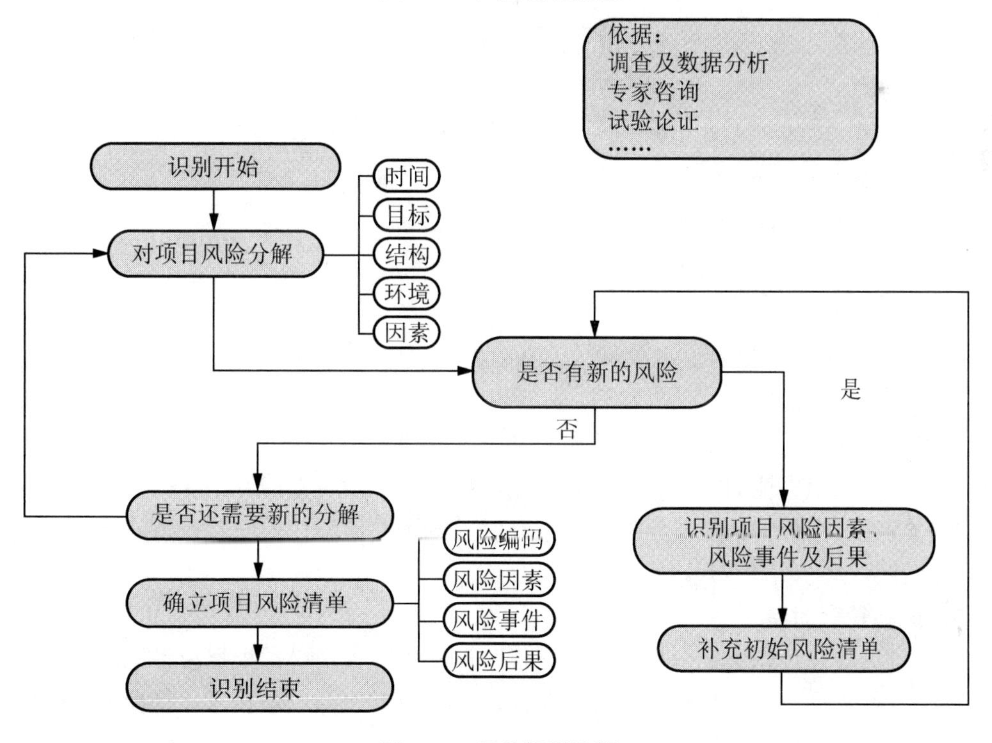


图 10.3　风险识别流程

建设工程风险清单至少应包括下列 4 项。

(1) 项目风险编号。

(2) 风险因素。

(3) 风险事件。

(4) 风险后果。

建设工程风险识别过程中，核心工作是“建设工程风险分解”和“识别建设工程风险、风险事件及后果”，从而建立“建设工程风险清单”。

建设工程项目风险分析与评价流程如图 10.4 所示。

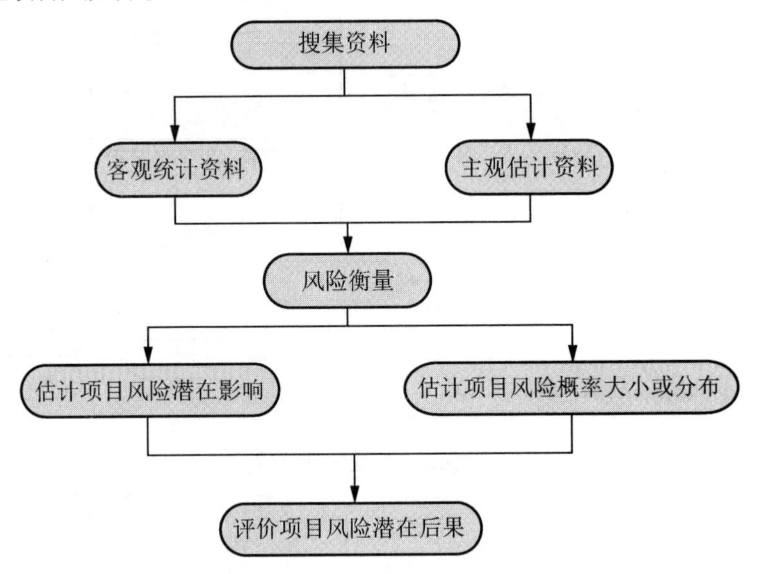


图 10.4　项目风险分析与评价流程

**2．风险衡量**

项目风险导致的损失包括以下 4 个方面。

(1) 造价超出。

(2) 进度延期。

(3) 质量事故：包括未遂事故和已遂事故。

(4) 安全事故。

分属不同性质的损失在本质上可以归纳为经济损失和责任，但同时还需对项目风险进行量化，即确定损失值的大小。在项目实施过程中，风险事件的发生往往会同时导致一系列损失。因此，在估计风险导致的损失大小时，既不要遗漏任何间接损失或连带损失，也不要重复计算损失。

**3．风险管理对策**

对项目风险进行识别、分析与评价之后，风险管理人员必须根据项目风险的性质及其潜在影响，进一步了解各种风险管理对策的成本和效益，并以项目总体目标为依据，与有关人员包括监理工程师、设计人员等，共同规划并选择合理的风险管理对策，以尽可能地减少项目风险的潜在损失和提高对项目风险的控制能力。

项目风险管理的基本对策为风险控制、风险保留和风险转移 3 种形式。这 3 种对策各有不同的性质、优点和局限性。因此当风险管理人员进行规划和决策时，选择的常常不是单一的一种对策，而是几种对策的组合。

### 10.4.3 风险管理具体实施

**1．风险控制**

风险控制包括所有为避免或减少项目风险发生的可能性及其潜在损失的各种措施。其方式包括风险回避和损失控制两种。

1) 风险回避

通过回避风险因素，回避可能产生的潜在损失或不确定性。这是风险处理的一种常用方法。

风险回避对策具有以下特点。

(1) 回避也许是不可能的。风险定义越广，回避就越不可能。

(2) 回避失去了从中获益的可能性。

(3) 回避一种风险，有可能产生新的风险。

风险回避对策经常作为一种规定出现，如禁止使用对人体有害的建筑材料等。因此，风险管理者为了实施风险回避对策，在确定产生风险的所有活动后，有可能制定一些禁止性的规章制度。

2) 损失控制

损失控制方法是通过减少损失发生的机会，或通过降低所发生损失的严重性来处理风险。同样，损失控制是以处理风险本身为对象，而不是设立某种基金来对付风险。根据不同的目的，损失控制可分为以下两种手段。

(1) 损失预防手段，如安全计划等。

(2) 损失减少手段，包括：①损失最小化方案，如灾难计划等；②损失挽救方案，如应急计划等。

损失预防手段的目的是减少或消除损失发生的可能，损失减少手段的目的是试图降低损失的潜在严重性。损失控制方案可以将损失预防手段和损失减少手段组合起来。

损失的发生是由多种风险因素在一定条件下相互作用而导致的。在众多风险因素中，技术风险、人员风险、设备风险、材料风险和环境风险是引起损失发生的 5 个基本因素。预防损失的发生和降低损失的严重性，就是对这 5 个因素进行全面控制，而且以人为因素最为重要。

因此，损失控制的第一步，是对项目的有关内容进行审查，包括总体规划、设计和施工计划，相关的工程技术规格和工程现场内外的布置，以及项目的特点等，以识别潜在的损失发生点，并提出预防或减少损失的措施，从而制订一系列指导性计划，来指导人们如何避免损失的发生，损失后如何控制损失程度，并及时恢复施工或继续运营。

损失控制的内容包括以下几方面。

(1) 制订一个完善的安全计划。

(2) 评估及监控有关系统及安全装置。

(3) 重复检查工程建设计划。

(4) 制订灾难计划。

(5) 制订应急计划等。

安全计划、灾难计划、应急计划是风险控制计划中的关键组成部分。安全计划的目的在于有针对性地预防损失的发生；灾难计划则为人们提供处理各种紧急事故的程序；而应急计划使得在事故发生后，可以以最小的代价使施工或运营恢复正常。

**2．风险自留**

风险自留是一种重要的财务性管理技术，业主将承担项目风险所致的损失。与风险控制技术不同，风险自留对策并未改变项目风险的性质，即其发生的频率和损失的严重性。

风险自留对策分为非计划性风险自留与计划性风险自留。

1) 非计划性风险自留

当风险管理人员没有意识到项目风险的存在，或者没有处理项目风险的准备，风险自留就是非计划性的和被动的。事实上，对于一个大型复杂的工程项目，风险管理人员不可能识别所有的项目风险。从这个意义上来说，非计划性风险自留是一种常用的风险处理措施。但风险管理人员应尽量减少风险识别和风险分析过程中的失误，并及时实施决策，而避免被迫承担重大项目风险。

2) 计划性风险自留

这是指风险管理人员经过合理的分析和评价，并有意识地不断转移有关的潜在损失。

风险自留对策应与风险控制对策结合使用，实行风险自留对策时，应尽可能的保证重大项目风险已经进行工程保险或实施风险控制计划。因此，风险自留对策的选择主要考虑它与工程保险对策的比较，比较内容包括费用、期望损失和风险，以及服务质量等。

**3．风险转移**

风险转移是工程项目风险管理中一类重要而且被广泛采用的一项对策，主要分为两种形式。

1) 合同转移

通常通过签订合同及协商等方式将项目风险转移给承包商、设计方、材料设备供应商等非保险方。

合同转移措施是指业主通过与设计方、承包商等分别签订的合同，明确规定双方的风险责任，从而：①将活动本身转移给对方；②减少业主对对方损失的责任；③减少业主对第三方损失的责任。

合同转移应是一种控制性措施，而非简单的让其他方代业主承担项目风险。因此，合同转移实际上是业主与合同方共同承担项目风险的一种方式，业主也由此必须考虑它所必须承担的合同风险。

2) 工程保险

工程保险是指业主或承包商向保险公司缴纳一定的保险费，由保险公司建立保险基金，一旦发生所投保的风险事故造成财产或人身伤亡，即由保险公司用保险基金予以补偿的一种制度。它实质上是一种风险转移，即业主或承包商通过投保，将原应承担的风险责任转移给保险公司承担。

这两种风险转移措施都会减少业主承担的项目风险量，但前者将以合同价的增加、后者将以保费的支出为代价。

**4．工程保险的种类**

工程保险按是否具有强制性分为两大类：强制保险和自愿保险。强制保险系指工程所在国政府以法律法规明文规定承包商必须办理的保险。自愿保险是承包商根据自身利益的需要，自愿购买的保险，这种保险非强行规定，但对承包商转移风险很有必要。

FIDIC 条款规定必须投保的险种有：工程和施工设备的保险、人身事故保险和第三方责任险。我国对于工程保险的有关规定很薄弱，尤其是在强制性保险方面。除《建筑法》规定建筑施工企业必须为从事危险作业的职工办理意外伤害保险属强制保险外，《建设工程施工合同(示范文本)》第 40 条也规定了保险内容。但是这些条款不够详细，缺乏制作性，再加上示范文本强制性不够，使得工程保险在实际工作中大打折扣。

除强制保险与自愿保险的分类方式外，我国《保险法》将保险种类分为人身保险和财产保险。自该法施行以来，在工程建设方面，我国已实行了人身保险中的意外伤害保险、财产保险中的建筑工程一切险和安装工程一切险。《保险法》还规定了财产保险业务的范围，包括财产损失保险、责任保险、信用保险等保险业务。

1) 建筑工程一切险及安装工程一切险

建筑工程一切险及安装工程一切险是以建筑或安装工程中的种种财产和第三者的经济赔偿责任为保险标的的险种。这两类保险的特殊性在于保险公司可以在一份保单内对所有参加该项工程的有关各方都给予所需要的保障，换言之，即在工程进行期间，对这项工程承担一定风险的有关各方，均可作为被保险人之一。

建安工程一切险需要附加承包建筑工程第三者责任险，即指在该工程的保险费内，因发生意外事故所造成的依法应由被保险人负责的工地上及邻近地区的第三人的人身伤亡、疾病、财产损失，以及被保险人因此所支出的费用。

2) 意外伤害险

意外伤害险是指被保险人在保险有限期间，因遭遇非本意的、外来的、突然的意外事故，致使其身体蒙受伤害而残疾或死亡时，保险人员依照合同规定给付保险金的保险。《建筑法》第 48 条规定："建筑施工企业必须为从事危险作业的职工办理意外伤害保险，支付保险费。"

3) 职业责任险

职业责任险是指以专业技术人员因工作疏忽、过失所造成的依法应负的民事赔偿责任为标的的险种。建设工程标的额巨大、风险因素多，建筑事故造成的损害往往数额巨大，而责任主体的赔偿能力相对有限，这就有必要借助保险来转移职业责任风险。在工程建设领域，这类保险对勘察、设计、监理单位尤为重要。

4) 信用保险

信用保险是以在商品赊销和信用放贷中的债务人的信用作为保险标的，在债务人未能履行债务而使债权人遭致损失时，由保险人向被保险人即债权人提供风险保障的保险。信用保险是随着商业信用、银行信用的普遍化及道德风险频繁而产生的，在工程建设领域得到越来越广泛的应用。

## 能力评价

自我评价

| 指　　标 | 应　　知 | 应　　会 |
|---|---|---|
| 1．合同条款名称及内容<br>2．合同管理中常见事件<br>3．合同争议的调解方法<br>4．合同解除的条件<br>5．工程变更的程序 | | |

## 单项选择题(答案供自评)

1．《合同法》规定，(　　)合同属于可变更合同。

A．一方以欺诈、胁迫的手段订立合同，损害国家利益的

B．以合同形式掩盖非法目的的

C．因重大误解而订立的

D．损害社会公共利益的

2．工程施工合同文本中，施工合同工期是指(　　)。

A．双方签订合同至工程保修期完成的日期

B．工程开工日期至工程保修期截止的日期

C．施工合同工期，但不包括乙方索赔的工期

D．从开工起到完成施工合同专用条款双方约定的全部内容，工程达到竣工验收标准所经历的日期

3．工程承包合同履行中，变更价款的确定方法是(　　)。

A．合同中已有适用变更工程的价款，按照合同已有的价格计算变更合同价款

B．合同中已有类似的变更工程的价格，也按照此价格变更价格

C．合同中没有适用或类似的变更工程价格，由发包人提出确定的价格

D．合同中没有适用或类似的变更工程价格，由承包人提出确定的价格

4．合同中一方当事人要求变更经济合同，经双方协商达成协议，由于合同变更导致对方的经济损失应由(　　)。

A．提出变更方承担　　B．对方承担

C．双方平均分担　　D．提出变更方按较大比例承担

5．《建设工程监理合同(示范文本)》规定组成合同的文件出现矛盾或歧义时，优先解释顺序是(　　)。

A．协议书→通用条件→专用条件

B．协议书→投标文件→专用条件

C．投标文件→通用条件→附录 B

D．中标通知书→专用条件→投标文件

6．按照《建设工程监理合同(示范文本)》对委托人授权的规定，下列表述中不正确的是(　　)。

A．委托人的授权范围应通知承包商

B．委托人的授权一经在专用条件中注明，不得更改

C．监理人在授权范围内处理变更事宜，无须经委托人同意

D．监理人处理的变更事宜超过授权范围，须经委托人同意

7．监理人遇到超过授权范围的变更事项，书面通知委托人并提出处理建议请其作出决定。委托人代表在专用条件约定的时间内未给予任何答复，则(　　)。

A．视为委托人已同意变更处理意见

B．视为委托人不同意变更处理意见

C．应修改变更处理的建议，再次提交给委托人作出决定

D．应与委托人、承包人共同协商后，由委托人发布变更指令

8．监理人违约给委托人造成经济损失的赔偿说法中，正确的是(　　)。

A．最高赔偿额为合同约定的正常服务酬金

B．最高赔偿额不超过扣除税金后约定的监理酬金

C．赔偿额为该部分正常工作酬金占工程概算投资额的比例乘以相应的直接损失

D．赔偿额为合同约定的正常工作的酬金占工程概算投资额的比例乘以相应的直接损失

9．按照合同通用条件对变更的规定，委托人与监理人通过协商调整正常服务酬金的情况不包括(　　)。

A．委托监理工作范围内的工程概算投资额增加

B．承包人原因不能按期竣工，致使监理工作期限延长

C．监理过程中颁布新标准，导致监理服务的范围增加

D．因委托人调整建设工程的规模，导致监理人的正常工作量减少

10．按照合同通用条件对监理人获得奖励的规定，以下说法中符合奖励条件的是(　　)。

【参考答案】

A．监理的工程提前竣工

B．监理机构认真履行了合同约定的义务

C．工程施工未出现任何质量、安全事故

D．监理人提出的合理化建议使委托人获得了经济效益

## 小组评价

跟随实际工程搜集一份或更多的工程合同，小组成员一起分析合同内容，找出合同管理中可能出现的事件，做出应急预案。

小组评价参考表

| 指　　标 | 具体要求 | 分　　值 | 备　　注 |
| --- | --- | --- | --- |
| 根据工作任务的要求获得合同文本 | 在约定的时间内通过个人努力和他人指导帮助 | 20 | 1．及时完成任务<br>2．体现分工负责与合作<br>3．合同条款引用准确<br>4．合同文本符合要求等 |
| 分析合同文本 | 整理出主要条款，并找出可能出现的合同事件 | 30 | |
| 做出合同管理方案 | 参照合同管理经验资料，结合实际工程特点，写出合同事件对应的处理方案 | 50 | |

# 学习任务 11 监理规划示例

# (某学院实验实训楼工程)

**学习要求**

| 岗位技能 | 专业知识 | 职业道德 |
| --- | --- | --- |
| 1．编写监理规划时，会选择适当的建立措施和方法<br>2．能综合环保监理、安全监理措施<br>3．能列出监理工作程序<br>4．能列出监理人员配备计划 | 1．了解监理工作范围<br>2．明确监理工作目标<br>3．熟悉监理机构的人员岗位职责<br>4．明确监理工作措施<br>5．熟悉监理设施种类 | 1．能与团队成员分工合作完成监理规划<br>2．能适时提出合理化建议，完善监理规划<br>3．能跟踪法律法规的修订，编制监理规划 |

**能力拓展**

【参考图文】

1．收集3～5套工程监理规划，对比分析异同点。

2．跟踪实际工程，模拟编写该工程监理规划，再对照监理单位编制的监理规划，找出其中不足及规范编制条款。

3．学习相应标准，增强工程监理工作能力。

([7] GB 50206—2012《木结构工程施工质量验收规范》)

**案例引入**

【参考视频】

本任务通过日照职业技术学院实验实训楼工程的监理规划文档(山东省监协建设监理中心)来解读监理规划的基本情况。

# 11.1 工程项目概况

(1) 项目名称：日照职业技术学院实验实训楼。

(2) 建设地点：日照市烟台路以东，山海路以南。

(3) 建设单位：日照职业技术学院。

(4) 建筑面积：12495$m^2$。

(5) 设计单位：日照市规划设计研究院。

(6) 承包单位：日照西湖建筑公司。

(7) 勘察单位：日照城乡建设勘察测绘院。

(8) 工程概况：本工程是日照职业技术学院新校区内新建单体工程之一，位于山海路以南，烟台路以东，建筑总高度为22.6m。本工程为框架结构，填充墙体采用加气混凝土砌块，基础采用钢筋混凝土独立基础。本工程耐火等级为二级，抗震设防烈度为7度。

# 11.2 监 理 范 围

根据业主与我方签订的《工程建设监理合同》，对该工程施工阶段的质量、进度和造价实施全过程监理，具体包括施工图范围内的土建、装饰、给排水、采暖、强弱电等。

# 11.3 监理工作内容

按照《工程建设监理合同》中建设单位的授权，主要包括以下内容：工程前期的准备，工程施工阶段的进度、质量、造价控制，合同管理、组织协调，协助建设单位组织竣工验收，备案及保修期内的工作等。

# 11.4 监理工作目标

## 11.4.1 指导思想

严格遵循“依法、科学、独立、公正”的原则，以国家法律、法规、地方政府的一般规定和工程建设承包合同为依据，以现行的工程建设规范、规程、标准为准绳，树立质量控制第一、工期造价控制并重的思想，严格按照建设单位在《工程建设监理合同》中授予的权利，公正、科学、严格地进行各项控制和管理协调工作。在监理过程中以维护建设单位利益为己任，以工程“五控”目标为标准，竭诚为建设单位服务。

## 11.4.2 监理目标

(1) 按《建设工程委托监理合同》《建设工程施工合同》中的有关要求内容进行监控，确保达到合同目标。

(2) 具体目标。具体目标有以下几项。

① 质量目标——达合同约定标准。

② 工期目标——确保实现合同工期。

③ 造价控制——以设计概算为主控目标，施工预算为预控目标，力争工程总造价不突破工程计划总投资额，达到建设单位满意。

④ 监理承诺——在安全控制和环保控制工作中依据相关法律法规，杜绝重大事故发

生，严格遵照文明施工规定，保证工程进入保修期后，继续协助建设单位解决使用后的工程方面的实际问题。

## 11.5　监理工作依据

(1) 工程建设监理合同。

(2) 建设工程施工合同。

(3) 日照职业技术学院实验实训楼工程设计文件及相关的工程勘察资料、地形图、水准点等。

(4) 工程变更、批准的施工组织设计、施工方案等。

(5) GB/T 50319—2013《建设工程监理规范》。

(6)《建筑法》。

(7)《建设工程质量管理条例》。

(8)《工程建设标准强制性条文》。

(9)《山东省建筑安全生产管理规定》。

(10) 现行国家、行业、地方有关标准、规范、操作规程。

## 11.6　项目监理机构的组织形式

监理组织机构如图 11.1 所示。

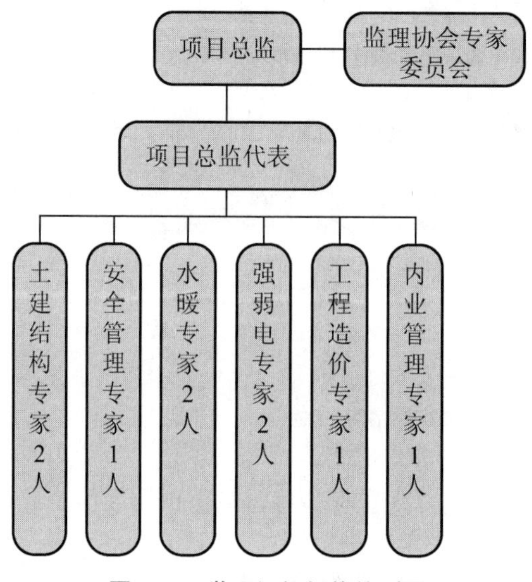


图 11.1　监理组织机构线型图

## 11.7 项目监理机构的人员配备计划

项目监理机构的人员配备计划见表11-1。

表11-1 项目监理机构的人员配备

| 序号 | 工程阶段 | 配备监理人员 | 说明 |
|---|---|---|---|
| 1 | 工程前期 | 2 | |
| 2 | 图纸会审 | 4 | 专业人员按需要参与 |
| 3 | 编制细则 | 3 | 专业人员按需要参与 |
| 4 | 地基基础 | 7 | |
| 5 | 主体施工 | 7 | |
| 6 | 安装阶段 | 5 | |
| 7 | 装饰阶段 | 5 | |
| 8 | 竣工阶段 | 5 | |
| 9 | 移交阶段 | 5 | |
| 备注 | 需要技术支持时，监理协会专家组随时派专业人员参加项目部的专题会议 | | |

日照职业技术学院实验实训楼工程监理人员配备见表11-2。

表11-2 日照职业技术学院实验实训楼 工程监理人员配备表

| 序号 | 姓名 | 岗位职务 | 职责 | 备注 |
|---|---|---|---|---|
| 1 | 贾实任 | 总监理师 | 全面负责工程监理工作 | 国家注册监理工程师 |
| 2 | 李平凹 | 监理师 | 土建 | 国家注册监理工程师 |
| 3 | 王杰进 | 监理师 | 给排水 | 国家注册监理工程师 |
| 4 | 张志宏 | 监理师 | 电气 | 国家注册监理工程师 |
| 5 | 厉务实 | 监理员 | 土建 | 省级上岗证 |
| 6 | 尹相东 | 监理员 | 电气监理 | 省级上岗证 |
| 7 | 龙业公 | 监理员 | 水暖监理 | 省级上岗证 |

## 11.8 项目监理机构的人员岗位职责

(1) 总监理工程师(代表)岗位职责。

(2) 监理工程师岗位职责。

(3) 监理员岗位职责。

以上具体岗位职责详见本书 1.4 节的介绍。

# 11.9 监理工作程序

## 11.9.1 监理基本工作程序

监理基本工作程序如图 11.2 所示。

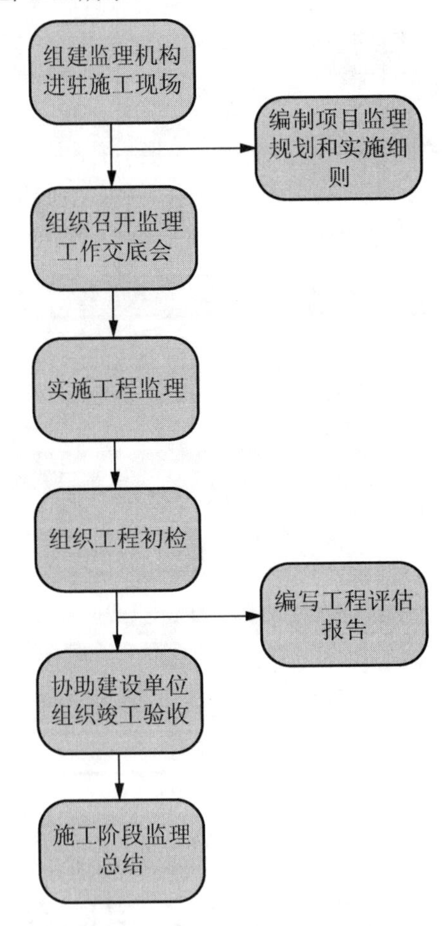


图 11.2 监理基本工作程序

注：工程质量、材料、构配件、设备质量控制程序详见本书 11.10 节。

### 11.9.2 信息传递程序

信息传递程序见表 11-3。

表 11-3 信息传递程序

| 序 号 | 内 容 | 业 主 | 监 理 | 施 工 |
|---|---|---|---|---|
| A1 | 工程开工/复工报审表 | 批准 | 审批 | ★ |
| A2 | 施工组织设计(方案)报审表 | 批准 | 审批 | ★ |
| A3 | 分包资格报审表 | 批准 | 审批 | ★ |
| A4 | 报验申请表 | 签存 | 批复 | ★ |
| A5 | 工程款支付申请表 | 批准 | 审核 | ★ |
| A6 | 监理工程师通知单回复 | 签存 | 签存 | ★ |
| A7 | 工程临时延期申请表 | 批准 | 批复 | ★ |
| A8 | 费用索赔申请表 | 批准 | 协调 | ★ |
| A9 | 工程材料/构配件/设备报审表 | 批准 | 审核 | ★ |
| A10 | 工程竣工报验单 | 批准 | 审核 | ★ |
| B1 | 监理工程师通知单 | 签存 | ★ | 执行 |
| B2 | 工程暂停令 | 签存 | ★ | 执行 |
| B3 | 工程款支付证书 | 批准 | ★ | 存档 |
| B4 | 工程临时延期审批表 | 批准 | ★ | 执行 |
| B5 | 工程最终延期审批表 | 批准 | ★ | ★ |
| B6 | 费用索赔审批表 | 批准 | ★ | ★ |
| C1 | 监理工作联系单 | 签存 | ★ | 签存 |
| C2 | 工程变更单 | 签存 | ★ | 执行 |

注：★信息源。

A1～A10 承包单位用。

B1～B6 监理单位用。

C1～C2 各方通用表。

## 11.10 监理工作方法及措施

### 11.10.1 质量控制方法及措施

为了确保工程质量，拟将施工人员、工程材料、施工机械、施工工艺和现场管理 5 个方面作为控制要点，主要分以下几个阶段实施。

1．工程施工前期质量控制

(1) 集中主要监理人员，认真审核施工图纸，充分领会设计意图，精心校核图纸及说明书，严格审核建筑、结构、水、电、暖、消防等专业图纸的统一性，力求把专业冲突消灭在施工前，协助建设单位组织设计交底和图纸会审，完善设计文件，确保设计图纸的质量。

(2) 熟悉图纸设计要求，熟练掌握各专业、各部位的施工操作规程、验收规范和质量评定标准，确保现场施工质量。

(3) 熟悉与本工程有关的合同及协议，掌握合同内的要求，明确责任，在质量、工期、造价控制 3 方面制定相应的措施，针对现场各施工阶段的工程情况，采取跟踪计划管理，不断调整，确保工程实现合同目标。

(4) 严格审查施工单位提交的施工组织设计、施工方案和技术交底，对本工程的重要部位，如地基、基础、主体结构、梁板、填充墙、内外墙饰面、电气工程、消防等，应重点审核，确保施工质量有可靠的技术保障。

(5) 审批施工承包单位提交的有关材料、半成品和构配件质量证明书(出厂合格证、质量检验报告或试验报告)，审核新材料、新技术的鉴定证书，审批其应用申请报告，确保其应用质量。严禁将淘汰产品和材料用于工程。

(6) 审核施工单位质量保证体系及安全保证体系、专职管理人员、特种作业人员的上岗证件。审查总包、分包施工单位资质证书、施工许可证、营业执照等证件，控制施工单位施工能力与质量。

(7) 审查进场机械设备，施工工具出厂合格证、准用证、设备鉴定证书及试运转情况，确保现场施工的可靠性及安全性。

(8) 开工前，发出监理工作交底，让各方明确监理制度、要求、规定，明确应遵循的监理程序，实现全面质量监督、检查与控制。其中，原材料、构配件及设备控制图如图 11.3 所示。

按照国家省市颁布的淘汰产品目录控制淘汰产品、材料的使用，见表 11-4。

表 11-4　已公布淘汰的建设技术产品目录

| 技术与产品类别 | | 淘汰限制使用的原因 | 淘汰限制范围 | 备　注 |
|---|---|---|---|---|
| 墙体材料 | 黏土实心砖 | 高能耗，消耗土地资源 | 各类建筑正负零线以上、新建永久围墙禁止使用 | |
| | 孔洞率低于 35%的非承重空心砖 | | 建筑内隔填充墙体禁止使用 | |
| | 孔洞率低于 25%的黏土空心砖 | | 各类建筑限制使用 | |
| | 壁厚较薄三排孔炉渣砌块 | | 建筑外墙体禁止使用，内墙体限制使用 | |
| | 黏土瓦 | | 各类建筑禁止使用 | |

续表

| | 技术与产品类别 | 淘汰限制使用的原因 | 淘汰限制范围 | 备　注 |
|---|---|---|---|---|
| 建筑门窗及配件 | 32 系列实腹钢窗<br>25、35 系列实腹钢窗 | 性能差 | 新建住宅建筑与公共建筑 | |
| | 普通双层玻璃塑料门窗 | 双玻之间易老化 | 城乡住宅建筑和公共建筑 | 两层玻璃之间无密封和干燥措施 |
| | 塑料门窗非硅化密封毛条<br>高填充软 PVC 密封条 | 吸水性强非橡胶易老化 | | |
| | 塑料门窗非滚动轴承式滑轮 | 无轴承架 | 只允许用于推拉纱窗 | |
| | 塑料门窗单点执手<br>塑料门窗改性增强塑料执手 | | 900mm 高度以上窗扇禁止使用 | |
| | 50 系列以下单腔结构型材的塑料窗 | 隔热保温性能差 | 不允许用于城镇住宅和公共建筑 | |
| | 不能与增强型钢或钢材有效连接的合页和手开窗活动支撑 | 连接性能差 | 不允许用于手开窗 | |
| | 手工切割、焊接塑料门窗及单螺杆挤出机组生产的 PVC 型材 | | 不允许用于塑料门窗生产 | |
| 防水材料 | 焦油聚氯酯防水涂料<br>水性聚氯乙烯焦油防水材料 | 污染环境对人体有害 | 禁止使用 | |
| | 焦油性聚氯乙烯接缝材料 | | | |
| | 氰凝 | | | |
| | 建筑防水粉 | 施工质量难保证 | 禁止使用 | |
| 建筑饰面材料 | 马赛克 | 耗能产品、质量差 | 建筑外墙禁止使用 | |
| | 陶瓷面砖 | 耗能产品 | 住宅建筑禁止使用 | |
| | 聚乙烯醇缩甲醛胶(107 胶)<br>瓷砖粘接剂 | 污染环境对人体有害 | 禁止使用 | |
| | 聚乙烯醇缩甲醛胶(107 胶)803 系列涂料 | 污染环境对人体有害 | 禁止使用 | |
| | 聚乙烯醇水玻璃内墙涂料(106 涂料) | 污染环境对人体有害 | 禁止使用 | |
| | 仿瓷内墙涂料(以聚乙烯醇为基料) | | 不需用于建筑工程 | |
| | 聚醋酸乙烯乳液类(含 EVA 乳液)氯乙烯-偏氯乙烯共聚乳液类外墙涂料 | | 禁止使用 | |

续表

| | 技术与产品类别 | 淘汰限制使用的原因 | 淘汰限制范围 | 备　注 |
|---|---|---|---|---|
| 给排水 | 混凝土给水管 | | 省辖市限制$\phi$600 及以下，县(市)限制使用$\phi$300 及以下 | |
| | 冷镀锌给水管 | 污染水质 | 禁止使用 | |
| | 热镀锌给水管 | | 2001 年 6 月 1 日新建筑生活给水管禁止使用 | 推广新型塑料管材 |
| | 螺旋升降式铸铁水嘴 | 质量差易漏水 | 城镇建筑不允许使用 | 推广陶瓷芯片水嘴 |
| | 铸铁截止阀 | | 城镇建筑限制使用 | |
| | $\phi$800 以下室外排水管平口接头和非柔性承插头 | 易断裂渗漏 | 城镇市政工程禁止使用 | |
| | 普通铸铁排水管、雨水管 | | 多层建筑禁止使用 | 机制柔性接头铸铁排水管可以使用 |
| | 冲水量 9L 以上便器及配件 | 浪费水资源 | 城镇各类建筑禁止使用 | 推广 6L 以下便器 |
| | 多层建筑屋顶混凝土水箱 | 难于管理、污染水质 | 城镇住宅限制使用 | 推广不锈钢等新型水箱 |
| 其他 | 埋地铸铁和镀锌燃气管 | | 市政工程限制使用 | 推广聚乙烯(PE)管材 |
| | 普通非安全建筑玻璃 | | | |
| | 单立管无防窜烟措施排烟道 | 窜烟 | 城镇住宅禁止使用 | 推广防窜烟子母烟道 |
| | 钢管焊接栅栏式分户防盗门 | 安全性能差 | 城镇住宅建筑限制使用 | 推广单立公共电子防盗门 |
| | 住宅平屋顶架空屋面板 | | 城镇住宅限制使用 | 推广坡屋顶，屋顶绿化 |
| | 金属电线导管 | | 住宅建筑暗敷于非燃体结构内的电线导管不得使用 | 服从有关国家行业标准 |
| | 氯盐类、混凝土外加剂 | 影响混凝土质量 | 混凝土工程 | 碱含量按 JC 476—1998 控制 |
| | 普通白炽灯泡 | | 城市道路、城镇建筑公用部位照明 | 推广各种节能灯具 |
| | 低碳冷拔光圈钢丝 | | 建筑工程禁止使用 | 推广冷轧、热轧带肋钢筋 |
| | 石棉瓦 | 污染环境 | 禁止使用 | |

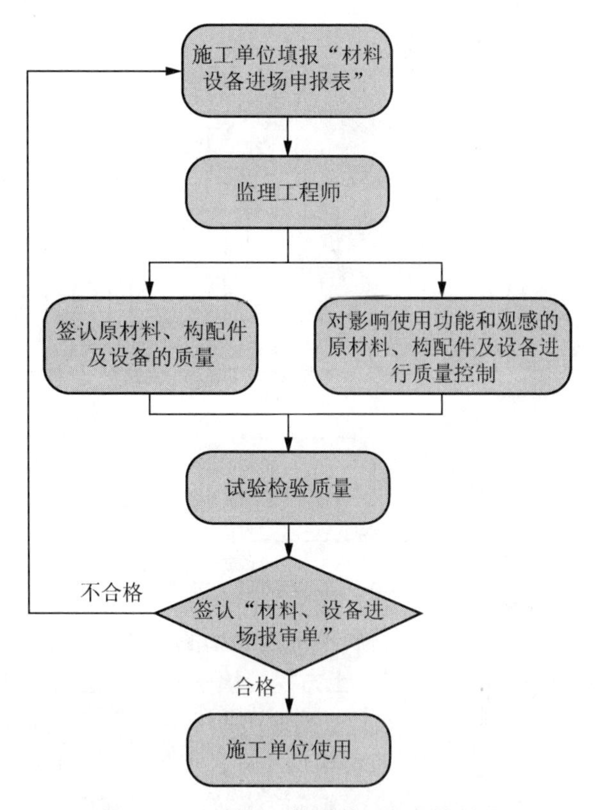


图 11.3　原材料、构配件及设备控制图

进口材料、设备核定流程如图 11.4 所示。

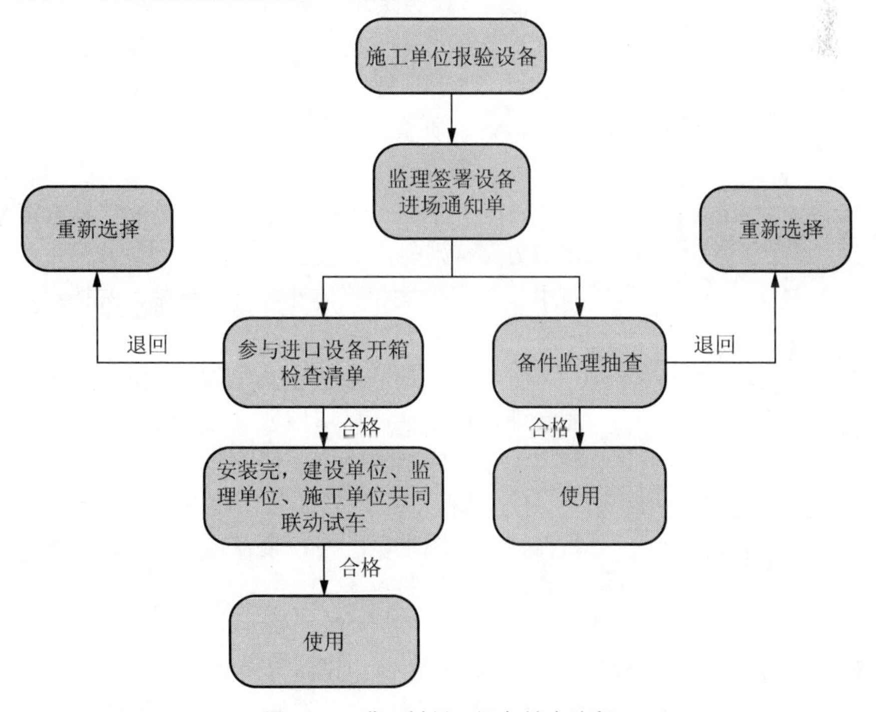


图 11.4　进口材料、设备核定流程

技术联系工作流程如图 11.5 所示。

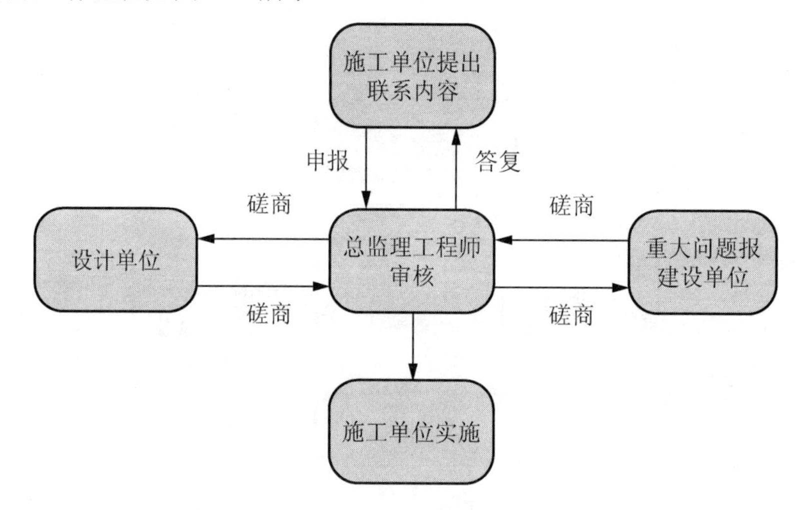


图 11.5　技术联系工作流程

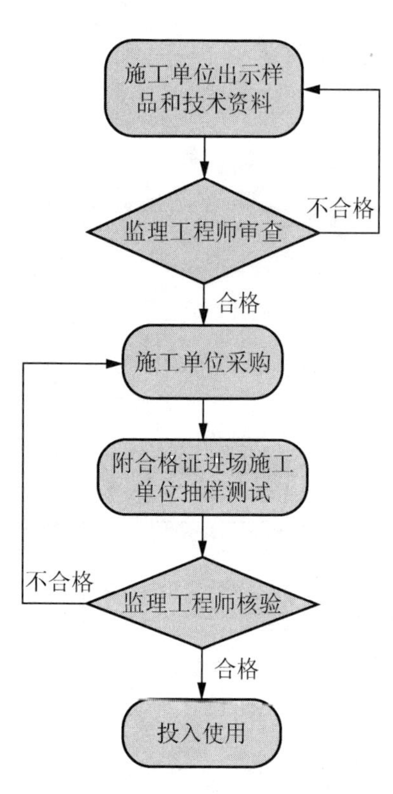


图 11.6　材质核定流程

材质核定流程如图 11.6 所示。

**2．土方挖、填——基础施工阶段质量控制**

(1) 根据地质勘察报告和现场实际情况，按预定施工方案监督现场实施，保证施工质量与施工安全。

(2) 施工放线前，审核施工单位提交的施工放线方案和校核措施，对其放线结果进行复测。

(3) 审核施工单位提交的钢筋工程隐蔽验收及自检资料，核验现场施工质量，量测核实无误后，方准许隐蔽。

(4) 严把原材料进场关。审查进场原材料的批量、出厂合格证、质量认证书、准用证、检验或复试报告，检验合格的，方准许用于本工程，同时严格监督材料使用。

(5) 审查施工单位提交的基础模板支设方案和混凝土浇筑方案，对轴线、模板垂直度，构件截面尺寸、标高，脚手架的牢固性和整体性等进行核验，并按规范要求留置试块。

(6) 防水防潮层施工前严格审查施工单位防水资质及质量保证措施，严格审核方案是否满足设计和规范要求，核实无误后跟踪检查施工情况，进行旁站监理。

(7) 水暖、电气安装与土建专业密切配合，混凝土浇筑前，对照图纸，严格检查各预埋件、预留管道和孔洞的位置，并进行验收。

**3．主体结构施工阶段质量控制**

(1) 对主体结构所用原材料、半成品、构配件和设备等审查质量证明文件，未经审批同意不允许擅自使用到工程上，用到工程上的材料必须有监理工程师签认的材料报验单。

(2) 对楼层的垂直传递重点控制，审查施工单位提交的放线、验线记录，要求施工完一层结构后必须引控制线，确保楼层放线精确度。

(3) 每层的楼层定位放线施工单位需报监理工程师复核无误后，方准予进行下步施工。

(4) 审查施工单位提交模板工程的施工方案和技术交底，确定后，监督施工单位实施。

(5) 对本工程的模板工程，监理工程师将严格按规范要求验收，对柱根、梁柱接头和模板拼缝处等易出问题的部位重点检查。

(6) 检查施工单位提交的填充墙体拉结筋隐蔽验收记录，混凝土浇筑前，对拉结筋的预留预埋位置、数量和尺寸仔细进行验收，避免拆模后对混凝土进行剔凿。

(7) 每道工序施工完成后，要求施工单位对该工序进行自检，合格后再报监理工程师验收，验收合格后，方可进行下道工序的施工。

(8) 检查施工单位对混凝土的养护。巡视抽查施工单位对混凝土的养护工作，检查养护情况。

(9) 在主体施工阶段，督促施工单位土建与安装协同密切配合，认真做好预留、预埋，以免在主体工程完工后再剔凿。

(10) 严格模板拆除的时间，监理详细记录各部位浇筑时间，审查施工单位提交模板拆除方案，审批后，监督其实施，确保拆除模板时混凝土强度应符合设计和有关规范的要求，防止因拆除时间不合格造成内在及表面质量问题。(必要时采取拆模报验申请批准制度。)

(11) 钢筋工程隐蔽前，专业监理工程师根据工序交接检查隐蔽验收制度，认真复核图纸与现场施工情况，检查是否符合设计要求、钢筋焊接及验收规程、抗震规范要求，审查隐蔽验收记录并批准报验表，浇筑混凝土时监理员旁站监理，确保工程按图、按规范施工。

(12) 监理人员严格控制原材料检验使用，对混凝土坍落度、强度、砂浆强度进行检查。

(13) 对填充墙的施工要审查施工单位提交的砌体施工方案和技术交底，严格执行拉结筋验收制度，检查填充墙的尺寸和位置是否超过规范规定。在主体结构施工过程中，要求监理人员对轴线尺寸进行测量，检查轴线尺寸是否符合设计要求。

(14) 检查卫生间的建筑防水做法，并一次性浇筑防水台。

(15) 主体施工阶段，对水暖、电气管道的预留预埋要进行全面、系统的控制，检查预留洞、预埋管的数量、位置和规格，保证各楼层与底层的垂直传递，及时与施工图纸核对，消除交叉影响，以避免剔凿钢筋混凝土结构。

(16) 严格审查消防工程施工方案，监督施工方严格按规范施工，确保工程质量。

(17) 要严把工程技术资料关，监理人员应对各层的施工技术资料及时检查，对影响到结构安全的原材料、半成品，必须在技术资料齐全后方准用于工程，尽量减少紧急放行和例外放行。各阶段的施工技术资料随工程进度进行，以确保资料与进度同步。

(18) 对施工过程发生的质量问题，审查施工单位提交有关工程缺陷和质量事故的处理报告，确定处理方案后，监督施工单位实施。

施工质量控制流程如图 11.7 所示。

**4．土建装饰及电气、暖通安装阶段质量控制**

(1) 土建装饰及电气、暖通安装施工前，要求施工单位必须做到样板领路，在具备装饰条件后，施工单位必须先做样板间，并在建设单位、监理人员认可后，再依据样板墙质量和标准大面积展开。

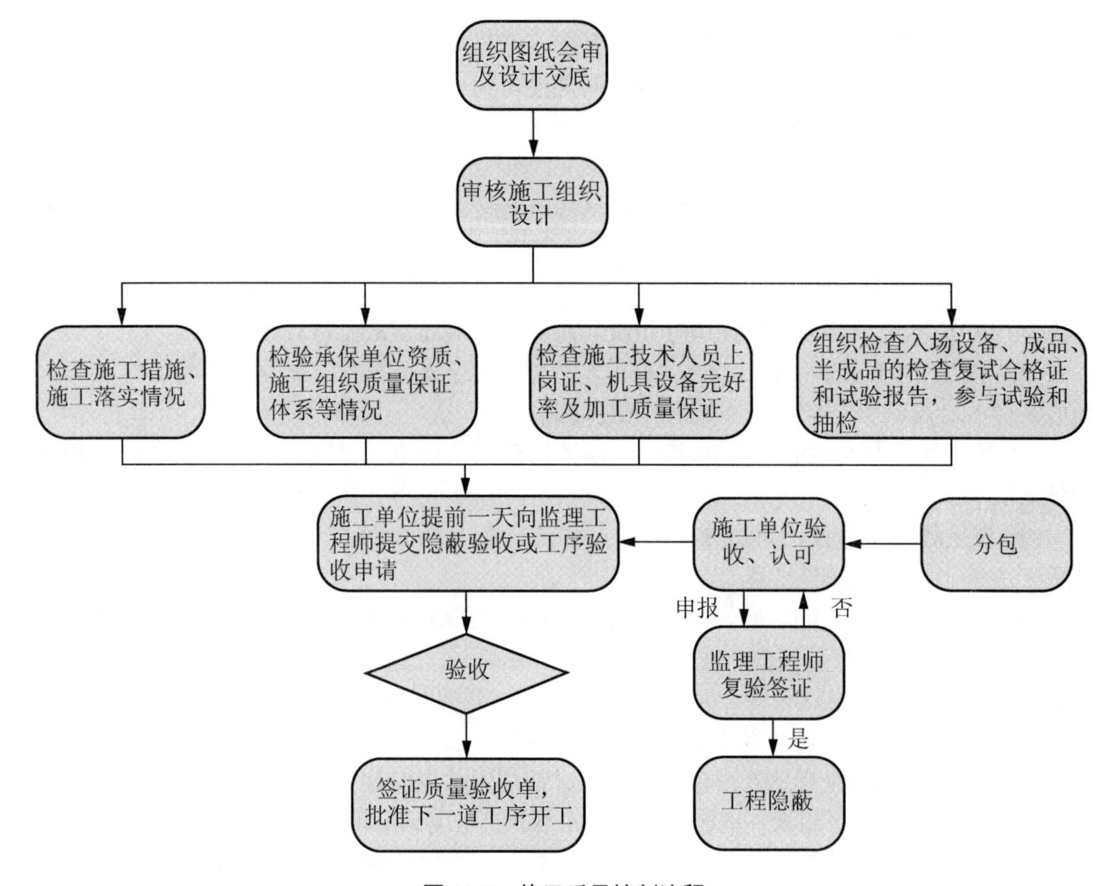


图 11.7　施工质量控制流程

(2) 检查施工单位对外墙的边角、窗洞口垂直传递的控制，对外墙大角、装饰线、滴水槽等要采取措施精心施工，对楼梯栏杆、踏步、卫生间等重要部位进行重点控制，监督施工单位实施。

(3) 在抹灰前，要求土建施工人员与安装人员对土建所设控制线和建筑做法进行认真的复核，以确定安装与土建之间的配合方式，力争一次成活，避免交叉污染。

(4) 严把原材料和设备的进货质量关，灯具、开关、插座、管材、管件、散热器及卫生器具等，要选用可靠厂家的合格产品。

(5) 进场的原材料和设备应有出厂合格证，规格、型号、材质和性能应符合国家有关标准和设计要求，经监理工程师审查验收后，方准许进场，严禁不合格原材料及设备用于本工程。

(6) 土建与安装要协调配合，确保工程不发生渗漏。管道穿楼板处要认真用细石混凝土灌筑密实，并在围水试验合格后，方可进行其他工序的施工。

(7) 审核图纸时，重点抓管道多的部分或交叉作业的部位。如卫生间、吊顶内等关键部位，对各专业的安装尺寸进行核对，发现问题及时处理，施工中对关键部位进行样板施工，尽量避免因设计不周，造成电气配管与水暖、消防等管道相碰的问题。

(8) 现浇混凝土结构施工中，配管与土建钢筋绑扎应同步施工，配管经隐蔽检验无误时，再进行混凝土浇筑。

(9) 开关盒、插座盒安装位置标高应控制在允许偏差范围内。

(10) 屋面工程施工时，审查施工单位提交的防止渗漏保证措施及施工方案，监理人员旁站监理现场实施情况，确保保温压实程度、厚度、找平层平整度、排水坡向等符合设计要求；防水材料的铺设应符合规范的有关规定。

施工工艺过程中的质量控制要点和方法见表 11-5。

**表 11-5　施工工艺过程中的质量控制要点和方法**

| 序号 | 工程项目 | 质量控制要点 | 控制方法 |
|---|---|---|---|
| 1 | 工程地点 | 1. 根据持力层与建筑结构确定地基处理，定位放线、开挖范围 | 现场检查测量 |
| | | 2. 根据水文地质条件，选择降水方案 | 现场检查测量 |
| | | 3. 根据地质和场地条件，选择护坡方案、挖土深度、坡度和基地标高 | 现场检查测量 |
| | | 4. 根据地勘报告和规范对持力层土质鉴定 | 现场检查 |
| 2 | 基础及地下室工程施工 | 1. 轴线和标高 | 测量 |
| | | 2. 外形几何尺寸和柱、墙位置 | 现场检查测量 |
| | | 3. 钢筋型号、直径、数量和保护层 | 现场检查测量 |
| | | 4. 混凝土强度、抗渗标号和混凝土浇捣 | 审查配合比，现场取样做试块和跟踪检查 |
| | | 5. 地下管线预留孔洞和预埋件 | 现场检查测量 |
| 3 | 钢筋混凝土梁板柱 | 1. 轴线标高和垂直度 | 现场检查测量 |
| | | 2. 构件断面尺寸 | 现场检查测量 |
| | | 3. 钢筋型号、直径、数量、接头、绑扎成型和保护层 | 现场检查测量 |
| | | 4. 模板成型 | 现场检查测量 |
| | | 5. 预埋铁件和预留孔洞 | 现场检查 |
| | | 6. 施工裂缝处理 | 现场检查 |
| | | 7. 混凝土强度和浇捣 | 审查配合比，现场取样做试块、检查浇筑和振捣 |
| 4 | 砌筑填充墙 | 1. 砂浆标号 | 审查配合比、现场检查 |
| | | 2. 墙体砌筑 | 现场检查 |
| | | 3. 拉结钢筋 | 现场检查 |
| | | 4. 预埋铁件及预留洞口 | 现场检查 |
| | | 5. 门窗洞口位置 | 现场检查 |
| 5 | 室内装饰 | 1. 材料配合比 | 现场检查 |
| | | 2. 墙面抹灰分层厚度、平整度、光洁度 | 评定样板墙、现场检查 |
| | | 3. 阴阳角及细部处理 | 现场检查 |
| | | 4. 楼地面分层厚度、平整分仓缝和光洁度 | 现场检查测量 |
| 6 | 室内外高级装修 | 1. 墙面、地面贴面砖 | 检查厂家所定品种、花色 |
| | | 2. 吊顶龙骨、骨架的用料、安装和连接 | 现场检查 |
| | | 3. 贴面板表面平整度，接缝严密平顺性和花样色泽协调度 | 现场检查和靠尺检查 |
| 7 | 门窗工程 | 1. 木门(窗)加工单位资质、铝合金窗单位资质 | 审查资质证书 |
| | | 2. 木门窗用料尺寸、平整光洁度、铝合金窗壁厚 | 现场检查 |

续表

| 序号 | 工程项目 | 质量控制要点 | 控制方法 |
|---|---|---|---|
| 7 | 门窗工程 | 3. 门窗的用料规格、制造平整度、连接严密性、嵌塞饱满、安装位置正确牢固性和关闭开启灵活严密性 | 考察厂家、选定样品<br>现场检查 |
| 8 | 屋面防水 | 1. 屋面防水材料的选定 | 考察厂家、选定样品<br>现场检查 |
| | | 2. 保温层的材质、铺高厚度和平整度 | 现场检查 |
| | | 3. 找平层的厚度、平整度 | 现场检查 |
| | | 4. 防水层铺设的密实性和有无开裂起泡、起皱等问题 | 现场检查 |
| | | 5. 排水口及排水管的安装位置，接头、管卡固定 | 现场检查 |
| 9 | 给排水及卫生 | 1. 卫生洁具选型和质量控制 | 考察厂家、选定样品<br>现场检查 |
| | | 2. 消火栓、水表、阀门和其他给水设备 | 审查产品合格证，抽样复试 |
| | | 3. 给水管道的管径、坡度、接头 | 现场检查和水压试验 |
| | | 4. 水表、消火栓、卫生洁具安装等 | 现场检查和通水试验 |
| | | 5. 排水管道的管径、坡度、接头和排污设施 | 现场检查和通水试验 |
| 10 | 电力照明 | 1. 变配电设施、控制屏柜的安装位置、标高 | 审查产品合格证，抽样复试 |
| | | 2. 高级灯具的选型 | 选定样品，检查合格证 |
| | | 3. 变配电设施、控制屏柜的安装位置、标高 | 现场检查测试 |
| | | 4. 输电线路规格型号、排列间距、线敷设 | 现场检查 |
| | | 5. 消防报警装置安装位置、接线和灵敏度 | 现场检查测试 |

### 5. 工程验收阶段及保修阶段质量控制

(1) 在施工阶段的监理过程中，应努力将保修期内的工作降低到最低限度。

(2) 审查施工承包单位提交的竣工验收所需文件资料。审查施工单位提交的竣工图，并与已完工程的有关技术文件对照进行核查。

(3) 进行拟验收工程项目的现场初验，如发现质量问题指令施工单位进行处理。初验合格后，协助做好工程正式验收的各项技术工作和必要的组织工作。

(4) 工程保修阶段，做好质量回访，如出现施工质量问题，监理人员要认真分析原因，明确责任，确定维修单位，及时通知维修单位进行维修，并提出维修费用的处理意见。

(5) 保修阶段的监理程序如图 11.8 所示。

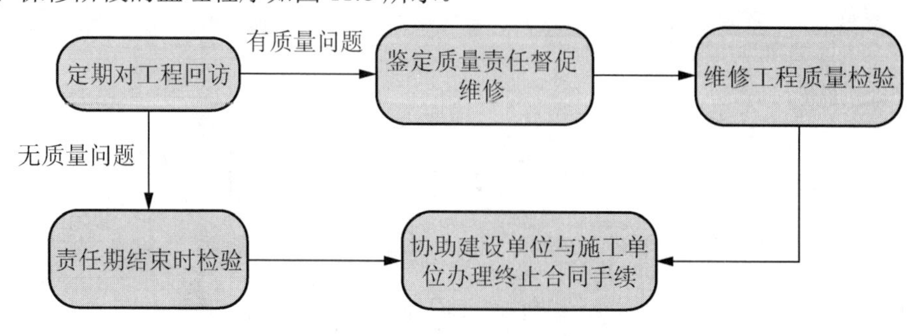


图 11.8　保修阶段的监理程序

(6) 竣工验收流程如图 11.9 所示。

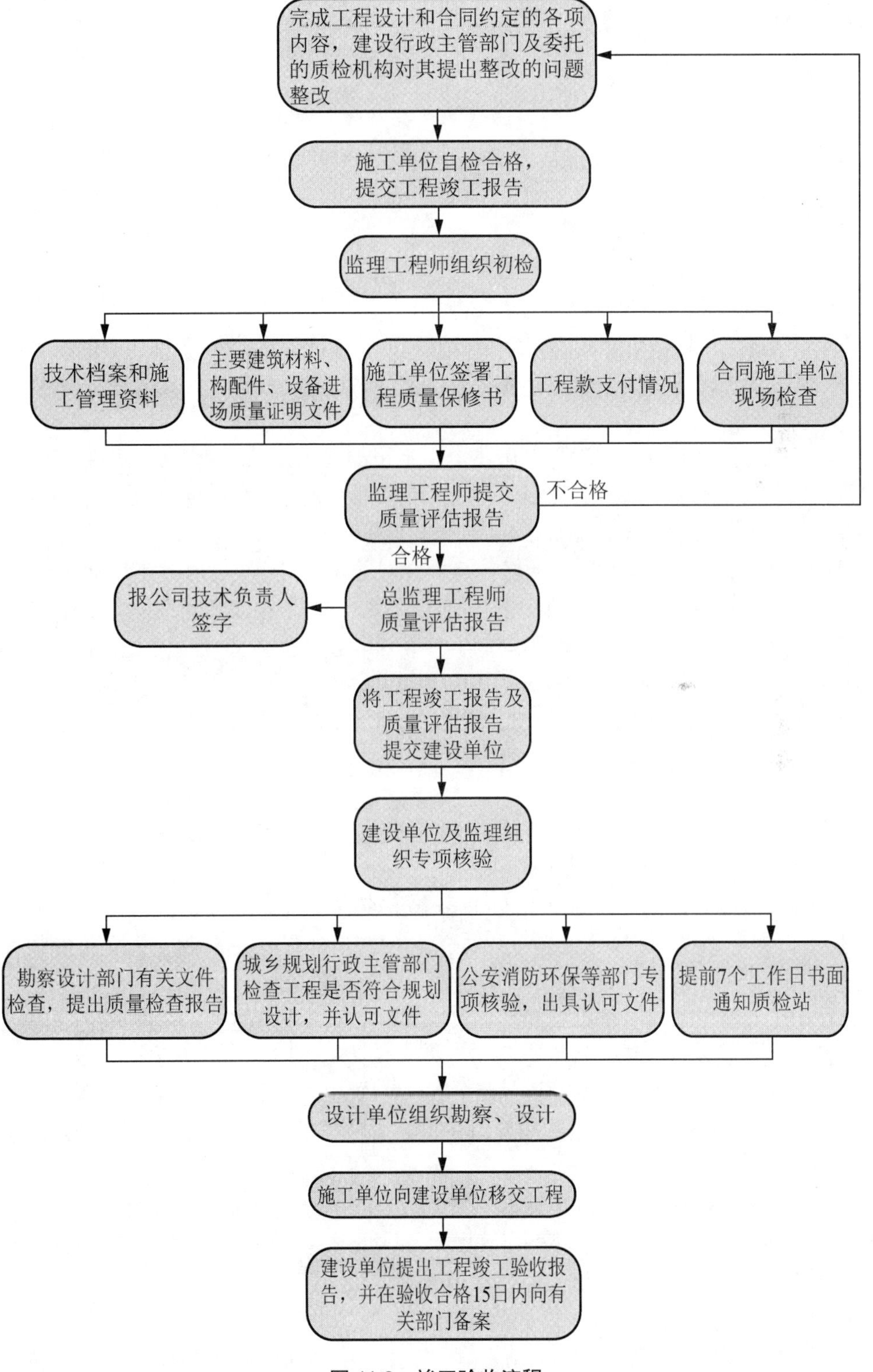


图 11.9　竣工验收流程

## 11.10.2 造价控制方法及措施

### 1. 造价控制任务及方法

造价控制的任务是保证工程建设质量、工期及成本实现最佳投资目标。采取组织、经济、技术及合同多方面措施，根据工程进展情况，及时为业主提供投资供应与计划安排的建议。

1) 组织措施

(1) 项目部管理班子中设专职造价专业监理人员，落实任务分工、职能分工和工作责任目标，同时制定违约责任补充条款。

(2) 编制施工阶段造价控制工作计划和详细的工作流程图。

(3) 使用香蕉图等技术手段，随时对工程投资偏差进行分析、对比，并采取纠偏控制。

2) 经济措施

(1) 安排造价专业监理工程师对施工单位上报的施工图预算及时进行审核，并结合施工进度网络计划制订相应的工程建设资金使用计划，确定分解造价控制目标，同时为月度工程款支付和工程结算提供依据。

(2) 在确认已完工程项目质量合格、符合合同条件、其变更有监理工程师的变更通知、应支付金额大于临界时支付证书规定的最小限额后，同时复核工程付款单，签发付款证书。

(3) 在施工过程中进行投资跟踪控制，定期进行投资实际支出值与目标值的比较，发现偏差，分析产生的原因，采取纠偏措施。

(4) 对工程施工过程中的投资支出做出分析和预测，经常或定期向业主提出项目造价控制及其存在问题的报告。

3) 技术措施

(1) 对设计变更进行技术经济比较，严格控制设计变更，尤其是施工单位因施工方法、工艺提出的设计变更。

(2) 监理人员要认真审查施工单位的施工组织方案设计，进行技术经济价值工程分析，进一步统筹优化，减少施工图纸以外的各项费用，尤其是需业主方支付的临设费、措施费等。

(3) 重视事前控制，注重工序间的相互关系，认真审核施工图，把影响施工、制约施工的问题解决在前，避免因工程变更带来工期的延误和费用增加。

(4) 协助建设单位对需找补差价的材料及需业主定厂、定价的设备进行考察，按总进度计划的要求，确保材料、设备供应及时到位，避免施工单位因建设单位供应材料、设备不及时提出索赔。

(5) 对于图纸外发生的经济签证，坚持三方会签的原则，即业主代表、监理人员、施工人员共同现场实测实量，共同签证。同时，建立施工单位发生变更和签证时向监理单位同时申报相应部分费用报告制度及监理单位及时审核向业主报告制度。

4) 合同措施

(1) 认真做好监理工作记录，保存各种文件图纸，特别是反映实际施工变更情况的图纸，积累原始凭证、资料，为正确处理可能发生的索赔提供真实可靠的文字依据。

(2) 参与合同的修改、补充工作，在确保工程质量、工期的前提下，着重考虑它对造价控制的影响。

### 2．工程资金控制流程

工程资金控制流程如图 11.10 所示。

### 3．工程付款流程

工程付款流程如图 11.11 所示。

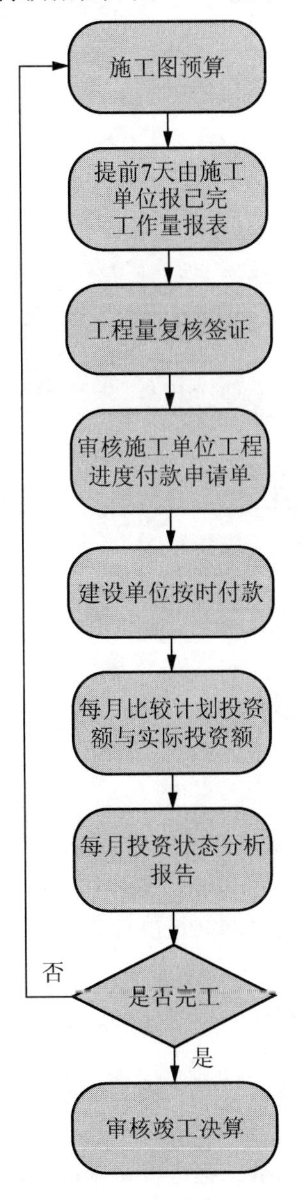


图 11.10　工程资金控制流程

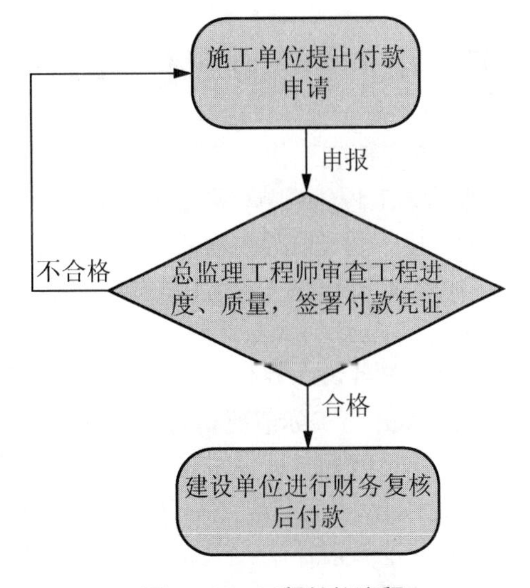


图 11.11　工程付款流程

### 4．设计变更程序

设计变更程序如图 11.12 所示。

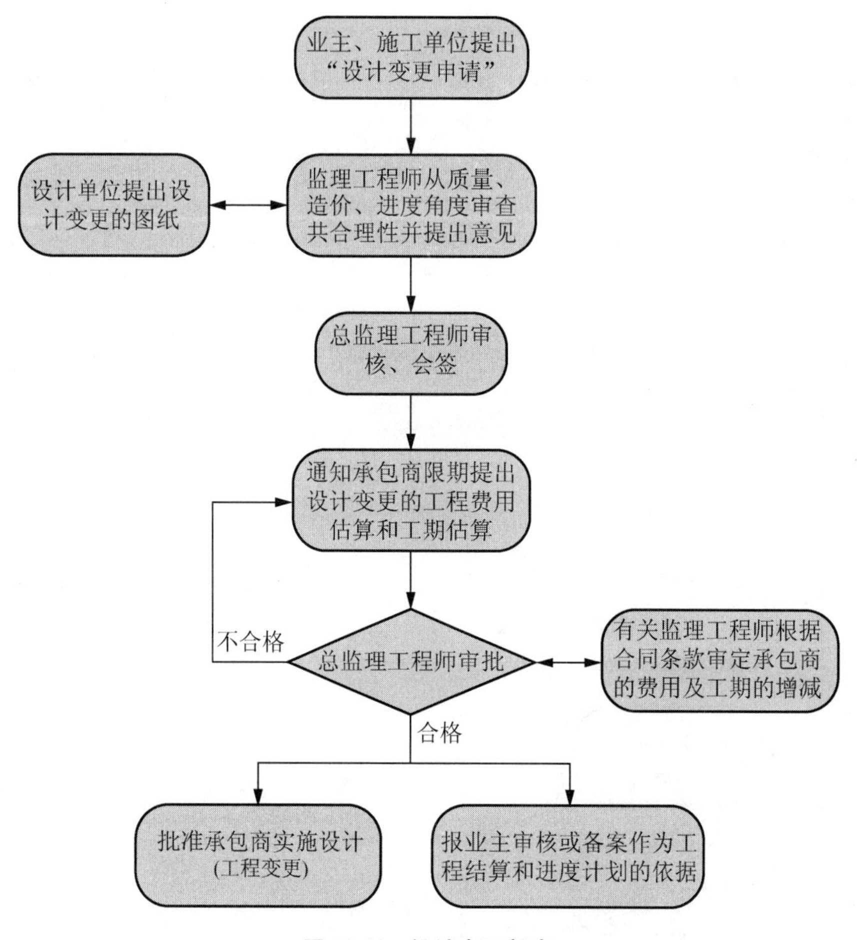


图 11.12　设计变更程序

## 11.10.3 进度控制方法及措施

### 1. 进度控制工作任务及方法

根据本工程建设单位要求的工期——252 日历天，制订网络进度总计划，并按计划控制总工程进度，通过监理工程师的监督、检查、控制、协调，在其施工过程中，实现合同目标。

(1) 认真审核施工单位编制的施工进度计划，切实研究网络进度计划，必要时进行进一步优化。

(2) 注重各参与单位关系的协调，监督施工单位实施进度计划，及时检查并核实施工进度报表，并与实际情况相对照，及时提出纠偏措施。

(3) 针对前期工程完成情况，通过压缩关键工作的持续时间，缩短工期，通过合理搭接或平行作业缩短工期。

(4) 重视事前控制，首先解决因图纸和准备工作不利给工程进度带来的影响。认真审核图纸，要求施工单位按照批准的进度计划制订出材料供应计划，督促其实施，协助建设单位及时采购所供材料、设备，并按计划供应到位。

(5) 通过跟踪检查，将可能发生的问题消灭在萌芽之中，切实实现各项工作指标，减少怠工、窝工、停工、返工，保证工程各工序、各阶段进度目标的顺利实现。发现问题及时纠正，避免发生质量事故，及时进行分部分项工程验收，避免因隐蔽验收不及时造成时间拖延。

(6) 掌握网络计划中的关键线路，采取一切有效措施，确保关键线路上的工作不延误。注重各专业、各工序的穿插，把握进度计划中的各专业控制点，如有拖延，及时进行局部调整，若发生关键线路延误，组织专家研究调整方案，报业主批准执行。

**2．经济控制方法**

建设单位与施工单位签署合同中写进有关工期与进度的要求条款，在合同中明确采取经济制约手段，来对进度进行控制。监理工程师按合同要求，在实施过程中详细、真实记录全过程内容，当实际进度发生偏离时，计取施工延期费用，根据进度调整付款，同时制定违约责任分解点，通过对工期提前奖励和延期罚款，按施工阶段分解划定控制进度分解点，制定奖罚措施，实现经济手段控制，形成一个有计划、有步骤控制的局面，最终实现总计划目标。

工程进度计划控制流程如图 11.13 所示。

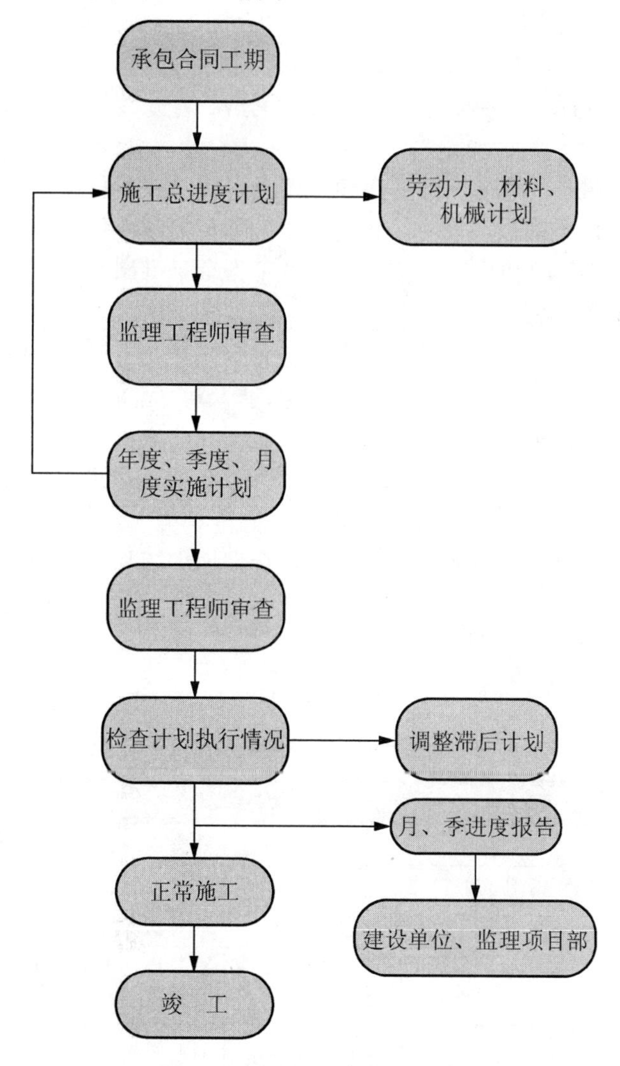


图 11.13　工程进度计划控制流程

### 11.10.4 合同管理的任务及方法

**1．合同管理的主要目标**

运用监理工程师的专业知识、法律知识及丰富的合同管理经验，全力协助业主与承包商及设备材料厂家签订合同，使之符合《经济法》与《合同法》，防止无准备合同的发生，并监督合同的履行，参与经济合同纠纷的协调处理，从而保证各项合同签订和履行过程中不出现失误或纰漏，切实维护业主利益。

**2．施工合同管理的具体实施措施**

(1) 建立实施合同的保证体系，以保证合同实施过程中的一切日常事务性工作有序地进行，保证合同目标管理的实现。

(2) 监督承包商和分包商按合同施工，并协调各方面的合同实施工作，协助业主完成合同义务和责任，以保证工程顺利进行。

(3) 对合同实施情况进行跟踪，对实际情况和合同条款进行对比分析，找出其中偏差，向业主及承包商提出合同实施方面的意见或建议。

(4) 对合同变更进行事务性处理，如落实变更措施、修改与变更相关的资料、检查变更措施落实情况。

(5) 定期或不定期地召开现场碰头会和协调会，解决业主与承包商之间、承包商与分包商之间合同有关条款方面已经发生或可能发生的各种问题，并提出相应的协调处理意见。

(6) 制定专门工作制度和程序，使合同管理工作有章可循，如图纸批准程序、工程变更程序、对承包商的索赔程序等。

(7) 建立文档系统，安排有资格的专门人员专职或兼职主管负责各种合同资料和工程资料的整理和保存工作，以保证工程档案、资料的规整、完备。

(8) 建立文字办公和文件传递程序制度，承包商和业主、监理工程师、分包商之间的工作协商、决定意见、处理措施、会议记录等均应以各类文字形式进行，或以书面形式作为最终依据，且有规定的送达、验收程序制度。

(9) 解释合同文件中的矛盾和歧义，公正、合理地审核承包商的索赔事项，保证业主利益不受侵害。

**3．施工合同管理的主要目标任务和措施**

施工合同管理的主要目标任务和措施见表 11-6。

**表 11-6　施工合同管理的主要目标任务和措施**

| | 监理工程师方面 | 承包商方面 |
|---|---|---|
| 前期准备 | 熟悉合同文件 | 熟悉合同文件，预测索赔和变更的可能性 |
| | 制定合同管理程序和指南 | 制定合同管理程序和指南 |
| | 编写现场检查手册，特别是对某些专业范围 | 针对特殊需要编写现场施工手册 |
| | 准备日、周及月报等标准报告格式、试验频率及其责任 | 准备日、周及月报等标准报告格式，建立有效联络系统 |
| | 建立质量控制程序、试验程序、试验频率及其责任 | 建立质量控制程序、试验程序、试验频率及其责任 |

续表

| | 监理工程师方面 | 承包商方面 |
|---|---|---|
| 进度控制 | 及时发布指示，避免因等待指示而延误 | 及时请求指示、批准、答复等 |
| | 预测和发现问题，找出替代方案或解决问题的方法 | 预测和发现问题，找出替代方案或解决问题的方法 |
| | 随时注意已批准的施工计划，提醒承包商注意有关问题 | 严格按施工计划施工，注意实际与计划的偏差 |
| | 协调各承包商之间的工作，避免发生冲突 | 与其他承包商计划施工，注意实际与计划的偏差 |
| | 处理承包商的工期延长索赔 | 准备和提出工期延长要求 |
| 质量控制 | 了解设计依据，依已知现场条件分析设计要求的合理性 | 注意设计是否有缺陷 |
| | 及时检查运到现场的材料 | 采购合格材料，严格按规范要求检查材料 |
| | 及时进行合同规定或要求的试验 | 及时进行合同规定要求的试验 |
| | 保持所有试验过程及其结果记录 | 保持试验过程及其结果记录 |
| | 发现施工缺陷，并尽早向承包商指出 | 发现施工缺陷，及时补救 |
| 造价控制 | 为定期进度付款对已完工程进行计量 | 为定期进度付款对已完工程进行计量 |
| | 审查承包商的付款申请、准备付款签证 | 提出付款申请 |
| | 准备变更或额外工作及付款指示 | 对变更或额外工作进行计价 |
| | 记录可能导致索赔或争议的全部事实和情况，处理索赔 | 提出索赔 |
| | 进行投资预测，通知业主与预算投资有较大偏离的情况 | 进行成本核算和预测，与投标基础比较 |
| 其他 | 自身机构建设和人员管理 | 自身机构建设和人员管理 |
| | 安全检查 | 施工安全 |
| | 资料档案 | 资料档案 |
| | 公共关系 | 公共关系 |

### 4．项目索赔和合同纠纷处理的方法

1) 项目索赔处理方法

收集有关的资料，按国家有关法律、法规及地方法规、合同文件、有关标准、规范定额及有关凭证，审查费用索赔申请表，在合同规定期限内，分析原因、界定责任，确定一个额度后，与施工单位和建设单位进行协商，做出费用索赔和工期延期决定，公正、科学地处理，并及时做出书面答复。

2) 合同纠纷处理方法

首先监理工程师接到合同争议后，了解合同争议的情况，安排专业监理工程师调查、取证、分析原因、制定调解方案，由总监理工程师及各方进行磋商、调解，使双方达成共识，协商解决。争议比较大时，在符合合同前提条件下，总监理工程师签发合同争议处理意见，双方必须执行，如果发生仲裁和诉讼，项目监理机构接到仲裁机关和决算通知要求后，应公正地提供证据。

## 11.10.5 组织协调的工作任务及方法

组织协调工作是工程建设监理的中心任务，是完成监理目标的重要手段。

(1) 在工程监理过程中，定期开好工程监理例会，对一周施工情况进行总结，安排下周工作计划，重点解决工程中出现的较大问题。

(2) 在施工过程中，监理工程师充分运用业主授予的权利，尽职尽责地尽到对工程监督管理的义务。针对工程中出现的质量问题和巡视中发现的不利于工程进展的现象，随时召集有关人员召开现场协调会，及时解决影响工程顺利进行的各种因素。

(3) 坚持每天一次组织召开总监理师(代表)、项目监理部的内部碰头会，由现场监理师将自己分工负责的工程区域和部位的工程情况在会上通报、交流，研究商讨统一意见和解决办法。总监对一天工程“三控、两管”情况进行总结，安排第二天的具体工作。

(4) 工程监理工作的协调管理也是一项系统工程，监理单位与外部单位和工程周边环境之间，以及和工程内部各有关方的协调工作关系网络如图 11.14 所示。

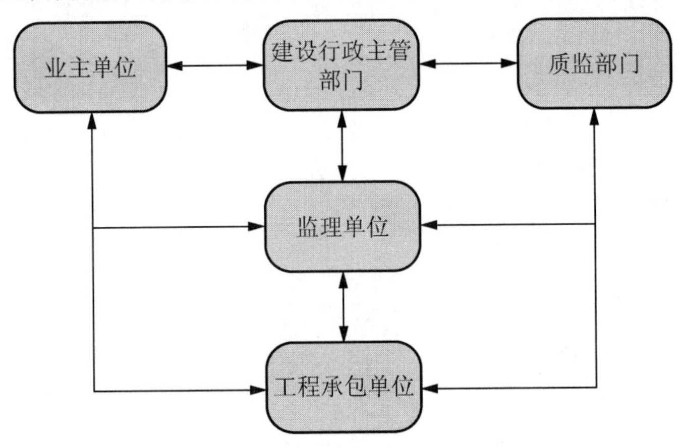


图 11.14 协调工作关系网络

## 11.10.6 建筑工程质量通病防治要点

见专项监理实施细则。

## 11.10.7 对工程质量、安全事故的处理

### 1. 资料依据准备

(1) 与工程质量事故有关的施工图。

(2) 与工程施工有关的资料、记录，如材料试验报告、施工记录等。

(3) 审查施工单位事故调查分析报告的内容、质量事故情况、事故性质、事故原因、事故评估、施工单位及使用单位对事故的意见和要求。

(4) 设计涉及的人员与主要责任者情况。

### 2. 确定处理方案

在正确地分析和判断事故原因的基础上进行事故处理，处理方案有以下两种。

(1) 缺陷处理方案：修补处理、返工处理、限制处理、不做处理。

(2) 决策辅助方法：实验验证、定期观测、专家论证。

### 3. 事故处理鉴定、验收

事故处理检查鉴定，严格按施工规范及有关标准规定进行，通过实际量测、试验、仪器检测，才能对处理做出正确结论。但是必须遵循处理后符合规定的要求和能满足使用要求的原则，方能予以验收确认，否则监理不予办理任何手续。

## 11.11 监理设施

常见的监理设施见表 11-7。

表 11-7 监理设施

| 序号 | 设备仪器名称 | 规格型号 | 数量 | 备注 |
|---|---|---|---|---|
| 1 | 微型计算机 | TCL | 2 | |
| 2 | 打印机 | LEXMARKZ25 | 2 | |
| 3 | AV 线录像机 | NV-SJ5CMC | 1 | 松下 |
| 4 | 镜头台控制器 | EM-301C | 1 | |
| 5 | 创维显示器 | 21NF-8800 | 2 | |
| 6 | 照相机 | 理 光 | 3 | |
| 7 | 全站仪 | GPT-1001 | 1 | |
| 8 | 经纬仪 | TDJZE | 1 | |
| 9 | 水准仪 | DZS3-1 | 1 | |
| 10 | 回弹仪 | HT-225 | 3 | |
| 11 | 万能角度仪 | 0～230° | 1 | |
| 12 | 检测包 | 11 件组合 | 3 | |
| 13 | 靠尺 | 2m | 3 | |
| 14 | 视频探头 | | 6 | |
| 15 | 混凝土坍落度筒 | | 2 | |
| 16 | 游标卡尺 | | 3 | |
| 17 | 自动安平仪 | | 3 | |

## 能力评价

自我评价

| 指　　标 | 应　　知 | 应　　会 |
|---|---|---|
| 1. 监理工作内容及目标<br>2. 监理工作依据<br>3. 监理工作方法及措施<br>4. 组织协调的任务及方法<br>5. 监理设施 | | |

## 小组评价

以小组成员分工合作完成监理规划为合格。其中要模拟不同专业工种，建立适当的细则目录和查阅相关法律法规。

小组评价参考表

| 成员姓名 | 工地考察表 | 考察照片或图样 | 小组交流 | 监理工作资料 | 备　　注 |
|---|---|---|---|---|---|
| | | | | | 以每位成员都参与探讨为合格，重点交流实际工作体验，重点培养团队协作能力 |
| | | | | | |
| | | | | | |
| | | | | | |
| | | | | | |
| | | | | | |

# 学习任务 12 监理通用表示例

# (某学院实验实训楼工程)



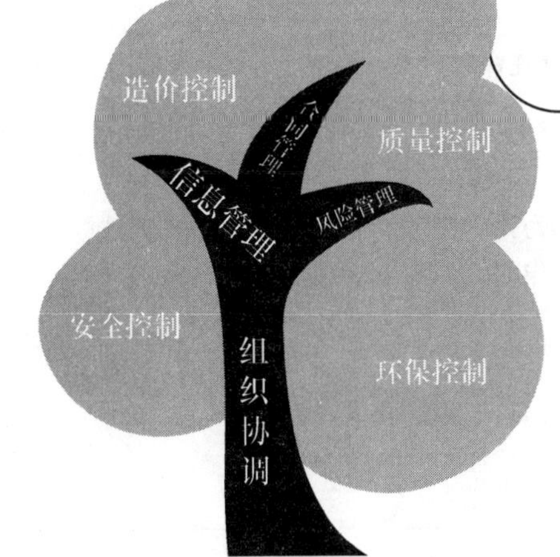

## 学习要求

| 岗位技能 | 专业知识 | 职业道德 |
| --- | --- | --- |
| 1. 能区分监理通用表的使用单位和具体作用<br>2. 会判断监理表格填写的规范性<br>3. 能规范填写监理用表 | 1. 了解监理通用表的种类<br>2. 明确监理用表的作用<br>3. 熟悉相关的法律法规和合同要求 | 1. 加强沟通协调，促进项目进展中各项控制目标的实现<br>2. 监理用表的填写既要规范又要实事求是，保证工程质量，认真履行职责 |

## 能力拓展

1. 跟踪实际工程，收集承包单位的监理用表，观察规范性填写要求。
2. 跟踪实际工程，收集各方通用表，判断工程监理过程中协调工作的重要性和规范性。
3. 模拟典型工程案例，填写一套监理单位用表，进一步掌握监理用表的规范填写。
4. 学习相应标准，增强工程监理工作能力。

([4] GB 50205—2001《钢结构工程施工质量验收规范》)

## 案例引入

本学习任务以××学院实训楼工程监理为例，介绍监理通用表的填写要和内容。

# 12.1 A类表——工程监理单位用表

## 12.1.1 表A1 总监理工程师任命书

表A1 总监理工程师任命书

工程名称：××学院实验实训楼　　　　编号：A1-001

致：　　　　(建设单位)

兹任命 丁海山(注册监理工程师，注册号：50029907)为我单位××学院实验实训楼 项目总监理工程师。负责履行建设工程监理合同、主持项目监理机构工作。

工程监理单位(盖章)：
法定代表人(签字)：
年　　月　　日

注：本表一式三份，项目监理机构、建设单位、施工单位各存一份。

## 12.1.2 表 A2 工程开工令

**表 A2 工程开工令**

工程名称：××学院实验实训楼　　　　编号：A2-001

致：××市××建筑工程有限责任公司　　(施工单位)

经审查，本工程已具备施工合同约定的开工条件，现同意你方开始施工，开工日期为：　　年　　月　　日。

附件：工程开工报审表。

项目监理机构(盖章)：

总监理工程师(签字、加盖执业印章)：

年　　月　　日

注：本表一式三份，项目监理机构、建设单位、施工单位各存一份。

## 12.1.3 表 A3 监理通知单

**表 A3 监理通知单**

工程名称：××学院实验实训楼　　　　编号：A3-001

| 致：××市××工程有限责任公司 |
|---|
| 事由：柱内钢筋骨架验收中发现的问题整改。 |
| 内容：1．柱内主筋搭接长度不足的应补足。<br>2．箍筋间距不对的应纠正。<br>3．柱内主筋电弧焊长度不足的应补焊足。<br><br>监理机构(盖章)：××省监理协会建设监理中心<br>总/专业监理工程师(签字)：×××<br>年　月　日 |

注：本表一式三份，经项目监理机构审核后，建设单位、监理单位、承包单位各存一份。

在监理工作中，项目监理机构按委托监理合同授予的权限，对承包单位所发出的指令、提出的要求，除另有规定外，均应采用此表。监理工程师现场发出的口头指令及要求，也应采用此表予以确认。

施工单位收到《监理通知单》并整改合格后，应使用《监理通知回复单》回复，并附相关资料。

## 12.1.4 表 A4 监理报告

**表 A4 监理报告**

工程名称：××学院实验实训楼　　　　　　　　　　　　　　　　　　　　　　编号：A4-001

| 致：　　　　　　　　　　　　　(主管部门)<br>由　　　　　　　　　(施工单位)施工的 本工程外部手脚架拆除 (工程部位)，存在安全事故隐患。我方已于　　年　　月　　日发出编号为 A5-003 的《监理通知单》/《工程暂停令》，但施工单位未整改/停工。<br>特此报告。<br>附件：1．监理通知单。<br>2．工程暂停令。<br>3．其他：脚手架拆除检查报告。<br><br>项目监理机构(盖章)：<br>总监理工程师(签字)：<br>年　　月　　日 |
| --- |

注：本表一式四份，主管部门、建设单位、工程监理单位、项目监理机构各存一份。

## 12.1.5 表 A5 工程暂停令

**表 A5 工程暂停令**

工程名称：××学院实验实训楼　　　　编号：A5-003

致：××市××建筑工程有限责任公司

由于在本工程外部脚手架拆除过程中贵方管理人员不到位，存在严重安全隐患，现通知你方必须于　　　年　　月　　日　　时起，对 本工程的外部脚手架拆除部位 (工序)实施暂停施工，并按下述要求做好各项工作：

1．落实好管理人员的到位工作。

2．再次认真落实脚手架拆除的安全技术交底工作。

项目监理机构(盖章)：××省监理协会建设监理中心

总监理工程师(签字、加盖执业印章)：

年　　月　　日

注：本表一式三份，经项目监理机构审核后，建设单位、监理单位、承包单位各存一份。

## 12.1.6 表 A6　旁站记录

**表 A6　旁站记录**

工程名称：××学院实验实训楼　　　　编号：A6-001

| 旁站的关键部位、关键工序 | 1 层结构剪力墙、柱，2 层梁、板混凝土浇筑 | 施工单位 | ××××有限公司 |
|---|---|---|---|
| 旁站开始时间 | 年　月　日　时　分 | 旁站结束时间 | 年　月　日　时　分 |

旁站的关键部位、关键工序施工情况：

采用商品混凝土，4 根振动棒振捣，现场有施工员 1 名，质检员 1 名，班长 1 名，施工作业人员 25 名，完成的混凝土数量共有 695m$^3$(其中 1 层剪力墙、柱 C40 230m$^3$，2 层梁、板 C30 465m$^3$)施工情况正常。

现场共做混凝土试块 10 组(C30 6 组，5 组标准养护，1 组施工现场同条件养护；C40 4 组，3 组标准养护，1 组施工现场同条件养护)。

检查了施工单位现场质检人员到岗情况，施工单位能执行施工方案，核查了商品混凝土的标号和出厂合格证，结果情况正常。

剪力墙、柱、梁、板浇捣顺序严格按照方案执行。

现场抽检混凝土坍落度，梁、板 C30 为 175mm、190mm、185mm、175mm(设计坍落度 180mm±30mm)，剪力墙、柱 C40 为 175mm、185mm、175mm(设计坍落度 180mm±30mm)。

发现的问题及处理情况：

因××月××日××点开始下小雨，为避免混凝土表面的外观质量受影响，应做好防雨措施，进行表面覆盖。

旁站监理人员(签字)：

年　　月　　日

注：本表一式三份，项目监理机构、建设单位、施工单位各存一份。

## 12.1.7 表 A7 工程复工令

**表 A7 工程复工令**

工程名称： 编号： A7-003

<table>
<tr><td>
致： (施工项目经理部)<br>
我方发出的编号为 A5-003 的 《工程暂停令》，要求暂停施工的 外脚手架拆除 部位(工序)，经查已具备复工条件。经建设单位同意，现通知你方于 年 月 日 时起 恢复施工。<br>
附件：工程复工报审表。<br>
<br>
项目监理机构(盖章)：<br>
总监理工程师(签字、加盖执业印章)：<br>
年 月 日
</td></tr>
</table>

注：本表一式三份，项目监理机构、建设单位、施工单位各存一份。

## 12.1.8 表 A8 工程款或竣工结算款支付证书

**表 A8 工程款支付证书**

工程名称：××学院实验实训楼　　　　　　　　　　　　　　　　编号：A8-001

致：××学院　市××建筑建筑工程有限责任公司

根据施工合同的规定，经审核承包单位的付款申请和报表，并扣除有关款项。同意本期支付工程款共(大写)贰佰捌拾万陆仟贰佰元整(小写：2806200.00 元)。

其中：1．施工单位申报款为：2960082.00 元。
2．经审核施工单位应得款为：2855500.00 元。
3．本期应扣款为：49300.00 元。
4．本期应付款为：2806200.00 元。

附件：1．工程付款申报表及附件。
2．项目监理机构审查记录。

项目监理机构(盖章)：××省监理协会建设监理中心
总监理工程师：(签字、加盖执业印章)
年　　月　　日

注：本表一式三份，经项目监理机构审核后，建设单位、监理单位、承包单位各存一份。

# 12.2 B类表——施工单位报审、报验用表

## 12.2.1 表B1 施工组织设计、(专项)施工方案报审表

**表B1 施工组织设计/(专项)施工方案报审表**

工程名称：××学院实验实训楼　　　　编号：B1-001

| 致：××省监理协会建设监理中心 (项目监理机构)<br>　　我方已根据施工合同的有关规定，完成了××学院实验实训楼施工组织设计(专项施工方案)的编制，并经我单位技术负责人审查批准，请予审查。<br>附件：1．施工组织设计。<br>　　　2．专项施工方案。<br>　　　3．施工方案。<br>施工项目经理部(盖章)：××市××建筑工程有限责任公司<br>项目经理(签字)：<br>年　月　日 |
|---|
| 审查意见：<br>1．施工进度计划中总工期经计算为336天，与合同要求的工期330天不符，请予调整。<br>2．设计要求的“静音防尘地板”在施工方案及施工进度计划中未体现出来。<br>3．由于现场施工条件是学生正常开课时间，相应安全防范措施应设计详细到位。<br>专业监理工程师(签字)：<br>年　月　日 |
| 审核意见：<br>1．同意专业监理师的审查意见。<br>2．尚应补充……<br>3．在上述各项不足之处调整完成后同意本施工组织设计。<br>项目监理机构(盖章)：××省监理协会建设监理中心<br>总监理工程师(签字、加盖执业印章)：<br>年　月　日 |
| 审批意见(仅对超过一定规模的危险性较大的分部分项工程专项施工方案)：<br>建设单位(盖章)：<br>建设单位代表(签字)：<br>年　月　日 |

注：本表一式三份，经项目监理机构审核后，建设单位、监理单位、承包单位各存一份。

此表用于施工单位报审施工组织设计(方案)。施工过程中，如经批准的施工组织设计(方案)发生改变，变更后的方案报审时，也采用此表。《建设工程监理规范》规定，施工单位对重点部位、关键工序的施工工艺、新工艺、新材料、新技术、新设备的专项施工方案报审，也采用此表。

## 12.2.2 表 B2 工程开工报审表

**表 B2 工程开工报审表**

工程名称：××学院实训楼　　　　编号：B2-001

| |
|---|
| 致：××省监理协会建设监理中心<br>我方承担的××学院实训楼工程，已完成了以下各项工作，具备了开工条件，特此申请施工，请核查并签发开工指令。<br>1．施工许可证已办理。 ☑<br>2．现场管理人员已到位，专职管理人员和特种作业人员已取得资格证、上岗证。 ☑<br>3．施工现场质量管理检查记录已经检查确认。 ☑<br>4．进场道路及水、电、通信等已满足开工要求。 ☑<br>5．质量、安全、技术管理制度已建立，组织机构已落实。 ☑<br>附件：1．开工报告。<br>2．相关证明材料。<br>施工单位(盖章)：××市××建筑工程有限责任公司<br>项目经理(签字)：<br>年　月　日 |
| 审查意见：<br>经审查上述各项工作已完成且资料齐全，同意本工程于　年　月　日开工。<br>项目监理机构(盖章)：××省监理协会建设监理中心<br>总监理工程师(签字)：<br>年　月　日 |
| 审批意见：<br>建设部门(盖章)：<br>建设单位代表(签字)：<br>年　月　日 |

注：本表一式三份，经项目监理机构审核后，建设单位、监理单位、承包单位各存一份。

此表用于工程项目开工施工。如整个项目一次开工，只填报一次；如工程项目中涉及较多单位工程，且开工时间不同，则每个单位工程开工都应填报一次。承包单位应对表中所列项目准备工作逐一落实，自查符合要求后在该项“□”内打“√”，同时报送相关证明资料。

对具备开工条件的工程，总监理工程师签署意见中应明确开工日期。

## 12.2.3 表 B3 工程复工报审表

**表 B3 工程复工报审表**

工程名称：××学院实验实训楼　　　　编号：B3-1-001

<table>
<tr><td>致：××省监理协会建设监理中心<br><br>鉴于××学院实验实训楼工程，按第 003 号工程暂停令已进行整改，并经检查后已具备复工条件。请核查签发复工指令。<br><br>附件：具备复工条件的情况说明。<br><br>施工单位(盖章)：××市××建筑工程有限责任公司<br>项目经理(签字)：<br>年　月　日</td></tr>
<tr><td>审查意见：<br>☑具备复工条件，同意××学院实验实训楼工程于 2005 年 9 月 10 日 8:00 复工。<br>□不具备复工条件，暂不同意复工。<br><br>项目监理机构(盖章)：××省监理协会建设监理中心<br>总监理工程师(签字)：<br>年　月　日</td></tr>
<tr><td>审批意见：<br><br>建设单位(盖章)：<br>建设单位代表(签字)：<br>年　月　日</td></tr>
</table>

注：本表一式三份，经项目监理机构审核后，建设单位、监理单位、承包单位各存一份。

此表用于工程暂停原因消失时，承包单位申请恢复施工。总监工程师签署审查意见前，宜向建设单位报告。当工程暂停原因是由承包单位的原因引起时。表中“附件”系指承包单位提交的整改情况和预防措施报告。符合复工条件，在同意复工项“□”内打“√”，并注明同意复工的时间；不符合复工条件，在不同意复工项“□”内打“√”，并注明原因和对承包单位的要求。

## 12.2.4 表 B4 分包单位资格报审表

**表 B4 分包单位资格报审表**

工程名称：××学院实验实训楼　　　　编号：B4-001

致：××省监理协会建设监理中心

经考察，我方认为拟选择的××××铝合金门窗有限公司(分包单位)具有承担下列工程的施工资质和施工能力，可以保证本工程项目按合同的规定进行施工。分包后，我方仍承担总包单位的全部责任。请予以审查和批准。

附：1．分包单位资质材料。

2．分包单位业绩材料。

3．分包单位专职管理人员和特种作业人员的资格证、上岗证。

| 分包工程名称(部位) | 工程数量 | 拟分包工程合同额 | 分包工程造价占全部工程造价 |
|---|---|---|---|
| 铝合金门窗工程 | 260m$^2$ | 120 万元 | 5% |
| | | | |
| | | | |
| | | | |
| 合计 | | 120 万元 | 5% |

施工单位(盖章)：××市××建筑工程有限责任公司

项目经理(签字)：

年　月　日

专业监理工程师审查意见：

经审查该分包单位的资质能满足本工程所需资质等级要求，该单位的业绩材料中具有类似工程的施工经验，其专职管理人员和特种作业人员的资格证、上岗证与原件相符且基本配套。所以其专业能力能够胜任本铝合金门窗工程。

专业监理工程师(签字)：

年　月　日

总监理工程师审核意见：

根据施工条款第×条的规定，经复查该分包单位的资质材料齐全，同意铝合金门窗工程的分包。

项目监理机构(盖章)：××省监理协会建设监理中心

总监理工程师(签字)：

年　月　日

注：本表一式三份，经项目监理机构审核后，建设单位、监理单位、承包单位各存一份。

表中专业监理工程师应是与分包部分主项专业一致的专业监理工程师，其审查重点为专业能力是否能胜任分包工程。总监审核重点为该部分能否分包、分包方资质材料是否齐全。

## 12.2.5 表 B5 施工控制测量放线成果报验表

**表 B5 施工控制测量放线成果报验表**

工程名称：××学院实验实训楼　　　　编号：B5-001

致：××省监理协会建设监理中心

我方已完成了××学院实验实训楼基础工程(工程或部位的名称)的控制测量放线工作，经自检合格，清单如下，请予查验。

附件：测量放线依据材料及放线成果。

| 工程或部位名称 | 放线内容 | 备注 |
|---|---|---|
| ××学院实验实训楼基础工程 | 轴线位置 | |
| | | |
| | | |

施工单位(盖章)：××市××建筑工程有限责任公司

项目技术负责人(签字)：

年　月　日

审查意见：

☑查验合格

☐纠正差错后再报

项目监理机构(盖章)：××省监理协会建设监理中心

专业监理工程师(签字)：

年　月　日

注：本表一式三份，经项目监理机构审核后，建设单位、监理单位、承包单位各存一份。

## 12.2.6 表B6 工程材料/构配件/设备报审表

表B6 工程材料/构配件/设备报审表

工程名称：××学院实验实训楼　　　　编号：B6-001

<table>
<tr><td>致：　××省监理协会建设监理中心<br><br>我方于　　年　　月　　日进场的工程☑材料/□构配件/□设备数量如下(见附件)。现将质量证明文件及自检结果报上，拟用于下述部位：××学院实验实训楼基础工程，请予以审核。<br>附件：1．数量清单。<br>2．质量证明文件。<br>3．自检结果。<br><br>施工单位(盖章)：××市××建筑工程有限责任公司<br>项目经理(签字)：<br>年　　月　　日</td></tr>
<tr><td>审查意见：<br>经检查上述工程函☑材料/□构配件/□设备，☑符合/□不符合设计文件和规范的要求。□已准许/□不准许进场，□同意/□不同意使用于拟定部位。<br><br>项目监理机构(盖章)：××省监理协会建设监理中心<br>专业监理工程师(签字)：<br>年　　月　　日</td></tr>
</table>

注：木表一式三份，经项目监理机构审核后，建设单位、监理单位、承包单位各存一份。

表中“数量清单”应用表格形式填报。内容包括名称、规格、单位、数量、生产厂家、出厂合格证、批号、复试/检验记录编号等内容。按规定需实行见证取样送检的材料、构配件、设备应提供复试/检验报告。质量证明文件系指出厂合格证、复试/检验报告、准用证、商检证等。

## 12.2.7 表 B7 隐蔽工程，检验批/分项工程报验表及施工实验室报审表

**表 B7 ____________报审/报验表(通用)**

工程名称：××学院实验实训楼　　　　　　　　　　编号：B7-001

<table>
<tr><td>致：××省监理会建设监理中心<br>　　事由：基础混凝土浇捣。<br>　　内容：基础工程隐蔽工程验收已合格，并已完成混凝土浇捣前的有关施工准备工作(见附件)，拟定于 2005 年 2 月 2 日 8:00 开始浇捣基础混凝上。本次浇捣混凝土的数量约 300m³，浇捣持续时间约 7 小时。<br>特此申请，请予以审批。<br>　　附件：混凝土浇捣前的施工准备工作报告。<br><br>施工单位(盖章)：××市××建筑工程有限责任公司<br>项目经理(签字)：<br>年　　月　　日</td></tr>
<tr><td>审查意见：<br>　　经审查同意于　　年　　月　　日　　时开始浇捣基础混凝土。<br><br>项目监理机构(章)：××省监理协会建设监理中心<br>总/专业监理工程师(签字)：<br>年　　月　　日</td></tr>
</table>

注：本表一式三份，经项目监理机构审核后，建设单位、监理单位、承包单位各存一份。

此表为承包单位报审通用表格，主要用于混凝土工程浇捣施工。混凝土工程主体结构拆模、施工安全检查等不适宜采用 B7 表的承包单位报审。

## 12.2.8 表 B8 分部工程报验表

表 B8 分部工程报验表

工程名称：××学院实验实训楼　　　　编号：B8-001

<table>
<tr><td>致：××省监理协会建设监理中心<br>我方已完成了××学院实验实训楼基础工程，按设计文件及有关规范进行自检，质量合格，请予以审查和验收。<br>附件：1．工程质量控制资料。 ☑<br>2．安全和功能检验(检测)报告。 ☑<br>3．观感质量验收记录。 ☑<br>4．隐蔽工程验收记录。 ☑<br>5．分项工程质量验收记录。 ☑<br>施工单位(盖章)：××市××建筑工程有限责任公司<br>项目技术负责人(签字)：<br>年　月　日</td></tr>
<tr><td>审查意见：<br>□所报隐蔽工程的技术资料□齐全/□不齐全，且□符合/□不符合要求，经现场检测、核查□合格/□不合格，□同意/□不同意隐蔽。<br>□所报检验批的技术资料□齐全/□不齐全/且□符合□不符合要求，经现场检测、核查□合格/□合格，□同意/□不同意进行下道工序。<br>□检验批的技术资料基本齐全，且基本符合要求，因□砂浆/□混凝土试块强度试验报告未出具，暂同意进行下道工序施工，待□砂浆/□混凝土试块试验报告补报后，予以质量认定。<br>□所报分项工程的各检验批的验收资料□完整/□不完整，且□全部/□未全部达到合格要求，经现场检测、核查□合格/□不合格。<br>☑所报分部(子分部)：工程的技术资料☑齐全/□不齐全，且☑符合/□不符合要求，经现场检测、核查☑合格/□不合格。<br>□纠正差错后再报。<br>专业监理工程师(签字)：<br>年　月　日</td></tr>
<tr><td>验收意见：<br>项目监理机构(章)：××省监理协会建设监理中心<br>总监理工程师(签字)：<br>年　月　日</td></tr>
</table>

注：本表一式三份，经项目监理机构审核后，建设单位、监理单位、承包单位各存一份。

用于隐蔽工程的检查和验收时，承包单位完成自检，填报此表提请监理人员确认。在填报此表时应附有相应工序和部位的工程质量检查相关资料。用于检验批、分项、分部(子分部)、单位(子单位)工程质量验收报审时，应附有相关的质量验收标准要求的资料及规范规定的表格。

## 12.2.9 表B9 监理通知回复单

**表B9 监理通知回复单**

工程名称：××学院实验实训楼　　　　编号：B9-001

<table>
<tr><td>致：××省监理协会建设监理中心<br><br>我方接到编号为 B1-001 的监理工程师通知单后，已按要求完成了柱内钢筋骨架工程验收中发现问题的整改工作。现报上，请予以复查。<br>详细内容：<br>1．柱内主筋搭接长度已补足焊牢。<br>2．箍筋间距不对的已纠正。<br>3．柱内主筋电弧焊长度不足的已补焊。<br><br>施工单位(盖章)：××市××建筑工程有限责任公司<br>项目经理(签字)：<br>年　　月　　日</td></tr>
<tr><td>复查意见：<br>经复查，该工程已按 Bl-001 监理工程师通知单中的内容整改完毕。<br><br>项目监理机构(盖章)：××省监理协会建设监理中心<br>专业监理工程师(签字)：<br>年　　月　　日</td></tr>
</table>

注：本表一式三份，经项目监理机构审核后，建设单位、监理单位、承包单位各存一份。

## 12.2.10 表B10 单位工程竣工验收报审表

**表B10 单位工程竣工验收报审表**

工程名称：××学院实验实训楼　　　　　　　　　　　　　　　　　　编号：B10-001

<table>
<tr><td>致：××省监理协会建设监理中心<br><br>我方已按施工合同要求完成了××学院实验实训楼工程，经自检合格，现将有关资料报上请予以检查和验收。<br>附件：1．工程质量验收报告。<br>2．工程功能检验资料。<br><br>施工单位(部章)：××市××建筑工程有限责任公司<br>项目经理(签字)：<br>年　月　日</td></tr>
<tr><td>审查意见：<br><br>经初步验收该工程：<br>1．☑符合/□不符合我国现行法律、法规要求。<br>2．☑符合/□不符合我国现行工程建设标准。<br>3．☑符合/□不符合设计文件要求。<br>4．☑符合/□不符合施工合同要求。<br>综上所述，该工程初步验收☑合格/不合格，☑可以/□不可以组织正式验收。<br><br>项目监理机构(盖章)：××省监理协会建设监理中心<br>总监理工程师(签字)：<br>年　月　日</td></tr>
</table>

注：本表一式三份，经项目监理机构审核后，建设单位、监理单位、承包单位各存一份。

表中附件是指可用于证明工程已按合同约定完成并符合竣工验收要求的资料。

## 12.2.11 表 B11 工程款支付报审表

**表 B11 工程款支付报审表**

工程名称：××学院实验实训楼　　　　　　　　编号：B11-001

| |
|---|
| 致：××省监理协会建设监理中心<br><br>我方已完成了××学院实验实训楼基础工程的中间结构验收工作。按施工合同规定，建设单位应在　　年　　月　　日前支付该项工程款共计(大写)__________(小写：__________元)，现报上：××学院实验实训楼基础工程付款申请表，请予以审查，并开具工程款支付证书。<br><br>附件：1．工程量、工作量清单。<br>2．计算方法。<br><br>施工单位(盖章)：××市××建筑工程有限责任公司<br>项目经理(签字)：<br>年　　月　　日 |
| 审查意见：<br>1．施工单位应得款为：<br>2．本期应扣款为：<br>3．本期应付款为：<br>附件：相应支持性材料。<br>专业监理工程师(签字)：<br>年　　月　　日 |
| 审查意见：<br><br>项目监理机构(盖章)：××省监理协会建设监理中心<br>总监理工程师(签字)：<br>年　　月　　日 |
| 审批意见：<br><br>建设部门(盖章)：<br>建设单位负责人(签字)：<br>年　　月　　日 |

注：本表一式三份，经项目监理机构审核后，建设单位、监理单位、承包单位各存一份。

表中附件是指与付款申请有关的资料，如已完成合格工程的工程量清单、价款计算，以及其他和付款有关的证明文件和资料。

## 12.2.12 表B12 施工进度计划报审表

**表B12 施工进度计划报审表**

工程名称：××学院实验实训楼　　　　　　　　　　　　　　　　　　编号：B12-1-001

| |
|---|
| 致：××省监理协会建设监理中心<br>根据施工合同约定，我方已完成××学院实验实训楼工程进度计划编制和批准，请予审查。<br>附件：1．施工总进度计划。<br>2．阶段性进度计划。<br><br>承包单位(盖章)：××市××建筑工程有限责任公司<br>项目经理(签字)：<br>年　月　日 |
| 审查意见：<br><br>专业监理工程师(签字)：<br>年　月　日 |
| 审批意见：<br><br>项目监理机构(盖章)：××省监理协会建设监理中心<br>总监理工程师(签字)：<br>年　月　日 |

注：本表一式三份，经项目监理机构审核后，建设单位、监理单位、承包单位各存一份。

## 12.2.13 表B13 费用索赔报审表

**表B13 费用索赔报审表**

工程名称：××学院实验实训楼　　　　编号：B13-001

<table>
<tr><td>致：××省监理协会建设监理中心<br><br>根据施工合同条款第36.1、36.2条的规定，由于设计变更导致部分工程返工的原因，我方要求索赔金额(大写)伍万伍仟陆佰贰拾元整，请予以批准。<br>索赔的详细理由及经过：<br>1．设计变更门窗类型，导致现场部分工程返工。<br>2．……<br>3．……<br>索赔金额的计算：<br>……<br>附件：证明材料。<br><br>施工单位(盖章)：××市××建筑工程有限责任公司<br>项目经理(签字)：<br>年　月　日</td></tr>
<tr><td>审核意见：<br>□1．不同意此项索赔。<br>☑2．同意此项索赔,索赔金额为(大写) 伍万伍仟陆佰贰拾元整。<br>□3．同意/不同意索赔的理由____________________。<br>附件：索赔审查报告。<br><br>项目监理机构(盖章)：<br>总监理工程师(签字、加盖执业印章)：<br>年　月　日</td></tr>
<tr><td>审批意见：<br><br>建设单位(盖章)：<br>建设单位代表(签字)：<br>年　月　日</td></tr>
</table>

注：本表一式三份，经项日监理机构审核后，建设单位、监理单位、承包单位各存一份。

## 12.2.14 表 B14 工程临时延期/最终延期报审表

**表 B14 工程临时延期/最终延期报审表**

工程名称：××学院实验实训楼　　　　编号：B14-001

| |
|---|
| 致：××省监理协会建设监理中心<br>根据施工合同条款第 13.1、13.2 条的规定，由于非承包方原因停水、停电。我方申请工程延期 2 天，请予以批准。<br>附件：1．工程延期的依据及工期计算：<br>(每天按 8 小时工作时间计算)<br>合同竣工日期：　年　月　日。<br>申请延长竣工日期：　年　月　日。<br>2．证明材料：<br>(1) 停电通知/公告。<br>(2) 停电通知/公告。<br>施工单位(盖章)：××市××建筑工程有限责任公司<br>项目经理(签字)：<br>年　月　日 |
| 审查意见：<br>□1．同意工程临时/最终延期______(日历天)，工程竣工日期从施工合同约定的___年___月___日延迟到___年___月___日。<br>□2．不同意延期，请按约定竣工日期组织施工。<br>项目监理机构(盖章)：<br>总监理工程师(签字、加盖执业印章)：<br>年　月　日 |
| 审核意见：<br>建设单位(盖章)：<br>建设单位代表(签字)：<br>年　月　日 |

注：本表一式三份，经项目监理机构审核后，建设单位、监理单位、承包单位各存一份。

表中证明材料指与合同条款相吻合的延期事件有无发生的书面材料，包括施工日记与监理日记一致的内容。

# 12.3 C 类表——通用表

## 12.3.1 表 C1 工作联系单

表 C1 工作联系单

工程名称：××学院实验实训楼　　　　编号：C1-001

| |
|---|
| 致：××省监理协会建设监理中心<br>事由：设计交底和图纸会审。<br>内容：我方已与设计单位商定于　　年　　月　　日进行本工程设计交底和图纸会审工作，请贵方做好有关准备工作。<br><br>单位(盖章)：××学院<br>负责人(签字)：×××<br>日　期：　　年　　月　　日 |

注：有关单位各存一份。

施工过程中，与监理有关各方进行工作联系的用表。即与监理有关的某一方需向另一方或几方告知某一事项或督促某项工作、提出某项建议等。对方执行情况不需要书面回复时均用此表。

## 12.3.2 表 C2 工程变更单

**表 C2 工程变更单**

工程名称：××学院实验实训楼 编号：C2-001

<table>
<tr><td colspan="4">致：××省监理协会建设监理中心<br>由于建设单位使用需要原因，兹提出铝合金门窗品种改变工程变更(内容见附件)，请予以审批。<br>附件：<br><br>提出单位(盖章)：××学院<br>代表人(签字)：×××<br>日 期： 年 月 日</td></tr>
<tr><td colspan="3">一致意见：<br><br>同意按此实施。</td><td rowspan="2">承包单位签字：×××</td></tr>
<tr><td>建设单位代表<br>签字：×××</td><td>设计单位代表<br>签字：×××</td><td>项目监理机构<br>签字：×××</td></tr>
<tr><td>日期： 年 月 日</td><td>日期： 年 月 日</td><td>日期： 年 月 日</td><td>日期： 年 月 月</td></tr>
</table>

注：本表一式四份，建设单位、监理单位、设计单位、承包单位各存一份。

附件应包括工程变更的详细内容，变更的依据，对工程造价及工期的影响程度，对工程项目功能、安全的影响分析及必要的图示。

承包单位签字仅表示对“一致意见”的签认和工程变更的收到。

## 12.3.3 表 C3 索赔意向通知书

**表 C3 索赔意向通知书**

工程名称：××学院实验实训楼　　　　编号：C3-001

<table>
<tr><td>致：<br>根据施工合同第 36.1、36.2 条约定，由于发生了设计变更导致部分工程返回事件，且该事件的发生非我方原因所致。为此，我方申请索赔金额 伍万伍仟陆佰贰拾元(大写)并提出索赔要求。<br>附件：索赔事件资料。<br><br>提出单位(盖章)：<br>负责人(签字)：<br>年　月　日</td></tr>
</table>

# 学习任务 13 监理实施细则示例

# (南京奥林匹克体育中心主体育场工程)



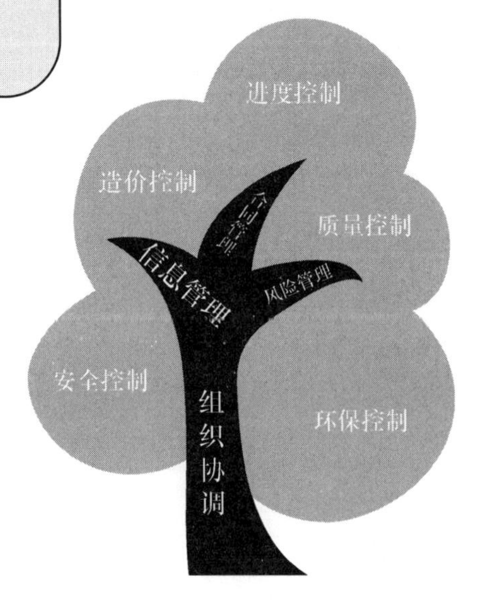

## 学习要求

| 岗位技能 | 专业知识 | 职业道德 |
|---|---|---|
| 1．能列出编制监理实施细则的依据清单<br>2．能列出监理实施细则的内容目录<br>3．能根据具体工程特点编制针对性的监理细则 | 1．了解监理实施细则的基本内容<br>2．明确监理实施细则的编制依据<br>3．熟悉建设监理的相关法规 | 1．能与团队成员分工合作完成监理实施细则<br>2．能适时向总监理工程师提出合理化建议<br>3．能跟踪最新的法律法规，并及时补充到监理细则中 |

## 能力拓展

1．收集 3～5 个工程的监理实施细则，分析其中的相同点和不同点。

2．跟踪周边一个实际工程进展，调查监理实施细则在施工过程中的作用并尝试用数据说明监理重要性。

【参考图文】

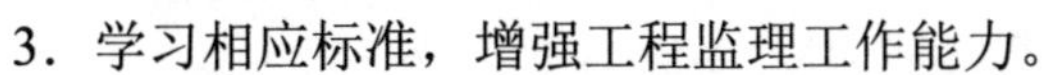

3．学习相应标准，增强工程监理工作能力。

([11] GB 50243—2002《通风与空调工程施工质量验收规范》

[32] GB 50019—2015《工业建筑供暖通风与空气调节设计规范》)

## 案例引入

本学习任务将通过一个具体的监理实施细则的解读，来了解工程监理实施细则的基本内容。

# 南京奥林匹克体育中心主体育场工程

# 通风与空调工程施工监理实施细则

监理规划号：NJAT-01

审　　　定：
(项目总监理工程师)　　(签字)　　(日期)

编　制　人：
(安装监理工程师)　　(签字)　　(日期)

(盖章)
浙江江南工程建设监理有限公司
南京奥林匹克体育中心主体育场工程项目监理部
二 OO 三年四月五日

# 13.1 前　言

南京奥体中心主体育场工程是大型综合性工程项目，监理规划确定了质量好、投资省、速度快的监理工作总体目标。即质量控制方面通过严密而有效的工作，要求所有分部分项工程符合国家现行验收标准；造价控制方面以工程总造价为控制目标，在保证质量的前提下，尽量节约资金；进度方面以合同工期为进度控制总目标。暖通空调系统作为工程的一个重要分部工程，是工程的一个重要功能系统，暖通空调分部工程的监理工作也是工程监理的一个重要组成部分，作为具体指导监理工作的依据，监理细则起着重要的作用。在施工监理控制中，质量控制为其核心，所以本细则以质量控制为核心，围绕质量监理内容、过程、标准展开，制定具有可操作性的监理程序。本细则分前言、工程概况、质量控制依据、质量控制的主要工作及方法、质量控制的重点内容及部位、质量控制的操作程序及方法、暖通空调施工监理组织、工程质量的检查和验收等几个部分。

# 13.2 工程概况

南京奥体中心主体育场是一座现代化的体育中心设施，有固定座位 60000 席，场内是 400m 标准田径场、标准足球场及各类田径比赛场地，辅助房设淋浴室、更衣室、休息室、各种赛事管理房及其他功能性用房、设备间等。

【参考图文】

## 13.2.1 空调通风系统

空调通风系统施工内容为看台下部空调、通风、防烟、排烟系统等。本建筑空调区跨度大，分内区、外区，采用水环热泵系统根据室内环境要求供冷供热。夏季由冷却循环系统提供冷却水，经热交换器提供空调水；冬季由锅炉房提供蒸汽，经热交换后提供空调水。空调均采用吊装型水环热泵加新风机组。餐厅、展览厅和商场新风及排风采用全热交换器，达到节能并进行新风预处理的目的。消防控制中心、电梯机房预留分体空调电源备用。

### 13.2.2 空调水系统

空调水系统分 A、B、C、D 4 个区及底层商业用房 2 个区共 6 个独立系统，采用机械循环异程式系统。各个系统在一层水暖机房分、集水器上分不同环路。A、B、C 区分一层和二至五层两个环路，D 区分一层、四至五层贵宾室和二至五层 3 个环路。

### 13.2.3 通风系统

通风系统包括以下内容。

(1) 商场、展览厅、餐厅、多功能厅、会议室设机械排风系统。

(2) 卫生间设卫生间通风器，一层设备用房分别设置机械排风、自然补风。

(3) 一层走道内结合防排烟系统分别设置机械送排风系统。

(4) 厨房预留排油烟竖井，厨房内设运水排油烟罩。

### 13.2.4 防排烟系统

(1) 电梯前室设机械加压送风系统，设常闭正压送风口。火警时，电信号打开着火层及上、下层送风口和对应风机，保证前室风压 25～30Pa。楼梯为敞开式疏散楼梯。

(2) 一层内面积超过 100m$^2$ 的暗房间、长度超过 20m 的内走道及直接对外但长度大于 60m 的走道设机械排烟系统。火警时，打开着火区排烟口及相应排烟风机。

(3) 有外窗的房间采用开启自然排烟。

(4) 所有空调通风系统按防火分区设置。所有穿越空调和通风机房的风道，水平管与立管交接处穿越防火分区的风管均设防火阀。

## 13.3 质量控制依据

工程质量控制依据如下。

(1) 奥体中心主体育场工程有关合同、文件及技术资料。

(2) GB/T 50319—2013《建筑工程监理规范》。

(3) GB 50300—2013《建筑工程施工质量验收统一标准》。

(4) 经过审批的主体育场工程暖通施工图纸。

(5) 《南京市奥体中心主体育场工程施工监理规划》。

(6) GB 50243—2002《通风与空调工程施工质量验收规范》。

(7) GB 50242—2002《建筑给水排水及采暖工程施工质量验收规范》。

(8) GB 50185—2010《工业设备及管道绝热工程施工质量验收规范》。

(9)《中华人民共和国工程建设标准强制性条文——房屋建设部分》(2002 年版)。

## 13.4 质量控制的主要工作及方法

工程质量控制的主要工作及方法如下。

(1) 审核施工单位资质，审查确认施工分包单位。

(2) 做好材料和设备进场检查工作，确认其质量；检查施工机械和机具，保证施工质量。

(3) 审查施工组织设计，检查并协助创造各项生产环境、管理环境条件。

(4) 进行施工工艺过程质量控制工作，检查工序质量，严格工序交接检查制度，做好隐蔽工程的检查验收。

(5) 做好工程变更方案的比选，保证工程质量。

(6) 进行质量监督，行使质量监督权，认真做好质量签证工作，行使质量否决权，协助做好付款控制。

(7) 做好中间质量验收准备工作和项目竣工验收工作，审查项目竣工验收图。

以上可以归纳为审查资料、现场巡视、不定期不定点抽查、严格工序报验制度、做好签证验收工作。

## 13.5 质量控制的重点内容及部位

工程质量控制的重点内容及部位如下。

(1) 管道在管井、吊顶内的综合布置，既要满足功能要求，又要紧凑美观、维护方便。

(2) 空调供回水管、冷凝水管、蒸汽管、凝结水管安装坡度及坡向符合要求；管道如经过沉降缝，伸缩缝，应采用保护措施。

(3) 管道的冲洗、试压、防腐保温施工。

(4) 风管及配件的安装按要求、规范施工。

(5) 风管安装后应认真做好漏光、漏风测试。

(6) 设备安装方位符合要求，并按说明书要求做好试运转、单机及系统调试工作。

(7) 各种检查、验收、调试做好记录、报表，要求真实、正确、规范。

## 13.6 空调通风施工监理组织

空调通风施工监理组织由总监理工程师、安装专业监理工程师、安装专业监理员、造价工程师和信息资料管理员组成。

## 13.7 质量控制的操作程序及方法

### 13.7.1 施工准备阶段的质量控制

施工准备阶段的质量控制主要指以下几项工作。

(1) 承担通风与空调工程项目的施工企业应具有相应的资质等级，并有相应的质量管理体系，质量验收人员应具有相应的专业技术资格。

(2) 施工企业必须熟悉经批准的设计施工图及有关设计文件资料，并写出施工组织设计及施工方案，经有关部门批准后进行施工。

(3) 在通风与空调工程中从事焊接施工的焊工，必须具备操作资格证书和相应类别的管道焊接考核合格证书。

(4) 通风和空调工程所使用的原材料、成品、半成品和设备进场时必须对其进行验收，验收应经监理工程师认可，并填报工程材料报验单，批准后采用。

(5) 进场设备应有安装使用说明书，包装完好，外观无损伤，具有中文质量合格证明文件，含规格、型号及性能测试报告，符合国家技术标准和设计要求。

(6) 通风和空调工程竣工的系统调试，应在建设和监理单位共同参与下进行，施工企业应具有专业检测人员和符合有关标准规定的测试仪器。

### 13.7.2 施工过程质量控制

**1．风管的制作与验收**

(1) 对风管制作质量的验收，按其材料、系统类别和使用场所的不同分别进行。主要包括材质、规格、强度、严密性与成品外观质量等。

(2) 风管应按设计图纸及规范制作，外购风管必须提供产品合格证明文件或进行强度、严密性验证，符合要求方可使用。

(3) 风管规格以外径或外边长为准，风道以内径或内边长为准，优先按规范基本系列选用。

(4) 镀锌钢板及各类含保护层的钢板，应采用咬口连接或铆接，不得采用影响保护层的焊接法。

(5) 风管的密封应以板材连接的密封为主，可采用密封胶嵌缝及其他密封方法，密封胶应符合使用的环境要求，密封面应在风管正侧面。

(6) 金属风管的材料品种、规格、性能与厚度应符合设计和现行国家产品标准的规定。钢板和镀锌钢板厚度不小于表 13-1 的规定。

**表 13-1　金属风管的设计要求**　　单位：mm

| 类别<br>风管尺寸 | 圆形风管 | 矩形风管 | | 除尘系统风管 |
|---|---|---|---|---|
| | | 中低压系统 | 高压系统 | |
| $D(b)\leqslant 320$ | 0.5 | 0.5 | 0.75 | 1.5 |
| $320<D(b)\leqslant 450$ | 0.6 | 0.6 | 0.75 | 1.5 |
| $450<D(b)\leqslant 630$ | 0.75 | 0.6 | 0.75 | 2.0 |
| $630<D(b)\leqslant 1000$ | 0.75 | 0.75 | 1.0 | 2.0 |
| $1000<D(b)\leqslant 1250$ | 1.0 | 1.0 | 1.0 | 2.0 |
| $1250<D(b)\leqslant 2000$ | 1.2 | 1.0 | 1.2 | 按设计 |
| $2000<D(b)\leqslant 4000$ | 按设计 | 1.2 | 按设计 | 按设计 |

注：1．$D$ 为风管直径，$b$ 为风管长边尺寸。
2．不适用于地下人防与防火隔墙的预埋管。
3．检查数量：按材料和风管的数量抽查 10%，且不少于 5 件。
4．检查方法：查验材料质量合格证明文件、性能检测报告，尺量，观察检查。

(7) 非金属风管的材料品种、规格、性能与厚度等应符合设计和现行国家产品标准的规定，设计无要求时参照规范。

抽查数量按材料和加工批数量抽查 10%，且不得少于 5 件。抽查方法：查验材料质量合格证明文件、性能检测报告，尺量，观察检查。

中低压系统无机玻璃钢风管板材厚度见表 13-2。

**表 13-2　中低压系统无机玻璃钢风管板材厚度**　　单位：mm

| 圆形风管直径 $D$ 或矩形风管长边 $b$ | 壁　厚 |
|---|---|
| $D(b)\leqslant 300$ | 2.5～3.5 |
| $300<D(b)\leqslant 500$ | 3.5～4.5 |
| $500<D(b)\leqslant 1000$ | 4.5～5.5 |
| $1000<D(b)\leqslant 1500$ | 5.5～6.5 |
| $1500<D(b)\leqslant 2000$ | 6.5～7.5 |
| $D(b)\leqslant 2000$ | 7.5～8.5 |

(8) 防火风管的本体、框架和固定材料、密封垫料必须为不燃材料，其耐火等级应符合设计规定。抽查数量 10%且不得少于 5 件；查验材料质量合格证明文件、性能测试报告，观察检查，点燃试验。

(9) 复合材料风管的复面材料必须为不燃材料，内部的绝热材料为不燃或难燃 B 级，且对人体无害。检查方法同前。

(10) 风管必须通过工艺性的检测或验证，其强度和严密性要求应符合设计或下列规定。

① 风管的强度应能满足在 1.5 倍工作压力下接缝处无开裂。

② 矩形风管的漏风量应符合以下规定。

$$低压系统风管\ Q_L \leqslant 0.1056P^{0.65}$$

$$中压系统风管\ Q_M \leqslant 0.0352P^{0.65}$$

$$高压系统风管\ Q_H \leqslant 0.0117P^{0.65}$$

式中：$Q_L$、$Q_M$、$Q_H$ 为风管在相应工作压力下，单位面积风管、单位时间内允许的漏风量，$m^3/(h \cdot m^2)$；$P$ 为风管系统工作压力，Pa。

③ 低中压圆形金属风管、复合材料风管及采用非法兰形式的非金属风管允许的漏风量，为矩形风管值的 50%。

④ 砖、混凝土风道允许漏风量不应大于矩形低压风管规定值的 1.5 倍。

⑤ 排烟、除尘、低温送风系统按中压送风系统的规定。

检查数量按风管系统类别和材质分别抽查，不得少于 3 件及 $15m^2$。检查方法：检查合格证明文件、测试报告和进行风管强度及漏风测试。

(11) 金属风管的连接符合下列要求，见表 13-3 和表 13-4。

① 风管板材拼接的咬口缝应错开，不得有十字形拼接缝。

② 中低压风管法兰螺栓及铆钉孔距不大于 150mm，高压风管不大于 100mm，矩形法兰四角无孔。

③ 当采用加固方法提高风管法兰部位强度时，其法兰材料规格使用条件可适当放宽。

**表 13-3 金属圆形风管法兰连接及螺栓规格** 单位：mm

| 风管直径 *D* | 法兰材料规格 | | 螺栓规格 |
|---|---|---|---|
| | 扁钢 | 角钢 | |
| $D \leqslant 140$ | 20×4 | | M6 |
| $140 < D \leqslant 280$ | 25×4 | | |
| $280 < D \leqslant 630$ | | 25×3 | |
| $630 < D \leqslant 1250$ | | 30×4 | M8 |
| $1250 < D \leqslant 2000$ | | 40×4 | |

**表 13-4 金属矩形风管法兰连接及螺栓规格** 单位：mm

| 风管长边尺寸/*b* | 法兰材料规格(角钢) | 螺栓规格 |
|---|---|---|
| $b \leqslant 630$ | 25×3 | M6 |
| $630 < b \leqslant 1500$ | 30×3 | M8 |
| $1500 < b \leqslant 2500$ | 40×3 | |
| $2500 < b \leqslant 4000$ | 50×5 | M10 |

(12) 非金属风管的连接还应满足下列要求：螺栓孔间距不大于120mm，法兰四角无螺孔。法兰规格及螺栓符合表13-5的规定。

表13-5　有、无机玻璃钢风管法兰及螺栓规格表　　单位：mm

| 风管直径 $D$ 或风管长边 $b$ | 材料规格(宽×厚) | 连接螺栓 |
|---|---|---|
| $D(b) \leqslant 400$ | 30×4 | M8 |
| $400 < D(b) \leqslant 1000$ | 40×6 | |
| $1000 < D(b) \leqslant 2000$ | 50×8 | M10 |

(13) 砖、混凝土风道的变形缝应符合设计要求，不应渗水和漏风。

(14) 风管与配件咬口缝应紧密，宽度一致，折角平直，圆弧均匀，两端面平行。风管无明显扭曲与翘角；表面应平整，凹凸不大于10mm。

(15) 风管外径与外边长允差：外径小于或等于300mm时允差为2mm，外径大于300mm时允差为3mm。管口平直度允差2mm，对角线长度允差小于3mm，圆形法兰任意正交两直径偏差小于2mm。

(16) 焊接风管焊缝平整，不应有裂缝凸瘤、穿透的夹渣、气孔及其他缺陷。焊后板材变形应矫正，焊渣、飞溅物清除干净。

(17) 采用立咬口、包边咬口连接的矩形风管，立筋的高度大于或等于同规格风管的角钢法兰宽度。同一规格风管咬口高度一致，折角应倾角，直线度允差5/1000。咬口连接铆钉间距小于150mm，间隔均匀，立咬口四角连接处的铆固应紧密无孔洞。

(18) 玻璃钢风管应符合下列规定。

① 风管不应有明显扭曲，内表面平整光滑，外表面整齐美观，厚度均匀，边缘无毛刺。

② 风管外径外边长尺寸允差3mm，圆风管任意正交两直径偏差不大于5mm，矩形风管两对角线之差小于5mm。

③ 法兰与风管成一整体，并有过渡圆弧，且与风管轴线成直角，管口平面允差3mm，螺孔排列均匀，至管壁允差2mm。

④ 矩形风管边长大于900mm，且管段长大于1250mm时应加固，加固筋的分布均匀整齐。

无机玻璃钢风管外形尺寸见表13-6。

表13-6　无机玻璃钢风管外形尺寸　　单位：mm

| 直径或长边 | 矩形风管外表平面度 | 矩形风管管口对角线之差 | 法兰平面度 | 圆形风管两正交直径之差 |
|---|---|---|---|---|
| ≤300 | ≤3 | ≤3 | ≤2 | ≤3 |
| 301～500 | ≤3 | ≤4 | ≤2 | ≤3 |
| 501～1000 | ≤4 | ≤5 | ≤2 | ≤4 |
| 1001～1500 | ≤4 | ≤6 | ≤3 | ≤5 |
| 1501～2000 | ≤5 | ≤7 | ≤3 | ≤5 |
| >2000 | ≤6 | ≤8 | ≤3 | ≤5 |

(19) 砖、混凝土风道内表面水泥砂浆应抹平整、无裂缝、不透水。

**2．风管部件和消声器的制作与验收**

(1) 手动调节风阀的手轮或扳手，应以顺时针转向为管壁，调节范围与开启角度指示应与阀叶开启角度一致。电动风阀的驱动装置应动作可靠，在最大工作压力下正常工作。检查数量：按批抽 10%且不得少于 1 个。检查方法：核对合格证、性能检测报告，观察或测试。

(2) 防火阀和排烟阀必须符合有关消防产品标准的规定，并有相应的产品质量合格证明文件。检查数量：按批抽查 10%且不得少于 2 个。检查方法：核对合格证、性能检测报告。

(3) 防排烟系统的柔性短管制作材料必须为不燃材料。

(4) 工作压力大于 1000Pa 的调节风阀，生产厂家应提供在 1.5 倍工作压力下能自由开关的强度调试合格证书和测试报告。

(5) 消声器的平面边长大于 800mm 时，应加设吸声导流片，消声器内迎风向的布质复面层应有保护措施。

(6) 手动调节风阀应符合下列规定。

① 结构牢固，启闭灵活，法兰应与相应风管相一致。

② 叶片搭接应贴合一致，与阀体间隙小于 2mm。

③ 截面积大于 1.2m$^2$ 的风阀实施分组调节。

(7) 止回阀应符合下列规定。

① 启闭灵活，关闭严密。

② 阀叶片的转轴、铰链应采用不易锈蚀的材料制作，保证转轴灵活耐用。

③ 阀片的强度应保证在最大负荷压力下不变形。

④ 水平安装的应有可靠的平衡调节机构。

(8) 插板式风阀应符合下列规定。

① 壳体严密，内壁经防腐处理。

② 插板平整，启闭灵活，有可靠的定位、固定装置。

③ 斜插板风阀的上下接管成一直线。

(9) 三通阀应符合下列规定。

① 拉杆和手柄的转轴与风管结合处严密。

② 拉杆可在任意位置固定，手柄开关应标明调节角度。

③ 阀板调节方便，并且不与风管相碰擦。

(10) 柔性短管应符合下列规定。

① 选用防腐、防潮、不易霉变的柔性材料。用于空调系统的应有防结露措施，用于净化系统的应内壁光滑，选用不易产生尘埃的材料。

② 短管长度以 150～300mm 为宜，连接处严密，牢固可靠。

③ 柔性短管不宜作为找正找平的异径连接管。

④ 设于结构变形缝的柔性短管，长度为变形缝宽度加 100mm 及以上。

(11) 消声器的制作应符合下列规定。

① 选用材料符合，防火、防潮、防腐及卫生性能方面的有关规定。

② 外壳牢固、严密，其漏风量符合要求。

③ 允填的消声材料，应按规定的密度铺设，覆盖面不得破损，搭接应顺气流拉紧，截面无毛边，并有防下沉的措施。

④ 隔板与壁板结合处应紧贴、严密，穿孔板平整、无毛刺，其孔径、穿孔率符合设计要求。

(12) 检查门应平整，启闭灵活，关闭严密，其与风管空气处理室的连接处应采用密封措施，无明显渗漏。

(13) 风口的验收，规格应以颈部外径与外边长为准，其尺寸允差符合规定。风口外表装饰面应平整，叶片及扩散环的分布应均匀、颜色一致，无明显的划伤、压痕，调节装置转动灵活可靠，定位后无明显的自由松动。

风口尺寸允许偏差见表 13-7。

表 13-7 风口尺寸允许偏差 单位：mm

<table>
<tr><th colspan="4">圆形风口</th></tr>
<tr><td>直径</td><td colspan="2">≤250</td><td>>250</td></tr>
<tr><td>允许偏差</td><td colspan="2">−2～0</td><td>−3～0</td></tr>
<tr><th colspan="4">矩形风口</th></tr>
<tr><td>边长</td><td><300</td><td>300～800</td><td>>800</td></tr>
<tr><td>允许偏差</td><td>−1～0</td><td>−2～0</td><td>−3～0</td></tr>
<tr><td>对角线长度</td><td><300</td><td>300～500</td><td>>500</td></tr>
<tr><td>对角线长度差</td><td>≤1</td><td>≤2</td><td>≤3</td></tr>
</table>

### 3. 风管系统的安装

(1) 风管系统安装后必须进行严密性检验，合格后方能交付下道工序。严密性检验以主、干管为主，在加工工艺得到保证的前提下，低压风管系统可采用漏光法检测。

【参考图文】

(2) 风管系统吊、支架采用膨胀螺栓等胀锚方法固定时，必须符合相关技术文件要求。

(3) 风管穿越需要封闭的防火、防爆墙体和楼板时，应设预埋管和防护套管，其钢板厚度不小于 1.6mm，风管与防护套管之间用不燃且对人体无危害的柔性材料封堵。

(4) 风管安装必须符合下列规定。

① 风管内严禁其他管线穿越。

② 输送含有易燃、易爆气体或在易燃、易爆环境下的风管系统应有良好的接地，通过生活区或其他辅助生产厂房时必须严密并不得设置接口。

③ 室外立管的固定拉索严禁拉在避雷针或避雷网上。

(5) 风管部件安装必须符合下列规定。

① 各类风管部件的安装，应能保证操作机构正常使用，便于操作。

② 斜插板风阀安装时阀板必须向上拉启、水平安装，阀板顺气流方向插入。

③ 止回风阀、自动排气活门安装方向正确。

(6) 防火阀、排烟阀的安装方向、位置正确。防火分区隔墙两侧的防火阀，距墙距离大于200mm。

(7) 风管系统严密性检验、漏风量检查应符合下列规定。

① 低压系统风管严密性检验采用抽查，抽查率5%且不少于1个系统。在加工工艺保证的前提下，采用漏光法检验，检验不合格按规定做漏风量测试。

② 中压系统应在漏光测试合格后，对系统进行漏风量抽检，抽检率20%且不少于1个系统。

③ 高压系统应全部进行漏风量测试。

系统严密性检验应全部合格视为通过，不合格应加倍抽查，直至全部合格。

(8) 风管支、吊架安装应符合下列规定。

① 水平安装，直径或长边尺寸小于400mm时，间距不大于4m；大于400mm时，间距不大于3m。对于薄钢板法兰风管的支、吊架，间距不应大于3m。

② 垂直安装，间距不应大于4m，单根立管至少有两个固定点。

③ 风管支、吊架宜按国标图集与规范选用强度与刚度相适应的形式和规格。对于直径或边长大于2500mm的超宽、超重等特殊风管的支、吊架应按设计规定。

④ 支、吊架不宜设置在风口、阀门、检查门及自控机构处，离风口和插接管的距离不宜小于200mm。

⑤ 当水平悬吊的主、干管长度大于20m时，应设置防止摆动的固定点，每个系统不少于1个。

⑥ 吊架的螺孔应采用机械加工，吊杆应平直，螺纹应完整、光洁，安装后各副支、吊架受力均匀，无明显变形。

⑦ 抱箍支架折角应平直，抱箍应紧贴并抱紧风管。安装在支架上的圆形风管应设托座和抱箍，其圆弧应均匀且与风管外形一致。

(9) 风口与风管的连接应严密、牢固，与装饰面紧贴，表面平整不变形，调节灵活可靠。条形风口的安装，接缝处应衔接自然，无明显缝隙。同一厅、室、房间内的风口安装高度一致，排列整齐。安装无吊顶风口，安装位置标高偏差不大于10mm；风口水平安装，水平度偏差不应大于3/1000；风口垂直安装，垂直度偏差不应大于2/1000。

**4．通风与空调设备安装**

(1) 通风与空调设备应有装箱清单、产品说明书、合格证、性能检测报告等随机文件，进口设备还需要有商检证明文件。

(2) 设备安装前进行开箱检查，并形成文字记录，参加人员为建设、监理、施工单位和厂商代表等。

(3) 设备就位前对基础进行验收，合格后方能安装。设备搬运吊装应按产品说明书有关规定，并做好防护工作，防止造成设备损伤。

(4) 通风机的安装应符合下列规定。

① 规格型号符合设计要求，出口方向正确。

② 叶轮旋转平稳，停转后不应每次停留在同一个位置上，地脚螺栓应拧紧并有防松措施。

③ 叶轮转子和机壳的组装位置应正确，叶轮进风口插入机壳进风口和密封圈的深度，应符合设计技术文件要求，或为叶轮外径值的 1/100。

通风机安装的允许偏差见表 13-8。

表 13-8　通风机安装的允许偏差

| 项次 | 项　目 | | 允 许 偏 差 | 检 验 方 法 |
| --- | --- | --- | --- | --- |
| 1 | 中心线平面位移 | | 10mm | 经纬仪或拉线、尺量 |
| 2 | 标高 | | ±10mm | 水准仪、水平仪、拉线尺量 |
| 3 | 皮带轮中心平移 | | 1mm | 从主皮带轮拉线尺量 |
| 4 | 传动轴水平度 | | 纵向 0.2/1000，横向 0.3/1000 | 在轴或皮带轮 0° 和 180° 两个位置上，水平仪量 |
| 5 | 连轴器 | 轴心径向位移 | 0.05mm | 在连轴器互相垂直的 4 个位置上用百分表检查 |
| | | 轴线倾斜 | 0.2/1000 | |

(5) 空调机组的安装应符合下列规定。

① 型号、规格、方向和技术参数符合设计要求。

② 现场组装的组合式空调机组应做漏风量检测，其漏风量符合 GB/T 14294—2008《组合式空调机组》的规定。

③ 组合式空调机组各功能段的组装，符合设计规定的顺序和要求，连接紧密，整体平直。

④ 机组供回水连接正确，冷凝管水封高度符合要求，机组内空气过滤器和热交换器翅片清洁、完好。

(6) 单元式空调机组的安装应符合下列规定。

① 分体式空调机组室外机和风冷整体式空调机组的安装，固定牢固可靠，除满足冷却风循环空间要求外，还应符合环境卫生有关规定。

② 分体式空调机组室内机位置正确、保持水平，冷凝水排放畅通，管道穿墙必须密封，不得有雨水渗入。

③ 管道连接应严密、无渗漏，四周有相应的维修空间。

(7) 消声器安装应符合下列规定。

① 消声器安装位置、方向应正确，与风管连接紧密，两组消声器不得串联。

② 消声器安装前保持干净，现场安装的组合式消声器，消声组件的排列、方向和位置符合设计要求，机组固定牢固。

③ 消声器、消声弯头应设独立的支、吊架。

(8) 风机盘管的安装应符合下列规定。

① 机组安装前应进行单机三速试运转及水压检漏试验，试验压力为工作压力的 1.5 倍，试验时间 2min，不渗漏为合格。

② 机组应设独立的支吊架，安装的位置、高度及坡度正确，固定牢固。

③ 机组与风管、回风箱、风口连接严密、可靠。

(9) 空气风幕机的安装位置方向正确、牢固可靠，纵向垂直度及横向水平度偏差均不应大于2/1000。

(10) 变风量末端装置的安装，应设单独的支、吊架，与风管连接前做试运转。

**5．空调制冷系统的安装**

(1) 制冷设备、制冷附属设备、管道、管件及阀门的型号、规格、性能及技术参数必须符合设计要求，机组外表应无损伤，密封应良好，随机文件、配件齐全。

(2) 与制冷机配套的蒸汽、燃油、燃气供应系统和蓄冷系统的安装，还应符合设计文件、有关消防规范与产品技术文件的规定。

(3) 制冷机组本体的安装、调试、试运转及验收还应符合有关国家标准要求。

(4) 制冷机组与制冷附属设备的安装应符合下列规定。

① 制冷系统及附属设备安装位置、标高的允许偏差应符合表13-9。

表13-9 安装位置允许偏差

| 项次 | 项 目 | 允许偏差/mm | 检 验 方 法 |
|---|---|---|---|
| 1 | 平面位移 | 10 | 经纬仪或拉线、直尺检查 |
| 2 | 标高 | ±10 | 水准仪或经纬仪、拉线和直尺检查 |

② 整体安装的制冷机组，机身纵横向水平度允许偏差为1/1000，并符合设备技术文件规定。

③ 采用隔振设备的，要求隔振设备安装位置正确，各隔振器压缩量均匀一致，偏差小于2mm。

④ 设置隔振的制冷机组，应有防止机组水平位移的定位装置。

(5) 制冷系统管道、管件安装应符合下列规定。

① 管道、管件内壁清洁干燥，铜管管道支、吊架的型号、位置、间距及标高应符合设计要求。连接制冷机的吸、排气管应设单独支架，管道上下平行时，吸气管在下方。

② 制冷剂管道弯曲半径不小于3.5$D$($D$为管道直径)，其最大外径与最小外径之差不大于0.08$D$，不应使用焊接弯管、皱褶弯管。

③ 铜管切口平整、无毛刺、凹凸缺陷，切口倾斜偏差不大于管径的1%，管口翻边后应同心，无开裂、皱褶，有良好的密封面。

④ 制冷剂管道支管按介质流向弯成90°弧度，与主管连接不宜使用弯曲半径小于1.5$D$的压制弯管。

⑤ 采用承插钎焊的连接铜管，承插的护口方向迎介质流向，承插钎焊深度符合表13-10。

表13-10 承插钎焊深度

| 铜管规格 | ≤$DN$15 | $DN$20 | $DN$25 | $DN$32 | $DN$40 | $DN$50 | $DN$65 |
|---|---|---|---|---|---|---|---|
| 承插口护口深度/mm | 9～12 | 12～15 | 15～18 | 17～20 | 21～24 | 24～26 | 26～30 |

对接焊的管道内壁应齐平，错边量不大于0.1倍壁厚，且小于1mm。

⑥ 管道穿越墙体和楼板时，管道支吊架及钢管焊接按有关规定执行。

(6) 制冷系统阀门安装应符合下列规定。

① 制冷剂阀门安装前应进行强度和严密性试验，强度试验压力为公称压力的 1.5 倍，试验时间不少于 35min，严密性试验压力为公称压力的 1.1 倍，试验时间 30s，不漏为合格。合格后保持阀体干燥，如阀门进出口封闭破损和阀体锈蚀应解体清洗。

② 位置、方向、高度符合设计要求。

③ 水平管道上的阀门手柄不应朝下，垂直管道上的阀门手柄朝向便于操作的地方。

④ 自控阀门安装位置符合设计要求，电磁阀、调节阀、热力膨胀阀、升降式止回阀的阀头向上。热力膨胀阀的安装位置应高于感温包，感温包在蒸发器末端回气管上，与管道接触良好、绑扎紧密。

⑤ 安全阀装在便于检修的位置，排气管出口朝向安全地带，排液管应接在泄水管上。

**6．空调水系统管道和设备安装**

(1) 空调水系统设备与附属设备、管道、配件及阀门的型号、规格、材质及连接形式应符合设计要求。

(2) 管道安装应符合下列规定。

① 焊接钢管、镀锌钢管不得采用热煨弯。

② 管道连接应在设备安装后进行，与水泵、制冷机组连接应为柔性接口，柔性短管不得强行对口连接，与其连接管道应设独立支架。

③ 冷热水及冷却水系统应在冲洗、排污合格，再循环试运行 2h 以上，且水质正常后才能与制冷机组、空调设备贯通。

④ 固定在建筑结构上的支、吊架不得影响结构安全，管道穿越墙体、楼板设置钢套管。套管应与墙饰面和楼板底部平齐，上部高出楼板 20～50mm，不得将套管作管道支撑，管道接口不得在套管处。

(3) 管道安装完毕，外观检查合格后，应按设计要求进行水压试验，设计无要求时应符合下列规定。

① 冷热水、冷却水系统的试验压力，工作压力小于或等于 1.0MPa 时，为 1.5 倍工作压力但不得小于 0.6MPa；工作压力大于 1.0MPa 时为工作压力加 0.5MPa。

② 对于高层建筑垂直位差较大的冷热水、冷却水系统采用分区、分层试压和系统试压相结合，一般建筑采用系统试压。分区、分层试压在试验压力下稳压 10min 压力不降，再降至工作压力 60min 不下降，外观无渗漏为合格。系统试压，试验压力以最低点压力为准，但不超过管道与组成件承受压力，在试验压力下稳压 10min 下降小于 0.2MPa，再降至工作压力无渗漏为合格。

③ 各类耐压塑料管强度试验压力为 1.5 倍工作压力，严密性试验压力为 1.15 倍设计工作压力。

④ 凝结水系统采用充水试验，不渗漏为合格。

(4) 阀门安装应符合下列规定。

① 阀门安装位置、高度、进出口方向符合设计要求，安装在保温管道上的手动阀门，手柄不得向下。

② 阀门安装前检查外观，铭牌应符合《工业阀门　标志》(GB/T 12220—2015)的规定，

对工作压力大于 1.0MPa 在主干管上起到切断作用的阀门，应进行强度、严密性试验，合格后方能使用，其他阀门在系统试压中检验。强度试验时，压力为公称压力 1.5 倍，持续时间不少于 5min，阀门壳体材料无渗漏为合格。严密性试验时，压力为公称压力的 1.1 倍，试验压力在持续时间内保持不变，时间符合表 13-11 的规定，无渗漏为合格。

表 13-11 最短试验压力持续时间

| 公称直径 *DN*/mm | 最短持续时间/s | |
|---|---|---|
| | 严密性试验 | |
| | 金属密封 | 非金属密封 |
| ≤50 | 15 | 15 |
| 65～200 | 30 | 15 |
| 250～450 | 60 | 30 |
| ≥500 | 120 | 60 |

(5) 冷却塔的型号、规格、技术参数必须符合设计要求，对含有易燃材料的冷却塔的安装，必须严格符合防火安全规定。

(6) 水泵的规格、型号、技术参数应符合设计要求和产品性能指标，水泵正常连续试运行时间不应少于 2h。

(7) 水箱、集水器、分水器、储冷罐的灌水试验和水压试验必须符合设计要求。储冷罐内壁防腐层材质、涂抹质量、厚度必须符合设计要求，且与安装底座进行绝热处理。

(8) 冷热水管道与支、吊架之间应有绝热垫层(承压强度能满足管道重量的不燃、难燃，硬质绝热材料或经防腐处理的木衬垫器厚度不小于绝热层厚度，宽度大于支、吊架支承面宽度)。

(9) 管道安装的坐标、标高和纵横向的弯曲度应符合表 13-12 的规定，在吊顶内等安装管道的位置应正确，无明显偏差。

表 13-12 管道安装允许偏差

<table>
<tr><th colspan="3">项　目</th><th>允许偏差/mm</th><th>检 查 方 法</th></tr>
<tr><td rowspan="3">坐标</td><td rowspan="2">架空及地沟</td><td>室内</td><td>25</td><td rowspan="6">按系统检查管道的起点、终点、分支点和变向点及各点之间直管，用经纬仪、水准仪、液体连通器、水平仪、拉线、尺量检查</td></tr>
<tr><td>室外</td><td>15</td></tr>
<tr><td colspan="2">埋地</td><td>60</td></tr>
<tr><td rowspan="3">标高</td><td rowspan="2">架空及地沟</td><td>室内</td><td>±15</td></tr>
<tr><td>室外</td><td>±20</td></tr>
<tr><td colspan="2">埋地</td><td>±25</td></tr>
<tr><td rowspan="2">水平管道平直度</td><td colspan="2">DN≤100mm</td><td>2L‰，最大 40</td><td rowspan="2">用直尺、拉线和尺量检查</td></tr>
<tr><td colspan="2">DN>100mm</td><td>3L‰，最大 60</td></tr>
<tr><td colspan="3">立管垂直度</td><td>5L‰，最大 25</td><td>直尺、线锤、拉线、尺量检查</td></tr>
<tr><td colspan="3">成排管间距</td><td>15</td><td>直尺检查</td></tr>
<tr><td colspan="3">成排管段或成排阀门在同一平面上</td><td>3</td><td>用直尺、拉线、尺量检查</td></tr>
</table>

(10) 风机盘管及其他空调设备与管道的连接，采用弹性连接管或软接管(金属的、非金属的)，耐压值大于或等于 1.5 倍工作压力，软管连接牢固，不应扭曲、瘪管。

(11) 金属管道支吊架的形式、位置、间距、标高应符合设计及有关标准的要求，设计无要求时按下列规定。

① 支、吊架安装平整、牢固，与管道接触紧密，管道与设备接触处应设独立支吊架。

② 冷热水、冷却水系统管道和机房内总、干管的支、吊架，应采用承重防晃管架，与设备连接的管道管架有减振措施，当水平支管的管架采用单杆支架时，应在管道的起始点、阀门、三通、弯头及每隔 15m 长度设置防晃支、吊架。

③ 无热位移的管道吊架，其吊杆垂直安装；有热位移的，其吊杆应向热膨胀(或冷收缩)的反方向偏移安装，偏移量按计算确定。

④ 滑动支架的滑动面应清洁、平整，安装位置应从支承面中心向位移反方向偏移 1/2 位移值或符合设计规定。

⑤ 竖井内立管每隔 2～3 层设导向支架。在建筑结构负重允许的情况下，水平安装管道支、吊架间距见表 13-13。

表 13-13　水平安装管道支、吊架间距

| 公称直径/mm | | 15 | 20 | 25 | 32 | 40 | 50 | 70 | 80 | 100 | 125 | 150 | 200 | 250 | 300 |
|---|---|---|---|---|---|---|---|---|---|---|---|---|---|---|---|
| 支架最大间距/mm | L1 | 1.0 | 2.0 | 2.5 | 2.5 | 3.0 | 3.5 | 4.0 | 5.0 | 5.0 | 5.5 | 6.5 | 7.5 | 8.5 | 9.5 |
| | L2 | 2.5 | 3.0 | 3.5 | 4.0 | 4.5 | 5.0 | 6.0 | 6.5 | 6.5 | 7.5 | 7.5 | 9.0 | 9.5 | 10.5 |
| | 对大于 300 的管道参照 300 的管道 | | | | | | | | | | | | | | |

注：1. 适用与工作压力不大于 2.0MPa，不保温和保温材料密度不大于 200kg/m3 的管道系统。
2. L1 适用于保温管道，L2 适用于不保温管道。

(12) 冷却塔安装符合下列规定。

① 基础标高符合设计规定，允差±20mm，地脚螺栓与预埋件连接牢固，各连接件采用热镀锌或不锈钢螺栓。

② 安装水平，单台冷却塔安装水平度、垂直度允差小于 2/1000，同一冷却水系统各台冷却塔安装高差不大于 30mm。

③ 冷却塔出水口、喷嘴的方向和位置应正确，积水盘严密无渗漏，分水器布水均匀。转动布水器，转动灵活，喷水出口按设计要求，方向一致。

④ 冷却塔风机和叶片端部与塔体四周间隙均匀，对可调角度的叶片，角度应一致。

**7．系统调试**

(1) 调试所用的仪器、仪表，性能稳定可靠，精度等级最小分度值满足要求，符合国家计量法规及检定规程。

(2) 系统调试由施工单位负责、监理监督、设计与建设单位参与配合。调试的实施方可以是施工单位自己也可委托给有调试能力的其他单位。

(3) 调试前承包单位应编制调试方案，报送专业监理工程师审批；调试结束，必须提供完整的调试资料和报告。

(4) 通风与空调系统无负荷试运转调试，应在所有设备单机试运行合格后进行。带冷

热负荷的正常试运转不少于 8h。当竣工季节与设计条件相差较大时，仅做不带冷热负荷的试运转，且不少于 2h。

(5) 系统调试包括下列项目。

① 设备单机试运转及调试。

② 系统在无生产负荷下联合试运转及调试。

(6) 设备单机试运转及调试应符合下列规定。

① 通风机、空调系统中的风机，叶轮转向正确，运转平稳，无异常振动和声响。电机功率符合设备技术文件的规定，额定转速下运行 2h，轴承外壳温升，滑动轴承不超过 70℃，滚动轴承不超过 80℃。

② 水泵叶轮转向正确，无异常振动和声响。轴承温升：轴承外壳温升，滑动轴承不超过 70℃，滚动轴承不超过 80℃。

③ 冷却塔本体固定牢固，无异常振动，噪声符合要求。风机符合要求，风机与冷却水循环试运行不少于 2h，无异常情况。

④ 制冷机组、单元空调机试运转符合技术文件及国标规定，正常运转不少于 2h。

⑤ 电控防火、防排烟风阀，手动、电动操作灵活、可靠，信号输出正确。

(7) 系统无负荷试运转及阀门应符合下列规定。

① 系统总风量调试结果与设计风量偏差小于 10%。

② 空调冷热水、冷却水总流量调试结果与设计流量偏差小于 10%。

③ 舒适空调的温度、相对湿度符合设计要求，恒温、恒湿房间的空气温度、相对湿度及波动范围符合设计规定。

(8) 防排烟系统联合试运行和调试结果(风量与风压)必须符合设计与消防的规定。

(9) 通风空调单机调试中，各种自动计量检测元件和执行机构工作正常，满足设备自动化系统对被测试参数进行检测和控制的要求。

## 13.8 工程质量的检查和验收

### 13.8.1 综合效能的测定与调整

(1) 通风与空调工程交工前，应进行系统生产负荷的综合效能试验的测定与调整。通风与空调工程带生产负荷的综合效能试验与调整，应在已具备生产试运行的条件下进行，由建设单位负责，设计、施工单位配合。

(2) 通风、空调系统带生产负荷的综合效能试验测定与调整的项目，应由建设单位根据工程性质、工艺和设计的要求进行确定。

(3) 通风、除尘系统综合效能试验可包括下列项目。

① 室内空气中含尘浓度或有害气体浓度与排放浓度的测定。

② 吸气罩罩口气流特性的测定。

③ 除尘器阻力和除尘效率的测定。

④ 空气油烟、酸雾过滤装置净化效率的测定。

(4) 空调系统综合效能试验可包括下列项目。

① 送、回风口空气状态参数的测定与调整。

② 空气调节机组性能参数的测定与调整。

③ 室内噪声的测定。

④ 室内空气温度和相对湿度的测定与调整。

⑤ 对气流有特殊要求的空调区域做气流速度的测定。

(5) 恒温恒湿空调系统除应包括空调系统综合效能试验项目外，尚可增加下列试验项目。

① 室内静压的测定和调整。

② 空调机组各功能段性能的测定和调整。

③ 室内温度、相对湿度场的测定和调整。

④ 室内气流组织的测定。

(6) 净化空调系统除应包括恒温恒湿空调系统增加试验项目综合效能外，尚可增加下列项目。

① 生产负荷状态下室内空气洁净度等级的测定。

② 室内浮游菌和沉降菌的测定。

③ 室内自净时间的测定。

④ 空气洁净度高于5级的洁净室，除应进行净化空调系统综合效能试验项目外，尚应增加设备泄漏控制、防止污染扩散等特定项目的测定。

⑤ 洁净度等级大于或等于5级的洁净室，可进行单向气流流线平行度的检测，在工作区内气流流向偏离规定方向的角度不大于15°。

(7) 防排烟系统综合效能试验的测定项目，为模拟状态下安全区正压变化测定及烟雾扩散试验等。

(8) 净化空调系统的综合效能检测单位和检测状态，宜由建设、设计和施工单位三方协商确定。

## 13.8.2 通风与空调工程施工质量的验收

(1) 通风与空调工程施工质量的验收依据，除应符合GB 50243—2002《通风与空调工程施工质量验收规范》的规定外，还应按照被批准的设计图纸、合同约定的内容和相关技术标准的规定进行。施工图纸修改必须有设计单位的设计变更通知书或技术核定签证。

(2) 通风与空调工程的施工验收，应把每一个分项施工工序作为工序交接检验点，并形成相应的质量记录。

(3) 当通风与空调工程作为建筑工程的分部工程施工时，其子分部与子分项工程的划分应按GB 50243—2002《通风与空调工程施工质量验收规范》表3.0.8的规定执行。当通风与空调工程作为单位工程独立验收时，子分部上升为分部，分项工程的划分同上。

(4) 通风与空调工程的施工应按规定的程序进行，并与土建及其他专业工种互相配合；

与通风和空调系统有关的土建工程施工完毕后，应由建设或总承包、监理、设计及施工单位共同会检。会检的组织宜由建设、监理或总承包单位负责。

(5) 通风与空调工程中的隐蔽工程签证，在隐蔽前必须经监理人员验收及认可签证。

(6) 观感质量检查应包括以下项目。

① 风管表面应平整、无损坏；接管合理，风管的连接及风管与设备或调节装置的连接，无明显缺陷。

② 风口表面应平整，颜色一致，安装位置正确，风口可调节部件应能正常动作。

③ 各类调节装置的制作和安装应正确牢固，调节灵活，操作方便。防火及排烟阀等关闭严密，动作可靠。

④ 制冷及水管系统的管道、阀门及仪表安装位置正确，系统无渗漏。

⑤ 风管、部件及管道的支、吊架型式、位置及间距应符合本规范要求。

⑥ 风管、管道的软性接管位置应符合设计要求，接管正确、牢固、自然无强扭。

⑦ 通风机、制冷机、水泵、风机盘管机组的安装应正确牢固。

⑧ 组合式空气调节机组外表平整光滑、接缝严密、组装顺序正确，喷水室外表面无渗漏。

⑨ 除尘器、积尘室安装应牢固、接口严密。

⑩ 消声器安装方向正确，外表面应平整无损坏。

⑪ 风管、部件、管道及支架的油漆应附着牢固，漆膜厚度均匀，油漆颜色与标志符合设计要求。

⑫ 绝热层的材质、厚度应符合设计要求；表面平整、无断裂和脱落；室外防潮层或保护壳应顺水搭接、无渗漏。

检查数量：风管、管道各按系统抽查 10%，且不得少于 1 个系统；各类部件、阀门及仪表抽检 5%，且不得少于 10 件。

检查方法：尺量、观察检查。

(7) 净化空调系统的观感质量检查还应包括下列项目。

① 空调机组、风机、净化空调机组、风机过滤器单元和空气吹淋室等的安装位置应正确、固定牢固、连接严密，其偏差应符合本规范有关条文的规定。

② 高效过滤器与风管、风管与设备的连接处应可靠密封。

③ 净化空调机组、静压箱、风管及送回风口清洁无积尘。

④ 装配式洁净室的内墙面、吊顶和地面应光滑、平整、色泽均匀、不起灰尘，地板静电值应低于设计规定。

⑤ 送回风口、各类末端装置及各类管道等与洁净室内表面的连接处密封处理应可靠、严密。

检查数量：按数量抽查 20%，且不得少于 1 个。

检查方法：尺量、观察检查。

(8) 通风与空调工程竣工的系统调试，应在建设和监理单位的共同参与下进行，施工企业应具有专业检测人员和符合有关标准规定的测试仪器。

(9) 分项工程检验批验收合格质量应符合下列规定。

① 具有施工单位相应分项合格质量的验收记录。

② 主控项目的质量抽样检验应全数合格。

③ 一般项目的质量抽样检验，除有特殊要求外，计数合格率不应小于 80%，且不得有严重缺陷。

(10) 通风与空调工程的竣工验收，是在工程施工质量得到有效监控的前提下，施工单位通过整个分部工程的无生产负荷系统联合试运转与调试和观感质量的检查，按本规范要求将质量合格的分部工程移交建设单位的验收过程。

(11) 通风与空调工程的竣工验收，应由建设单位负责，组织施工、设计、监理等单位共同进行，合格后即应办理竣工验收手续。

### 13.8.3 竣工验收资料

通风与空调工程竣工验收时，应检查竣工验收的资料，一般包括下列文件及记录。

(1) 图纸会审记录、设计变更通知书和竣工图。

(2) 主要材料、设备、成品、半成品和仪表的出厂合格证明及进场检(试)验报告。

(3) 隐蔽工程检查验收记录。

(4) 工程设备、风管系统、管道系统安装及检验记录。

(5) 管道试验记录。

(6) 设备单机试运转记录。

(7) 系统无生产负荷联合试运转与调试记录。

(8) 分部(子分部)工程质量验收记录。

(9) 观感质量综合检查记录。

(10) 安全和功能检验资料的核查记录。

## 能力评价

自我评价

| 指　标 | 应　知 | 应　会 |
|---|---|---|
| 1．编制监理实施细则依据<br>2．监理组织机构组成<br>3．质量控制的方法与关键点<br>4．进度控制的程序<br>5．造价控制的措施 | | |

## 小组评价

以小组成员分别跟踪周边建筑工程的进展，对照监理实施细则，调查并体验监理工作的重要性。以每人能写出监理实效报告为合格。

小组评价参考表

| 成员姓名 | 工地考察表 | 考察照片或图样 | 小组交流 | 监理工作资料 | 备　注 |
|---|---|---|---|---|---|
| | | | | | 以每位成员都参与探讨为合格，主要交流实际工作体验，重点培养团队协作能力 |
| | | | | | |
| | | | | | |
| | | | | | |
| | | | | | |
| | | | | | |

# 参 考 文 献

[1] 中华人民共和国国家标准. 建设工程监理规范(GB/T 50319—2013)[S]. 北京：中国建筑工业出版社，2013.

[2] 中华人民共和国国家标准. 建筑地基基础工程施工质量验收规范(GB 50202—2002)[S]. 北京：中国计划出版社，2002.

[3] 中华人民共和国国家标准. 砌体结构工程施工质量验收规范(GB 50203—2011)[S]. 北京：中国建筑工业出版社，2011.

[4] 中华人民共和国国家标准. 钢结构工程施工质量验收规范(GB 50205—2001)[S]. 北京：中国计划出版社，2001.

[5] 中华人民共和国国家标准. 地下防水工程质量验收规范(GB 50208—2011)[S]. 北京：中国建筑工业出版社，2011.

[6] 中华人民共和国国家标准. 混凝土结构工程施工质量验收规范(GB 50204—1992). 北京：中国建筑工业出版社，1992.

[7] 中华人民共和国国家标准. 木结构工程施工质量验收规范(GB 50206—2012)[S]. 北京：中国建筑工业出版社，2012.

[8] 中华人民共和国国家标准. 建筑地面工程施工质量验收规范(GB 50209—2010)[S]. 北京：中国计划出版社，2010.

[9] 中华人民共和国国家标准. 屋面工程施工质量验收规范(GB 50207—2012)[S]. 北京：中国建筑工业出版社，2012.

[10] 中华人民共和国国家标准. 建筑装饰装修工程质量验收规范(GB 50210—2001)[S]. 北京：中国标准出版社，2001.

[11] 中华人民共和国国家标准. 通风与空调工程施工质量验收规范(GB 50243—2002)[S]. 北京：中国计划出版社，2002.

[12] 中华人民共和国国家标准. 建筑给水排水及采暖工程施工质量验收规范(GB 50242—2002)[S]. 北京：中国标准出版社，2002.

[13] 中华人民共和国行业标准. 玻璃幕墙工程技术规范(JGJ 102—2003)[S]. 北京：中国建筑工业出版社，2003.

[14] 中华人民共和国国家标准. 建筑电气工程施工质量验收规范(GB 50303—2015)[S]. 北京：中国计划出版社，2002.

[15] 中华人民共和国地方标准. 预制混凝土构件质量检验评定标准(DBJ 01—1—1992)[S].

[16] 中华人民共和国国家标准. 建筑工程施工质量验收统一标准(GB 50300—2013)[S]. 北京：中国建筑工业出版社，2013.

[17] 中华人民共和国国家标准. 建设工程工程量清单计价规范(GB 50500—2013)[S]. 北京：中国计划出版社，2013.

[18] 中华人民共和国国家标准. 电梯工程施工质量验收规范(GB 50310—2002)[S]. 北京：中国建筑工业出版社，2002.

[19] 中华人民共和国国家标准. 建设工程文件归档规范(GB/T 50328—2014)[S]. 北京：中国建筑工业出版社，2014.

[20] 中华人民共和国国家标准. 智能建筑工程质量验收规范(GB 50500—2013)[S]. 北京：中国计划出版社，2013.

[21] 中华人民共和国国家标准. 建筑节能工程施工质量验收规范(GB 50411—2007)[S]. 北京：中国建

筑工业出版社，2007.

[22] 中华人民共和国国家标准. 建设工程计价设备材料划分标准(GB/T 50531—2009)[S]. 北京：中国计划出版社，2009.

[23] 中华人民共和国国家标准. 建筑装饰装修工程质量验收规范(GB 50210—2001)[S]. 北京：中国标准出版社，2001.

[24] 中华人民共和国国家标准. 建筑边坡工程技术规范(GB 50330—2013)[S]. 北京：中国建筑工业出版社，2013.

[25] 中华人民共和国行业标准. 建筑桩基技术规范(JGJ 94—2008)[S]. 北京：中国建筑工业出版社，2008.

[26] 中华人民共和国行业标准. 建筑施工土石方工程安全技术规范(JGJ 180—2009)[S]. 北京：中国建筑工业出版社，2009.

[27] 中华人民共和国国家标准. 职业健康安全管理体系 要求(GB/T 28001—2011)[S]. 北京：中国标准出版社，2011.

[28] 中华人民共和国国家标准. 职业健康安全管理体系 实施指南(GB/T 28002—2011)[S]. 北京：中国标准出版社，2011.

[29] 中华人民共和国国家标准. 工业建筑供暖通风与空气调节设计规范(GB 50019—2015)(GB/T 28002—2011)[S]. 北京：中国标准出版社，2011.

[30] 中华人民共和国国家标准. 公共建筑节能设计标准(GB 50189—2015)[S]. 北京：中国建筑工业出版社，2015.

[31] 中华人民共和国国家标准. 建筑工程绿色施工评价标准(GB/T 50640—2010)[S]. 北京：中国计划出版社，2010.

[32] 中华人民共和国国家标准. 绿色建筑评价标准(GB/T 50378—2014)[S]. 北京：中国建筑工业出版社，2014.

[33] 中华人民共和国国家标准. 民用建筑工程室内环境污染控制规范(2013 版)(GB 50325—2010)[S]. 北京：中国计划出版社，2010.

[34] 中华人民共和国国家标准. 环境管理 环境表现评价 指南(GB/T 24031—2001)[S]. 北京：中国标准出版社，2001.

[35] 中华人民共和国国家标准. 安全防范工程技术规范(GB 50348—2004)[S]. 北京：中国计划出版社，2004.

[36] 中华人民共和国国家标准. 电梯安装验收规范(GB/T 10060—2011)[S]. 北京：中国标准出版社，2011.

[37] 中华人民共和国国家标准. 电梯制造与安装安全规范(GB 7588—2003)[S]. 北京：中国标准出版社，2003.

# 北京大学出版社高职高专土建系列教材书目

| 序号 | 书名 | 书号 | 编著者 | 定价 | 出版时间 | 配套情况 |
|---|---|---|---|---|---|---|
| | "互联网+"创新规划教材 | | | | | |
| 1 | 建筑构造(第二版) | 978-7-301-26480-5 | 肖　芳 | 42.00 | 2016.1 | ppt/APP/二维码 |
| 2 | 建筑装饰构造(第二版) | 978-7-301-26572-7 | 赵志文等 | 39.50 | 2016.1 | ppt/二维码 |
| 3 | 建筑工程概论 | 978-7-301-25934-4 | 申淑荣等 | 40.00 | 2015.8 | ppt/二维码 |
| 4 | 市政管道工程施工 | 978-7-301-26629-8 | 雷彩虹 | 46.00 | 2016.5 | ppt/二维码 |
| 5 | 市政道路工程施工 | 978-7-301-26632-8 | 张雪丽 | 49.00 | 2016.5 | ppt/二维码 |
| 6 | 建筑三维平法结构图集 | 978-7-301-27168-1 | 傅华夏 | 65.00 | 2016.8 | APP |
| 7 | 建筑三维平法结构识图教程 | 978-7-301-27177-3 | 傅华夏 | 65.00 | 2016.8 | APP |
| 8 | 建筑工程制图与识图(第2版) | 978-7-301-24408-1 | 白丽红 | 34.00 | 2016.8 | APP/二维码 |
| 9 | 建筑设备基础知识与识图(第2版) | 978-7-301-24586-6 | 靳慧征等 | 47.00 | 2016.8 | 二维码 |
| 10 | 建筑结构基础与识图 | 978-7-301-27215-2 | 周　晖 | 58.00 | 2016.9 | APP/二维码 |
| | "十二五"职业教育国家规划教材 | | | | | |
| 1 | ★建筑工程应用文写作(第2版) | 978-7-301-24480-7 | 赵立等 | 50.00 | 2014.8 | ppt |
| 2 | ★土木工程实用力学(第2版) | 978-7-301-24681-8 | 马景善 | 47.00 | 2015.7 | ppt |
| 3 | ★建设工程监理(第2版) | 978-7-301-24490-6 | 斯　庆 | 35.00 | 2015.1 | ppt/答案 |
| 4 | ★建筑节能工程与施工 | 978-7-301-24274-2 | 吴明军等 | 35.00 | 2015.5 | ppt |
| 5 | ★建筑工程经济(第2版) | 978-7-301-24492-0 | 胡六星等 | 41.00 | 2014.9 | ppt/答案 |
| 6 | ★建设工程招投标与合同管理(第3版) | 978-7-301-24483-8 | 宋春岩 | 40.00 | 2014.9 | ppt/答案/试题/教案 |
| 7 | ★工程造价概论 | 978-7-301-24696-2 | 周艳冬 | 31.00 | 2015.1 | ppt/答案 |
| 8 | ★建筑工程计量与计价(第3版) | 978-7-301-25344-1 | 肖明和等 | 65.00 | 2015.7 | ppt |
| 9 | ★建筑工程计量与计价实训(第3版) | 978-7-301-25345-8 | 肖明和等 | 29.00 | 2015.7 | ppt |
| 10 | ★建筑装饰施工技术(第2版) | 978-7-301-24482-1 | 王　军 | 37.00 | 2014.7 | ppt |
| 11 | ★工程地质与土力学(第2版) | 978-7-301-24479-1 | 杨仲元 | 41.00 | 2014.7 | ppt |
| | 基础课程 | | | | | |
| 1 | 建设法规及相关知识 | 978-7-301-22748-0 | 唐茂华等 | 34.00 | 2013.9 | ppt |
| 2 | 建设工程法规(第2版) | 978-7-301-24493-7 | 皇甫婧琪 | 40.00 | 2014.8 | ppt/答案/素材 |
| 3 | 建筑工程法规实务 | 978-7-301-19321-1 | 杨陈慧等 | 43.00 | 2011.8 | ppt |
| 4 | 建筑法规 | 978-7-301-19371-6 | 董伟等 | 39.00 | 2011.9 | ppt |
| 5 | 建设工程法规 | 978-7-301-20912-7 | 王先恕 | 32.00 | 2012.7 | ppt |
| 6 | AutoCAD 建筑制图教程(第2版) | 978-7-301-21095-6 | 郭　慧 | 38.00 | 2013.3 | ppt/素材 |
| 7 | AutoCAD 建筑绘图教程(第2版) | 978-7-301-24540-8 | 唐英敏等 | 44.00 | 2014.7 | ppt |
| 8 | 建筑 CAD 项目教程(2010 版) | 978-7-301-20979-0 | 郭　慧 | 38.00 | 2012.9 | 素材 |
| 9 | 建筑工程专业英语(第二版) | 978-7-301-26597-0 | 吴承霞 | 24.00 | 2016.2 | ppt |
| 10 | 建筑工程专业英语 | 978-7-301-20003-2 | 韩薇等 | 24.00 | 2012.2 | ppt |
| 11 | 建筑识图与构造(第2版) | 978-7-301-23774-8 | 郑贵超 | 40.00 | 2014.2 | ppt/答案 |
| 12 | 房屋建筑构造 | 978-7-301-19883-4 | 李少红 | 26.00 | 2012.1 | ppt |
| 13 | 建筑识图 | 978-7-301-21893-8 | 邓志勇等 | 35.00 | 2013.1 | ppt |
| 14 | 建筑识图与房屋构造 | 978-7-301-22860-9 | 贠禄等 | 54.00 | 2013.9 | ppt/答案 |
| 15 | 建筑构造与设计 | 978-7-301-23506-5 | 陈玉萍 | 38.00 | 2014.1 | ppt/答案 |
| 16 | 房屋建筑构造 | 978-7-301-23588-1 | 李元玲等 | 45.00 | 2014.1 | ppt |
| 17 | 房屋建筑构造习题集 | 978-7-301-26005-0 | 李元玲 | 26.00 | 2015.8 | ppt/答案 |
| 18 | 建筑构造与施工图识读 | 978-7-301-24470-8 | 南学平 | 52.00 | 2014.8 | ppt |
| 19 | 建筑工程识图实训教程 | 978-7-301-26057-9 | 孙伟 | 32.00 | 2015.12 | ppt |
| 20 | 建筑工程制图与识图(第2版) | 978-7-301-24408-1 | 白丽红 | 34.00 | 2016.8 | APP/二维码 |
| 21 | 建筑制图习题集(第2版) | 978-7-301-24571-2 | 白丽红 | 25.00 | 2014.8 | |
| 22 | 建筑制图(第2版) | 978-7-301-21146-5 | 高丽荣 | 32.00 | 2013.3 | ppt |
| 23 | 建筑制图习题集(第2版) | 978-7-301-21288-2 | 高丽荣 | 28.00 | 2013.2 | |
| 24 | ◎建筑工程制图(第2版)(附习题册) | 978-7-301-21120-5 | 肖明和 | 48.00 | 2012.8 | ppt |
| 25 | 建筑制图与识图(第2版) | 978-7-301-24386-2 | 曹雪梅 | 38.00 | 2015.8 | ppt |
| 26 | 建筑制图与识图习题册 | 978-7-301-18652-7 | 曹雪梅等 | 30.00 | 2011.4 | |
| 27 | 建筑制图与识图(第二版) | 978-7-301-25834-7 | 李元玲 | 32.00 | 2016.9 | ppt |
| 28 | 建筑制图与识图习题集 | 978-7-301-20425-2 | 李元玲 | 24.00 | 2012.3 | ppt |
| 29 | 新编建筑工程制图 | 978-7-301-21140-3 | 方筱松 | 30.00 | 2012.8 | ppt |
| 30 | 新编建筑工程制图习题集 | 978-7-301-16834-9 | 方筱松 | 22.00 | 2012.8 | |
| | 建筑施工类 | | | | | |
| 1 | 建筑工程测量 | 978-7-301-16727-4 | 赵景利 | 30.00 | 2010.2 | ppt/答案 |
| 2 | 建筑工程测量(第2版) | 978-7-301-22002-3 | 张敬伟 | 37.00 | 2013.2 | ppt/答案 |

| 序号 | 书名 | 书号 | 编著者 | 定价 | 出版时间 | 配套情况 |
|---|---|---|---|---|---|---|
| 3 | 建筑工程测量实验与实训指导(第 2 版) | 978-7-301-23166-1 | 张敬伟 | 27.00 | 2013.9 | 答案 |
| 4 | 建筑工程测量 | 978-7-301-19992-3 | 潘益民 | 38.00 | 2012.2 | ppt |
| 5 | 建筑工程测量 | 978-7-301-13578-5 | 王金玲等 | 26.00 | 2008.5 | |
| 6 | 建筑工程测量实训(第 2 版) | 978-7-301-24833-1 | 杨凤华 | 34.00 | 2015.3 | 答案 |
| 7 | 建筑工程测量(附实验指导手册) | 978-7-301-19364-8 | 石　东等 | 43.00 | 2011.10 | ppt/答案 |
| 8 | 建筑工程测量 | 978-7-301-22485-4 | 景　铎等 | 34.00 | 2013.6 | ppt |
| 9 | 建筑施工技术(第 2 版) | 978-7-301-25788-7 | 陈雄辉 | 48.00 | 2015.7 | ppt |
| 10 | 建筑施工技术 | 978-7-301-12336-2 | 朱永祥等 | 38.00 | 2008.8 | ppt |
| 11 | 建筑施工技术 | 978-7-301-16726-7 | 叶　雯等 | 44.00 | 2010.8 | ppt/素材 |
| 12 | 建筑施工技术 | 978-7-301-19499-7 | 董　伟等 | 42.00 | 2011.9 | ppt |
| 13 | 建筑施工技术 | 978-7-301-19997-8 | 苏小梅 | 38.00 | 2012.1 | ppt |
| 14 | 建筑工程施工技术(第三版) | 978-7-301-27675-4 | 钟汉华等 | 66.00 | 2016.11 | APP/二维码 |
| 15 | 建筑施工机械 | 978-7-301-19365-5 | 吴志强 | 30.00 | 2011.10 | ppt |
| 16 | 基础工程施工 | 978-7-301-20917-2 | 董　伟等 | 35.00 | 2012.7 | ppt |
| 17 | 建筑施工技术实训(第 2 版) | 978-7-301-24368-8 | 周晓龙 | 30.00 | 2014.7 | |
| 18 | ◎建筑力学(第 2 版) | 978-7-301-21695-8 | 石立安 | 46.00 | 2013.1 | ppt |
| 19 | 土木工程力学 | 978-7-301-16864-6 | 吴明军 | 38.00 | 2010.4 | ppt |
| 20 | PKPM 软件的应用(第 2 版) | 978-7-301-22625-4 | 王　娜等 | 34.00 | 2013.6 | |
| 21 | ◎建筑结构(第 2 版)(上册) | 978-7-301-21106-9 | 徐锡权 | 41.00 | 2013.4 | ppt/答案 |
| 22 | ◎建筑结构(第 2 版)(下册) | 978-7-301-22584-4 | 徐锡权 | 42.00 | 2013.6 | ppt/答案 |
| 23 | 建筑结构学习指导与技能训练(上册) | 978-7-301-25929-0 | 徐锡权 | 28.00 | 2015.8 | ppt |
| 24 | 建筑结构学习指导与技能训练(下册) | 978-7-301-25933-7 | 徐锡权 | 28.00 | 2015.8 | ppt |
| 25 | 建筑结构 | 978-7-301-19171-2 | 唐春平等 | 41.00 | 2011.8 | ppt |
| 26 | 建筑结构基础 | 978-7-301-21125-0 | 王中发 | 36.00 | 2012.8 | ppt |
| 27 | 建筑结构原理及应用 | 978-7-301-18732-6 | 史美东 | 45.00 | 2012.8 | ppt |
| 28 | 建筑结构与识图 | 978-7-301-26935-0 | 相秉志 | 37.00 | 2016.2 | |
| 29 | 建筑力学与结构(第 2 版) | 978-7-301-22148-8 | 吴承霞等 | 49.00 | 2013.4 | ppt/答案 |
| 30 | 建筑力学与结构(少学时版) | 978-7-301-21730-6 | 吴承霞 | 34.00 | 2013.2 | ppt/答案 |
| 31 | 建筑力学与结构 | 978-7-301-20988-2 | 陈水广 | 32.00 | 2012.8 | ppt |
| 32 | 建筑力学与结构 | 978-7-301-23348-1 | 杨丽君等 | 44.00 | 2014.1 | ppt |
| 33 | 建筑结构与施工图 | 978-7-301-22188-4 | 朱希文等 | 35.00 | 2013.3 | ppt |
| 34 | 生态建筑材料 | 978-7-301-19588-2 | 陈剑峰等 | 38.00 | 2011.10 | ppt |
| 35 | 建筑材料(第 2 版) | 978-7-301-24633-7 | 林祖宏 | 35.00 | 2014.8 | ppt |
| 36 | 建筑材料与检测(第 2 版) | 978-7-301-25347-2 | 梅　杨等 | 33.00 | 2015.2 | ppt/答案 |
| 37 | 建筑材料检测试验指导 | 978-7-301-16729-8 | 王美芬等 | 18.00 | 2010.10 | |
| 38 | 建筑材料与检测(第二版) | 978-7-301-26550-5 | 王　辉 | 40.00 | 2016.1 | ppt |
| 39 | 建筑材料与检测试验指导 | 978-7-301-20045-2 | 王　辉 | 20.00 | 2012.2 | ppt |
| 40 | 建筑材料选择与应用 | 978-7-301-21948-5 | 申淑荣等 | 39.00 | 2013.3 | ppt |
| 41 | 建筑材料检测实训 | 978-7-301-22317-8 | 申淑荣等 | 24.00 | 2013.4 | |
| 42 | 建筑材料 | 978-7-301-24208-7 | 任晓菲 | 40.00 | 2014.7 | ppt/答案 |
| 43 | 建筑材料检测试验指导 | 978-7-301-24782-2 | 陈东佐等 | 20.00 | 2014.9 | ppt |
| 44 | ◎建设工程监理概论(第 2 版) | 978-7-301-20854-0 | 徐锡权等 | 43.00 | 2012.8 | ppt/答案 |
| 45 | 建设工程监理概论 | 978-7-301-15518-9 | 曾庆军等 | 24.00 | 2009.9 | ppt |
| 46 | 工程建设监理案例分析教程(第二版) | 978-7-301-27864-2 | 刘志麟等 | 50.00 | 2017.1 | ppt |
| 47 | ◎地基与基础(第 2 版) | 978-7-301-23304-7 | 肖明和等 | 42.00 | 2013.11 | ppt/答案 |
| 48 | 地基与基础 | 978-7-301-16130-2 | 孙平平等 | 26.00 | 2010.10 | ppt |
| 49 | 地基与基础实训 | 978-7-301-23174-6 | 肖明和等 | 25.00 | 2013.10 | ppt |
| 50 | 土力学与地基基础 | 978-7-301-23675-8 | 叶火炎等 | 35.00 | 2014.1 | ppt |
| 51 | 土力学与基础工程 | 978-7-301-23590-4 | 宁培淋等 | 32.00 | 2014.1 | ppt |
| 52 | 土力学与地基基础 | 978-7-301-25525-4 | 陈东佐 | 45.00 | 2015.2 | ppt/答案 |
| 53 | 建筑工程质量事故分析(第 2 版) | 978-7-301-22467-0 | 郑文新 | 32.00 | 2013.9 | ppt |
| 54 | 建筑工程施工组织设计 | 978-7-301-18512-4 | 李源清 | 26.00 | 2011.2 | ppt |
| 55 | 建筑工程施工组织实训 | 978-7-301-18961-0 | 李源清 | 40.00 | 2011.6 | ppt |
| 56 | 建筑施工组织与进度控制 | 978-7-301-21223-3 | 张廷瑞 | 36.00 | 2012.9 | ppt |
| 57 | 建筑施工组织项目式教程 | 978-7-301-19901-5 | 杨红玉 | 44.00 | 2012.1 | ppt/答案 |
| 58 | 钢筋混凝土工程施工与组织 | 978-7-301-19587-1 | 高　雁 | 32.00 | 2012.5 | ppt |
| 59 | 钢筋混凝土工程施工与组织实训指导(学生工作页) | 978-7-301-21208-0 | 高　雁 | 20.00 | 2012.9 | ppt |
| 60 | 建筑施工工艺 | 978-7-301-24687-0 | 李源清等 | 49.50 | 2015.1 | ppt/答案 |
| | 工程管理类 | | | | | |
| 1 | 建筑工程经济(第 2 版) | 978-7-301-22736-7 | 张宁宁等 | 30.00 | 2013.7 | ppt/答案 |
| 2 | 建筑工程经济 | 978-7-301-24346-6 | 刘晓丽等 | 38.00 | 2014.7 | ppt/答案 |

| 序号 | 书名 | 书号 | 编著者 | 定价 | 出版时间 | 配套情况 |
|---|---|---|---|---|---|---|
| 3 | 施工企业会计(第 2 版) | 978-7-301-24434-0 | 辛艳红等 | 36.00 | 2014.7 | ppt/答案 |
| 4 | 建筑工程项目管理(第 2 版) | 978-7-301-26944-2 | 范红岩等 | 42.00 | 2016. 3 | ppt |
| 5 | 建设工程项目管理(第 2 版) | 978-7-301-24683-2 | 王　辉 | 36.00 | 2014.9 | ppt/答案 |
| 6 | 建设工程项目管理 | 978-7-301-19335-8 | 冯松山等 | 38.00 | 2011.9 | ppt |
| 7 | 建筑施工组织与管理(第 2 版) | 978-7-301-22149-5 | 翟丽旻等 | 43.00 | 2013.4 | ppt/答案 |
| 8 | 建设工程合同管理 | 978-7-301-22612-4 | 刘庭江 | 46.00 | 2013.6 | ppt/答案 |
| 9 | 建筑工程资料管理 | 978-7-301-17456-2 | 孙　刚等 | 36.00 | 2012.9 | ppt |
| 10 | 建筑工程招投标与合同管理 | 978-7-301-16802-8 | 程超胜 | 30.00 | 2012.9 | ppt |
| 11 | 工程招投标与合同管理实务 | 978-7-301-19035-7 | 杨甲奇等 | 48.00 | 2011.8 | ppt |
| 12 | 工程招投标与合同管理实务 | 978-7-301-19290-0 | 郑文新等 | 43.00 | 2011.8 | ppt |
| 13 | 建设工程招投标与合同管理实务 | 978-7-301-20404-7 | 杨云会等 | 42.00 | 2012.4 | ppt/答案/习题 |
| 14 | 工程招投标与合同管理 | 978-7-301-17455-5 | 文新平 | 37.00 | 2012.9 | ppt |
| 15 | 工程项目招投标与合同管理(第 2 版) | 978-7-301-24554-5 | 李洪军等 | 42.00 | 2014.8 | ppt/答案 |
| 16 | 工程项目招投标与合同管理(第 2 版) | 978-7-301-22462-5 | 周艳冬 | 35.00 | 2013.7 | ppt |
| 17 | 建筑工程商务标编制实训 | 978-7-301-20804-5 | 钟振宇 | 35.00 | 2012.7 | ppt |
| 18 | 建筑工程安全管理(第 2 版) | 978-7-301-25480-6 | 宋　健等 | 42.00 | 2015.8 | ppt/答案 |
| 19 | 建筑工程质量与安全管理 | 978-7-301-16070-1 | 周连起 | 35.00 | 2010.8 | ppt/答案 |
| 20 | 施工项目质量与安全管理 | 978-7-301-21275-2 | 钟汉华 | 45.00 | 2012.10 | ppt/答案 |
| 21 | 工程造价控制(第 2 版) | 978-7-301-24594-1 | 斯　庆 | 32.00 | 2014.8 | ppt/答案 |
| 22 | 工程造价管理(第二版) | 978-7-301-27050-9 | 徐锡权等 | 44.00 | 2016.5 | ppt |
| 23 | 工程造价控制与管理 | 978-7-301-19366-2 | 胡新萍等 | 30.00 | 2011.11 | ppt |
| 24 | 建筑工程造价管理 | 978-7-301-20360-6 | 柴　琦等 | 27.00 | 2012.3 | ppt |
| 25 | 建筑工程造价管理 | 978-7-301-15517-2 | 李茂英等 | 24.00 | 2009.9 | |
| 26 | 工程造价案例分析 | 978-7-301-22985-9 | 甄　凤 | 30.00 | 2013.8 | ppt |
| 27 | 建设工程造价控制与管理 | 978-7-301-24273-5 | 胡芳珍等 | 38.00 | 2014.6 | ppt/答案 |
| 28 | ◎建筑工程造价 | 978-7-301-21892-1 | 孙咏梅 | 40.00 | 2013.2 | ppt |
| 29 | 建筑工程计量与计价 | 978-7-301-26570-3 | 杨建林 | 46.00 | 2016.1 | ppt |
| 30 | 建筑工程计量与计价综合实训 | 978-7-301-23568-3 | 龚小兰 | 28.00 | 2014.1 | |
| 31 | 建筑工程估价 | 978-7-301-22802-9 | 张　英 | 43.00 | 2013.8 | ppt |
| 32 | 建筑工程计量与计价——透过案例学造价(第 2 版) | 978-7-301-23852-3 | 张　强 | 59.00 | 2014.4 | ppt |
| 33 | 安装工程计量与计价(第 3 版) | 978-7-301-24539-2 | 冯　钢等 | 54.00 | 2014.8 | ppt |
| 34 | 安装工程计量与计价综合实训 | 978-7-301-23294-1 | 成春燕 | 49.00 | 2013.10 | 素材 |
| 35 | 建筑安装工程计量与计价 | 978-7-301-26004-3 | 景巧玲等 | 56.00 | 2016.1 | ppt |
| 36 | 建筑安装工程计量与计价实训(第 2 版) | 978-7-301-25683-1 | 景巧玲等 | 36.00 | 2015.7 | |
| 37 | 建筑水电安装工程计量与计价(第二版) | 978-7-301-26329-7 | 陈连姝 | 51.00 | 2016.1 | ppt |
| 38 | 建筑与装饰装修工程工程量清单(第 2 版) | 978-7-301-25753-1 | 翟丽旻等 | 36.00 | 2015.5 | ppt |
| 39 | 建筑工程清单编制 | 978-7-301-19387-7 | 叶晓容 | 24.00 | 2011.8 | ppt |
| 40 | 建设项目评估 | 978-7-301-20068-1 | 高志云等 | 32.00 | 2012.2 | ppt |
| 41 | 钢筋工程清单编制 | 978-7-301-20114-5 | 贾莲英 | 36.00 | 2012.2 | ppt |
| 42 | 混凝土工程清单编制 | 978-7-301-20384-2 | 顾　娟 | 28.00 | 2012.5 | ppt |
| 43 | 建筑装饰工程预算(第 2 版) | 978-7-301-25801-9 | 范菊雨 | 44.00 | 2015.7 | ppt |
| 44 | 建筑装饰工程计量与计价 | 978-7-301-20055-1 | 李茂英 | 42.00 | 2012.2 | ppt |
| 45 | 建设工程安全监理 | 978-7-301-20802-1 | 沈万岳 | 28.00 | 2012.7 | ppt |
| 46 | 建筑工程安全技术与管理实务 | 978-7-301-21187-8 | 沈万岳 | 48.00 | 2012.9 | ppt |
| **建筑设计类** | | | | | | |
| 1 | 中外建筑史(第 2 版) | 978-7-301-23779-3 | 袁新华等 | 38.00 | 2014.2 | ppt |
| 2 | ◎建筑室内空间历程 | 978-7-301-19338-9 | 张伟孝 | 53.00 | 2011.8 | |
| 3 | 建筑装饰 CAD 项目教程 | 978-7-301-20950-9 | 郭　慧 | 35.00 | 2013.1 | ppt/素材 |
| 4 | 建筑设计基础 | 978-7-301-25961-0 | 周圆圆 | 42.00 | 2015.7 | |
| 5 | 室内设计基础 | 978-7-301-15613-1 | 李书青 | 32.00 | 2009.8 | ppt |
| 6 | 建筑装饰材料(第 2 版) | 978-7-301-22356-7 | 焦　涛等 | 34.00 | 2013.5 | ppt |
| 7 | 设计构成 | 978-7-301-15504-2 | 戴碧锋 | 30.00 | 2009.8 | ppt |
| 8 | 基础色彩 | 978-7-301-16072-5 | 张　军 | 42.00 | 2010.4 | |
| 9 | 设计色彩 | 978-7-301-21211-0 | 龙黎黎 | 46.00 | 2012.9 | ppt |
| 10 | 设计素描 | 978-7-301-22391-8 | 司马金桃 | 29.00 | 2013.4 | ppt |
| 11 | 建筑素描表现与创意 | 978-7-301-15541-7 | 于修国 | 25.00 | 2009.8 | |
| 12 | 3ds Max 效果图制作 | 978-7-301-22870-8 | 刘　晗等 | 45.00 | 2013.7 | ppt |
| 13 | 3ds max 室内设计表现方法 | 978-7-301-17762-4 | 徐海军 | 32.00 | 2010.9 | |
| 14 | Photoshop 效果图后期制作 | 978-7-301-16073-2 | 脱忠伟等 | 52.00 | 2011.1 | 素材 |
| 15 | 3ds Max & V-Ray 建筑设计表现案例教程 | 978-7-301-25093-8 | 郑恩峰 | 40.00 | 2014.12 | ppt |
| 16 | 建筑表现技法 | 978-7-301-19216-0 | 张　峰 | 32.00 | 2011.8 | ppt |

| 序号 | 书名 | 书号 | 编著者 | 定价 | 出版时间 | 配套情况 |
|---|---|---|---|---|---|---|
| 17 | 建筑速写 | 978-7-301-20441-2 | 张　峰 | 30.00 | 2012.4 | |
| 18 | 建筑装饰设计 | 978-7-301-20022-3 | 杨丽君 | 36.00 | 2012.2 | ppt/素材 |
| 19 | 装饰施工读图与识图 | 978-7-301-19991-6 | 杨丽君 | 33.00 | 2012.5 | ppt |
| | | **规划园林类** | | | | |
| 1 | 城市规划原理与设计 | 978-7-301-21505-0 | 谭婧婧等 | 35.00 | 2013.1 | ppt/素材 |
| 2 | 城乡规划原理与设计 | 978-7-301-27771-3 | 谭婧婧等 | 43.00 | 2017.1 | ppt/素材 |
| 3 | 居住区景观设计 | 978-7-301-20587-7 | 张群成 | 47.00 | 2012.5 | ppt |
| 4 | 居住区规划设计 | 978-7-301-21031-4 | 张　燕 | 48.00 | 2012.8 | ppt |
| 5 | 园林植物识别与应用 | 978-7-301-17485-2 | 潘利等 | 34.00 | 2012.9 | ppt |
| 6 | 园林工程施工组织管理 | 978-7-301-22364-2 | 潘利等 | 35.00 | 2013.4 | ppt |
| 7 | 园林景观计算机辅助设计 | 978-7-301-24500-2 | 于化强等 | 48.00 | 2014.8 | ppt |
| 8 | 建筑・园林・装饰设计初步 | 978-7-301-24575-0 | 王金贵 | 38.00 | 2014.10 | ppt |
| | | **房地产类** | | | | |
| 1 | 房地产开发与经营(第2版) | 978-7-301-23084-8 | 张建中等 | 33.00 | 2013.9 | ppt/答案 |
| 2 | 房地产估价(第2版) | 978-7-301-22945-3 | 张　勇等 | 35.00 | 2013.9 | ppt/答案 |
| 3 | 房地产估价理论与实务 | 978-7-301-19327-3 | 褚菁晶 | 35.00 | 2011.8 | ppt/答案 |
| 4 | 物业管理理论与实务 | 978-7-301-19354-9 | 裴艳慧 | 52.00 | 2011.9 | ppt |
| 5 | 房地产测绘 | 978-7-301-22747-3 | 唐春平 | 29.00 | 2013.7 | ppt |
| 6 | 房地产营销与策划 | 978-7-301-18731-9 | 应佐萍 | 42.00 | 2012.8 | ppt |
| 7 | 房地产投资分析与实务 | 978-7-301-24832-4 | 高志云 | 35.00 | 2014.9 | ppt |
| 8 | 物业管理实务 | 978-7-301-27163-6 | 胡大见 | 44.00 | 2016.6 | |
| 9 | 房地产投资分析 | 978-7-301-27529-0 | 刘永胜 | 47.00 | 2016.9 | ppt |
| | | **市政与路桥** | | | | |
| 1 | 市政工程施工图案例图集 | 978-7-301-24824-9 | 陈亿琳 | 43.00 | 2015.3 | pdf |
| 2 | 市政工程计量与计价(第2版) | 978-7-301-20564-8 | 郭良娟等 | 42.00 | 2012.8 | ppt |
| 3 | 市政工程计价 | 978-7-301-22117-4 | 彭以舟等 | 39.00 | 2013.3 | ppt |
| 4 | 市政桥梁工程 | 978-7-301-16688-8 | 刘　江等 | 42.00 | 2010.8 | ppt/素材 |
| 5 | 市政工程材料 | 978-7-301-22452-6 | 郑晓国 | 37.00 | 2013.5 | ppt |
| 6 | 道桥工程材料 | 978-7-301-21170-0 | 刘水林等 | 43.00 | 2012.9 | ppt |
| 7 | 路基路面工程 | 978-7-301-19299-3 | 偶昌宝等 | 34.00 | 2011.8 | ppt/素材 |
| 8 | 道路工程技术 | 978-7-301-19363-1 | 刘　雨等 | 33.00 | 2011.12 | ppt |
| 9 | 城市道路设计与施工 | 978-7-301-21947-8 | 吴颖峰 | 39.00 | 2013.1 | ppt |
| 10 | 建筑给排水工程技术 | 978-7-301-25224-6 | 刘　芳等 | 46.00 | 2014.12 | ppt |
| 11 | 建筑给水排水工程 | 978-7-301-20047-6 | 叶巧云 | 38.00 | 2012.2 | ppt |
| 12 | 市政工程测量(含技能训练手册) | 978-7-301-20474-0 | 刘宗波等 | 41.00 | 2012.5 | ppt |
| 13 | 公路工程任务承揽与合同管理 | 978-7-301-21133-5 | 邱　兰等 | 30.00 | 2012.9 | ppt/答案 |
| 14 | 数字测图技术应用教程 | 978-7-301-20334-7 | 刘宗波 | 36.00 | 2012.8 | ppt |
| 15 | 数字测图技术 | 978-7-301-22656-8 | 赵　红 | 36.00 | 2013.6 | ppt |
| 16 | 数字测图技术实训指导 | 978-7-301-22679-7 | 赵　红 | 27.00 | 2013.6 | ppt |
| 17 | 水泵与水泵站技术 | 978-7-301-22510-3 | 刘振华 | 40.00 | 2013.5 | ppt |
| 18 | 道路工程测量(含技能训练手册) | 978-7-301-21967-6 | 田树涛等 | 45.00 | 2013.2 | ppt |
| 19 | 道路工程识图与AutoCAD | 978-7-301-26210-8 | 王容玲等 | 35.00 | 2016.1 | ppt |
| | | **交通运输类** | | | | |
| 1 | 桥梁施工与维护 | 978-7-301-23834-9 | 梁　斌 | 50.00 | 2014.2 | ppt |
| 2 | 铁路轨道施工与维护 | 978-7-301-23524-9 | 梁　斌 | 36.00 | 2014.1 | ppt |
| 3 | 铁路轨道构造 | 978-7-301-23153-1 | 梁　斌 | 32.00 | 2013.10 | ppt |
| | | **建筑设备类** | | | | |
| 1 | 建筑设备识图与施工工艺(第2版)(新规范) | 978-7-301-25254-3 | 周业梅 | 44.00 | 2015.12 | ppt |
| 2 | 建筑施工机械 | 978-7-301-19365-5 | 吴志强 | 30.00 | 2011.10 | ppt |
| 3 | 智能建筑环境设备自动化 | 978 7 301-21090-1 | 余志强 | 40.00 | 2012.8 | ppt |
| 4 | 流体力学及泵与风机 | 978-7-301-25279-6 | 王　宁等 | 35.00 | 2015.1 | ppt/答案 |

**注：**★为“十二五”职业教育国家规划教材；◎为国家级、省级精品课程配套教材，省重点教材；为“互联网+”创新规划教材。

相关教学资源如电子课件、电子教材、习题答案等可以登录www.pup6.com下载或在线阅读。如您需要样书用于教学，欢迎登录第六事业部门户网(www.pup6.cn)申请，并可在线登记选题来出版您的大作，也可下载相关表格填写后发到我们的邮箱，我们将及时与您取得联系并做好全方位的服务。

联系方式：010-62756290，010-62750667，85107933@qq.com，pup_6@163.com，欢迎来电来信咨询。网址：http://www.pup.cn，http://www.pup6.cn